肉羊健康养殖指南

周占琴　华　松　著

中国农业出版社
北　京

本 书 简 介

作者在分析、研判国内外肉羊产业发展趋势、现状与羊肉市场需求的基础上，通过查阅大量中外文资料，吸纳他人先进的经验与技术，总结分析自己多年积累的经验与教训，提出了养殖健康羊群、生产健康羊肉、推动产业健康发展的战略目标，并详细介绍了实现这一目标的具体技术措施。读者不仅可以从这本书中了解国内外肉羊产业发展新动态、借鉴不同肉羊品种的培育方法与路线，还能真真切切地学习涵盖肉羊健康养殖全过程的先进技术与方法。全书语言通俗易懂、技术先进实用、可操作性强，可供大专院校师生和肉羊养殖场、养殖户、基层畜牧兽医人员阅读和参考。

CONTENTS 目录

第一章 国内外肉羊业发展现状与前景

世界在变，肉羊业也在变。羊毛、羊皮市场受到轻便保暖、物美价廉的化纤产品的严重挤压；油腻的大龄羯羊肉被4～5月龄羔羊肉代替；退出一线的老绵羊即使亮出硕大的肥臀、贴上醒目的标签，也很难在市场上找到足够的空间。因此，我们需要了解肉羊业的发展与变化，学习和借鉴别人的先进经验，寻求更好的发展路径和方法。

第一节 世界肉羊业发展现状

一、存栏量变化

2020年，世界绵羊、山羊存栏量达到239 124.28万只。其中，绵羊126 313.66万只，占绵羊、山羊总存栏量的52.82%；山羊存栏量为112 810.62万只，占47.18%。2011—2020年，绵羊、山羊存栏量一直呈上升趋势。绵羊增加了14 513.36万只，增幅为12.98%；山羊增加了19 593.98万只，增幅达21.02%，远大于绵羊。

二、分布情况变化

(一) 绵羊（表1-1）

从世界绵羊存栏量的上升趋势来看，非洲发展最快，从2011年的33 241.84万只增加到2020年的41 830.38万只，增幅为25.84%，2020年已占世界绵羊总存栏量的33.12%。在非洲，绵羊存栏量变化较大的国家埃塞俄比亚、马里、肯尼亚、尼日利亚和摩洛哥分别增加了77.18%、69.76%、42.22%、24.41%和17.89%。2011—2020年，亚洲绵羊存栏量也增加了17.47%，增幅较大的国家有蒙古、印度尼西亚、乌兹别克斯坦和中国，分别增加了91.78%、59.78%、42.37%和18.75%；塔吉克斯坦、吉尔吉斯斯坦虽然绵羊存栏量不大，但增幅也分别达到了39.95%和27.66%。欧洲、美洲和大洋洲虽然以饲养绵羊为主，但存栏量都不大。2020年，这三大洲绵羊存栏量分别为12 506.89万只、8 274.08万只和8 959.93万只，占本洲绵羊、山羊总存栏量的88.50%、67.86%和95.42%，均不到世界绵羊存栏量的10%；而且，近年来均呈下降趋势，分别下降了2.03%、5.59%和14.05%。其中，传统肉用绵羊饲养大国英国保持相对稳定，澳大利亚和新西兰的绵羊存栏量分别从2011年的7 309.88万只和3 113.23万只降至2020年的

6 352.94万只和 2 602.89 万只，分别下降了 13.09%和 16.39%。

表 1-1　2011—2020 年世界各大洲绵羊分布情况变化

地区	2011 年		2020 年		2011—2020 年	
	存栏量（万只）	世界占比（%）	存栏量（万只）	世界占比（%）	增减量（万只）	变化幅度（%）
亚洲	46 602.73	41.68	54 742.39	43.34	8 139.66	17.47
非洲	33 241.84	29.73	41 830.38	33.12	8 588.54	25.84
欧洲	12 766.34	11.42	12 506.89	9.90	−259.45	−2.03
美洲	8 764.27	7.84	8 274.08	6.55	−490.19	−5.59
大洋洲	10 425.11	9.33	8 959.93	7.09	−1 465.18	−14.05
全世界	111 800.30	100.0	126 313.67	100.0	14 513.37	12.98

资料来源：联合国粮农组织

（二）山羊（表 1-2）

近年来，世界山羊存栏量也呈增长趋势。其中，非洲的山羊存栏量发展最快，2011—2020 年增加了 13 272.66 万只，增幅高达 37.25%；增幅较大的国家为埃塞俄比亚、马里、肯尼亚和尼日利亚，分别增加了 132.0%、68.32%、24.81%和 24.40%。亚洲山羊存栏量增加了 11.96%，增幅较大的国家有蒙古、乌兹别克斯坦、巴基斯坦、印度尼西亚和印度，分别增加了 73.96%、41.83%、27.21%、12.69%和 10.27%。欧洲、美洲和大洋洲山羊存栏量较少，仅占世界山羊存栏量的 1.44%、3.47%和 0.38%。其中，欧洲近 10 年下降了 6.63%，美洲和大洋洲仅增加了 5.53%和 10.42%。

表 1-2　2011—2020 年世界各大洲山羊分布情况变化

地区	2011 年		2020 年		2011—2020 年	
	存栏量（万只）	世界占比（%）	存栏量（万只）	世界占比（%）	增减量（万只）	变化幅度（%）
亚洲	51 744.11	55.51	57 934.73	51.36	6 190.62	11.96
非洲	35 629.53	38.22	48 902.19	43.35	13 272.66	37.25
欧洲	1 739.55	1.87	1 624.15	1.44	−115.40	−6.63
美洲	3 713.92	3.98	3 919.43	3.47	205.51	5.53
大洋洲	389.53	0.42	430.13	0.38	40.60	10.42
全世界	93 216.64	100.0	112 810.62	100.0	19 593.98	21.02

资料来源：联合国粮农组织

三、出栏量变化

2020 年，全世界绵羊、山羊出栏量达到 108 561.65 万只。其中，绵羊出栏量为 59 050.77万只，比 2011 年多出栏 8 261.88 万只；山羊出栏量为 49 510.89 万只，比 2011 年多 7 910.68 万只。2020 年，绵羊、山羊出栏率分别为 46.75%和 43.89%，与 2011 年

的45.43%和44.63%接近。其中，山羊出栏率除了中国、新西兰、蒙古、巴基斯坦有所增加外，欧洲国家普遍下降，其余大多数国家没有明显变化；绵羊出栏率上升速度较快的是中国，其次是新西兰、加拿大、蒙古和巴基斯坦等国家。

四、羊肉产量变化

世界绵羊、山羊总产肉量从2011年的1 343.42万t增加到2020年的1 602.76万t，增加了259.34万t，增幅为19.30%。

（一）绵羊肉产量的变化

2020年，世界绵羊肉产量达到988.55万t；与2011年相比，增加了151.44万t，增幅为18.09%。从2011—2020年各大洲的绵羊肉产量变化看，亚洲增幅最大，达27.48%；其中，蒙古、巴基斯坦和中国分别增加了181.48%、54.43%和35.34%。非洲增加了16.08%；其中，增幅最大的是埃塞俄比亚增加了62.12%。亚洲和非洲绵羊肉产量的增加主要归因于存栏量和出栏量的增加。欧洲绵羊肉产量随着存栏量的下降而降低了6.92%，美洲变化不大。大洋洲绵羊存栏量虽然下降了14.05%，但绵羊肉总产量却上升了18.53%，主要原因是澳大利亚和新西兰绵羊个体产肉量有所提升。

2020年，世界绵羊平均个体产肉量为16.7 kg，与2011年相比，仅增加了0.2 kg。除了澳大利亚、新西兰、南非、巴基斯坦有所提高外，其他国家变化不大或有所下降。

（二）山羊肉产量的变化

2020年，世界山羊肉产量达到614.21万t，比2011年多107.90万t，增幅为21.31%。2020年，非洲饲养的山羊占世界山羊饲养量的43.35%，仅生产了占世界22.91%的山羊肉；其主要原因是个体产肉量较低，很多国家山羊个体产肉量不到10 kg。亚洲饲养了占世界51.36%的山羊，却生产了73.05%的山羊肉。2011—2020年，亚洲山羊肉增加了23.37%。世界增幅较大的国家是蒙古、埃塞俄比亚、巴基斯坦和尼日利亚，分别增加了168.05%、117.27%、76.84%和24.16%。欧洲、美洲和大洋洲的山羊肉产量呈下降趋势；其中，欧洲下降了33.39%，主要归因于饲养量和出栏量的普遍下降（表1-3）。

表1-3　世界主要国家羊肉产量

单位：万t

国家	绵羊肉			山羊肉		
	2011年	2020年	变化幅度（%）	2011年	2020年	变化幅度（%）
中国	202.96	274.68	35.34	195.0	230.59	18.25
澳大利亚	51.66	68.97	33.51	2.84	2.71	−4.58
新西兰	45.20	45.85	1.44	0.13	0.19	46.15
英国	30.07	29.60	−1.56	/	/	/
印度	24.74	28.08	13.50	51.70	55.48	7.31
尼日利亚	17.16	15.06	−12.23	21.03	26.11	24.16
巴基斯坦	15.80	24.40	54.43	28.50	50.40	76.84

（续）

国家	绵羊肉			山羊肉		
	2011 年	2020 年	变化幅度（%）	2011 年	2020 年	变化幅度（%）
南非	14.58	16.50	13.17	1.05	1.17	11.43
乌兹别克斯坦	13.80	17.02	23.33	6.63	6.98	5.28
西班牙	13.05	11.51	−11.80	1.11	1.02	−8.11
法国	11.50	8.03	−30.17	1.19	0.61	−48.74
埃塞俄比亚	8.50	13.78	62.12	6.80	14.77	117.21
蒙古	7.60	21.39	181.48	4.82	12.92	168.05
美国	6.95	6.49	−6.62	1.14	0.92	−19.30
全世界	837.11	988.55	18.09	506.31	614.21	21.31

资料来源：联合国粮农组织

2020 年，世界山羊平均个体产肉量为 12.4 kg，比 2011 年高 0.2 kg。2020 年，除了亚洲（特别是中国）和美洲有所提高外，非洲和欧洲的山羊平均个体产肉量仅为 10.7 kg 和 11.0 kg，而且在 2011—2020 年几乎没有变化；另外，大洋洲有所下降。

五、采用的主要发展措施

1. 重视品种培育工作

肉羊业较发达的英国、新西兰、澳大利亚、美国等国家非常重视新品种的培育和引进，基本上实现了品种良种化。英国育成了 100 多个绵羊品种，有些品种对世界肉羊业的发展产生了很大影响。新西兰的绵羊虽然大多数为引进品种，但良种化程度很高；其饲养的 30 多个绵羊品种中，除了少数几个细毛羊和地毯毛羊品种外，大多数品种为生长发育快、早熟、繁殖力高的肉用或肉毛兼用专门化品种。肉用专门化品种所追求的目标：母羊性成熟早、母性强、全年发情、利用年限长、难产比例低、产羔率高、泌乳力强、适应性强、易管理；所产羔羊生长发育快、饲料报酬高、肉用性能好、胴体可食比例高。

2. 利用杂交技术

在肉羊生产中，杂交是获得最大产出率的手段之一。新西兰、澳大利亚、美国、法国等国经过多年试验研究，建立了商品肉羊杂交模式。即使肉羊良种化程度较高的新西兰，同样利用肉羊杂种优势来提高肉羊生产力。例如，兰德科尔普（Landcorp）公司从其下属牧场饲养的 50 多万只周岁母羊中，选出 0.8%最优秀的个体，与无角陶赛特（Poll Dorest）、特克赛尔（Texel）、柯泊华斯（Coopworth）、罗姆尼（Romney）和威特夏（Wiltshire）等品种公羊杂交，所产后代不考虑血缘关系，只是根据生长速度等性状进行筛选；然后，在优良草场上放牧育肥，8 月龄体重达到 55 kg 时即可上市。在杂交模式的确定上，主要有 3 个明显特征：第一，充分利用品种间的杂种优势；如将高繁殖率与优良肉用性能相结合，实现养殖效益的提高。据美国农业部专家估计，20 世纪 70 年代羔羊肉生产收入的增加，15%是按个体生产性能选育的结果，30%～60%是经济杂交的结果，25%是利用芬兰羊（Finnsheep）多胎基因的结果。第二，从当地资源特点和环境条件出发，进行杂交模式的选取。例如，英国饲养的苏格兰黑面羊（Scottish Blackface）、威尔士山地羊（Welsh Mountain）、雪维特羊（Cheviot）等品种，由于当地环境条件较差，只可进行纯种繁殖；母羊育成后，转到平原地区与边区莱斯特羊（Border Leicester）品种杂交；其杂种公羔全部用作肥羔生产，母羔转往北部人工草场；在北部人工草场，再用早熟丘陵品种萨福克羊（Suffolk）或汉普夏（Hampshive）羊作为终端父系品种与母羔进行杂交；所产羔羊早熟、胴体瘦肉率高，公羔、母羔全部作肥羔生产。第三，有效地利用多元杂交技术。例如，英国有些牧场先用萨福克羊与母性好、泌乳力强的当地母本杂交，然后用夏洛莱羊进行三元杂交（母羊难产率低、羔羊胴体质量好），最后用特克赛尔羊进行四元杂交，生产肥羔。

（1）英国肉羊主要杂交模式

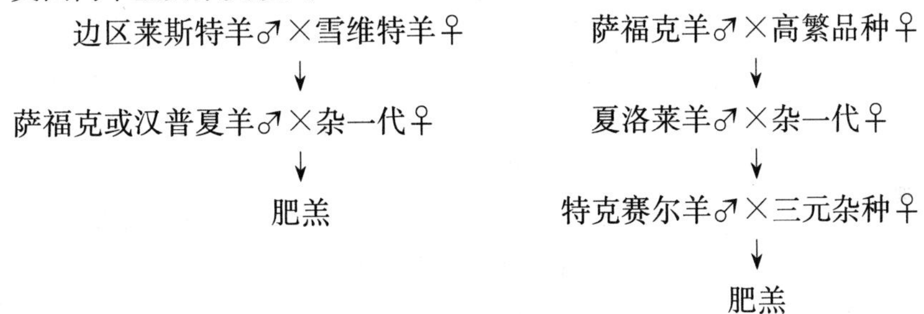

（2）新西兰肉羊主要杂交模式

边区莱斯特羊♂×罗姆尼羊或考力代羊♀

↓

南丘羊♂×杂一代♀

↓

肥羔

（3）澳大利亚肉羊主要杂交模式

边区莱斯特羊或英国莱斯特羊♂×美利奴羊♀

↓

无角陶赛特羊或南丘羊♂×杂一代♀

↓

肥羔

无角陶赛特已成为澳大利亚最主要的终端父系品种，该国75%高档羔羊肉来自无角陶赛特杂种。

（4）美国肉羊主要杂交模式

萨福克羊♂×西部牧区羊（塔基羊或哥伦比亚羊）♀

↓

芬兰兰德瑞斯羊♂×杂种一代♀

↓

汉普夏羊或特克赛尔羊♂×杂种一代♀或罗曼诺夫杂种羊♀

↓

肥羔

3. 根据需要生产优质羊肉

国外羔羊肉生产发展迅速，产肉量与日俱增。新西兰羔羊肉产量占全国羊肉总产量的80%左右；法国、英国和美国的羔羊肉产量分别占到各国羊肉总产量的75%、94%和90%；以饲养细毛羊而著称于世的澳大利亚，羔羊肉产量也占到羊肉总产量的70%以上。

不同市场对羊肉的需要不一样。也就是说，不是所有的市场都需要舍饲育肥羊。在澳大利亚，零售商和超市最欢迎17～22 kg的羊胴体，但价格较高；餐饮企业更欢迎22～25 kg的羊胴体；出口羔羊胴体重一般在20～30 kg。

为了生产出符合市场需求的羔羊肉，各国根据自己的资源优势采用了不同的短期育肥方式。例如，美国的羔羊育肥方式就有4种。第一种为集约化育肥，主要见于大型育肥场。入圈育肥的羔羊按体型大小分群，供给专用育肥饲料；圈内设有自动饲槽和饮水器，每期育肥60 d左右；活重达到41～48 kg时上市，活重超过50 kg的羔羊售价较低。第二种为放牧育肥，以西南部诸州为主。该方式的特点是羔羊购自草原区，转入小麦地放牧，适当补饲，生产活重41～45 kg的羔羊。第三种为早期精料育肥。该方式利用母乳加精料对秋季产的羔羊进行育肥，生产6～12周龄活重为13.5～27 kg的羔羊，供应圣诞节到复活节期间的市场需求。第四种为玉米带育肥，以玉米带诸州为主。该方式的特点是购进羔羊直接在玉米地放牧，省去玉米收获和羔羊育肥上的劳动力，但羔羊的死亡率较高。

4. 走产业化经营之路

从发达国家现代肉羊业发展过程来看，尽管所处的环境不同、模式各异，但所走的都是农业产业化发展之路。产业化的基本表现形式是：生产专业化、产品商品化、布局区域化、经营一体化、服务社会化、管理企业化。按照现代大生产的要求，在纵向上实行产、加、销一体化，在横向上采取资金、技术、人才集中利用的集约经营。无论是人少地多的美国、澳大利亚、加拿大，还是人多地少的德国，都无一例外地对农业实行一体化经营战略；而企业作为产业的细胞和载体，在一体化经营中起着最基础的作用。例如，美国的绝大多数农业主体是企业；农业主体的主人就是农场主，或叫农业企业家。美国农业产业体系的模式，不是我国常见的“企业＋农户”，而是“企业＋企业＋企业”；即由一系列的企业组成，只不过这些企业从事的经营环节不同、行业分工不同，如专门化的肉羊育种场、繁殖母羊饲养场、羔羊育肥场等。随着行业分工越来越细、产业化程度越来越高，农场规模的扩大促进了产业化进程，产业化经营则使羊肉生产要素得到优化组合。

澳大利亚的草地畜牧业也具有高度专业生产、集约经营的特色，而且劳动生产率很高。由于澳大利亚充分发挥了牧羊犬的重要作用，以及农业机械化程度的不断提高，平均每个人可管理100头奶牛或4 000只绵羊。牧场经营规模越来越大，每个牧场拥有的土地和家畜饲养量都有所增加。随着国际市场竞争的加剧，澳大利亚畜牧业已走出一条向集约化、专业化发展之路；并在畜牧业生产发展过程中，形成了高度专业化的服务体系。

5. 重视草地建设

草地养畜是最经济、最直接、最有效的畜产品生产方式，草地畜牧业成为世界草食家畜发展的必然选择。草地畜牧业以草原保护和牧草持续有效利用为前提，并以实现经济、社会、生态三者效益协调与发展为目的。草地建设不仅推动了草地畜牧业的发展，而且可保障这一永久性的计划顺利实施。畜牧业发达的国家无一例外地把草地建设放到了畜牧业

发展的首位。其中，人工草地的迅速发展给草地畜牧业的发展注入了更大的活力。如果人工草地面积占到天然草地的10%，畜牧业生产力就比完全依靠天然草地增加1倍以上。因此，人工草地的数量和质量已成为畜牧业现代化的重要指标之一。

（1）人工草地建设　由于美国采取粮草轮作种植方式（每3～4年轮作一次），不仅提高了土壤肥力，确保了占耕地面积2/3～3/4的粮食作物连年高产，同时也大大促进了美国畜牧业和草产业的发展。苜蓿已经成为美国位于小麦、玉米和大豆之后的第四种作物。2019年，美国苜蓿种植面积达到678万 hm^2，约占全球苜蓿总种植面积的1/3，产量居全球首位，也成为全球最大的苜蓿干草出口国。在国际市场上，美国苜蓿干草的占有率达到50%以上，其中95%以上出口到亚洲地区。荷兰、丹麦、英国、德国、新西兰等国人工草地约占天然草地的60%～70%。新西兰政府根据不同地区、不同条件设计草地建设方案，由国家投资进行毁林烧荒、消灭杂草、建设围栏，并配备人畜用水设施、牧道、草棚等，尔后出售给个人经营。经过100多年的努力，新西兰已建成人工草场910多万 hm^2，约占全国草场总面积的70%；人工草场已全部围栏化，几乎覆盖了整个平原和丘陵。人工草场是一次播种多年使用，通常为70%的黑麦草籽和30%的三叶草籽混播。三叶草喜温暖气候，夏季生长量大，起固氮作用；而黑麦草则在冷凉、潮湿的冬、春、秋三季都能生长。这种科学的混播能使全年草量比较均衡。每公顷人工草场可养羊5～6只，与植被好的天然草场相比，提高了5～6倍。荷兰是一个著名的低地之国，一半国土低于海平面，大部分不适宜农耕，只能用来种植牧草。荷兰扬长避短，通过牧草种植，大力发展畜牧业，畜牧业产值占农牧业总产值的70%左右，成为世界第二大农产品出口国。

草地畜牧业发达的国家十分重视人工草场管理。为了防止草场退化，新西兰每年要用飞机给人工草场施肥1～2次，平均施过磷酸钙或磷钾复合肥150～200 kg/hm^2。在缺乏微量元素的地区，还要加入硼、硫、铜、锌等微量元素肥料，以保证家畜营养的需要。

（2）天然草场管理　尽管草地畜牧业发达国家人工草场的比重很大，但对天然草场也很重视，采取了一些有力保护措施。以新西兰为例，共采取了3条保护措施。

① 根据国家专设的研究机构通过应用遥感监测和实地调查取得的数据，分别确定不同地区的人口密度和家畜数量上限；一旦发现有超载过牧或草场退化现象，立即采取补救措施；情况严重的，将草场收回，由国家畜牧部门统一管理。

② 实行科学轮牧，稳定草场的生产能力。始终坚持“以栏管畜，以畜管草，以草定畜，草畜平衡”的原则。草地种好后都用围栏围起来，全年实行轮区放牧；每个轮牧分区的大小根据地形、草生状况、畜牧场的经营方针等因素确定。不同地区的轮牧周期长短不一，在温暖地区或温暖季节采取短期轮牧，在寒冷地区或寒冷季节采取长期轮牧。短期轮牧时，春季为10～15 d，夏季为20～30 d，冬季为35～40 d。长期轮牧时，春、夏、秋、冬季节分别为21～30 d、35～40 d、60～70 d和80 d以上。通常，先测定草场产草量，再确定放牧的牛、羊数量和轮牧周期。

③ 在给天然草场施肥的同时，补播一些耐贫瘠、竞争力强的豆科牧草，以提高产草量。

总之，在天然草场的管理上，始终把维护草场资源、保护生态平衡放在第一位，而不是把发展牲畜头数放在第一位，即在不损害生态环境的前提下，获得最佳经济效益。澳大利亚被称作“骑在羊背上的国家”，养羊业几乎完全归属于草地畜牧业，围栏轮牧也是该国采用的主要养羊形式。

6. 采用低成本饲养方式

草地放牧是世界绵羊、山羊的主要饲养方式。除育肥羊之外，大部分羊群四季都在草场上放牧，很少补饲。

（1）围栏放牧　建设围栏，看起来投资成本较高，但可以大大降低人力成本，并省去了圈舍建设费用。因此，新西兰、澳大利亚、美国及一些欧洲国家饲养肉羊基本上是采用围栏放牧。新西兰全国围栏总长度达 80.5 万 km 以上，围栏草场占全国草场面积的 90% 以上；2020 年，羊肉产量达到 46.04 万 t，人均生产羊肉近 100 kg。澳大利亚建成了世界上最长的养羊防护墙，全长 5 321 km，从南澳州大海湾向东延伸，经新南威尔士，穿过昆士兰东部，抵近太平洋岸；围墙高 1.8 m，下部是小眼铁丝网，上部是菱形钢丝网，以防止野狗侵袭羊群和保护草场。在围栏内繁茂的草地上，没有棚圈、不需要补饲谷物饲料，羊群可以自由地采食、饮水；无需专人看管，驱赶羊群的工作通常由牧羊犬完成，因此大大降低了人力成本。澳大利亚全国只有 2.5 万人从事养羊业，每个家庭拥有耕地和草地 400～1 000 hm^2。

（2）机械化程度高　在一些发达国家，畜牧业的机械化程度很高。每个家庭牧场都有耕作、播种、锄草、喷药、收获、储藏和运输等农业机械，有的牧场还有草地播种、牧草收割、打捆、青贮、切碎、饲料加工及剪毛等牧业机械。特别是大型家庭牧场，一般生产设施比较完善，作业机械齐全，现代化水平更高。有些牧场已应用剪毛机械进行剪毛，每名剪毛工每天可剪 200～300 只羊的毛。有些大型牧场采用计算机管理系统，通过直升机管理畜群或进行喷药除草、杀虫。

这些国家的畜牧机械产品品种齐全、配套性好。例如，美国约翰迪尔公司牧草机械有 13 个品种 49 个机型；纽荷兰公司现生产 12 个品种 25 个机型，可供各种经营规模的用户选择。

（3）服务体系健全　新西兰政府主管畜牧生产的部门在各地建立了咨询机构，为牧场主在生产技术、经营管理、市场信息、疫病防治等方面提供咨询服务。此外，有各品种协会等民间组织负责种羊拍卖、良种登记、推广新技术，并组织经验交流会、出版有关刊物等。澳大利亚发达的畜牧业不仅来自农民较高的生产率，而且来自各类农民组织和中介组织提供的有效服务。这类组织除了充当农民利益的代言人外，还为农民提供各种生产经营技术服务，帮助农民进行会计核算、了解农产品产销市场行情，与农民签订购销合同等。在澳大利亚，一些基础性和技术性工作，如围栏建设、播种施肥、病虫害防治、牲畜配种和剪羊毛等，都由专门的公司帮助完成。

7. 以家庭农场为主要经营形式

不论是美洲、欧洲，还是大洋洲，家庭农场仍然是农业经济的主体和基本支撑力量，推动着农业经济不断向更高层次发展。其中，德国家庭农场是世界公认的典范。1950 年，一个德国农民只能养活 10 个人；现在，一个家庭农场能养活 140 个人。家庭农场之所以有如此强的生命力，是因为这些国家具有完备的法律体系、高素质的农业人才；例如，位于北美洲的加拿大，有些家庭农场已经实现了智能化，出现挤奶机器人等。据不完全统

计，澳大利亚有各类农场 12.65 万个，年总产值在 2 万澳元以上的大农场占 94%；其中，64%的大农场从事谷物种植业、养羊业、养牛业或兼营其中 2～3 种。不同国家和地域的家庭农场主，根据自己的草场条件选择不同的养殖规模。例如，英国有 7 万多个农场，2020 年绵羊、山羊总存栏量约为 3 280 万只，平均每个农场存栏 470 只左右。

8. 规范羊场卫生管理

规模化畜禽饲养场，每天有大量畜禽粪便及污水产生。如果不能较好地处理和利用，就会造成严重的环境污染。因此，许多发达国家通过立法加以规范化管理；例如，规定每块草地上的家畜饲养数，污水不得排入河流、更不得排入地下，粪便不经无害化处理不得施入耕地。同时，还制定了相应的处罚条例，严格监督。

9. 制定严格检疫检验与扑灭制度

（1）严把进口动物检疫关　20 世纪 80 年代，畜牧业发达的国家就开始进行动物疫病定性风险分析工作，如美国、澳大利亚、新西兰、加拿大；而后，逐渐发展为定量风险分析研究，开发出定量风险分析软件，并应用于进出口动物、动物产品贸易中。例如，动物、动物产品在进入澳大利亚市场前，要由国家农林渔业部生物安全局决定是否进行进口风险分析；如果需要进行分析，国家农林渔业部生物安全局则按程序进行一系列分析，对经分析可安全引进的动物还要经过严格的检疫。因此，澳大利亚的动物防疫、公共卫生和食品安全状况一直保持着国际上“最卫生、最绿色”的佳誉。新西兰对进口动物的隔离检疫也很严格，在南北两个主岛附近的岛屿修建隔离检疫场，对引种动物进行数年的隔离检疫和数 10 次的实验室检测，经过反复检疫合格的动物才能解禁。20 世纪 90 年代，新西兰从南非引进的百余头布尔山羊（Boer Goat），在远离人烟的孤岛上隔离检疫了 5 年。由于动物隔离检疫时间漫长，通常在隔离检疫期间便进行选育工作，解禁后立即打入国际市场。美国将进口动物的隔离场设在远离大陆的梅岛，以及佛罗里达的基韦斯特岛，并根据动物入境口岸及来源国家动物疫情控制程度来指定隔离检疫场所；坚持“分散隔离，统一把关”的原则，即进口动物进入指定隔离场进行隔离检疫，由联邦一级兽医诊断中心（如梅岛国外病研究中心和衣阿华州国家兽医服务中心）担负进口动物疫病的检疫任务。美国对进口动物的隔离检疫程序多、时间长、要求严格。进口动物前，美国会先派遣检疫人员到出口国进行预检，对待出口动物进行农场期检疫，通过临床检疫和实验室血清学诊断筛查阳性动物；如果得到检查是阴性的报告，再把动物运到出口国口岸隔离检疫 45 d，动物健康状况良好才能启运出口；再在美国的入境口岸隔离观察 30～45 d，并进行第二次采血送实验室检疫；第二次检验合格后，立即运送到佛罗里达基韦斯特岛上的隔离场隔离观察 5 个月以上。动物隔离检疫期满后，还不是完全意义上的解禁，还要跟踪调查数年；一旦发现问题，随即采取隔离、扑杀等应急措施。对于联邦一级兽医诊断中心检疫合格的动物，各州均有权根据本州制定的法规进行疫病检测或再次隔离检疫。

（2）建立动物标识及疫病可追溯体系　一方面，通过标识编码、数据查询、识别身份，可实现动物及其产品从“农场到市场”的全程安全监管。目前，欧盟、美国、日本等国已建立了食品质量安全追溯系统。美国的行业协会和企业建立了自愿性可追溯系统，由 70 多个协会和 100 余名畜牧兽医专业人员组成了家畜开发标识小组，共同参与制定家畜标识与可追溯系统。从 2002 年起，欧盟所有店内销售的畜产品都有可追溯标签，标签必须包含动物出生地、育肥地、屠宰厂、分割包装厂等信息。从2001年起，日本在肉牛生产供应体系中全面引入信息可追踪系统；在发现外来疫病时，便能在48 h内确定所有与其直接接触的企业，及时扼制疫情；另一方面，消费者可通过互联网输入包装盒上的动物身份号码，获取所购买牛肉、羊肉的原始生产信息。

（3）建立重大动物疫病扑杀补贴制度　重大动物疫病具有致病性强、治愈性难、流行性大、易感性烈、人畜共患性强等特点；如不能及时控制往往会呈大流行趋势，会给畜牧业造成严重损害，并严重损害消费者的健康，还可能引发大规模的公共卫生危机。为了避免疫情的扩散，一般都要扑杀疫区范围（疫点周围3 km半径所覆盖的区域）内的所有动物，并实施消毒、掩埋或焚毁等处理措施。对于被扑杀的动物按照当时的市场价格给予补偿，各国补偿的标准和补贴对象略有不同。在欧盟，补贴由欧盟和各国政府共同承担；一般先由各国政府按规定对农民进行补偿支付，然后再凭借各种凭证接受欧盟的转移支付。一般情况下，欧盟支付为农民补贴的60%～70%，各国政府则支付剩下的30%及防疫费用。韩国会将距疫情发生地3 km之内的地区确定为危险区，10 km之内地区确定为警戒区，20 km之内地区确定为特别管理区；并扑杀危险区内所有动物（包括确诊病畜、疑似病畜和健康畜禽），政府按照市场价格给予100%补偿。在荷兰和丹麦，政府不仅要承担扑杀健康动物100%的损失，同时还要负担20%的空场补贴。由于建立了严格的动物疫病检测与扑杀补贴制度，澳大利亚曾历时22年，耗资7.5亿澳元，最终消灭了牛布鲁氏菌病和结核病。新西兰用20多年时间消灭了动物疥癣病，而后从来没有发生蓝舌病、口蹄疫、水疱性口炎和羊痘。

10. 发展合作组织

在发达国家，农业合作社已成为其他组织无法取代或不能完全取代的重要经济力量，在提高农民组织化程度、保护农民利益、增加农民收入、促进农业发展、加速农业现代化进程等方面起着举足轻重的作用。在法国的73万个农场中，绝大多数农场主参加了产前、产后流通领域的合作社；德国几乎所有农户都是合作社成员；绝大多数荷兰农民至少是3～4个合作社的成员。合作社是农民自愿联合、民主管理的互助性经济组织，可采取多种形式为社员提供农业生产的产前、产中、产后各环节生产资料和技术服务。合作社不同于协会，但可逐渐形成以服务为导向的行业协会。

11. 有计划发展

在国际羊产品市场价格波动较大时，政府通过立法控制畜产品的销售价格和实行补贴，以此调节生产，保证牧场主生产和收入的相对稳定性。

第二节　我国肉羊生产现状

一、基本情况

1. 中国是一个养羊大国

不论是绵羊还是山羊，中国的存栏量都居世界第一位。2011—2020年，中国绵羊存栏量增加了2 700多万只，山羊减少了740多万只。2020年，中国绵羊、山羊存栏量达到30 654.78万只；其中，绵羊17 309.53万只、山羊13 345.25万只，分别占56.47%和

43.53%。中国绵羊、山羊存栏量占世界绵羊、山羊总存栏量的12.82%，其中绵羊占13.70%、山羊占11.83%。

2. 中国是一个羊肉生产大国

中国羊肉产量现居世界第一位。2020年，中国羊肉总产量达到505.27万t，占世界羊肉总产量的31.52%。其中，绵羊肉产量为274.68万t，占世界绵羊肉总产量的27.79%，占国内羊肉总产量的54.36%；山羊肉产量远高于其他国家，达到230.59万t，占世界山羊肉总产量的37.54%，占国内羊肉总产量的45.64%。

3. 中国羊肉生产水平高于世界平均水平

2020年，中国出栏肉羊32 871.73万只，占世界出栏羊总量的30.28%。其中，出栏绵羊17 685.17万只，占世界绵羊出栏量的29.95%；出栏山羊15 186.57万只，占世界山羊出栏量的30.67%。2022年，中国绵羊、山羊出栏率为107.23%，其中绵羊出栏率为102.17%、山羊为113.80%，分别比世界绵羊、山羊出栏率高出55.42个百分点和69.91个百分点。

2020年，中国出栏绵羊、山羊的平均个体产肉量为15.37 kg，比世界平均水平高0.61 kg。其中，绵羊个体产肉量为15.50 kg，比世界平均水平低1.20 kg；山羊个体产肉量为15.20 kg，比世界平均水平高2.80 kg。

4. 中国是一个羊肉消费大国

中国饲养了占世界总存栏量12.82%的绵羊、山羊，生产了31.52%的羊肉，为世界上18.47%的人口提供羊肉。按理说，可以实现自给自足。但随着居民生活水平的提高，羊肉由原来的季节性消费转向日常消费；特别是在夜市经济和外卖餐饮的兴起，拉动了羊肉的消费需求。一方面，羊肉不仅是我国城乡居民重要的食品，也被看作最佳冬季补品。中医认为：羊肉味甘、性温，入脾、胃、肾、心经，是助元阳、补精血、疗肺虚、益劳损、暖中胃之佳品。《本草纲目》上记载："羊肉能暖中补虚，补中益气，开胃健身，益肾气，养胆明目，治虚劳寒冷、五劳七伤"。因此，随着人们生活水平和保健意识的提高，对羊肉的需求量越来越大。另一方面，我国是世界上拥有信仰伊斯兰教民族最多的国家，有回族、维吾尔族、哈萨克族、柯尔克孜族、东乡族、撒拉族、塔吉克族、乌孜别克族、保安族、塔塔尔族10个民族约2 300多万人。羊肉是伊斯兰民族不可替代的主要食品之一。鉴于以上多种原因，我国羊肉的市场缺口从2012年的11.9万t增至2020年的36.5万t。

5. 中国是一个羊肉进口大国

2020年和2021年，中国分别进口羊肉36.50万t和41.10万t，主要来自新西兰、澳大利亚，还有一部分来自乌拉圭、智利、阿根廷、塞尔维亚和冰岛等国。中国羊肉的出口量很少，仅为0.1万～0.2万t。

二、采取的主要发展措施

1. 推行舍饲

养羊业本属于草地畜牧业，羊群在天然草地上可以自由摄取所需要的各种营养。随着我国北方大部分地区生态环境严重恶化，草场严重退化、甚至沙化，每百亩草地载畜量仅为5个羊单位；而美国是33个羊单位，新西兰是77个羊单位。因此，为了保护脆弱的生态环境，不得不选择舍饲。

2. 重视种质提升

为了提升国内绵羊和山羊质量，我国早在1904年就开始从国外引种。自1995年以后，引种工作进入如火如荼阶段，先后引进了夏洛莱羊（Charollais）、萨福克羊、无角陶赛特羊、特克赛尔羊、德国肉用美利奴羊（German Meat Merino）、杜泊羊（Dorper）、澳洲白羊（Australian White）和布尔山羊等10余个肉用绵羊、山羊品种。这些品种对我国地方品种产肉性能的改进及肉羊产业的发展起到了积极的推动作用。与此同时，还积极开发、利用和提升国内优质资源，培育更具优势的肉羊父本和母本新品种。

3. 建立示范模式

我国广大肉羊养殖区不仅注重示范场、示范户和示范基地建设，还建立了很多生产模式。例如，周占琴等人在分析总结了制约舍饲肉羊养殖效益的主要制约因素的基础上，建立了“461”肉羊高效生产模式。“461”是指四高、六早、一全。四高：饲养高繁殖力母本羊，利用高效杂交组合，提供高营养饲料，推行高度机械化饲喂技术；六早：羔羊早开食、早断奶、早上市，母羊早选育、早配种、早淘汰；一全：羊群（尤其是育肥羊群）饲喂全混合日粮。由于该模式充分利用了肉羊的“黄金”生长与繁殖年龄段，使其生产潜力得到最大限度发挥，大大缩短了肉羊生产周期，提高了羊肉质量，为解决规模舍饲肉羊养殖效益低下问题找到突破口，受到肉羊养殖场（尤其是规模羊场）的欢迎。

4. 重视养殖设施的改善

为了降低人力成本，提高养殖工作效率，很多羊场和大户不仅购进了不同规格的全日粮饲料搅拌机或中小型撒料机；而且在圈舍建设时非常重视送料车道的硬化与拓展、环境卫生保障与保暖条件建设，如对羊舍屋顶加盖阳光板，以提高冬季舍内温度。

5. 重视饲养管理技术的改进与推广

舍饲是配合国家生态环境治理政策实施所采取的积极措施。舍饲不仅是肉羊短期育肥的主要形式，而且成为广大农区和部分牧区繁殖羊、育成羊及羔羊养殖方法的必然选择。因此，我国的肉羊舍饲不同于其他国家纯粹的短期育肥，而是一场应对高成本、高污染、高投资的攻坚战，对技术提出了更高要求。目前，我国各地已经总结出许多经验和技术，如塑料暖棚饲养技术、羔羊直线育肥技术和全混合日粮饲喂技术等；甚至，有些地方已形成了适合当地特点的肉羊舍饲养殖技术体系。但困难和问题还很多，尤其是高饲养成本问题，需要广大养羊工作者的不懈努力。

6. 重视高效繁殖育种技术的应用

目前，在我国肉羊产业发展中被推广、利用并已起到积极作用的高效繁殖技术包括人工授精技术、同期发情技术和胚胎移植技术等。人工授精技术的应用与推广，尤其是腹腔镜人工授精技术，使优秀公羊的年配种能力由30～50只提高到1 000～2 000只；同时，精液冷冻技术将公羊的精液保存期延长到几年乃至十几年，而且打破了鲜精配种时的地区限制，实现了公羊跨地区、跨国度配种。同期发情技术的应用，实现了母羊集中配种和羔羊批量生产的目的。胚胎移植技术使优秀母羊的利用效率提高几十倍。

7. 推行饲料调制与加工技术

精饲料配合技术和饲料青贮技术已在国内被普遍应用和推广，今后的任务主要是改进和提高粗饲料的利用率。

8. 走产业化发展之路

我国肉羊产业化的基本形式是企业+农户+市场。首先发展龙头企业实体，再用企业的经营模式和效益来示范和引导千家万户，组织相对集中连片的肉羊生产基地，不断推进专业化、规模化和集约化发展。同时，建立加工、销售体系，使肉羊产业的产前、产中、产后各环节能在协调与启动中实现稳定链接。

第三节 羊肉的市场需求与前景

一、国际市场羊肉需求与前景

1. 国际市场羊肉需求

虽然人们的食物品种千变万化，但肉、蛋、奶和粮食始终是构成人们食物的主原料。营养价值高、保健功能好的羊肉市场前景始终看好，而且未来市场对羊肉质量的要求会更高。国际羊肉市场总的需求趋势是自然化、优质化、均一性好、来自享受动物福利羊群的羊肉。

(1) 自然化 欧洲消费者已经不愿意购买以现代方式生产的畜产品，而纷纷争购自然畜产品。因此，欧洲正全面兴起自然畜牧业的浪潮，出现了自然畜牧业农场数增加、自然畜产品产量增加和自然畜产品的销售收入迅速增加的现象。同时，市场机制正引导现代畜牧业向自然畜牧业发展，即现代畜牧业将加速向可持续的自然畜牧业过渡。这对我国畜牧业的发展提出了新的挑战。

(2) 优质化 具有以下特点的羊肉为优质羊肉。

① 营养价值高。随着生活水平的提高，人们要求所购买的肉品具有高蛋白质、低脂肪，并适合各种烹调方法。因此，羔羊肉将受到人们的普遍欢迎。而肌肉纤维粗、脂肪含量高、膻味大、不适合快速烹调的成年羊肉在市场的空间会越来越小。

② 口感好。一般说来，多汁鲜嫩、膻味小、瘦肉率较高的羔羊肉口感优于普通成年羊肉；同时，如果肌间脂肪含量太低，羊肉色泽变深，烹调后嫩度与香味下降。因此，羊肉不是越瘦越好。

③ 卫生。卫生的羊肉是指无污染、无残留、对人体健康无损害的羊肉，即无公害羊肉。来源有3个：一是在无任何污染的天然草场生产的羊肉；二是由采食无污染草地牧草母羊所繁殖与哺育的羔羊肉，尤其是哺乳期的羔羊肉（全乳型羔羊肉）；三是在补饲或舍饲条件下，按无公害生产要求饲喂添加作用强、代谢快、无残留药物和添加剂饲料的羊肉。

④ 表观评分高。表观评分主要是对胴体评分，要求肌肉发达、全身骨骼不突出、有光泽、色鲜红或深红、脂肪乳白色或浅黄色，以及有弹性，指压后的凹陷可立即恢复。各国对羊肉表观评分的方法也不尽相同。例如，美国市场对理想型羔羊肉的要求是，胴体重20～25 kg，眼肌面积不小于16.2 cm^2，十二肋骨处脂肪层厚度不小于0.5 cm、不大于0.76 cm；修整后，肩、胸、腰、腿切块占胴体重的70%。新西兰对理想型羔胴体的要求是，平均重量15 kg，脂肪含量24%，眼肌面积11 cm^2。

（3）均一性好　由于大部分羊肉都通过零售商或快餐行业来销售，他们对羊肉切块都有严格要求。整齐的胴体才能分割成均一的切块，因此，胴体大小与外观整齐度是商品羊肉重要的市场指标。

（4）来自享受动物福利的羊群　2004 年，世界动物保护协会提出，动物应有不受饥渴、不受痛苦（包括伤害和疾病）、享受舒适、享有生活无恐惧和悲伤感、享受表达天性的自由。这一倡导不仅得到大多数国家的认可和落实，欧盟国家还制定了一系列动物福利法案和实施细则。例如，要求农场动物（包括羊）在运输过程中，得到充足的饮食和休息时间；如果动物出现患病、受伤等现象，必须停止运输。屠宰场要远离动物，并实施单独屠宰。2002 年，美国还启动了“人道养殖认证”标签；其作用是向消费者保证，该产品的生产过程符合文雅、公正、人道的标准。因此，一切在饲养、繁殖、运输过程中未能享受动物福利，以及遵守相关规定的动物很难进入国际市场，尤其是欧美市场。

2. 国际羊肉市场前景

目前，国际羊肉市场具有两大特点：一是羔羊肉占主导地位；二是以销售绵羊肉为主。市场销售的羊肉以胴体重 25～26 kg 的绵羊肥羔肉为主，以胴体重 15～20 kg 的 4～6 月龄绵羊肥羔最受欢迎。欧盟、美国和日本进口的羊肉也以高档肥羔肉为主。

山羊肉脂肪和胆固醇含量低、蛋白质含量高，属于红肉类，也属于健康食品。发达国家很少消费山羊肉，他们所生产的山羊肉几乎全部出口到中东及亚洲国家，如澳大利亚山羊肉出口量占生产量的 98.62%；而发展中国家生产的山羊肉基本上被当地居民消费掉，不像其他肉类那样通过市场出售。

由于，国际市场对羊肉卫生质量要求很高，而且对我国肉食品设置了很多贸易堡垒，所以我国羊肉很难打入国际市场；只有少量羊肉出口到我国港澳地区及俄罗斯和中东地区，出口价格也相对较低。

二、国内市场羊肉需求与前景

1. 国内市场羊肉需求

一方面，国内市场对羊肉质量的要求越来越高，要求羊肉必须具备营养价值高、口感好和卫生无污染等特点。因此，羔羊肉最受欢迎，尤其是 3～4 月龄的绵羊小羔肉和 5～6 月龄山羊肉。为了满足市场需求，科技工作者通过选择品种、杂交改良、改进饲养方法、推行母羔卵巢摘除和直线育肥技术等措施，增加羊肉肌间脂肪含量，提高羊肉的嫩度和香味，取得了明显的效果。另一方面，超市功能的多样化和全面化对羊肉产品提出更高的要求。超市销售已成为中国最具潜力的流通方式，而且正逐渐取代农贸市场和个体商贩，在农产品零售业中占据统治地位。大部分人走进超市去购买“放心羊肉”，并希望在短时间内完成购买活动。因此，进入超市的羊肉不仅要有一定供应量，而且要求表观整齐一致、质量稳定。

2. 国内羊肉市场前景

国内羊肉市场需求旺盛，短期内不会出现滑坡现象。总结有以下 6 个原因。

① 羊肉消费水平低。2021 年，我国羊肉总产量为 514 万 t，人均占有量仅为 3.6 kg。与发达国家相比，仍有很大差距。

② 人们的消费观念和保健意识不断提高。随着生活水平的提高、保健意识的普遍提高，人们不仅关心食品的口感和营养价值，而且关注食品的卫生和保健功能。因此，具有食疗和保健功能的低胆固醇、高蛋白、清洁、无污染羊肉受到人们的普遍欢迎。

③ 羊肉是伊斯兰民族不可替代的主要食品。

④ 羊肉成为旅游景点的一张名片。不论是在中国的北方还是南方，羊肉常常作为特色食品被推上餐桌，如西安的羊肉泡馍、内蒙古的烤全羊和新疆的手抓羊肉已经享誉海内外，前往旅游的人几乎都会品尝此类美味佳肴。

⑤ 人口城市化拉动了羊肉的需求。人口城市化不仅仅限于户口的变化，随之而来的是生产方式、生活方式和生活质量的变化。人们的消费行为具有强烈的“模仿”和追求更高生活水平的倾向；新城镇居民也会走进超市、购买更具营养的食品，从而带来羊肉消费需求的扩张。如果城镇人口年增长率按1%计，新增居民按每人每年多吃1 kg羊肉计，羊肉的年消费需求就会增加0.84万t。可见，人口城市化是我国羊肉需求量增长不可忽视的重要因素。

第二章 实现我国肉羊产业健康发展的战略措施

与其他主要畜禽产业相比，我国肉羊产业生产水平不高，养殖收益较低，在很多方面还需要改进与提高。同时，由于放牧条件的限制，不能照搬肉羊发达国家的饲养模式，而要根据国内不同地域的生态条件和资源条件探索出更切合实际的技术和方法，实现肉羊产业的持续发展。

第一节 市场与决策

一、直面市场

生产者、消费者与市场之间的关系是一种互惠关系，也是一种相互制约的关系。消费者的消费行为和需求会对市场提出更高要求，促进市场的发展；而市场可以通过营销策略影响消费者的选购计划与行为，甚至改变人们的生产方式与消费模式。对于肉羊产业来说，首先，要以消费者的需求为导向，生产出更多消费者所需求的优质羊肉；其次，通过不断创新技术与模式，提升羊肉产品质量，吸引更多的人消费更优质的羊肉，让优质羊肉产品能以合理的价格走进千家万户。为了达到这个目的，我们需要改变羊肉生产策略，实现成年羊肉→肥羔→优质羔羊肉的转变，生产出瘦肉型羔羊肉、无抗羔羊肉。

二、理性决策

养殖前的决策直接关系着生产者的经营成败，一定要借鉴前人的经验、调查产业发展现状、分析未来市场走向，不能凭借一腔热血和满怀激情贸然行动。

（一）明确经营方向

在对肉羊和羊肉的市场需求量、消费群体、产品结构、销售渠道、竞争形式等调查研究的基础上，对未来一定时期和一定范围内肉羊和羊肉的市场供求变化趋势作出估计和预测。市场预测的主要内容包括肉羊和羊肉的市场需求量、销售量、价格波动周期、市场占有率等。例如，通过调查和预测，得知未来 3～5 年内羔羊肉是羊肉市场上的主导产品，而且市场空间很大，就应当及时调整计划、转变生产方向，以及充分挖掘和利用资源优势，组织力量发展羔羊肉。

（二）对利润目标进行评估

可以说，所有生产者都在追求最大化利润目标，也是在追求实际目标，即生存目标、双赢目标和可持续发展目标。首先，生产者要考虑的是自己是否能够生存，即生存目标；其次，要考虑双赢目标，不能只顾自己赚钱，要让自己的上下游也赚钱；最后，要考虑可持续发展目标，即在稳中求发展。但目标需要获得市场认可，即市场对羊产品的质量和价格、成本和利润都可接受。

（三）对经营规模作出决策

经营规模的大小应当依据资金、技术、管理水平、劳动力、设备及市场等因素和条件来决定。在不同环境条件下，相同的肉羊经营规模可取得的效果是不同的。也就是说，规模与收益之间不是绝对的正比例关系。对一个生产者来说，适宜规模是一个相对概念，会随着科技的进步、饲养方式的改变、经营管理水平的提高、资金和市场状况的改进及社会服务体系的完善而发生相应的变化。

（四）对饲养方式作出决策

各生产者应根据饲料来源、环境条件、羊群规模、技术水平等对肉羊的饲养方式作出选择，或放牧，或舍饲，或放牧加补饲。

第二节　战略规划与形势分析

一、编制战略规划

战略规划是发展的先导，是一种比较全面而长远的发展计划。不论是养殖企业还是家庭牧场，都必须作好发展战略规划。没有战略规划的发展就像开始了一次没有导航的远行，不仅会面对诸多挫折与困难，还可能会陷入进退两难的境地！

战略规划包括近期规划、中长期规划和远期规划。但对一般生产者来说，外界因素变化较大，只需要作好3～5年的近期规划。

（一）战略分析

对生产者及其所在的内外环境进行剖析，为战略目标的制定提供数据支撑。

1. 外部环境分析

通过对外部环境因素进行调查、研究、分析，评判这些因素对产业的影响是全局的还是局部的？是动态的还是静止的？是现在的还是将来的？

（1）了解政策对产业的支持情况　国家和地方政府计划和支持发展的产业有哪些？有哪些支持措施与政策红利？

（2）了解社会经济发展对产品需求的影响　例如，随着城镇化的发展、城市人口增加和人们生活水平和消费观念的变化，羊产品的需求会发生什么变化？优质羊产品（尤其是无抗羔羊肉和羊奶）的需求量会不会增加？

（3）了解科学技术对产业的影响　随着品种的更新、养殖技术与模式的创新，肉羊规模舍饲养殖效益会不会得到提升？

（4）了解市场对产品的需求　对市场的容量、充盈度、输入渠道和可输入性进行仔细分析与判断。

2. 内部环境分析

① 分析生产者现有的业务范围、产品生产能力及市场竞争能力。

② 分析自己的核心技术和产品是否会被复制或取代？是否能长久保持？

③ 分析生产者的营销、财务、生产、研发等是否配备？配备是否合理、有效？

3. SWOT分析

SWOT分析，即态势分析；就是将所发展产业的主要内部优势、内部劣势、外部机会和外部威胁（风险）列举出来，进行系统分析，并提出利用和规避措施，最后得出决策性的结论。

（二）战略定位

（1）发展方向定位　饲养绵羊还是山羊？饲养肉羊、奶羊或绒毛羊？

（2）经营范畴定位　饲养种羊还是商品肉羊？

（3）经营方式定位　采取独立经营还是合作经营（公司＋公司或公司＋农户）？

（4）经营规模定位　明确各时间段的存栏量和出栏量。

（5）带动区域定位　辐射带动的区域、范围和措施。

（6）产品类型定位　计划生产什么产品，种羊、商品肉羊或羊肉产品？如果生产羊肉，计划生产普通羊肉、肥羔肉、乳羔肉或无抗羔羊肉？

（7）市场定位　计划开发省内市场还是国内市场？开发大型超市或农贸市场？

（三）战略目标

战略目标分为总体目标和经济目标。总体目标是生产者未来5年要达到的宏观目标。经济目标是指具体经济指标要达到的目标，如规模、收入、成本、利润、资产负债率等及每年增长的比例。经济指标是战略目标的核心，需要预设各种条件进行测算。

（四）业务及职能战略规划

依据总体战略目标，对各项业务（如种羊培育、肉羊生产）进行战略规划，制订出各阶段的具体发展计划。其中，第一阶段的目标及措施要细化到年度或季度，其他阶段进行滚动式制订。

职能战略规划主要是指为保证业务板块的高效运转和目标实现，明确各部门要做的事情、要得到的结果及相关的责任和期限。在职能战略规划中，要建立资金管理体系、人力资源管理体系、组织体系、生产制度与流程，以实现生产过程规范化、标准化和流程化。

（五）财务分析

1. 投资预算

（1）固定资产投资　土地租赁、羊场建设、羊只购进等费用。

（2）流动资金　饲料、人工、保健管理等方面的开支。

（3）其他不可预见的开支　管理、培训、圈舍维修、会议交流等方面的开支。

2. 资金来源

明确自筹、贷款或引资额度，以及偿还计划（包括偿还时间、额度和方案）。

3. 预期收益率

预期收益率也称为期望收益率，是指在不确定的条件下，预测一种资产投资或经营活动未来可实现的收益率。对于生产者来说，可将本区域相同产业近3～5年收益率的平均

值视为预期收益率。

（六）实施方案及保障措施

1. 实施方案

明确具体产业的发展目标、技术指标、实施地点、实施方法、发展进度、人员分工、经费安排、经济与社会效益等。规模养殖场要先绘制出总体布局图、建筑结构图，并做好建设进度安排。

2. 保障措施

明确生产和经营过程所需资源（饲料、资金、技术、市场等）的供给和管理方法，确保企业健康发展。

二、成本管理

成本管理就是对产品生产成本进行预测、计划、控制、核算和分析等，是生产者管理工作的主要组成部分。其目的是用尽可能少的投资换取最大的经济收益。

（一）编制成本计划

成本计划是生产者进行成本控制、成本核算、成本分析的依据；主要作用在于增强预见性，减少盲目性，有计划地降低成本。

1. 生产费用计划

按照生产要素来确定产品的生产耗费，编制生产费用计划。

2. 饲养成本计划

按照成本项目确定产品的生产耗费，编制每只羊的饲养成本计划和全部羊的饲养成本计划。

3. 控制成本计划

在肉羊生产经营活动中，对构成成本的每项具体费用的发生和形成进行严格的监督、检查和控制，把实际成本限定在计划规定的限额以内，以达到全面完成计划的目标。成本控制可分为 3 个阶段。

（1）计划阶段　确定成本控制目标。

（2）执行阶段　用计划阶段确定的成本控制标准来控制成本的实际支出，并将成本实际支出与成本控制标准进行对比，及时发现偏差。

（3）考核阶段　将实际成本与计划成本进行对比，分析研究发生成本差异的原因，查明责任归属，评定和考核成本责任部门或责任人业绩，修正成本控制的设计和成本限额，为进一步降低成本创造条件。

（二）成本核算

成本核算是生产者管理工作的中心。通过对成本的核算，分析各种开支的增减，可以及时掌握某一时期内成本提高或降低的原因，积累控制成本的经验，实现不断降低成本的目的。

生产成本一般分为固定成本和可变成本两大类。固定成本由固定资产（如圈舍、饲养设备、运输工具、动力机械及生活设施等）折旧费和土地税、基建贷款利息、管理费用等组成。可变成本即流动资金，如购买饲料、药品、疫苗、燃料、水电、易耗品的支出及人员工资等。

以肉羊场为例，生产成本一般由下列项目构成。

（1）草料费　指羊群实际消耗的各种草料（包括饲草、青贮料、精饲料、添加剂等）费用及其运杂费等。

（2）人员工资　指直接从事养羊生产人员的工资、奖金、津贴和福利等。

（3）防疫治疗费　指用于防疫和治疗所用药品、疫（菌）苗、消毒剂的费用及疫病检验费等。

（4）固定资产折旧费　指房屋、设备等固定资产基本折旧费。房屋的折旧年限，砖木水泥结构一般为 15 年，土木结构一般为 10 年。设备折旧，如饲料加工机械等一般为 5 年，拖拉机、汽车等一般为 10 年左右。固定资产修理费一般按折旧费的 10%计算。

（5）燃料水电动力费　指直接用于生产的燃料、水电、动力费等。

（6）种羊摊销费　指直接用于繁殖的种羊自身价值在生产中消耗而应摊入生产成本的部分。种羊摊销费＝种羊原值—种羊残值。

（7）易耗品费　指低值的工具、劳保用品、材料等易耗品的费用。

（三）生产技术指标分析

生产技术指标是反映生产技术水平的量化指标。通过对生产技术指标的计算分析，可以反映出生产技术措施的效果，以便不断总结经验、改进工作，进一步提高肉羊生产技术水平。

（1）受配率　表示本年度内参加配种的母羊数占羊群内适龄繁殖母羊数的百分率，主要反映羊群内适龄繁殖母羊的发情和配种情况。

$$受配率=\frac{配种母羊数}{适龄母羊数}\times 100\%$$

（2）受胎率　指本年度受胎母羊数占参加配种母羊数的百分率。受胎率又分为总受胎率和情期受胎率两种。

① 总受胎率指本年度受胎母羊数占参加配种母羊数的百分率，反映母羊群受胎母羊的比例。

$$总受胎率=\frac{受胎母羊数}{配种母羊数}\times 100\%$$

② 情期受胎率指在一定期限（一个情期）内受胎母羊数占本期内参加配种的发情母羊数的百分率，反映母羊发情周期的配种质量。

$$情期受胎率=\frac{受胎母羊数}{情期配种母羊数}\times 100\%$$

（3）产羔率　指产羔数占产羔母羊数的百分率，反映母羊的妊娠和产羔情况。

$$产羔率=\frac{产羔数}{产羔母羊数}\times 100\%$$

（4）羔羊成活率　指在本年度内断奶成活的羔羊数占出生羔羊数的百分率，反映羔羊的抚育水平。

$$羔羊成活率=\frac{成活羔羊数}{出生羔羊数}\times 100\%$$

（5）繁殖成活率　指本年度内断奶成活的羔羊数占适龄繁殖母羊数的百分率，反映母羊的繁殖和羔羊的抚育水平。

$$繁殖成活率=\frac{断奶成活羔羊数}{适龄繁殖母羊数}\times100\%$$

（6）肉羊出栏率　指当年肉羊出栏数占年初存栏数的百分率，反映肉羊生产水平和羊群周转速度。

$$肉羊出栏率=\frac{年度内肉羊出栏数}{年初肉羊存栏数}\times100\%$$

（7）增重速度　指一定饲养期内肉羊体重的增加量，反映肉羊育肥增重效果。一般以平均日增重（g/日）表示。

$$增重速度=\frac{一定饲养期内肉羊增重}{饲养天数}$$

（8）饲料报酬　指投入单位饲料所获得的畜产品的量，反映饲料的饲喂效果。一般用料重比、料肉比来表示。

（四）成本分析

成本的高低是衡量生产者经营管理效果的综合指标。成本分析指根据成本报表提供的数据，结合计划等资料，运用对比分析法，着重分析成本构成变化及成本升降的原因。

1. 成本结构分析

首先对会发生的成本结构（如饲料、药品、疫苗、燃料、水电、易耗品和人员工资等各项支出的比例）进行计划，然后将实际总成本及其构成要素与计划总成本及其构成要素进行对比，分析计划成本控制情况、各项成本费用增减变化和影响因素。

2. 盈亏临界线分析（又称保本点分析）

在生产者的经营管理中，想要争取盈利、增加收益，往往需要预先知道自己每年最低限度需要生产或销售多少产品才能保证成本或盈利，即预先知道盈亏临界线。盈亏临界线分析的实质是考核经营是否盈利的产量（销售量）的转折点，确定盈亏临界线首先要计算产品成本。

如果出售价格高于成本，生产者就有盈利；否则，就要亏损。通过对成本分析，及时掌握盈亏情况，以便生产者根据市场变化快速作出决策。

（五）利润分析

从产品销售收入中扣除生产成本就是毛利润，毛利润再扣除销售费用和税金就是利润。利润分析指标包括利润额和利润率。

利润额=销售收入－生产成本－销售费用－税金±营业外收支差额

利润率是将利润与成本、产值、资金对比，从不同角度说明问题。

$$资金利润率=\frac{年利润总额}{年平均占用资金总额}\times100\%$$

年平均占用资金总额=年流动资金平均占用额+年固定资产平均净值。

$$产值利润率=\frac{年利润总额}{年产值总额}\times100\%；$$

$$成本利润率=\frac{年利润总额}{年成本总额}\times100\%$$

三、做好年度营销形势分析

（一）宏观环境分析

了解国内的经济形势和政策方向，如国家刺激消费增长的政策、鼓励行业发展的政策、国民收入增减状况及重大事件的发生等。这些因素均可能影响产品的市场购买力。

（二）行业发展趋势分析

分析产品的市场容量和市场特征。通过对市场产品需求情况、价格增减情况、行业竞争特点等调查，预测出未来2～3年的行业发展趋势。

（三）产品发展趋势分析

产品发展趋势分析是对消费需求趋势的分析。在调查了解购买者对产品内部性质（如肉羊的品种、生产性能、适应性等）、外部形态（如肉羊的体型结构、毛色等）和市场表现（如销售方式和渠道）的基本要求的基础上，制订出销售计划。

（四）竞争形势分析

通过与竞争对手营销活动各个环节的详细对比，发现与竞争对手之间的差异，从而对自身的营销活动进行针对性调整，以赢得竞争优势。

（五）发展状况分析

（1）强势分析　主要从营销组织、管理、资源、产品、价格、销售、品牌等各方面，分析自身具备哪些强项可以与竞争品牌抗衡。但要注意实事求是，避免主观性和自我取悦。

（2）弱势分析　主要从上述各方面分析自身的弱项，以便有针对性地进行改造。

（3）机会分析　主要从行业环境变化和竞争品牌的市场盲点中挖掘。其难点在于生产者往往很难将自己认为的机会转化为实实在在的竞争优势或利益，这就需要决策者能冷静地思考和客观地判断。

（4）威胁分析　分析竞争品牌给自己造成的压力，将自身与竞争品牌在各个环节进行详细对比，从威胁中发现竞争品牌的弱势，把握改变局势的机会。

第三节　决　　策

一、选择适度规模

（一）家庭牧场

在我国肉羊生产中，家庭牧场是最赚钱、最稳定的养殖形式，成功的例证很多。这种养殖形式不仅在将来很长时间内不会消失，而且会更加成熟和壮大。中央一再强调：要突出抓好家庭农场，鼓励发展多种形式适度规模经营；实施家庭农场培育计划，把农业规模经营户培育成有活力的家庭农场。

（二）规模养殖

1. 规模养殖的概念

（1）规模养殖应有一个“度”　这个“度”的标准就是一位生产者能够提供的生产资料（人力、物力、资金、技术等资源）的最有效组合。例如，一个可容纳1 000只羊的羊场只养了100只羊，势必造成投资成本的增加和劳动时间、生产资料（如场舍资源）的浪费。如果在各种条件或者某一种条件不具备的情况下，突然扩大规模，即使后续不断补充条件，也不能完全避免失败。例如，圈舍狭小，突然增加饲养量，往往会导致疾病暴发。因此，规模养殖是以一定的投入为前提的。

（2）一个规模羊场就是一个工厂　规模羊场须运用企业经营理念与管理方法，对每一个生产环节都要预先进行评估或预算，并制定严格的生产规范与流程。

（3）规模养殖不仅仅是以单个饲养单位为对象　规模养殖应当以区域经济为对象，求得各经营单位、行业、产业之间的合理组合，充分发挥各自优势，取得总体规模效益。规模养殖的本质是畜牧生产力水平和生产社会化程度的反映，其规模及结构取决于科技水平、投资能力、劳动手段水平、原材料可供量及市场容量。

（4）规模养殖要求各生产要素为优化组合　一种产业必然要由不同的生产要素构成。例如，肉羊的养殖要素是羊、饲料、劳力、资金、技术、设施等。一定规模的产出必须以一定的物质投入为前提条件。在一定时期内，产出的总量必须符合市场的需求总量。规模是否经济合理，还要看整个产业的质量、结构和平均消耗。规模只是为生产提供了一个条件，还须加强管理、提高技术、充分发挥劳动者的积极性，规模养殖效益才能真正发挥出来。

（5）规模养殖的核心是降低成本　规模越大，各生产要素对产出影响也越大，各生产要素配合、组成越复杂，相应的自然风险、社会风险及市场风险也越大。因此，规模养殖也是一种风险经营。

2. 规模养殖的特点

（1）有利于转变经济增长方式　在单家独户小生产格局下，生产者因受到信息、技术、销售等方面的制约，一般很难顺利进入市场，产品无法及时变为商品。规模化可以打破社区界限，建立多种形式的联合体，有较好的条件便于采用先进的技术手段，提高产品的深加工能力，实现产品的增殖，提高羊产品的价值水平和农户的收入水平。

（2）有利于培养人才　规模养殖更有利于培养和造就一批掌握先进技术、具有经济头脑的新型农民，进一步提高经营者素质。

（3）适合肉羊短期育肥　批量肉羊短期育肥不仅有利于养殖成本的控制，而且有利于羊肉产品的统一加工、储存、运输和检验，实现商品化生产和经营。

3. 发展规模养殖的条件

（1）经营能力　在其他条件具备时，规模经营的成败取决于生产者的素质和经营能力。生产者应具备较高的管理组织才能，具备承受规模养殖存在较高风险的心理素质。

（2）物质、技术条件　规模养殖的主要特征之一是，科技在产品增长中贡献份额增大。只有物质、技术的大量投入，才能提高产品生产水平，保证规模养殖效益；否则，规模养殖就失去了根基和活力。

（3）政策环境　发展规模养殖时，要有必要的优惠政策和激励措施，生产者的正当权利（包括经营权、收益权等）应得到保护，如制定风险规避与价格保障制度等。

4. 规模养殖应遵循的原则

（1）因地制宜的原则　规模养殖一定要从实际出发，按照环境条件、经济条件、技术条件制订发展计划，调整养殖规模。在不同的条件下可采用不同规模的养殖方式。在初期，不具备大规模养殖条件的生产者，可采用小规模家庭养殖模式；当各种支撑条件具备后，方可逐步扩大养殖规模。不切合实际扩大养殖规模、盲目上马的做法是不可取的。

（2）有利于发展生产力的原则　从根本上讲，规模养殖就是为了发展生产力。实践证明，在条件具备的地方搞规模养殖，可使生产资料得到合理配置，特别是提高了饲料加工机械、养殖场地、劳动力、资金的利用率，提高了劳动生产率、商品生产率和经营者的收入，使生产者更具有经营安全感。如果条件不具备的生产者仓促上马搞规模养殖，不但不能形成资源的合理配置，相反会打破原来较为合理的资源配置，使生产水平下降。

（3）市场畅销原则　规模大小要与市场容量相一致。既要注重提高产量和质量、降低成本，又要注重调整品种和数量；既要考虑资源的合理配置，又要考虑市场的需求变化，把企业规模与区域市场、全国市场、短期市场及长期市场相联系；否则，就会造成产品积压与资源浪费。

（4）无污染原则　规模化养殖场的布局应从农业内部的生态结构、畜牧业良性循环需要出发，配备必要的废物无害化处理设施和消纳措施，最大限度地减少废弃物对生态环境的污染与破坏。

二、优化种质，抓住核心

种质是产业的芯片。没有优势种质，就没有优势产业。一粒种子可以改变一个世界，一个品种可以造福一个民族。因此，发展产业必须抓住核心，打好基础。

（一）优化和利用地方品种

我国是一个养羊大国，绵羊、山羊品种达130多个。这些品种能够存在与发展，得益于它们的某些特质或优势性状。有些品种甚至是世界上独一无二的（如湖羊、滩羊等），应该开发利用好这些宝贵的资源。

（二）优化和利用引进品种

引种不是目的，发展才是硬道理。我们应该在引进品种的选育、提高和发展上多下功夫，而不应该是引进-退化-再引进-再退化-直至消失。

1797年，澳大利亚从西班牙购入约100只美利奴羊，1804年又买了7只公羊和1只母羊，而后培育出了世界上最优秀的细毛羊品种，成为骑在羊背上的国家。他们正是有效地利用了引进资源。我们应该借鉴澳大利亚的经验，利用好引进的优秀种质资源，做大做强自己的产业。

（三）培育新品种

我国未来肉羊培育工作应该吸取20世纪70—80年代细毛羊培育工作中的教训，坚持高起点、高标准、有特色的原则，培育出有创新、有超越、有潜质的新品种，而不是对现有品种的简单复制或对种质资源的随意组合。

三、生产优势产品

（一）生产瘦肉型羔羊肉

我们所说的瘦肉型羊肉并不是要求羊肉中不含脂肪，而是要求脂肪含量不过多。一般

来说，肌间脂肪为4%～5%时，羊肉有良好的食用品质；脂肪含量过高则富有油腻感，过低则肉质粗糙、嫩度下降。羊肉同其他畜禽肉一样，是由水分、蛋白质、脂肪、矿物质和维生素组成的。其中，蛋白含量为12.8%～18.6%，低于牛肉、高于猪肉；羊胴体脂肪含量一般为16%～37%，育肥羊可达到30%～40%，显然这样的羊胴体脂肪含量过高。随着饲养期的延长，羊胴体脂肪中的硬脂酸含量会增加。硬脂酸的含量与羊肉膻味有关，其含量越大，羊肉膻味越大。同时，硬脂酸是一种饱和脂肪酸，饱和脂肪酸与人体胆固醇结合后会形成粥样斑块，容易沉积在血管内壁上，造成动脉硬化，从而导致心血管疾病。因此，选择食用瘦肉型羊肉有利于人体健康水平的提高。

影响羊胴体脂肪含量的因素很多，包括种、品种、年龄、性别、饲料组成、育肥模式等。如何生产出瘦肉型羔羊肉呢?

1. 选择饲养肉用山羊

相对于绵羊，山羊脂肪主要沉积在内脏器官上，肌间脂肪含量较少。因此，山羊肉属于瘦肉型羊肉。其色泽较深、嫩度较差，更适合蒸、煮、炖、烩，不适合炸、涮、炒、烤等快速烹调方法。羊肉与其他肉类主要成分比较见表2-1。

表2-1 羊肉与其他肉类主要成分比较

成分	绵羊肉	山羊肉	牛肉	猪肉
水分（%）	48.0～65.0	61.7～66.7	55.0～60	49.0～58.0
蛋白质（%）	12.8～18.6	16.2～17.1	16.2～19.5	13.5～16.4
脂肪（%）	16.0～37.0	15.1～21.1	11.0～28.0	25.0～37.0
矿物质（mg/100 g）	0.8～0.9	1.0～1.1	0.8～1.0	0.7～0.9
胆固醇（mg/100 g）	70.0	60.0	106.0	126.0

来源：玛俪珍（2013）

2. 选择饲养瘦肉型绵羊品种

选择品种时，首先要考虑生产方向和饲养方式。如果计划生产2月龄乳羔肉，就要选择体型较大、生产速度较快的品种，如萨福克羊、特克赛尔羊、无角陶赛特羊。这些品种及其杂种后代在良好的饲养管理条件下，2月龄体重可达到20 kg以上，屠宰率可达到50%以上。如果计划生产6月龄以上的放牧育肥羔羊，羔羊的成活率就显得十分重要，父本羊应考虑选择适应性较强的品种如杜泊羊、澳洲白羊、无角陶赛特羊等品种。

一般来说，生长最快的品种可生产出最瘦的羔羊肉。然而随着年龄的增加，这种情况会发生变化。Ponnampalam等（2008）研究表明，当同品种和同年龄的羊在同一草场放牧时，生长速度较快的个体的胴体上沉积的脂肪显著高于生长缓慢的个体，这说明生长速度较快的羊更易于将能量转移到脂肪的沉积上。

瘦肉型羊可利用背脂测定值进行选择。目前，活畜组织层厚度超声波多点测量仪已广泛用于猪、牛和羊。Gooden等（1980）用装有细小传感器的探针，在分开被毛裸露的皮肤上进行测量。结果发现，在羔羊最后肋骨处，超声波测量的脂肪厚度与真实胴体的测量结果之间的相关系数为0.91。

3. 培育瘦肉型绵羊品种

从绵羊品种来看，早熟品种比晚熟品种更容易沉积脂肪。为了生产瘦肉型羔羊肉，可以选择饲养或培育出胴体瘦肉率较高的绵羊品种。例如，决肯·阿尼瓦什等人（2010）通过给新疆巴什拜羊导入 1/4 野生盘羊血液，培育出了瘦肉型巴什拜羊新品系。该品系除了屠宰率、胴体重、净肉率和骨肉比保持不变外，净肉重增加了 14.2%，脂臀重减少 85.3%，腰部和大腿肌肉层各增厚 0.5 cm，腰部和背部脂肪层分别降低了 1.5 cm 和 1.0 cm，胴体总脂肪含量减少了 58.1%。另外，尾脂、肌间脂肪、肾脂和内脏脂肪都有减少的趋势。

4. 改变羔羊上市年龄

相对于肌肉，脂肪是成熟较晚的组织。幼龄羔羊肉的蛋白质含量高、脂肪含量低、硬脂酸含量更低、膻味更小，人类食用瘦肉型幼龄羔羊肉更利于健康。因此，羔羊的上市年龄直接影响胴体质量。虽然随着年龄的增加，羔羊胴体重有所增加，但皮下脂肪和肌间脂肪也随之增加。据报道，20 kg 胴体与 12 kg 胴体相比，前者的总脂肪含量增加 45%，皮下脂肪含量增加 300%。因此，绵羊羔羊的上市年龄出现了下降趋势：10～12 月龄→6～8 月龄→4～5 月龄→2 月龄。我国规模舍饲羊场基本上都采取 4～5 月龄上市。其实，杂种绵羊羔羊 2 月龄断奶时即可上市；此时羔羊体重可达到 20～23 kg，胴体重达到 10～12 kg。2 月龄羔羊上市可以实现“四减一优、增收增效”的效果。

（1）四减　与 5 月龄育肥后出栏羔羊相比，在 2 月龄出栏羔羊可减少下列成本：

①饲料成本。2 月龄羔羊在出栏前仅消耗精料补充料 8～10 kg。在高精料育肥条件下，5 月龄羔羊在出栏前大约需要消耗精料补充料 120～130 kg，比 2 月龄羔羊多消耗精料 110～120 kg。

②人工成本。羔羊不需要另外组群饲养，也就不需要增加相应的人工费用。

③死亡成本。一般来说，舍饲羊场羔羊断奶死亡率为 2%～3%。如果羔羊断奶时上市，就可以避免这一阶段的死亡损失。

④场地成本。羔羊不离开母羊舍，也就不需要另外圈舍。这样就减少了育肥圈舍的建设成本。

（2）一优　即优化羊肉产品。2 月龄羔羊肉具有脂肪含量低、蛋白质含量高、鲜嫩、多汁、宜烹调、膻味小等特点，属于高端羊肉中的高端产品。

（3）增收增效　如果能实现优质优价，2 月龄羔羊肉的售价比 5 月龄羔羊肉高 1 倍，其羊肉产品收入并不低于后者。

5. 控制性别

性别对胴体脂肪比例的影响也比较大。一般来说，在相同饲养管理条件下，公羔胴体比母羔胴体瘦、生长快，阉羊介于二者之间。对于一般繁殖羊场，上市的主要是公羔，大多数母羔都用于补群。因此，可以生产更多的瘦肉型羔羊肉。但对商品肉羊群，可以利用性控技术，提高商品肉羊中的公羔比例。

6. 调制出瘦肉型羔羊专用饲料

瘦肉型猪肉生产已经达到程序化和标准化，饲料供给已经实现生理对应，即根据其不同生理阶段的需求提供营养。但肉羊这方面的研究比较滞后，已有的研究侧重于羔羊生长

速度的提升，很少关注羊肉质量的提升。因此，亟需开发出瘦肉型羔羊的专用饲料。Turner 等（2014）研究指出，牧草质量直接影响肉羊的采食量、生产性能、胴体重及肉品质。牧草的代谢能和粗蛋白质含量较高时，放牧羊的胴体脂肪含量较高；牧草饲用价值较低时，肉羊的能量摄入量较低，机体需通过消耗脂肪来维持正常的代谢平衡而降低胴体的脂肪量，从而提高了瘦肉的沉积率。

7. 选择放牧育肥

饲养方式能直接影响肉羊的生长速度、增重及肉品质等特性。放牧虽然是一种传统的肉羊生产方式，但投入低、动物福利高、生态效益较佳；通过放牧所生产的羊肉“更健康、更营养、更天然”，而且脂肪含量低、瘦肉率高，更受消费者欢迎。

通过放牧生产的羊肉拥有的一个特点是保质期较长。羊肉在储存过程中，脂肪会氧化、酸败，出现异味、变色，营养价值下降，进而缩短货架寿命。天然牧草中含有丰富的具有抗氧化性能的次生代谢物（萜类、酚类等），能沉积到放牧羊的肌肉当中，与放牧羊的抗氧化防御系统相结合，抵御氧化性介质。因此，放牧羊肉的氧化稳定性普遍较高。Ponnampalam 等（2010）认为，天然牧草中所含的维生素 E 能抑制放牧饲养羊的脂质过度氧化。

生产中，可通过合理地安排产羔季节，以便能够利用夏季、秋季人工草场进行放牧育肥或者放牧＋补饲育肥生产瘦肉型羔羊肉。

（二）生产无抗羔羊肉

食物中的抗生素和农药如同隐形杀手，会对大家的健康造成极大危害。越来越多的证据表明，人类长期食用抗生素残留食品，即使残留量不高，也会引起各种组织器官病变，甚至癌变；因此，生产无抗畜产品显得十分重要。我国不仅出台了一系列监管政策、市场准入制度和单项管理制度，还成立了国家市场监督管理总局；同时，加大了各地的实验室建设，配备食品安全检测、分析仪器。农业农村部制定了《全国兽用抗菌药使用减量化行动方案（2021—2025 年）》，严禁在自配料中添加抗生素类兽药，严禁超范围、超剂量用药。开展安全高效低残留兽用抗菌药替代产品筛选评价工作，引导生产者正确选用替代产品。

1. 选用替抗产品

抗菌肽，又称宿主防御肽，是生物体抵抗外界病原体侵袭而产生的一类小分子活性多肽，也是生物体内先天性防御系统的重要组成部分。瑞典科学家于 1972 年首先在果蝇体内发现了抗菌肽，后来发现从细菌到高等哺乳动物都普遍存在，且广泛存在于昆虫、植物、动物及人体内。由于来源不同，分为细菌抗菌肽、真菌抗菌肽、病毒抗菌肽、植物抗菌肽、甲壳动物抗菌肽、鱼类抗菌肽、哺乳动物抗菌肽、两栖动物抗菌肽、昆虫抗菌肽等。不同抗菌肽的功能有一定差异，人类根据生产需要，开发出复合型抗菌肽，并已实现商品化生产，用作抗生素的替代品，广泛用于各种动物疾病的预防和治疗。

（1）抗菌肽的主要功能

① 可提高动物机体的免疫力。抗菌肽可促进动物机体不同生理阶段的免疫器官发育、免疫细胞增殖，调解免疫因子活性，抑制过度免疫反应，激活和增强其免疫系统的功能，减缓外界不良环境对机体造成的应激。动物接种疫苗后，使用抗菌肽可显著提高抗体

滴度。

② 具有广谱抗菌活性。据国内外报道，能被抗菌肽所杀灭的细菌有 113 种以上。抗菌肽没有特殊受体，不会诱导抗药株的产生；可用于肉羊消化道病、呼吸道病及乳房炎等细菌性疾病的预防和治疗，也可与抗生素协同使用。

③ 具有抗病毒作用。抗菌肽可通过避免病毒的附着、防止病毒侵入、阻碍病毒核苷酸合成、抑制蛋白合成、减少病毒释放等途径来抵御病毒感染。也就是说，抗菌肽对病毒被膜直接起作用，而不是抑制病毒 DNA 的复制或基因表达。

④ 具有抗寄生虫作用。越来越多的研究表明，抗菌肽可以有效地杀灭引起人类和动物患病的寄生虫，如疟原虫、锥虫等。Shahabuddin 等（1993）研究发现，昆虫抗菌肽对引起人类疟疾的不同发育期疟原虫发育有杀伤作用，抗菌肽先作用于原虫的质膜，然后间接引起原虫细胞内部结构和细胞器的变化，干扰细胞的正常代谢过程。

⑤ 具有抗真菌作用。抗真菌肽可以抑制真菌细胞壁合成蛋白基质，使其不能维持正常细胞形态，调节渗透压的能力降低，变得异常脆弱。在外部条件影响下，真菌细胞壁容易破损，真菌随之裂解。有些抗真菌肽可以作用于细胞中提供能量的细胞器——线粒体，线粒体遭到破坏会直接导致细胞的死亡；还有些抗真菌肽可直接破坏真菌细胞，导致其遗传物质缺失。因此，在动物饲料中添加适量的抗菌肽，不仅可以提高动物的存活率、生长率、饲料转化率和抗病力，还能有效地预防饲料因长时间保存而出现的发霉变质现象。当然，抗菌肽的抗真菌活性受真菌的属、种及孢子状态等影响。

⑥ 可促进幼龄动物脏器的发育，并促进生长。抗菌肽能够调整肠胃菌群的平衡，提升肠道的消化吸收能力，减少有机物质排出量，减少环境污染，提高动物的饲料转化率和生产性能。Liu 等（2017）报道，在山羊精料中添加抗菌肽，可影响瘤胃微生物多样性及纤毛虫的群落结构，并对幼龄山羊的生长性能、瘤胃发酵功能、酶活性和瘤胃形态均有一定的促进作用。Ren 等（2019）发现，抗菌肽可以调节山羊瘤胃微生物结构，从而影响了瘤胃总挥发性脂肪酸（TVFA）的浓度及消化酶的组成，提高了饲料转化率，改善了山羊的生长性能。

（2）抗菌肽的主要特点

① 作用快。抗菌肽耐热、耐酸性能好，具备抗胰蛋白酶和胃蛋白酶水解的能力，可被动物完整地吸收。

② 广谱。抗菌肽具有抗细菌、真菌、病毒、原虫及肿瘤细胞等性能。

③ 安全。抗菌肽属于小分子多肽，在动物体内容易降解，不会产生毒副作用及药物残留，也不易产生耐药性。因此，比较安全环保。

④ 使用方便。抗菌肽具有水溶性好、耐热性强、不易被蛋白酶水解等特点。

2. 抗菌肽的使用

（1）抗菌肽的主要用途

① 用于畜禽消化道、呼吸道病，以及羊乳房炎、伪结核等细菌性疾病的预防和治疗。

② 用于畜禽病毒病、真菌病、原虫病的预防和治疗。

③ 复壮幼畜胃肠道有益菌群，提升其对饲料的消化吸收能力。

④ 提高疫苗的免疫效果。

⑤ 加快伤口的愈合过程。

（2）抗菌肽的使用方法 通过医药级的纳米材料将不同抗菌肽进行组合形成复合纳米抗菌肽。其功能更全、效果更好，可在极低的剂量下促进干扰素的分泌，抑制细菌、病毒增值，降低各种疾病的发生率。

① 添加在饲料或饮水中。抗菌肽不仅能耐受饲料加工过程中的高温高压处理；还能在饲料保存过程中持续发挥其功能，保持饲料品质，延长储存期限。因此，抗菌肽可直接添加在饲料中饲喂，可将添加了抗菌肽的饲料加工成颗粒饲喂，也可以通过饮水供给。

② 抗菌肽不但具有单独抑菌功能，而且相互之间，以及与中草药、抗生素之间具有协同作用。抗菌肽可以增大细菌细胞膜的通透性，使抗生素更容易进入细菌内，从而作用于菌内靶点。因此，二者配合使用效果更好。

（3）抗菌肽与微生态制剂、抗生素的区别 实际生产中，人们很难把抗菌肽与微生态制剂、抗生素区别开来，更不知道如何选用。表 2－2 列出了抗菌肽、微生态制剂和抗生素的概念、来源、功能、作用机理等。

表 2－2 抗菌肽与微生态制剂和抗生素的区别

项目	抗菌肽	微生态制剂	抗生素
概念	抗菌肽，又叫抗微生物免疫多肽，是一类具有微生物活性和免疫调节活性的小分子多肽，是生物体非特异性免疫的重要组成部分，具有抗细菌、病毒、原虫和真菌等作用	微生态制剂，也叫生菌剂，是一种饲料添加剂，主要由益生菌和益生元组成。最常见的益生菌有乳酸菌类、芽孢菌类、酵母菌类等。益生元为促进机体益生菌生长的物质，包括果寡糖、低聚果糖、低聚半乳糖、低聚木糖、大豆低聚糖及菊粉等	抗生素，也叫抗菌素，是一种具有杀灭或抑制细菌生长的药物
来源	生物体在受到外界病原体侵染时，免疫防御系统所产生的一类非特异性免疫应答产物，最早在昆虫中发现，随后在各种生物体都有发现，包括细菌、植物、动物甚至人体中都有	利用动物体内正常微生物或生长促进物，经培养、发酵、干燥、加工等特殊工艺制成的生物制剂或活菌制剂	抗生素是细菌、真菌等微生物在生长过程中为了生存竞争需要而产生的化学物质或人工合成的类似物
功能	抗菌肽具有广谱抗菌活性，可快速查杀靶标。对细菌、病毒、真菌、原虫和癌细胞等有杀灭作用，可促进免疫细胞增殖、调节免疫因子活性、激活特异性免疫反应，可抑制过度炎症反应，提高机体抗感染力，加速伤口愈合过程	微生态制剂可以调整宿主体内微生态和酶的平衡，增强体液免疫和细胞免疫，增强巨噬细胞的吞噬活性	抗生素能直接杀灭以细菌为主的微生物，有选择性地作用于菌体，妨碍细菌活动或使停止生长，甚至死亡。大多数抗生素不能提高机体免疫力，还对免疫有抑制作用或者损伤作用

（续）

项目	抗菌肽	微生态制剂	抗生素
作用机理	抗菌肽主要作用于细菌的细胞膜，破坏其完整性，并产生穿孔现象，造成细胞内容物逸出胞外而死亡。抗菌肽由静电吸引而附于细胞膜表面，疏水性的C端插入膜内疏水区并改变膜的构象。多个抗菌肽在膜上形成离子通道而导致某些离子的逸出而死亡。抗菌肽还可抑制细胞生物大分子的合成和表达，如抑制DNA的复制、RNA的合成等	微生态制剂通过占位原理、优势菌群原理、生物夺氧原理和创造厌氧、酸性环境来抑制有害菌的定植。并通过刺激机体免疫器官、组织的成熟，从而提高动物机体的免疫力	主要通过抑制细菌细胞壁合成、增强细菌细胞膜通透性、干扰细菌蛋白质合成及抑制细菌核酸复制转录而发挥抑菌作用
主要用途	① 用于畜禽消化道、呼吸道病及羊乳房炎、伪结核等细菌性疾病的预防和治疗 ② 用于畜禽病毒病、真菌病、原虫病的预防和治疗 ③ 复壮幼畜胃肠道有益菌群，维护胃肠道健康，提升其消化吸收能力 ④ 提高动物体的免疫力	主要用于畜禽胃肠道保健、疾病预防、促生长及疾病的辅助治疗	可对抗动物体内的致病菌，治疗大多数细菌、立克次体、支原体、衣原体、螺旋体等病原菌导致的疾病。但对病毒、朊毒体等病原体所引起的疾病没有效用
使用时注意事项	① 抗菌肽分子量较小，容易被畜禽胃肠道蛋白酶降解而丧失生物学功能，稳定性较差 ② 与传统抗生素相比，抗菌活性不够理想	① 不具备治疗疾病的功能，只能用于疾病症状改善后的疗效巩固 ② 微生态制剂中的益生菌大部分为活菌，不宜与抗生素配合使用 ③ 遇热会失活，不能添加在颗粒饲料中	① 大部分抗生素长期使用对肝肾损伤较大，直接破坏机体免疫系统，降低机体抵御病害的能力 ② 可残留在生物体内，经食物传递到人体之中 ③ 容易产生耐药性

四、改进生产策略

（一）用加法赚钱

（1）饲养产羔多的品种　饲养胎产双羔或多羔的母本羊，如湖羊经产母羊产羔率可高达250%～270%。

（2）饲养繁殖快的品种　饲养可常年发情、年产两胎或两年产三胎的母本羊，每只适繁母羊平均年产羔达3.5只以上，如湖羊、小尾寒羊。

（3）饲养哺育能力强的品种　为了提高母羊的哺育能力，可采取下列措施：

① 导入奶绵羊血液。湖羊导入奶绵羊血液后，产奶量可提高30%左右；不仅可以哺育多胎羔羊，还可以用于绵羊奶生产。

② 选留四乳头羊。据观察，四乳头湖羊产奶量较普通湖羊高5%～8%，而且均为功

能性乳头。在正常饲养管理条件下，每只母羊可哺育 3 只羔羊。

（4）饲养长得快的品种　选择饲养如萨福克羊、特克赛尔羊、陶赛特羊等品种及其杂种。这类羊的羔羊断奶前日增重可达 250～350 g，甚至更多。

（5）利用杂交技术　选择高效杂交组合，可使母羊的羔率提高 20%～30%，羔羊成活率提高 40%左右，体增重提高 20%左右。2 月龄羔羊体重可达 20～23 kg，胴体重可达 10～12 kg。

（6）提高羊群福利待遇　按照世界动物保护组织于 2004 年提出的动物应享受的“五大自由”饲养肉羊。

① 提供足够食物和饮水。尤其提高妊娠后期和哺乳期母羊的营养水平，使其享受不受饥渴的自由。

② 提供冬暖夏凉、通风良好、地面干燥并带有宽敞的运动场的圈舍，让羊群能够舒适休息，并能享受阳光与雨露的滋润。

③ 有计划地进行疫苗接种，及时治疗患病羊只，确保羊只免受病痛的折磨。

④ 不随意鞭打、恐吓羊只，使其免受精神痛苦。

⑤ 提供足够的空间和适当的设施，让它们享受群居、表达天性的自由。

（二）用减法省钱

（1）减少廉价产品产量　通过优化品种，尽量减少羊体上的羊角、羊毛、羊尾和体脂等廉价产品产量，使更多的饲料资源转化成更有价值的产品——优质肌肉。

（2）减少饲料浪费现象

① 精准饲喂。根据肉羊不同生理阶段的营养需求，提供饲料。

② 羔羊早断奶、早上市，实现“四减一优”的目标。

（3）母羊早孕检、早淘汰　目前，主要采用 B 超仪早期诊断技术，这项技术对妊娠母羊和未妊娠母羊的诊断准确率可达到 99%以上。诊断时间可以提前到配种后 28～30 d，大大减少空怀母羊的比率。另外，由于高繁品种繁殖频率高、衰老快，母羊一般在 5 岁左右就被淘汰。这样可以充分利用母羊的黄金繁殖年龄段，减少浪费。

（4）及时淘汰病残羊　定期整理羊群，及时淘汰老弱病残羊。

（5）做好疫病防控工作　搞好环境卫生、按程序接种疫苗和驱虫、禁止饲喂霉变饲料等，减少疾病发生概率。

（6）适当增加运动量　舍饲羊群普遍存在着运动量不足的问题，极大地影响了羊群的健康水平。因此，舍饲羊场应该把羊群运动管理看作科学饲养管理的重要环节，给予高度重视。

（7）提高机械化生产水平　从牧草种植、收集、打捆到饲料加工、饲喂、剪毛，全都靠机械。每名牧工可饲养 400～1 000 只羊，大大降低了养殖成本。

（8）利用人工授精技术　利用人工授精技术，提高优秀公羊的利用率，减少公羊的饲养量，进而减少养殖成本。

（三）羔羊实行强制补饲

强制补饲就是羔羊在 7 日龄后，每天早上待羔羊吮乳后，赶到补饲栏（母子隔离）；饲槽中分别放置羔羊开食料和优质苜蓿干草，任其自由采食、饮水。中午放回母羊栏，下午再次赶到补饲栏。23～25 日龄后，延长母子隔离时间；即羔羊早上吮乳后，赶到补饲栏，下午 5～6 点再放回母羊栏。这样做的目的就是强迫羔羊尽早学会采食饲料，顺利渡过断奶应激期，减少羔羊断奶死亡率和母羊乳房炎的发病率。

（四）优化育肥效果

羔羊断奶后（公羔不去势）直接进入育肥场。通过过渡期（10 d 左右）、育肥期（1.5～2 个月）和提质期（20～30 d）3 个阶段的饲养。过渡期从乳羔料过渡到育肥料，育肥期饲喂育肥料，提质期饲喂不含任何影响羊肉风味成分的提质育肥料。羔羊 4～5 月龄、体重达到 35～40 kg 时上市，此时羔羊肉口感好、蛋白质含量较高、脂肪含量较低、鲜嫩多汁，可达到产肉量高、肉品质优的目的。

五、优化羊肉生产过程（主要针对规模羊场）

（一）标准化

标准化是规模场实现高效养殖的前提条件。离开标准化的规模养殖，无异于集中的散养，无法保证羊肉产品的质量、整齐度和市场生命力。

（1）种羊（父本、母本）选育标准化　依据品种标准和基因检测技术对种羊进行精准选育。

（2）饲料供给标准化　按照不同生理阶段羊群的营养需要，制定日粮供给标准，实现饲料精准供给。

（3）肉羊上市标准化　制定出不同品种、不同年龄段肉羊的收购标准。

（4）产品评价标准化　制定严格的羊产品评价标准。

（二）规范化

规模羊场必须制定和执行适合不同类型羊群的饲养技术规范。规范化是提高羊群管理水平的重要举措，也是家庭牧场走向成熟与发展的基本保障。

（三）智能化

规模羊场应采取智能化管理。各种数据的统计分析、各类人员的工作业绩评价、羊群选育选配计划的制订、饲料配方的筛选等都可以依靠计算来完成。

（四）模式化

各地应因地制宜，根据羊产品生产方向、资源条件和成功经验，建立有指导性的肉羊高效杂交模式、生产模式和经营模式等，引导产业进入快速、健康和高效发展轨道。

（五）流程化

制定和推行科学而合理的工作流程，可在一定程度上规范生产过程，提高生产和管理效率，生产出相同或相近的产品。

（六）精准化

根据肉羊各生理阶段的营养需要，精准配制和供给饲料；利用腹腔镜人工授精技术实现精准授精，提高优秀羊的利用率和母羊的受胎率；根据羊群应免疫疫病的抗体水平，制定免疫程序，提高免疫效果。

（七）均一化

实现了羊肉生产方式模式化、生产过程流程化，所生产的产品重量和质量更趋于一

致，商品率更高，卖相更好。

（八）合理化

制定严格的肉羊和羊肉购销制度和标准，以实现按质定价、优质优价的目标。

（九）自然化

有条件的地方，肉用绵羊可有计划地利用天然草场或人工草场饲养或育肥。在植被结构较好的南方和北方灌木林区，肉用山羊可依赖于天然草场。

（十）品牌化

各主要羊肉生产区都应该通过提高产品质量和营销策略，打造出自己的羊肉品牌（如环县羔羊肉、盐池滩羊肉、陕北地椒羊肉），实现羊肉产品的正常销售。

（十一）专业化

未来规模羊场的剪毛、饲草供应、羊群保健将会由专门化的服务队伍完成。例如，由羊群保健队伍承揽羊群修蹄、免疫、驱虫等工作，可大大减少羊场牧工的工作量。

六、推行保价政策

如果没有保价政策，很多羊场，尤其是规模羊场，将难以抵抗羊肉价格风暴而出现亏损，甚至倒闭。因此，地方政府应通过监测宏观数据，建立肉羊价格暴跌预警与应对机制；在肉羊交易价格过低时给予一定补贴，以降低养殖风险，确保产业正常发展。

第三章 肉羊培育及主要肉羊品种

任何一个绵羊、山羊品种都是在特定的时间、空间、需求和生态条件下形成的。有些品种在发展中得以提升和保留，繁衍了几百年，甚至上千年；有些品种因为生产力或繁殖力不高、适应性差或没有特色，则很快被淘汰或灭绝。不论这种变化的节奏如何，几千年来，肉羊培育工作一直都没有停止。目前，全世界绵羊、山羊品种接近 2 000 个，其中绵羊品种约占 70%、山羊品种约占 30%。

第一节 肉羊培育

随着育种技术的进步，肉羊育种工作的进程、选育效果得到迅速提升。本节主要介绍世界肉羊品种的主要来源、主要培育方法和培育方向，供广大肉羊育种工作者参考。

一、主要来源

（一）农家小院

古老的多胎绵羊品种主要源自农家小院，以小群体舍饲、阶段性舍饲或拴系为主要养殖形式。在这种饲养条件下，多胎品种形成的原因是：①由于舍饲增加了养殖成本，也增加了人们对母羊产羔数的关注度，自然会选留多胎个体；②小群体饲养便于人们对羊只进行仔细观察、选择和精心管理，增加了双羔及多羔的成活率；③饲养条件不利于扩大规模，人们不得不淘汰更多的个体，增加了选择强度；④羊群舍饲后，活动量较少，可蓄积更多的营养，增加了多胎基因表达的机会和出生羔羊的质量。世界著名的多胎品种芬兰羊、德曼羊（D′man）、孟加拉羊（Bengal），以及中国的小尾寒羊和湖羊都是出自农家饲养的小群体。

（二）家庭牧场

提高羊群生产水平、增加养殖收入是牧场主共同的期盼。因此，他们也会进行各种尝试。边区莱斯特羊就是由英格兰诺森伯兰芬顿的 Culley 兄弟利用改良型莱斯特公羊与长毛品种提斯沃特（Teeswater）母羊杂交而成的，也有可能导入了雪维特羊的血液。澳大利亚新南威尔士州的 Seears 兄弟发现了多胎美利奴羊（Merino），并开启了布鲁拉美利奴羊（Booroola Merino）的培育历程。

（三）牧场主与科学家合作

随着科学技术的发展，牧场主的科技意识不断增强。为了提高羊群质量，农场主积极寻求专家、教授的帮助与合作。杜泊羊是南非卡鲁地区的几个牧场主在 Engela 博士的指导下，以能适应恶劣环境的黑头波斯羊为母本，以繁殖季节较长的英国有角陶赛特（Dorset Hom）为父本杂交、选育而成。在澳大利亚新南威尔士大学 Euan Roberts 博士杂交试验的基础上，一家由 40 个有远见的农民组成的肉羊育种公司完成了白萨福克羊（White Suffolk）后期育种工作。其实，澳大利亚的布鲁拉美利奴羊、比利时的贝尔特克斯羊（Beltex）、南非的杜美羊（Dormer）等很多肉羊品种都是科学与实践的结合，是科学家与牧场主共同努力的结果。

（四）大专院校和科研单位

南非农业部埃尔森堡研究站早在 1927 年就开展了一系列杂交试验，培育出了杜美羊。剑桥羊（Cambridge）是剑桥大学的专家历时 15 年，于 1979 培育成功的高繁殖力绵羊品种，但育成后就交由协会经营管理。美国绵羊试验站于 20 世纪 70 年代培育出了具有性成熟早、多胎、非季节性繁殖品种波力派羊（Polypay）。

（五）现代育种公司

随着科学技术的进步，一些大型育种公司利用自己的优势条件建立生物育种部，利用生物技术进行育种，大大加快了动物育种进程。例如，澳大利亚 Highvelds 国际公司为了培育出独特的绵羊新品种，于 1999 年开展了白杜泊羊、万瑞羊（Van Rooy）、无角陶赛特羊和特克赛尔羊杂交试验；并联合 Tattykeel 和 Baringa 两家公司，利用现代育种技术，于 2009 年培育出澳洲白羊，2011 年 3 月正式上市。

二、主要培育目标

（一）高产肉性能型

对于肉羊来说，生存与发展的首要条件是产肉性能。虽然羔羊初生重越大，生长潜力也越大；但初生重越大，难产率也越高。难产率对养羊业的影响是不容忽视的。因此，育种工作者不再一味地追求羔羊初生重，而是把羔羊断奶后体增重作为主要关注指标。放牧条件下的羔羊一般在 6 月龄时屠宰上市。其中，出口羔羊胴体不仅要有理想的表观指标，而且要求重量达到 25～26 kg。

英国是世界上最早培育肉用羊品种的国家，先后培育出 30 多个肉用绵羊品种，如萨福克羊、边区莱斯特羊、汉普夏羊、牛津羊（Oxford down）、雪洛普夏羊（Shropshire）和罗姆尼羊等；法国培育出了夏洛莱（Charolais）、法国岛羊（Ile de France）等；澳大利亚培育出了白萨福克、澳洲白羊等，还与新西兰合作培育出了世界著名肉羊品种无角陶赛特羊；荷兰培育出了著名的肉羊品种特克赛尔羊；南非培育出了杜泊羊、杜美羊等品种。这些品种都具有较高的产肉性能。例如，萨福克羊日增重可达到 349 g，3 月龄公羔体重可达到 44 kg；特克赛尔 4 月龄羔羊胴体重可达到 20～24 kg，屠宰率达 50%以上；夏洛莱羊 70 日龄体重可达 26～27 kg，双羔体重达 22～23 kg。

（二）高胴体品质型

为了适应市场需要，肉羊育种工作者在追求产量的同时，十分重视胴体质量——提高胴体瘦肉率。首先，提高胴体眼肌面积。由于羔羊眼肌面积越大，胴体瘦肉率越高，高档腰肉和后躯肉比例越高。其次，降低断奶羔羊胴体 GR 值。GR 值是指 12～13 肋骨之间、距背脊中线 11 cm 处的组织厚度，是胴体脂肪评分的依据。GR 值越高，说明胴体脂肪越多，胴体品质越差，同时屠宰场的加工费用也越高。为了生产出高品质的羔羊胴体，英国于 20 世纪 70 年代后期，从荷兰和法国引进了特克赛尔羊，初期用作杂交母本；但该品种生长速度快、胴体瘦肉率高、杂种优势明显，用作肉羊终端父本更为有利。英国培育的萨福克羊也因为具有羔羊生长速度快、瘦肉率高等特点，成为世界上最理想的肉羊终端父本品种之一。北方雪维特羊（North Country Cheviot）在英国北部和苏格兰饲养了几个世纪，因具有适应性强、母性好、难产率低、胴体瘦肉率高等特点而常被用于母本绵羊品种培育，以改善肉羊胴体品质。法国于 1969 年开始利用贝利春羊（Berrichon）和罗曼诺夫羊（Romanov）杂交，培育出胴体质量优、繁殖性能好的 INRA 401 羊。

（三）高繁殖力型

羊的繁殖力一直是人们最关注的性状之一；尤其在高成本舍饲条件下，高繁殖力成为一个品种（尤其是母本）能否被继续选留的先决条件。一些较古老的高繁殖力品种是依靠小群体、高度近亲繁殖，在夹缝里顽强地生存下来，芬兰羊、德曼羊及我国的小尾寒羊和湖羊都有过这样的经历。更值得一提的是印度的孟加拉羊，虽然该品种成年体重不到 20 kg，但却能适应低洼潮湿的沼泽地带，依靠未改良的退化草地、淹没的地面或路边放牧或拴饲而繁衍下来；同时，该品种携带有多胎基因，产羔率达到 170%～225%，是世界著名多胎绵羊布鲁拉美利奴羊的祖先。另外，希腊的希奥斯羊（Chios）、西非的巴巴多斯黑腹羊（Barbados Blackbelly）、印度尼西亚的加鲁特羊（Garut）都具有较高的繁殖力。

为了增加羊肉产量、增加收益，现代肉羊育种工作者不仅有计划、有步骤地改造和提升了许多传统品种的繁殖性能和生产性能，如罗曼诺夫羊、芬兰羊、东佛里生羊（East Friensian）、德曼羊、灰面莱斯特羊（Bluefaced Leicester）等品种；同时，还利用先进的育种技术，在短时间内培育出了新的高繁殖力品种。例如，英国用 15 年时间培育出剑桥羊，美国培育出了波力派羊，澳大利亚培育出布鲁拉美利奴羊。

很多高繁殖力品种还具有较高的产肉性能，如英国的剑桥羊单胎产羔达 2.2～3.2 只，羔羊 5 月龄前日增重可达到 250～300 g；在美国西部放牧条件下的波力派羔羊 120 日龄平均断奶重为 36.1 kg；在较好的饲养条件下，我国小尾寒羊 1～6 月龄日增重也能达到 200～300 g。

（四）高产奶量型

提高绵羊的产奶量，不仅是为了获取乳汁，更重要的为了提高羔羊（尤其是多羔羔羊）的成活率和生长速度。除了广泛使用东佛里生奶绵羊作为肉羊杂交母本外，世界上很多国家还通过使用东佛里生与本地绵羊杂交，培育奶用绵羊新品种。例如，由阿瓦西（Awassi）与东佛里生杂交而成的以色列阿萨夫（Assaf）；由灰面莱斯特羊、无角陶赛特羊、东佛里生羊等品种杂交而成的英国奶绵羊；由东佛里生、萨丁（Sardinian）与拉卡恩（Lacaune）杂交合成的法国 FSL 羊；由东佛里生、希腊当地羊、希奥斯羊、卡拉古尼科羊（Karagouniko）与扎金索斯羊（Zakynthos）杂交合成的希腊弗里萨塔羊（Frisarta）；由芬兰羊、萨福克羊、东佛里生羊、雪洛普夏羊、陶赛特羊与其他 4 个品种杂交合成的加拿大里德阿尔科特羊（Rideau Arcot）；由东佛里生羊与克韦尔色科羊（Kivircik）杂交合成的土耳其塔希柔瓦羊（Tahirova）；由黑头普列文羊（Pleven Blackhead）、东佛里生羊与阿瓦西羊杂交而成的新合成羊等。

（五）高适应性型

适应性也是每个肉羊育种工作者最关心的性状，尤其在生态环境条件较艰苦的国家和地区，肉羊的适应性显得更为重要。由于寄生虫对放牧羊群的危害性较大，畜牧工作者在肉羊选育过程中，不仅重视羊群对气候环境的适应性，还把粪便虫卵数作为一项重要的指标，希望培育出更抗寄生虫的品种。南非培育的杜泊羊、米特马斯特羊（Meatmaster）和达马拉羊（Damara）等能够适应干旱、寒冷等严酷的生态环境。我国培育的欧拉羊不仅能够适应 4 000 m 以上的高海拔环境条件，而且产肉性能较高，受到高原牧区人民的普遍欢迎。

（六）粗毛型

粗毛羊不仅适应性好、可粗放管理，而且可自动脱毛。因此，饲养粗毛羊可节约饲养管理成本。南非杜泊羊是目前受欢迎的粗毛型肉羊品种之一。我国湖羊和小尾寒羊也是粗毛羊。美国业余遗传学家 Michael Piel 利用萨福克羊、希奥斯羊、巴巴多斯黑腹羊、非洲粗毛羊及有角威特夏（Wiltshire Horn）等品种杂交，于 1970 年培育出不需要剪毛的肉用绵羊品种卡塔丁羊（Katahdin）。该品种具有繁殖力和瘦肉率高、维持营养需要量和难产率低、常年发情、羔羊健壮等特点，能耐受极端气候，抗寄生虫，在各种环境下均表现出色。在 20 世纪 60 年代，新西兰通过选育，培育出德拉斯代羊，主要用于地毯毛生产。澳大利亚在引进和利用杜泊羊、万瑞羊的基础上，通过常规育种技术与生物育种技术相结合的方法，于 2011 培育出适应不同草场条件的粗毛型肉用澳洲白羊，并利用这些粗毛肉羊与本地绵羊进行多元杂交，生产肥羔。

（七）中等体型母本羊

农场主希望在不影响其羔羊生长速度和产肉率的前提下，缩小母羊的体型；这样可以在有限的农场中养殖更多的母羊，获得更多的收益。因此，大多数高繁殖力母本羊都属于中等体型品种。例如芬兰羊成年公羊体重 80～90 kg、母羊 60～70 kg，罗曼诺夫成年公羊体重 60～70 kg、母羊 45～55 kg。美国培育的母本绵羊波力派羊也属于中型品种，成年母羊体重为 62～82 kg。摩洛哥德曼羊成年公羊体重 50～70 kg，成年母羊 30～45 kg。我国一般农户饲养条件下的湖羊成年公羊体重 65 kg 左右，成年母羊体重 40 kg 左右。

（八）具有综合优势的羊

随着育种技术的进步，人们对肉羊新品种的要求不断提高。英国 Ex - lana 农场主利用 14 个品种（其中有 5 个是自动脱毛的品种）进行杂交与选育，培育出适应性强、适合粗放型管理、饲料转化率非常高、对部分寄生虫有较强抵抗能力的肉羊新品种，以满足客户需求。美国绵羊试验站于 1993 开始，利用萨福克羊、哥伦比亚（Colombian）羊、特克赛尔羊和汉普夏羊等品种杂交，培育出了具有体型大、肌肉发达、瘦肉率高等特点的希尔马克思羊（Siremax），并利用澳大利亚的 Lambplan 评价方法对杂交效果进行了评价。由评价结果可知，于 2005 年开始培育的含有 3/8 萨福克羊血统、3/8 哥伦比亚羊血统和 1/4 特克赛尔羊血统的合成终端父系品种可显著提高羔羊成活率、生长速度和胴体品质。

三、主要培育措施

（一）选育

选育是肉羊发展过程不可或缺的最重要的手段。不论是当地品种，还是引进品种；不论是传统品种，还是培育品种；都是在选育中得到生存与发展。

（1）选育新品种　源自农家小院小群体舍饲和家庭牧场的古老品种基本上都是长期选育的结果。我国的小尾寒羊和湖羊经过了近千年选育，而欧拉羊经过了700多年选育。芬兰羊也经历了几百年的强度选育。英国的南丘羊（Southdown）经过了87年选育而成。

（2）选育提高引进品种　世界各地都对引进的肉羊品种进行了再选育，使其生产性能或繁殖性能得到了一定程度的提高。例如，美国曾经引入少量的罗曼诺夫羊，经过200多年的持续选育，生产群平均胎产羔数达到2.6只，并不逊色于原产地罗曼诺夫羊。同样，芬兰羊在异国他乡表现得更加出类拔萃也是选育的结果。

（3）选育提高地方品种　一个品种的培育成功，并不意味培育工作的结束，而是另一阶段培育（选育）工作的开始。即使那些很优秀的品种，也需要持续不断地选育提高；只有这样，才能具有更强大的生命力和市场竞争力。因此，每个长期从事肉羊养殖工作的生产者都在参与所饲养品种的选育工作。

（4）选育提高培育品种　在现代肉羊培育的每一阶段都离不开选育。即使用作杂交的父母本羊，也是经过选育的具有某些优势性状的个体。杂交生产的优秀个体才有可能被选留和利用。同时，横交固定阶段的选育更加严格，选育强度更大。现代育种技术的应用使肉羊选育工作变得更加精准、高效，而且大大加快了育种进程。

（二）引入高繁殖品种的血统

为了提高当地绵羊品种的繁殖力或培育高繁殖力肉羊新品种，绵羊育种工作者无一例外地引入了高繁殖力品种的血统。实践证明，含有1/4～1/2高繁殖力品种血统的母羊群体就能保持较高的繁殖率，而含高繁殖力品种的血统低于1/4的母羊繁殖力就会下降。因此，在高繁殖力新品种培育或以提高繁殖力为目标的杂交组合中，含高繁殖力品种的血统一般控制在1/4～1/2的水平。

（三）杂交合成

合成品种就是利用杂交技术将不同品种或类群的不同优势性状聚合于一体，然后进行横交固定、选育提高。在世界上75个国家有记录的400多个合成绵羊品种中，大多数都是两品种和三品种的合成体，也有3个以上品种合成的。两品种合成品种最典型的例子就是杜泊羊。南非于20世纪30年代以胴体组成好、脂肪分布均匀、泌乳能力强、繁殖季节长的有角陶赛特为父本，以能适应当地恶劣的自然条件、常年发情、产羔率高的黑头波斯羊为母本，进行杂交，培育出一个无需剪毛且能在南非荒芜草原条件下表现出较高生产力的抗逆品种；南非还通过有角陶赛特与德国肉用美利奴杂交，培育出了另一个肉用绵羊品种杜美羊。典型的四品种合成羊是波力派羊。20世纪70年代，位于爱达荷州的美国绵羊试验站和位于加利福尼亚州的尼古拉斯牧场以具有高胴体品质、泌乳性能好、繁殖季节长、被毛白色等特点的陶赛特羊和具有性成熟早、妊娠期短、产羔多等特点的芬兰羊为父本，以体型大、抗逆性强、繁殖季节长、合群性好的兰布列羊（Rambouillet）和塔基羊（Targhee）为母本，杂交合成了波力派羊。该品种聚合了4个亲本的诸多优点，表现出繁殖季节长、产羔率高、母性好、泌乳力强、羔羊生长速度快、胴体品质优等特点。

美国在20世纪就培育出多达17个合成绵羊品种。英国、俄罗斯、澳大利亚、波兰、中国、法国和新西兰也培育了15个以上具有优势性状的合成绵羊品种。

对合成品种培育影响最大的亲本品种有美利奴羊、罗姆尼羊、兰布列羊、高加索羊（Caucasus）、林肯羊（Lincoln）、边区莱斯特羊、陶赛特羊、东佛里生羊、长毛莱斯特羊、萨福克羊、考力代羊（Corriedale）、茨盖羊（Tsigai）、蒙古羊和芬兰羊等。

第二节　主要肉羊品种

本节主要介绍我国引进的优良肉羊品种和独具特色的地方品种；还有一部分绵羊品种虽然还未引进，但其培育过程具有一定借鉴意义，或具有突出的产肉性能、适应性能和市场潜力，故本节也予以一并介绍。

一、绵羊

（一）高产肉性能品种

1. 萨福克羊（Suffolk）

萨福克羊是英国于1859年培育成功的中毛型肉用品种，具有羔羊生长速度快、瘦肉率高等特点。该品种不仅是英国不列颠群岛的肉羊旗舰品种，也是目前世界上最理想的肉羊终端父本品种之一。英国、美国、加拿大、新西兰等国都把萨福克羊排在终端父系品种的第一、二位，广泛用于大型羔羊胴体生产。目前，萨福克羊分布于北美、北欧、澳大利亚、新西兰、俄罗斯等地。我国于20世纪70年代开始从澳大利亚引进萨福克羊，分布在陕西、新疆、宁夏、内蒙古、甘肃等。

（1）培育历史　萨福克羊是英国最古老的品种之一，原产于英格兰东南部的萨福克、诺福克、剑桥和艾塞克斯等地。该品种是以伯里圣埃德蒙兹（Bury St Edmunds）地区的南丘羊为父本，以当地体型较大、瘦肉率较高的黑头有角诺福克羊（Norfolk Horn）为母本杂交而成，最初叫作南丘诺福克羊或黑绵羊。Young（1791）在《萨福克郡农业概况》中首次介绍：该品种所产的羊肉纹理、风味、色泽、嫩度非常好，建议以萨福克郡命名，故被称为萨福克羊。1886年，萨福克羊被英国皇家学会认可，并于当年成立了萨福克羊协会。至此，萨福克羊不仅在当地得到迅速推广，而且被引入奥地利、法国、德国、瑞士、俄罗斯、南北美洲及英国殖民地。

（2）体型外貌　萨福克羊头宽长、鼻梁隆起、耳朵较大；公羊、母羊均无角，颈长、深且宽厚；胸阔，背腰宽而平直；后躯发育良好，臀部肌肉丰满；四肢结实，体型中等。体躯主要部位被毛为白色，偶尔可见少量有色毛纤维；头和四肢飞节以下覆盖黑色短刺毛（图3-1）。

图3-1　萨福克羊（公羊）

（3）主要生产性能　据David L.（1996）对美国饲养的17个肉用绵羊品种相关资料的分析，萨福克羊羔羊生长速度最快，胴体质量最好，日增重可达到 349 g，居于肉用绵羊之首。萨福克羊背脂厚度最低，仅为 0.40 cm，其他品种至少比萨福克羊高 44%；如陶赛特羊和罗姆尼羊背脂厚为 0.61 cm 和 0.76 cm，分别比萨福克羊高 52%和 90%。但在不同饲养管理条件下，萨福克羊生产性能差异很大。据李颖康等（2003）对在宁夏肉用种羊场舍饲的萨福克羔羊的观察，经产母羊所产公羔初生重、3 月龄重、6 月龄重分别为 5.0 kg、44.0 kg 和 51.8 kg，母羔相应年龄的体重分别为 4.7 kg、37.6 kg 和 51.6 kg。公羊周岁重和两岁重分别为 114.2 kg 和 129.2 kg，母羊分别为 74.8 kg 和 91.2 kg。在山西介休种羊场舍饲的萨福克羊公羔初生重和 3 月龄断奶重为 4.63 kg 和 37.69 kg，母羔为 3.67 kg 和 31.17 kg（张明伟等，2003）。在新疆玛纳斯冷季舍饲、暖季放牧的条件下，萨福克羔羊平均初生重、3 月龄断奶重和周岁重分别为 3.8 kg、26.8 kg 和 55.9 kg（朱香菱，2014）。

（4）繁殖性能　萨福克羊于 7～8 月龄性成熟，但通常在 12 月龄开始配种。母羊发情周期平均为 17 d，妊娠期 145～148 d。母羊可以常年发情，但春秋两季尤为明显，母性较差；公羊可常年配种，采精量 0.9～1.5 mL，但性欲相对较差。萨福克的繁殖表现与饲养管理条件关系极大。在英国，萨福克羊产羔率在 141.7%～157.7%，在澳大利亚为 130%～140%，在新疆为 140%，在陕西为 130%～140%。

（5）适应性　相对于其他进口肉羊品种，萨福克羊适应性较强，能较好地适应我国北方冬季寒冷的气候条件。据李俊年等人（2001）观察，萨福克羊和无角陶赛特羊在新疆天山北麓的生态环境条件下放牧，生长、繁殖性能接近或超过原产地水平，适应性良好，总适应能力分别达到 98.80%和 98.74%。另据毕台飞（2004）对引入陕西榆林地区的萨福克羊观察，该品种怕热、不怕冷，择食性较差，容易出现急性瘤胃臌胀病；另外，羔羊容易出现呼吸道病。

（6）利用效果　萨福克羊广泛用作肉羊杂交父本，在美国主要用于：

① 二元杂交。萨福克羊♂×西部羊♀、萨福克羊♂×陶赛特羊♀；每年购进 20%的母羊补群，所有的羔羊屠宰上市。

② 三元杂交。萨福克羊♂×芬陶羊♀（芬兰羊♂×陶赛特羊♀）；公母羔全部上市。

③ 三品种轮回杂交

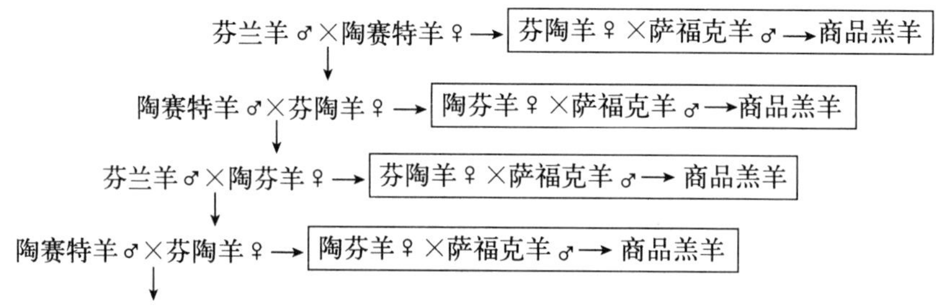

可持续进行杂交，杂交过程中生产的陶芬公羔和芬陶公羔全部上市。

我国各地开展了很多以萨福克羊为父本的杂交试验，所用的母本有小尾寒羊、河北细毛羊、青海毛肉兼用细毛羊、新疆细毛羊、蒙古羊、哈萨克羊、滩羊、多浪羊、湖羊及各类杂种羊，各类杂交后代的产肉性能和产毛性能都得到一定程度的改善；比较理想的三元杂交组

合是：萨福克羊♂×杜湖♀（杜泊羊♂×湖羊♀）、萨福克羊♂×杜寒♀（杜泊羊♂×小尾寒羊♀）或萨福克羊♂×东寒♀（东佛里生羊♂×小尾寒羊或湖羊♀）。值得注意的是，萨福克羊的杂种后代偶尔会出现杂色个体。

2. 无角陶赛特羊（Poll Dorset）

无角陶赛特羊是原产于澳大利亚和新西兰的中毛型肉用品种，具有早熟、生长发育快、繁殖力高、全年发情和适应性强等特点，是较理想的肉羊杂交终端父本品种，分布于澳大利亚、新西兰，以及欧洲、北美洲、亚洲的许多国家。我国于20世纪80年代末引进，广泛用于肉羊杂交改良。

（1）培育历史　澳大利亚无角陶赛特羊与新西兰无角陶赛特羊的培育方法有所不同，生产性能稍有差异。澳大利亚无角陶赛特羊的培育始于1937年，是以考力代羊为父本、以雷兰羊（Ryeland）和有角陶赛特羊为母本进行杂交，杂种母羊再与有角陶赛特公羊回交，选择回交后代中的无角个体培育而成。1954年，澳大利亚无角陶赛特羊协会成立。新西兰则是以1987年从英国引进的有角陶赛特羊为父本、以考力代和雷兰羊为母本进行杂交，杂一代母羊再与有角陶赛特公羊回交，选择回交后代中含有3/4陶赛特血统的无角个体进行培育而成。澳大利亚无角陶赛特羊与新西兰无角陶赛特羊源自于共同祖先，故其体型外貌、生产性能和繁殖性能相差无几。

（2）体型外貌　澳大利亚无角陶赛特羊和新西兰无角陶赛特羊的公、母羊均无角，头短而宽，颈粗短，胸宽深，背腰平直，体躯呈圆桶形，体质结实，四肢粗壮有力，后躯发育良好，全身被毛白色（图3-2）。其中，新西兰无角陶赛特体躯和四肢稍长。

图3-2　无角陶赛特羊（公羊）

（3）主要生产性能　在澳大利亚，大多数无角陶赛特公羊的后代都在12周龄（体重18～22 kg）开始上市；4月龄羔羊胴体重为20～24 kg，屠宰率达50%以上；成年公羊体重可达100～125 kg，成年母羊可达75～90 kg；产毛量2～3 kg。引入我国甘肃省永昌县的无角陶赛特羊6月龄公羔、母羔平均体重分别为45.16 kg和43.56 kg，周岁体重分别为82.16 kg和70.06 kg（赵有璋等，2009）。

（4）繁殖性能　无角陶赛特羊属于非季节性繁殖品种。产羔率为130%～180%。引入甘肃省永昌县的无角陶赛特羊表现为常年发情，产羔率为144%，繁殖成活率为131.33%（赵有璋等，2009）。引入陕西杨凌的无角陶赛特主要集中在立秋至立冬期间发情（约占近70%），立冬后发情羊较少，冬至后进入乏情期；冬至到立夏期间发情受胎率极少，仅为3.9%；立夏后开始发情，但发情率较低。无角陶赛特羊平均妊娠期为143.3 d。初产母羊产羔率为128%，经产母羊为151%。因此，温度对无角陶赛特羊繁殖表现有一定影响（任智慧，2005）。

（5）适应性　赵有璋等通过9年的观测，认为无角陶赛特羊在甘肃省永昌县及其周边地区适应性良好、生长发育快、繁殖力高、发病率低、死亡率少；主要疾病有呼吸系统病（如由支气管炎引发的咳嗽等）、消化系统病（如痢疾等）和泌尿系统病（如结石）；“总适应能力”为A级。2002年，从北京引入青海省共和县江西沟乡（海拔3 200～4 049 m）的无角陶赛特羊，初期呼吸系统和消化道疾病较多见，但经及时对症治疗后基本痊愈并能适应当地放牧＋补饲的养殖模式，且反应灵敏、采食速度快、采食范围广、不挑食（吴成顺等，2005）。

（6）利用效果

① 用于肉羊新品种培育。在澳大利亚，利用白杜泊羊、万瑞羊、无角陶赛特羊和特克赛尔羊等品种杂交，培育出澳洲白羊。

② 用作杂交亲本。无角陶赛特羊是澳大利亚、新西兰、加拿大、美国和法国广泛饲养的肉羊品种之一，也是澳大利亚和新西兰最常用的终端父系品种。澳大利亚有75%高档羔羊肉来自无角陶赛特及其杂种。他们通常先用边区莱斯特公羊与美利奴母羊杂交，所产杂一代母羊再与无角陶赛特公羊杂交，生产的三元杂种羔羊生长速度快、胴体结构好、眼肌面积大、瘦肉率高，具有较强的市场优势。同时，无角陶赛特母羊因繁殖性能高，常常被选作杂交母本。引入我国的无角陶赛特羊与小尾寒羊、哈萨克羊、多浪羊、阿勒泰羊、藏羊、蒙古羊、湖羊等品种的杂种后代均表现出较好的适应性和产肉性能。例如，引入我国甘肃省永昌县的无角陶赛特公羊×蒙古羊母羊的杂一代公母羔6月龄平均体重可达到37.61 kg和34.34 kg，分别比蒙古羊高18.08%和18.70%；杂二代公羔、母羔6月龄体重为36.32 kg和33.58 kg，比蒙古羊高14.03%和16.15%；两个品种的杂一代、杂二代母羊的产羔率分别为141.26%和136.57%（赵有璋，2009）。引入青海省海晏县的无角陶赛特公羊与藏羊母羊的杂一代羔羊4月龄平均体重为22.49 kg，比藏羊高15.33%（曹旭敏，2011）。

3. 特克赛尔羊（Texel）

特克赛尔羊原产于荷兰特克赛尔岛，属于长毛型肉羊品种。由于分布地域和选育技术不同，形成了3个类型——荷兰特克赛尔羊、英国特克赛尔羊和法国特克赛尔羊。其中，英国特克赛尔羊体型高大，荷兰特克赛尔羊腿较短。但所有的特克赛尔羊都有一个共同的特点：肌肉发达、瘦肉率高。特克赛尔羊是目前世界上最优秀的肉羊终端父本品种之一，也是欧洲最受欢迎的终端父本品种；主要分布于北欧各国、澳大利亚、新西兰、美国、秘鲁和非洲一些国家。20世纪60年代初，法国曾赠送给我国一对；1995年，我国首次从德国引进；此后，我国又从澳大利亚和新西兰引进一些。目前，特克赛尔羊在我国黑龙江、宁夏、北京、河北、甘肃、陕西等地区都有分布。

（1）培育历史　19世纪早期，荷兰的特克赛尔岛饲养着一种叫特克赛尔的短尾羊。这种羊的毛质较好，但成熟较晚、胴体较肥。由于他们的羊肉主要销往欧洲大陆，过肥的胴体总是不受欢迎；因此，在19世纪中期，人们引进了长毛型林肯羊和莱斯特羊与这种短尾特克赛尔羊杂交。经过长期的选择与培育，便形成了一个产肉量高、胴体脂肪沉积量低的瘦肉型绵羊品种——特克赛尔羊。

（2）体型外貌　该品种公羊、母羊均无角，头大小适中、着生白色短刺毛；鼻梁宽而平直，眼大有神，口鼻黑色，耳短；颈粗壮而长度适中；肩宽深，胸圆厚，背腰宽而平直，肋骨开展良好；前躯丰满，后躯发育良好；四肢健壮，全身毛白色；体型较大，体质结实，结构匀称，犹如一架优雅而奢华的马车（图 3-3）。

图 3-3　特克赛尔羊（母羊）

（3）主要生产性能　特克赛尔羊具有较高的肉骨比和肉脂比，屠宰率高，生长速度快，眼肌面积较其他肉羊品种高 7%以上，羊毛品质优。4 月龄公羔体重可达 40 kg、6～7 月龄可达 50～60 kg。成年公羊体重可达 115～130 kg、成年母羊体重可达 75～80 kg。公羊平均产毛 5.0 kg、母羊平均产毛 4.5 kg，净毛率 60%，羊毛长度 10～15 cm，羊毛细度 48～50 支。在英国放牧条件下，12 周龄平均断奶重可达25 kg，24 周龄屠宰重为 44 kg。育肥羔羊的屠宰率可达 60%。引入我国宁夏的特克赛尔羊 6 月龄公羔、母羔平均体重达到 54.4 kg 和 51.2 kg，成年公羊、母羊体重分别为 118 kg 和 78.6 kg（李颖康等，2006）。

（4）繁殖性能　特克赛尔羊 7 月龄性成熟。正常情况下，母羊初配年龄为 10～12 月龄，产羔率 150%～160%。该品种母羊发情期长，泌乳性能好；在英国，成年母羊的繁殖季节接近 5 个月。引进我国宁夏的特克赛尔羊除高温季节外，其他季节都能正常发情、配种；第一胎平均产羔率为 132%，第二胎为 178%（李颖康，2006）。从甘肃省永昌县引入兰州市榆中县的特克赛尔羊在 2016 年、2017 年和 2018 年产羔率分别为 106.94%、125.97%和 131.18%，羔羊断奶成活率分别为 93.51%、82.47%和 90.16%；除了 2018 年外，其他年度的断奶成活率均低于陶赛特羊（丁心顺等，2019）。

（5）适应性　刚引进的特克赛尔羊对炎热气候有较强的应激反应，且繁殖性能受到了一定影响。例如，2005 年从澳大利亚引入甘肃省永昌县的特克赛尔羊夏季体温和呼吸次数极显著高于冬、春季节，且连续两年未产双羔。另外，在当气温达到 25 ℃以上时，特克赛尔羊就出现喘息症状，食欲下降，喜卧阴凉处（徐长江，1997）。其纯繁后代适应性已逐渐改善。

（6）利用效果　目前，特克赛尔羊在英国的市场份额几乎与萨福克羊相当，而且迅速增长。英国大约 23%的母羊用特克赛尔公羊配种，主要用作终端父本。在比利时，特克赛尔羊属于主流肉羊品种之一，在羊肉市场的占有率达到 20%。澳大利亚通过将特克赛尔羊与无角陶赛特羊、白杜泊羊及万瑞羊杂交，培育出澳洲白羊。美国肉用动物研究中心于 1985 年引进特克赛尔羊，经过 5 年的隔离，于 1990 年解封后销售给牧场主。此后，又有一些牧场主引进了特克赛尔羊。在美国，特克赛尔羊主要用作终端父本，在一定程度上代替了汉普夏羊。威斯康星大学麦迪逊分校的研究结果表明，特克赛尔公羊后代的眼肌面积通常达到 10.16 cm^2，甚至可达到 12.7 cm^2，比美国黑面公羊后代的眼肌面积大 6%～10%。虽然特克赛尔羊后代生长速度比美国黑面羊后代稍慢，但其饲料转化率却更高。

引入我国的特克赛尔羊广泛用于肉羊杂交，已取得较好的效果。例如，引入黑龙江的特克赛尔羊与东北细毛羊的杂一代羔羊在 80 日龄断奶后，经过 75 d 的舍饲育肥，宰前活重达 42.4 kg、胴体重 21 kg、胴体净肉重 16.7 kg，屠宰率 49.3%，胴体净肉率为 79.52%（王大广等，2000）。特克赛尔羊与山西当地羊的杂一代羔羊 3 月龄和 6 月龄体重可达 22.15 kg 和 40.12 kg，分别比山西当地羔羊高 56.20% 和 68.50%（王志武等，2019）。在甘肃省景泰县，特克赛尔公羊与陶寒母羊（陶赛特羊♂×小尾寒羊♀）三元杂种羔羊的 3 月龄和 6 月龄体重为 28.64 kg 和 47.30 kg，分别比陶寒杂种羔羊高 23.66%和 26.13%。三元杂种羔羊 6 月龄屠宰率和胴体净肉率为 49.86%和 80.75%，分别比陶寒羔羊高 3.05 个百分点和 3.61 个百分点（陈义军等，2016）。

4. 夏洛莱羊（Charollais）

夏洛莱羊原产于法国中东部摩尔万山脉至夏洛莱山谷和布莱斯平原地区，属于中毛型肉羊。具有早熟、耐粗饲、肥育性能好、瘦肉率高等特点，是世界上最优秀的肉用绵羊杂交父本品种之一，已被引入英国、德国、美国、澳大利亚、新西兰、葡萄牙、西班牙、比利时、瑞士、匈牙利和以色列等国家。我国于 1987 年引进，主要饲养在河北、辽宁、河南、山东、黑龙江、山西、青海、新疆、湖北和陕西等地。

（1）培育历史　夏洛莱羊是以英国莱斯特羊和南丘羊为父本与法国当地的细毛羊杂交育成的。1820 年，由于法国毛纺工业不振，农民开始转向肉羊饲养，从英国引入莱斯特羊，改良当地羊。由于受经济发展的影响，夏洛莱羊的育种工作一度停滞不前。20 世纪 50 年代以后，由于人们崇尚脂肪少的大胴体肉羊，夏洛莱羊才得到迅速发展。1974 年，夏洛莱羊通过法国农业部正式认定。

（2）体型外貌　夏洛莱羊全身白色，公羊、母羊均无角，头部着生短刺毛；面部皮肤呈粉红色或灰色，有的带有黑色斑点；额宽，两眼眼眶距离大；耳较大，颈短粗，肩宽平，胸宽而深，肋部拱圆，背部肌肉发达，后躯丰满；四肢较短而端正，下部为深浅不同的棕褐色短毛（图 3－4）。

图 3－4　夏洛莱羊（公羊）

（3）主要生产性能　在法国良好的放牧条件下，10～30 日龄夏洛莱羊单羔公羔日增重达 300 g、母羔达 287 g，双羔公羔达 253 g、母羔达 236 g；70 日龄单羔体重可达 26～27 kg，双羔达 22～23 kg。屠宰率一般在 55%以上。成年公羊体重达 110～140 kg，母羊达 80～100 kg。母羊泌乳性能好。成年母羊产毛量 4 kg 以上；羊毛细度 29 μm，属于半细毛。在青海舍饲条件下，夏洛莱羊 4 月龄公羔平均体重达到 38.18 kg、母羔达到 30.70 kg（冯宇哲，2004）。

（4）繁殖性能　夏洛莱羊属于季节性繁殖品种。母羊主要集中在 9—10 月发情，发情周期为 14～20 d，妊娠期为 147～152 d。母羔 7 月龄性成熟，8 月龄可配种。初产母羊产羔率为 130%～140%，经产母羊可达 172%～200%。公羊 9 月龄性成熟，12 月龄后可采精，可常年配种。

（5）适应性　法国中部的夏洛莱地区，年平均温度 9.9 ℃，降水量 800 mm 左右，无霜期 254 d。除 7—9 月气候干旱外，全年气候湿润，冬季最低气温－10 ℃左右。夏洛莱羊全年放牧在人工草场上，冬、春季节补饲一定量的青干草、玉米青贮和混合精料。养殖规模有两种、500～100 只育肥场（户）和 50～200 只繁育户。据张贵江等（1995）观察，引入我国黑龙江省绥化市的夏洛莱羊不耐高温和寒冷，气温稍高就表现出张口喘气、不愿运动和采食。但吴克选（2005）报道，从河南省引入青海省西宁市的夏洛莱羊放牧性能好、采食能力强、耐粗饲；夏洛莱羊及其杂一代羊均能适应青藏高原的气候生态条件。冯宇哲（2004）认为，夏洛莱羊性情温顺、觅食性好、食性广、采食速度快，对一般疾病抗御能力与当地羊相似。但由于夏洛莱羊及其杂种后代出生时被毛较短，不能有效地抵御高寒地区冬季的严寒气候，羔羊死亡率较高。

（6）利用效果　在法国，夏洛莱羊主要用作肉羊三元杂交终端父本。他们采用的主要杂交模式有两种。第一种是夏洛莱♂×法格杂一代（法国岛羊×格里维特羊）♀，所产三元杂种羔羊生长速度快，全部育肥后上市，日增重可超过 300 g；第二种模式是夏洛莱♂×利萨杂一代（利木赞×萨福克）♀，所产三元杂种羔羊 3.5 月龄体重可达到 35～40 kg，3.5 月龄即可上市。夏洛莱羊约占英国肉用绵羊父本品种饲养量的 30%，主要利用的杂交模式有两种，一种模式是夏洛莱♂×灰山杂一代（灰面边区莱斯特×山地羊）♀，所产的三元杂种羔羊放牧育肥到 4 月龄左右、体重达到 40 kg 左右时上市；另一种模式是先用夏洛莱公羊与萨福克羊杂一代母羊杂交，所产的三元杂种母羊再与特克赛尔公羊杂交，生产四元杂种羔羊（赵印等，2017）。

引入我国的夏洛莱公羊与饲养在新疆的小尾寒羊杂一代公羔、母羔 6 月龄体重分别可达 38.97 kg 和 33.97 kg，分别比小尾寒羊高 11.44%和 10.08%（王军等，2017）。夏洛莱羊与青海土种羊杂一代 4 月龄体重达到 21.1 kg，比青海土种羊高 59.85%（冯宇哲，2011）。在相同饲养管理条件下，夏洛莱羊与藏羊的杂一代羔羊 8 月龄体重、胴体重、屠宰率和净肉率均明显高于藏羊羔羊和青海半细毛羔羊；其每只羔羊可增加收入 40～60 元（张廷华，1995）。

5. 澳洲白羊（Australian White）

澳洲白羊是澳大利亚利用现代育种技术，于 2009 年培育成功的粗毛肉羊品种；具有体质健壮、体型较大、结构匀称、生长快、上市早、繁殖性能好、自动脱毛等性能，可用作肉羊杂交终端父本。天津奥群牧业有限公司于 2011 年率先引进，并推广到内蒙古、黑龙江、吉林、辽宁、甘肃、新疆、贵州、河南、河北、山东和广东等地。

（1）培育历史　在 1996—2007 年，澳大利亚 Highvelds 国际公司多次从南非进口杜泊羊和万瑞羊胚胎，并进行扩繁。为了培育出独具特色的绵羊新品种、填补已有品种无法满足的澳大利亚种羊市场空白，Highvelds 公司于 1999 年开展了白杜泊羊、万瑞羊、无角陶赛特羊和特克赛尔羊杂交试验；并联合 Tattykeel 和 Baringa 两家公司，利用现代育种技术，培育出适合现代澳大利亚肉羊市场需求的澳洲白羊。该品种于 2009 年 10 月在澳大利亚注册，并于 2011 年 3 月正式上市。

（2）体型外貌　澳洲白羊头较小，略呈三角形，无角；耳朵中等大小，半下垂；眼睛大，眼睑边缘为黑色；颈较粗，肩胛骨略倾斜，体胸宽深，背腰平直，四肢强健有力；全身被以白色短粗毛，但在气候转暖时可自动脱毛；偶尔可见耳朵、面部或下肢出现有色小斑点（图 3-5）。

（3）主要生产性能　在澳洲完全放牧、放牧＋补饲条件下，澳洲白羊 6 月龄母羔、公羔体重分别达到 42.5 kg 和 52.5 kg，9～10 月龄母羔、公羔体重分别为 65.5 kg 和 78.0 kg。在舍饲条件下，澳洲白羊 6 月龄胴体重可达到 26 kg，且脂肪分布均匀，可以满足国际市场对优质大胴体羔羊肉的需要。引入我国天津澳群公司的澳洲白羊一级公羊、母羊 6 月龄体重分别为 55 kg 和 50 kg，屠宰率为 50%～55%，胴体重为 23～27 kg；成年公羊体重可达 95 kg，成年母羊可达 80 kg（张清峰等，2020）。引入甘肃省张掖市的澳洲白羊 6 月龄公羔、母羔体重分别达到 46 kg 和43 kg，屠宰率为 52%～54%，胴体重 22～27 kg（陈广仁等，2017）。

图 3-5　澳洲白羊（公羊）

（4）繁殖性能　澳洲白羊属非季节性繁殖品种。母羊 5～8 月龄性成熟，发情周期为 14～20 d，初配年龄 10～12 月龄，妊娠期 147～150 d。该品种母性和泌乳能力较强，产羔率为 130%～180%（张清峰等，2020）。引入甘肃省张掖市的澳洲白羊 10 月龄时即可发情配种，且发情季节性不明显；第一胎产羔率为 117.7%，第二胎为 135.6%（陈广仁等，2017）。

（5）适应性　澳洲白羊适应性强；在寒冷季节，可依靠粗毛御寒；又能自动脱掉被毛，换上短而薄的“夏装”毛，抵抗酷暑。该品种能够适应干旱的草场条件，善于游走采食，也能适应各种舍饲条件；在甘肃河西走廊高寒地区、甘肃中部干旱地区均表现良好（陈广仁等，2017）。

（6）利用效果　澳洲白羊对我国湖羊、小尾寒羊和藏羊产肉性能的改良效果都较明显。饲养在甘肃省肃南裕固族自治县的澳洲白羊×藏羊杂一代羔羊 4 月龄平均体重为 28.83 kg，4 月龄前平均日增重为 197 g，分别比相同饲养条件下的同龄藏羊高 39.0%和 49.24%（杨杜录等，2019）。澳洲白羊与饲养在兰州鑫源农牧业科技公司的湖羊杂一代羔羊 4 月龄平均体重为 32.16 kg、胴体重为 16.88 kg，4 月龄前日增重为 234.33 g，分别比湖羊羔羊高 32.62%、18.04%和 33.44%（杨杜录等，2021）。澳洲白羊与饲养在甘肃省张掖市的小尾寒羊杂一代公羔、母羔 6 月龄体重为 48.41 kg 和 45.91 kg，分别比小尾寒羊高 17.93%和 26.26%（潘晓荣等，2017）。

6. 杜泊羊（Dorper）

杜泊羊是在南非卡鲁地区格鲁特方丹培育成功的粗毛肉用绵羊品种，包括黑头杜泊羊和白头杜泊羊两个类型；每个类型又分为长毛系和短粗毛系。在不同的杜泊羊间除了短粗毛系的板皮品质稍优外，其他性能均没有明显差异。大多数南非人喜欢短粗毛系杜泊羊；因此，该品种的选育方向以短粗毛系为主。杜泊羊以适应性强、耐粗饲、生长速度快而著称。南非的杜泊羊已经超过 1 000 万只。目前，杜泊羊已分布于非洲南部和中部、北非和中东的沙漠地区、北美及澳大利亚。我国于 2001 年首次从澳大利亚引进杜泊羊及其胚胎，进行纯种繁育或杂交改良；此后，又多次引进。目前杜泊羊广泛分布于山东、陕西、天津、河北、河南、辽宁、北京、山西、宁夏、甘肃、云南、贵州、新疆、内蒙古等地。

（1）培育历史 20 世纪 30 年代初期，由于经济萧条、羊肉过剩和羊毛价格暴跌等原因，南非想将羊肉出口到英国；但是，南非当地的脂尾羊不被英国市场所接受，而从欧洲引进的绵羊因不适应非洲的恶劣环境不能健康生长。因此，南非希望在西开普敦培育出一种冬季抗寒冷、夏季抗干旱酷暑、在放牧条件下 4～5 月龄可上市、繁殖性能好、容易管理、胴体品质优的肉羊品种，以取代当地脂尾型羊。这其中包括的前提条件是，母羊必须在 11—12 月发情、配种，翌年 4 月就能开始产羔。为了实现这一目标，卡鲁地区的几个牧场主在 Engela 博士的指导下，以能适应恶劣环境条件的黑头波斯羊（Blackhead Persian）为母本，以繁殖季节较长的英国有角陶赛特羊为父本，开展了小规模的杂交试验。前期的试验并不顺利。从 1942 年开始，牧场主 Edmeades 调整思路，配合 Engela 博士在自己的牧场开展了各种试验，取得了满意的结果。1946 年，牧场主 Edmeades 对他牧场的 1 000 只有角陶赛特黑头波斯母羊进行鉴定，筛选出 82 只杂二代母羊和杂三代母羊、2 只杂二代公羊、1 只杂三代公羊作为基础群，并另选 200 只母羊和 6 只公羊进入“选育群”。1947 年，牧场主 Edmeades 决定给他新培育的羊起名叫杜泊羊。1950 年 7 月 19 日，由 28 名农民和 11 名官员组成了南非杜泊羊育种者协会。

Colerous 在白头杜泊羊的培育中起到关键性作用。他因所饲养的美利奴羊产羔率太低，转而对肉羊产生了兴趣，购进了一些黑头波斯羊和两只 1937 年从澳大利亚进口的有角陶赛特公羊，开展杂交试验。大部分黑头波斯羊与有角陶赛特羊杂种身上有有色斑点，但也有白色个体。Colerous 将关注点放在白色个体的选择上，又导入了万瑞羊的血统。因此，除了含有少量万瑞羊的血统外，白头杜泊羊主要性能指标和基因型与黑头杜泊羊一样。两个育种者协会于 1964 年合并，将他们培育的羊都叫作杜泊羊。后续，杜泊羊得到不断选育和发展。1984—1985 年，南非杜泊羊育种者协会会员达到 910 名，杜泊羊占到南非绵羊总数的 1/3。

（2）体型外貌 黑头杜泊羊头颈为黑色，体躯和四肢为白色；头顶部平直，长度适中，额宽，鼻梁隆起；耳大稍垂，颈粗短，肩宽厚，背平直，肋骨拱圆，前胸丰满，后躯肌肉发达；四肢短而强健，肢势端正（图 3－6）。白头杜泊羊全身为白色，其他性状与黑头杜泊羊一样（图 3－7）。

图 3－6 黑头杜泊羊（公羊）

图 3－7 白头杜泊羊（公羊）

（3）主要生产性能

① 产肉性能。杜泊羊生长速度快、肉质好，特别适合肥羔生产。饲养在南非的杜泊羔羊平均断奶日龄为 52.8 d，断奶体重为 18.2 kg；断奶前日增重一般为 240～280 g，从断奶到 100 日龄的日增重为 206 g，成活率为 96%（Schoeman 和 Burger，1992）。在天然牧场放牧条件下，6 月龄公羔平均体重为 54.6 kg、母羊为 47.8 kg（Campbell，1989）。饲养管理条件、出生类型和母羊年龄对羔羊的初生重、生长发育有显著影响。在我国舍饲条件下，3～4 月龄杜泊羔羊体重可达 36 kg、胴体重可达 16 kg；6 月龄公羔体重可达 54.6 kg、母羔可达 47.8 kg；成年公羊体重可达 105 kg，母羊可达 84.3 kg。

杜泊羊被看作是早熟品种，其脂肪沉积较早。杜泊羊的屠宰率随着屠宰年龄的增加而增加，体重 25 kg 的羔羊屠宰率约为 40%，体重 40 kg 的羔羊可达 50%（Van niekerk 等，1995）。据王金文等对山东舍饲条件下的杜泊羊羔羊的观察，公羔 3 月龄体重和周岁体重分别为 33.11 kg 和 73.90 kg，3 月龄前平均日增重为 314.6 g；母羔相应年龄的体重为 31.17 kg 和 59.60 kg，3 月龄前日增重为 294.7 g。

② 泌乳性能。据 Bonsma（1944）对培育中 43 只杜泊羊的观察，77 d 泌乳期的平均日产奶量为 1.22 kg；泌乳 10 d 后，母羊乳脂含量为 7.1%，40 d 后为 5.5%。另据 Leroux（1969）报道，杜泊羊奶含蛋白质 5.6%、乳糖 4.6%。

（4）繁殖性能

① 性成熟。杜泊羊被认为是一个早熟品种，可常年繁殖。据报道，杜泊羊 8 月龄、体重达 50 kg 时性成熟（Schoeman et al.，1993）。在一个 8 个月的繁殖周期中，秋季出生的杜泊羊平均在 328 日龄、体重 45.9 kg 时第一次配种受孕；大多数在冬季出生的母羊是平均在 252 日龄、体重 44.7 kg 时第一次配种受孕（Basson et al.，1970）。在南非，杜泊羊第一次产羔的平均年龄为 346 日龄（Greeff et al.，1988）。

② 发情表现。成年杜泊母羊平均发情周期为 17.6 d，发情持续期为 36 h；青年母羊的发情周期为 16.6 d，发情持续期为 28 h，妊娠期为 146～148 d（Elias et al.，1985）。

③ 产羔表现。杜泊羊的胎产羔数一般为 1.45～1.60 只；但受年龄的影响，4～6 岁母羊的双羔率增加，随后下降（Schoeman and Burger，1992）。杜泊羊羔羊成活率较高，多为 90%，与胎产羔数关系极大。在密频繁殖条件下，每只母羊年产断奶羔羊 1.48 只以上（Cloete et al.，2000）。引入我国山东地区的杜泊羊第一胎产羔率为 135.13%，第二胎为 144.44%（王金文，2007）。

④ 产后休情期。杜泊羊产后平均休情期为 51 d（Joubert，1962）。平均休情期与产羔季节和营养关系极大。冬、春季产羔母羊休情期大约为 123 d，夏季为 89 d，秋季为 62 d（Joubert，1972）。高营养组、中营养组、低营养组母羊产后休情期分别为 86 d、119 d 和 124 d（Elias 等，1985）。

（5）适应性　杜泊羊以适应性强、产肉性能好而著称。该品种耐粗饲，食性广，放牧、舍饲皆宜；既能耐酷热，又能抗寒冷，能在水源不足的干旱地区顽强地生存与繁衍；性情温顺，合群性好，容易管理。在春末或夏初气候变暖时，该品种会自动脱毛，不需剪毛，可减少管理成本；但在潮湿条件下，易感染肝片吸虫病，羔羊易患球虫病。

（6）利用效果　杜泊羊胚胎于 1995—1997 年直接或间接输入加拿大、美国、澳大利亚和德国，这些国家很快就成立了杜泊羊协会，致力于杜泊羊的发展和利用。甚至，澳大利亚很快成为出口国，2001 年就将杜泊羊出口到我国；而且通过白杜泊羊、万瑞羊、无角陶赛特羊和特克赛尔羊杂交，于 2009 年培育出了粗毛肉羊品种澳洲白羊。

我国山东省农科院以黑头杜泊羊为父本、以当地小尾寒羊为母本，通过杂交筛选、横交固定、选育提高培育出了体型大、生长速度快、产肉性能好、繁殖率高、适应性强的肉用绵羊新品种——鲁西黑头羊。

同时，我国多地开展了利用杜泊羊提高当地绵羊的产肉性能试验。据报道，黑头杜泊♂×小尾寒羊♀的杂一代羔羊体型外貌趋向父本，头颈部黑色特征明显，生长速度快；5～6 月龄育肥杂种公羔平均日增重可达到 313 g，比小尾寒羊高 12.59%；屠宰率达到 50.1%，胴体重达到 22.30 kg，胴体净肉率达到 79.80%（王金文等，2006）。在金昌舍饲条件下，白头杜泊羊♂×湖羊♀的杂一代羔羊 2 月龄体重和 4 月龄体重分别为 21.54 kg 和 29.54 kg，日增重为 299 g 和 216 g，屠宰率为 52.81% 和 51.56%，胴体净肉率为 81.90%和 79.50%（周勇等，2016）。杜泊羊♂×蒙古羊♀的杂一代羔羊 4 月龄体重和 6 月龄体重为 24.56 kg 和 36.39 kg，分别比相同饲养条件的蒙古羊高 4.41 kg 和 8.31 kg。6 月龄杜蒙杂一代羔羊屠宰率为 49.93%，比蒙古羊高 2.46 个百分点（巴图等，2008）。

7. 贝尔特克斯羊（Beltex）

贝尔特克斯羊是特克赛尔羊与罗曼诺夫羊杂种中的突变种，原产于比利时，被称为比利时特克赛尔羊（Belgian Texel）。英国于 1989 年从比利时引进，并予以快速发展；同时，将 Belgian Texel 缩写为 Beltex，称为贝尔特克斯羊。该杂种羊具有双肌后臀，骨骼较细，屠宰率可达到 60%，可用作终端父本，适合与中小型母羊杂交，生产 18～26 kg 的轻型羔羊胴体。我国新疆农垦科学院于 2008 年引进，主要分布在新疆，表现出较好的生产性能和杂交效果。

（1）培育历史　贝尔特克斯羊培育者在特克赛尔羊与罗曼诺夫羊杂交种中发现了后躯发达的突变个体，而后得到了比利时列日大学 Roger Hanse 教授的大力协助。比利时列日大学 Pascal Leroy 教授通过试验证实了贝尔特克斯的这种突出性状为双肌基因调控性状；这是一种新的调控基因，也是一种影响肌肉表达的突变型基因。因此，今天我们看到的贝尔特克斯羊是科学与实践的结合，也是科学家与牧场主共同努力的结果。

（2）体型外貌　贝尔特克斯羊头部一般为白色，但可能有黑色、蓝色或棕色斑点，颜色与性能无关；前额又短又厚，故有“牛头羊”之称；颈粗短，肩部肌肉发达，背部宽，身体呈长筒形。贝尔特克斯羊与众不同的特点是，后躯有双肌肉，骨盆倾斜，尾巴低垂，深红色，圆润，肌肉丰满；后躯呈楔形；四肢短而短刺毛，行动自如；骨骼精细；全身白色，被毛短而致密，腹毛较少（图 3－8）。

图 3－8　贝尔特克斯羊（公羊）

（3）主要生产性能　饲养在比利时的贝尔特克斯羊体型较小，但生长速度较快。100日龄前日增重可达到350 g；11周龄时，胴体重可达到24 kg，屠宰率达到60%。如果在活重为39 kg时屠宰，胴体重至少可达到21 kg。目前，6月龄公羔体重超过60 kg，成年公羊可达100 kg。引入我国新疆的贝尔特克斯羊体型较小。贝尔特克斯羊体重变化见表3-1。

表3-1　贝尔特克斯羊体重变化

单位：kg

指标	公羊	母羊
初生重	4.0	3.8
断奶重	25.80±3.20	23.82±3.57
周岁重	57.23±5.24	43.57±4.72
成年重	61.20±6.73	45.00±5.29

资料来源：新疆农垦科学院种羊场

Marcq等（1998）分析了贝尔特克斯羊双肌性状的遗传机制。他们认为，与罗曼诺夫羊相比，双肌性状羊的肌肉生长抑制素基因的编码区没有碱基的差异。采用该基因侧翼的微卫星标记进行连锁分析可知，在绵羊染色体2q远端区存在一个对肌肉的发育产生效应的QTL，该基因座很可能就是肌肉生长抑制素基因。因此，推断影响该基因表达的区域很可能在3′端或5′端的非翻译区或内含子部分。也就是说，特克赛尔绵羊的比利时品系及荷兰品系可能存在着“双肌”主效基因。

（4）繁殖性能　贝尔特克斯羊属于季节性繁殖品种，每年9—10月发情、配种，产羔率为180%左右，羔羊成活率为95%，母羊难产率较低。

（5）适应性　比利时夏季最高温度可达到40 ℃左右，冬季最低温度在－15 ℃左右，贝尔特克斯羊已经适应当地气候；全年均以放牧为主，每公顷饲养母羊12～13只。引入我国新疆的贝尔特克斯羊生长发育良好。

（6）利用效果　在英国，贝尔特克斯羊得到快速发展，牧场主根据自己的喜好，选育出少量的蓝色特克赛尔、金黄色特克赛尔等；贝尔特克斯羊作为杂种肉羊的终端父系，年配种母羊数约占全国繁殖母羊的1%左右；其杂种后代体质健壮，主要用于生产18～26 kg的轻型羔羊胴体。据沙木好等（2010）报道，该品种与湖羊杂一代单羔公羔、母羔平均初生重为5.36 kg和4.70 kg，双羔公羔、母羔平均初生重为5.23 kg和4.70 kg；杂种羔羊适应能力好，呼吸道疾病明显减少，生长发育及成活率均优于父母代。

8. 白萨福克羊（White Suffolk）

白萨福克羊是澳大利亚培育的一个全身白色中毛型肉用品种。其主要生产性能与黑头萨福克羊相近。

（1）培育历史　尽管黑头萨福克羊是英国和美国最好的肉羊父本品种，其杂种后代比无角陶赛特杂种羊早上市2～3周；但由于纯白色品种更受欢迎，黑头萨福克羊后代身上有黑色斑点，影响了羊毛价值。因此，该品种在澳大利亚优质羊肉市场上的份额还不到10%。为了培育一个能保留黑头萨福克特有的肉质和生长性状的全身白色无杂染、羔羊初生重较小、肩部结构良好、难产率低的优秀终端父本品种，澳大利亚新南威尔士大学的

Euan Roberts 博士于 1977 年开展了萨福克羊×无角陶赛特羊、萨福克羊×边区莱斯特羊杂交试验；并从杂种后代中，严格剔除有有色斑点的个体，有计划地进行选育选配工作。1986 年，成立了白萨福克羊协会。此后，新南威尔士大学把白萨福克羊群卖给了一家由 40 位有远见的农民组成的肉羊育种公司。该公司承担了白萨福克羊后期的选育与经营活动。

（2）体型外貌　白萨福克羊体型较大，全身白色无杂染，公羊、母羊均无角，头部和四肢着生白色短刺毛，其他特征与黑头萨福克相似（图 3-9）。

图 3-9　白萨福克羊（公羊）

（3）生产性能　王大愚等（2009）引入甘肃省永昌县的白萨福克羊初生体重大、生长发育较快；公羔、母羔平均初生重分别为 5.52 kg 和 4.84 kg，4 月龄体重分别为 32.88 kg 和 35.60 kg，6 月龄体重分别为 42.60 kg 和 35.60 kg；成年公羊平均体重为 100～110 kg，成年母羊为 70～80 kg。

（4）繁殖性能　白萨福克羊的产羔率为 125%～140%，引入永昌县的成年白萨福克羊产羔率为 125%、双羔率为 15.4%。近年来，澳大利亚致力于该品种繁殖力的改进与提高，选育后的白萨福克羊平均产羔率可达到 200%。

（5）适应性　白萨福克羊食性广，耐粗饲，适应性强。在干旱和半干旱牧区、各种农牧结合区，以及降水量较高的地区都能正常生存与发展。据观察，引入我国的白萨福克羊对高海拔和冬季寒冷的气候环境有较好的适应性，各种生理指标没有明显变化（王大愚等，2007）。

（6）利用效果　白萨福克羊可显著改进和提高其他绵羊品种的产肉性能。该品种与我国四川省红原县藏羊的杂一代公羔、母羔 6 月龄平均体重分别达到 34.69 kg 和 31.43 kg，分别比藏羊公羔、母羔高 6.86 kg、6.16 kg（陈明华等，2019）。白萨福克羊与小尾寒羊杂一代母羊的产羔率（159.1%）虽然低于小尾寒羊，但羔羊初生重、3 月龄重和 6 月龄重分别比小尾寒羊高 1.68 kg、3.45 kg、7.64 kg（彭龙等，2011）。白萨福克羊与甘肃省靖远县放牧滩羊的杂一代公羔、母羔 6 月龄平均体重为 36.46 kg 和 33.27 kg，分别比滩羊羊羔高 3.82 kg 和 3.55 kg（马学录等，2014）。白萨福克羊与中国美利奴的杂一代羔羊 3 月龄重、6 月龄重为 24.88 kg 和 31.80 kg，分别比同龄中国美利奴羊高 51.71% 和 23.73%。

9. 法国岛羊（Ile de France）

法国岛羊是法国培育成功的最具优势的中毛型肉羊品种，具有产肉性能好、繁殖力高、适应性强等特点，被全球 30 多个国家引进并用于杂种肉羊生产。

（1）培育历史　法国岛羊是法国于 19 世纪 30 年代用英国莱斯特羊与法国兰布列羊杂

交而成。最初，该品种被称为迪什利美利奴（Dishley Merino）；1922 年，在巴黎盆地推广后，正式命名为法国岛羊。

（2）体型外貌　法国岛羊体型大，无角，耳宽大；头部和耳朵覆盖白色短刺毛；全身被毛白色，不含死毛和有色纤维，被毛延伸到额部；体躯丰满，皮肤无皱褶；颈部紧凑而长度适中；胸宽深，肩肥厚，背腰平直，肋骨开张良好，四肢强壮有力；后躯丰满，但不突出（图 3－10）。

图 3－10　法国岛羊（母羊）

（3）主要生产性能　在正常饲养管理条件下，法国岛羊初生重达 3～5 kg，42 日龄重达 19～22 kg，100 日龄重达 34～41 kg。成年母羊体重 70～90 kg，产毛 3～4.5 kg，羊毛细度 23～27 μm；成年公羊体重 100～120 kg，产毛 5～6 kg。羔羊在 100 日龄时即可上市，屠宰率为 53%，肌肉发育良好，胴体品质优，没有过多的脂肪。

（4）繁殖性能　法国岛羊性成熟早，母羊羔体重达到 55 kg 左右即可配种，发育良好的公羊于 10 月龄开始配种。该品种属于非季节性繁殖品种，母羊每 7～8 个月可产一胎，产羔率为 150%～170%。如果采用两年三胎繁育制度，年产羔率可达到 220%。法国岛母羊产奶量高，母性较好，可以哺育 2～3 只羔羊，难产率低，容易管理。

（5）适应性　法国岛羊在集约、半集约和粗放条件下表现良好，对寄生虫抵抗力较强。

（6）利用效果　法国岛羊作为终端父本，其后代的体型、结构、肌肉发育和生长速度均表现出明显的优势。因此，法国岛公羊受到商品羔羊生产商的欢迎，目前已经遍及世界上 30 多个国家。在加拿大，用法国岛羊与萨福克羊等杂交，育成了阿尔科特羊（Arcott）；英国在 70 年代引进，主要用作优质羔羊生产的终端父本；新西兰将法国岛羊的选育重点放在降低羔羊初生重和提高生长速度方面，以防止母羊难产。法国岛羊早在 1903 年就作为礼品进入南非。而后，20 世纪 30 年代和 70 年代因用于研究而有少量引入，1972 年由私人育种者正式进行商业引入并予以快速发展，1980 年南非成立法国岛羊育种者协会。Cloete等（2005）的研究结果表明，法国岛羊可显著提高南非杜泊羊的初生重、生长速度和胴体质量，其杂一代羔羊的初生重和 100 日龄断奶重为 4.6 kg 和 34.5 kg，分别比纯种杜泊羊高 12%和 10%；43 kg 体重时屠宰胴体第 13 肋骨处背脂厚度为 1.68 mm，比杜泊羊低 0.48 mm。

10. 南丘羊（Southdown）

南丘羊因原产于英格兰东南部的苏塞克斯丘陵区而得名，原名为丘陵羊。该品种具有性成熟早、繁殖力高、羔羊育肥快、肉质鲜嫩、适于丘陵山地放牧等特点，欧洲各国、非洲、大洋洲、美洲主要养羊国家均有饲养。我国曾多次引进，目前在甘肃等地有分布。

（1）培育历史　南丘羊是英国于 18 世纪后半期培育成功的短毛型肉用绵羊品种，也是英国最古老的父系品种。关于南丘羊的培育历史记录很少，可能是由一些有远见的牧羊人定向选育而成；而且在200多年的历史变迁中，该品种也发生了很大变化。20世纪50年代，南丘羊还是一种颈部短小、肩部粗壮、成年公羊体重只有80～85 kg的中小型羊；而现在的南丘羊在保持良好的腰部和臀部特点的基础上，体型、体长发生了明显变化，胴体瘦肉率更高，而且更能适应较陡峭的山地放牧。

（2）体型外貌　南丘羊的嘴、唇、鼻端为浅灰色，公羊、母羊均无角；耳朵长度适中，呈水平状，与头部大小成比例，可能有黑色或棕色色素沉着；颈短而粗，体型中等，背腰长而平直；体躯白色，肌肉丰满，呈圆形，具有理想的肉用结构；四肢较短，为浅灰色（图3－11）。

图3－11　南丘羊（母羊）

（3）主要生产性能　南丘羊体型较小，维持营养需要量少，饲料转化率较高；周岁公羊体重100～113 kg，周岁母羊体重70～100 kg，屠宰率60%以上。南丘羊被毛结构紧密，延伸到面颊和四肢，产毛量2～2.5 kg；毛纤维较短，长度5～8 cm，细度23～28 μm。

（4）繁殖性能　南丘羊性成熟较早，难产率低，产羔率120%～150%。母羊乳房大但不下垂，泌乳性能较好；经产母羊可以哺育双羔，羔羊成活率较高。

（5）适应性　南丘羊温顺，易于管理；不仅广泛分布于英国各地，而且能够适应引入国家不同的环境条件。由于各地的饲养管理条件和选育强度不同，南丘羊的初生重、断奶重、成年体重及产羔率等都有一定差异。

（6）利用效果　南丘羊是对世界肉羊产业发展贡献最大的品种。英国每一个肉用绵羊品种的培育都离不开南丘羊，汉普夏羊、雪洛普夏羊、萨福克羊、牛津羊和丘陵陶赛特羊等短毛绵羊品种，以及法国的夏洛莱羊都含有南丘羊的血统。早在1640年，南丘羊就被带到英国殖民地（后来的美国）；1824—1829年，正式进口到美国。1827年，被引入法国；18世纪随着早期殖民进入澳大利亚。目前，英国、法国、澳大利亚、新西兰和美国等许多国家都将该品种用作肉羊杂交父本，用于生产受欧洲市场欢迎的轻型羔羊胴体。但由于该品种体型相对较小，杂种后代的生长速度赶不上大型肉羊品种萨福克羊和陶赛特羊杂种后代，而且胴体脂肪比例稍高；因此，新一代育种工作者希望通过进一步的改进与提高，使这一品种的商业属性最大化。

11. 杜美羊（Dormer）

杜美羊是有角陶赛特公羊与德国肉用美利奴母羊杂交而成的肉羊品种；也是南非农业部埃尔森堡试验站于1927年开展的一系列商品肉羊生产试验的结果。Dormer是Dorset－Merino的缩写。该品种因繁殖力高、母性强、繁殖季节长和难产率低而著名。

（1）培育历史　早在1927年，南非农业部埃尔森堡试验站就开展了一系列商品肉羊杂交试验，目的是生产出可以出口的优质羔羊肉。试验所用的公羊包括有角陶赛特羊、边区莱斯特羊、罗姆尼羊、南丘羊、萨福克羊、特克赛尔羊、考力代羊、德国肉用美利奴羊和黑头波斯羊等；母本为美利奴羊。结果表明，有角陶赛特公羊与美利奴母羊杂交后代的生长速度和胴体品质最好，即有角陶赛特公羊表现最为突出。因此，南非肉类委员会于1936—1937年从澳大利亚和英国进口了数百只有角陶赛特公羊；一部分被租借出去，用于商品肉羊生产试验；大部分公羊用于与美利奴母羊杂交。在1937—1938年，就有6 000多只羔羊胴体运往英国史密斯菲尔德市场。通过这些大规模的合作试验，再次证实有角陶赛特公羊是商品羔羊的最佳生产者。L. H. Bartel便产生了用有角陶赛特公羊和德国肉用美利奴母羊杂交、培育出一个新肉羊品种的想法，希望在冬季降雨区能取代有角陶赛特羊，并积极投身其中。

有角陶赛特羊具有生长速度快、肉品质优的特性，德国肉用美利奴羊具有抗肺寄生虫的特性，而且这两个品种都具有较高的繁殖力、产奶性能和相对长的繁殖季节。因此，分别被选作父本和母本。

为了保持美利奴羊的产毛特性，培育出体型更大、产肉性能更好的母本羊，先用德国肉用美利奴公羊与南非美利奴母羊杂交，再用所产的杂种母羊与有角陶赛特公羊杂交，其杂种后代生长速度高于其他杂种羊。因此，杜美羊还含有南非美利奴羊的血统。

为了取得最好的育种效果，育种工作者决定不使用埃尔森堡试验站已出现肺病的有角陶赛特羊，而是从澳大利亚购进了10只种公羊，再选择其中4只最优秀的有角陶赛特公羊用于新品种培育。除此之外，1937年以后，部分农户和私人牧场主也通过合作试验参与了该品种的培育。约从1947年起，生产者开始用在埃尔森堡拍卖会上买到的杜美公羊，来提升自己的羊群。1965年，成立了南非杜美育种者协会。

(2) 体型外貌　杜美羊体型较大，公羊、母羊均无角；被毛白色，密度较大，延伸至额部；颈粗壮，背腰平直，四肢结实，体型外貌与无角陶赛特羊相似（图3-12）。

图3-12　杜美羊（母羊）

(3) 主要生产性能　杜美羊初生重3.83 kg。100日龄公羔体重36.04 kg，日增重275 g；100日龄母羔体重34.04 kg，日增重272 g。在半集约化条件下，公羔平均日增重可达到345 g。在正常放牧条件下，4月龄羔羊出栏体重40～45 kg，胴体重25 kg，成年体重85 kg。

(4) 繁殖性能　杜美羊以繁殖力高、母性强、繁殖季节长和难产率低而闻名。在粗放条件下，产双羔和产多羔的母羊也较常见，主要取决于饲养管理条件，产羔率一般为120%～150%。根据1992年南开普省产羔结果可知，母羊产羔率为202.6%；其中，产单羔母羊占29.56%，产双羔母羊占44.35%，产三羔母羊占21.74%，产四羔母羊占2.6%，产五羔母羊占1.74%。

(5) 适应性　杜美羊能够适应南非冬季降雨地区（寒冷和潮湿），对肺寄生虫有较好的抵抗力，不论是产肉性能还是适应性都达到了计划目标。

(6) 推广利用　杜美羊虽然源自西开普省和南开普省，但目前已遍布南非各地；其中，以自由州（Free）和豪登省（Gauteng）的饲养量较大。据Henk Johannes等（2011）

报道，该品种曾被引入印度尼西亚。

（二）高繁殖力绵羊品种

1. 芬兰羊（Finnisheep）

芬兰羊又名兰德瑞斯羊（Landrace）或芬兰兰德瑞斯羊（Finnish Landrace），原产于芬兰，属于芬兰北方短尾羊，也是世界上最著名的多胎羊品种。具有性成熟早、胎产羔数多、可四季繁殖等特性，被世界上 40 多个国家引进，用于提高当地绵羊的繁殖性能或培育新品种，对世界肉用绵羊养殖效益的提高起到了巨大的推动作用。但该品种在芬兰国内近年来饲养量呈下降趋势，2020 年总存栏量仅为 14.02 万头。

（1）培育历史　芬兰羊的形成历史还不太清楚，可能是被广泛饲养于沙丁岛和科西嘉岛的摩佛伦羊（Mouflon）的后代，也可能与斯堪的纳维亚短尾羊有关。芬兰羊最初是由芬兰国内一小部分农民饲养，而且以小群体饲养为主。在芬兰漫长而寒冷的冬季羊群需要进入棚圈舍饲，增加了养殖成本。因此，人们对羊群的繁殖性能给予了高度关注。经过几百年的强度选育，形成了一个独具特色的多胎绵羊品种。

（2）体型外貌　芬兰羊头较窄，鼻较直，耳朵短；公羊有角，母羊大多无角；尾巴短小，体型较大；成年公羊体重 80～90 kg，母羊 60～70 kg，但骨骼较细；体躯长而深，胸部较窄，体躯肌肉欠发达，腿修长，腹部大，腹毛较差；全身白色，有些个体是黑色的，但黑色属于隐性性状；有些母羊有四个功能性乳头（Maijala，1974）（图 3-13）。

图 3-13　芬兰羊（母羊）

（3）主要生产性能

① 羔羊初生重。羔羊初生重主要取决于胎产羔数和母羊年龄。芬兰羊在芬兰、苏格兰和德国的羔羊初生重分别为 2.57 kg、2.32 kg 和 2.1 kg，低于特克赛尔羊和德国黑面羊。在法国的试验中，芬兰羊单羔初生重为 3.1 kg，双羔为 2.4 kg（Anon.，1974）。

② 羔羊死亡率。羔羊成活率主要取决于胎产羔数，而胎产羔数又取决于母羊的年龄。一般来说，胎产羔数超过 4 只时，羔羊成活率相对较低。周岁母羊所产三羔羔羊的死亡率达到 27%，是成年母羊所产三羔羔羊死亡率（13%）的 2 倍；产双羔母羊也有类似的情况。

③ 羔羊生长速度。羔羊生长速度与出生类型、饲养方式和饲养地域有关。一般来说，成年母羊所产的羔羊比周岁母羊所产的羔羊长得快，单羔羔羊比双羔及多羔羔羊长得快。芬兰羊的 150 日龄总窝重可达 71 kg，胎产羔 4～5 只的总窝重是单羔羔羊的 3 倍之多。

在芬兰，该品种羔羊 150 日龄体重为 30.4 kg，150 日龄前的日增重为 187 g。但在一项强化饲喂试验中，35 只公羔在 68～130 日龄日增重达到 350 g；同期 24 只母羔日增重达到 280 g（Antila，1976）。芬兰羔羊不同年龄段的日增重见表 3-2。

表 3-2　芬兰羔羊不同年龄段的日增重（芬兰）

条件	0～21 d		21～42 d		42～122 d		0～122 d	
	羔羊数	日增重（g/d）	羔羊数	日增重（g/d）	羔羊数	日增重（g/d）	羔羊数	日增重（g/d）
周岁母羊	49	173	48	229	39	151	39	168
2 岁母羊	139	200	138	262	116	176	116	195
3～9 岁母羊	137	180	131	260	96	168	96	186
单羔	19	262	19	307	13	169	13	209
双羔	125	211	131	256	107	174	107	195
三羔	333	183	336	246	272	170	272	185
四羔	151	185	149	221	126	213	126	210
五羔、六羔	17	184	16	225	13	231	13	222

④ 胴体品质。由于芬兰羊容易沉积脂肪、产毛量较低，所以屠宰率较高。但与肉用品种相比，芬兰羊胸部较窄，身体肌肉欠发达；胴体小，背最长肌面积小；背脂多，内脏器官上脂肪沉积量较多。芬兰羔羊肾脏脂肪比其他羔羊品种（萨福克羊、塔基羊、陶赛特羊等）的平均值高 4.2 个百分点（Olthof et al.，1991）。

⑤ 产毛性能。羊毛密度较差，公羊剪毛量 2.5～4 kg、母羊 2～3 kg；毛长 14～19 cm；毛纤维较细，为 25～28 μm，属于半光纤维，柔软如丝。但同一只羊身上的毛纤维细度差异较大，有髓毛纤维非常罕见。另外，该品种带有低频率隐性黑色基因，白色个体占 99%以上，黑色个体约为 0.5%。

（4）繁殖性能

① 性成熟。芬兰羊的一个显著特征是早熟。公羊在 3 月龄后就不能与母羊一起饲养。在苏格兰，用 7 月龄公羔配种没有任何问题。芬兰公羊的性欲比苏格兰黑面羊旺盛，繁殖性能优于美利奴羊（Land et al.，1974）和法国岛羊（Anon，1974），相对睾丸重量大于戈尔韦羊（Galway）（Hanrahan，1974）。芬兰羊的精子活力和密度与苏格兰黑面羊没有区别。

大多数母羊可在 7～8 月龄配种；发育良好的母羊可在 5 月龄配种，甚至个别母羊不到 4 月龄就能怀孕（8.5 月龄左右产羔）。据对苏格兰的 43 只三羔芬兰羊母羔观察，其中 40 只在 7 月龄时怀孕，只有 3 只空怀（Donald et al.，1967）。在另一被观察的 36 只 6 月龄母羔中，就有 35 只母羔接受公羊爬胯，发情率可达到 97.2%；同龄芬兰羊×塔斯马尼亚美利奴羊（Tasmanian Merino）的杂种母羔发情率为 94%，而美利奴母羔只有 5%（Land et al.，1974）。法国、加拿大、美国等 7 个国家的观察结果表明，芬兰羊的性成熟年龄为 5～10 月龄，体重为 25～44 kg，初配体重为 31～51 kg（平均为 39.7 kg）（Maijala et al.，1977）。

② 发情表现。据 Land（1971）观察，在苏格兰农场舍饲条件下，春季产羔后 0～56 d 的 13 只芬兰母羊、25 只陶赛特母羊和 123 只芬陶杂种（芬兰羊×陶赛特羊）母羊哺乳期发情率分别为 100%、68%和 59%，受胎率为 77%、29%和 40%。杂种母羊的发情率与年龄呈正相关（$r=0.97$）。

在哺乳期发情母羊中，38%芬兰羊、20%陶赛特羊和37%芬陶杂种羊在产后2 d发情。但这3种母羊的卵泡没有发育，不能排卵，配种后并不能受孕；同时，随着哺乳羔羊数量的增加，产后2 d内发情率略有下降，但不显著。

芬兰羊的正常发情周期是17 d，部分哺乳期发情母羊的发情间隔时间只有7 d，但随后会进入正常发情周期。母羊发情间隔缩短的现象表明，哺乳期发情并不总是出现在正常黄体形成之后，而是在黄体形成过程会受到一定程度的干扰，这也是哺乳期发情母羊受胎率低的原因。

③ 受胎率。所有数据表明，芬兰羊很少出现不孕现象。从正常繁殖季节的受胎率来看，在芬兰国内初产母羊和成年母羊受胎率分别为98.5%和96.1%，西班牙为88%和96%，加拿大为95.3%和96.4%；在正常繁殖季节的平均受胎率约为91%，在非繁殖季节的平均受胎率为60%（Maijala et al.，1977）。

④ 胎产羔数。在芬兰，成年母羊平均胎产羔2.8只（Savolainen，1996）；但在其他国家，周岁、两岁和成年母羊的胎产羔数分别为1.84只、2.45只和2.82只。然而，在相同条件下，芬兰羊的平均胎产羔数比特克赛尔羊高60%，比戈尔韦羊（Galway）高70%，比萨福克羊高80%。Riitta Sormunen-Cristian等（1999）在芬兰库马绵羊研究站对275只成年芬兰母羊进行了为期7年观察，发现芬兰羊平均胎产羔羊2.91只；但随季节变化，春季为母羊自然产羔季节，胎产羔数最高，为3.07只；夏季2.66只，秋季2.32只，冬季2.76只。

⑤ 产羔间隔。芬兰羊在一年中的每个月份都可以产羔。对一个芬兰农场的芬兰羊进行观察，38.4%的成年母羊在7—12月产羔，46%的母羊年产两胎。如果人为地控制配种，芬兰羊完全可一年产两胎；大多数母羊的产羔间隔为200～240 d（Maijala和Kangasniemi，1972），最短的间隔低于160 d。此外，芬兰母羊繁殖季节长，无需使用激素处理，就可以每8个月繁殖一次（Oèsterberg，1979）。Riitta Sormunen-Cristian等（1999）发现，在不使用激素处理的情况下，芬兰羊可常年发情配种；密频繁殖群母羊产羔间隔为9个月，平均胎产羔羊2.71只；年产一胎群产羔间隔为11.5个月；产羔频率对羔羊的生长发育（包括初生重和6周龄重）没有影响。

⑥ 助产。在苏格兰，12%的芬兰母羊需要助产。助产频率随年龄增加而增加，周岁母羊助产频率为6.6%，两岁母羊为9.4%，年龄较大的母羊为15.7%。芬兰羊的助产频率与胎产羔数关系较大，与饲养方式、营养水平也有一定关系；且各地差异较大，平均约为9.6%，但有些地方高达20%～30%（K. Maijala et al.，1977）。

（5）泌乳性能　一般通过羔羊吮乳前后的体重比较，计算母羊产奶量。19只芬兰母羊泌乳期前8周的平均日产奶量为1.81 kg（Antila，1975）；其中，4只产单羔母羊平均产奶1.03 kg，10只产双羔母羊日产奶量1.83 kg，4只产三羔母羊日产奶量2.33 kg，1只产四羔母羊日产奶量2.67 kg。部分芬兰羊有4个功能性乳头，这对于哺育多羔具有重要意义。

（6）适应性　当一个品种需要饲养在不同的气候条件下，健康问题就显得十分重要。一般来说，高繁殖力绵羊的生产寿命比低繁殖力品种短。纯种芬兰羊的寿命仅为56个月，比萨福克羊和塔基羊短7个月。大多数杂种羊的寿命大于亲本品种，如芬萨（芬兰×萨福克）杂一代羊寿命为 71 个月，芬萨杂一代羊与萨福克羊回交种的寿命为 84 个月（Boylan，1985）。

芬兰羊对不同地域的适应性并不相同，几乎一半的分布地曾发生过肺炎，有些地方有呼吸道感染问题。1970 年，对芬兰的 2 906 只芬兰母羊进行观察得知，乳腺炎发病率为 1.45%，消化不良发病率为 1.62%，羔羊疾病发病率为 1.72%（Kangasniemi，1972）。

（7）利用效果　芬兰羊最早于 1962 年被引入苏格兰爱丁堡。从那以后，全世界 40 多个国家引进了芬兰羊，并开展了芬兰羊与边区莱斯特羊、东佛里生羊、法国岛羊、美利奴羊、罗姆尼羊、萨福克羊和特克赛尔羊等的杂交试验。由于芬兰羊的多胎性状是由多基因控制的，每个基因的作用相对较小；芬兰羊与其他绵羊品种杂一代母羊的产羔率一般为两品种产羔率的平均数，而不会表现出杂种优势。因此，在所有的杂交试验中，芬兰羊无一例外地提高了被杂交品种的繁殖力。

芬兰羊于 1966 年被引入加拿大。在加拿大集约化饲养条件下，芬兰羊与兰布列特羊、萨福克羊、哥伦比亚羊的杂一代母羊平均产羔率分别达到 241%、239%和 283%。

在埃及，芬兰羊与尼罗河谷的地方品种——拉赫玛尼羊（Rahmani）和奥西米羊（Osimi）杂交结果表明，芬拉杂一代（芬兰羊×拉赫玛尼羊）母羊的胎产羔数分别比拉赫玛尼羊和奥西米羊高 0.68 只和 0.70 只，芬拉杂一代与拉赫玛尼羊和奥西米羊反交，得到含 1/4 芬兰血统、3/4 拉赫玛尼血统杂种母羊和含 1/4 芬兰血统、3/4 奥西米血统杂种母羊，两者胎产羔数分别比拉赫玛尼羊和奥西米羊高 0.17 只和 0.27 只。同时，不同季节配种的芬兰杂种母羊的繁殖力都高于地方绵羊，芬拉杂一代母羊和芬奥杂一代母羊的年产羔羊数分别比拉赫玛尼羊和奥西米羊高 1.25 只和 0.80 只。含 1/4 芬兰血统、3/4 拉赫玛尼血统杂种母羊和含 1/4 芬兰血统、3/4 奥西米血统杂种母羊的年产羔羊数分别比拉赫玛尼羊和奥西米羊高 0.19～0.44 只和 0.34～0.55 只（Aboul - Naga，1985）。

在美国，芬兰羊公羊杂种后代的产羔率、断奶成活率和 90 日龄重分别为 187%、118%和 31 kg，而当地品种相应的性能指标为 151%、109%和 29 kg。因此，有人认为美国 20 世纪 70 年代羔羊肉生产收入的增加，15%是个体选育的结果，25%是芬兰多胎羊的贡献，30%～60%是经济杂交的结果。

2. 罗曼诺夫羊（Romanov）

罗曼诺夫羊原产于莫斯科东北部的雅罗斯拉夫州，在伏尔加河流域、西伯利亚亦有分布，属俄罗斯北部的短尾种。由于该品种裘皮品质好，皮板轻、柔软耐用，被归属为裘皮品种；但引起人们兴趣的真正原因是它的性成熟早、可全年发情、年产两胎、胎产多羔等特性。自 20 世纪 60 年代以后，被法国、美国、加拿大、西班牙、葡萄牙、意大利、匈牙利、捷克斯洛伐克、德国、南非及南地中海国家（阿尔及利亚、突尼斯、埃及和以色列等）引进，用于改良提高当地绵羊的繁殖性能。

（1）培育历史　有关罗曼诺夫羊的形成历史无资料考证。据 Tatiana E 等（2018）对俄罗斯 25 个绵羊全基因组分析，证明脂尾型罗曼诺夫羊与中国和伊朗的绵羊有一定血缘关系。

（2）体型外貌　罗曼诺夫羊头部较小，鼻梁隆起，公羊一般无角；体躯为黑色或灰色，四肢和尾部为黑色；面部黑色，但有白色条纹及斑点（图 3 - 14）。该品种体型较小，但显强壮；成年公羊体重可达 60～70 kg，成年母羊体重可达 45～55 kg。

图 3-14　罗曼诺夫羊（母羊及羔羊）

（3）主要生产性能

① 生长发育。据 M. H. Fahmy（1989）观察，从法国引入加拿大的罗曼诺夫羊及其后代平均初生重为 2.9 kg；公羔 70 日、180 日和 365 日龄体重分别为 20.0 kg、41.1 kg 和 59.2 kg，母羔相应日龄体重为 17.8 kg、34.5 kg 和 47.6 kg。公羔、母羔 70 日龄断奶前平均日增重分别为 245 g 和 217 g；6～7 月龄可以屠宰、上市。

② 肉品品质。与肉用品种相比，罗曼诺夫羔羊胴体结构较差，骨骼比例较低，内脏脂肪比例较高（Vigneron et al.，1986）。

③ 产毛皮性能。罗曼诺夫羊属粗毛羊，被毛由有髓毛和绒毛组成；有髓毛呈黑色，长 3～4 cm；绒毛呈白色，长 6～8 cm；绒毛与粗毛的比例为 10∶1～10∶4。成年羊平均产毛 2～3 kg，育成羊产毛 1.5～2 kg，净毛率 70%。

（4）繁殖性能

① 性成熟。罗曼诺夫羊具有性成熟早、繁殖周期长等特点。在正常饲养管理条件下，罗曼诺夫公羊睾丸早在 40 日龄就开始发育，而且发育较快，尤其是初秋或冬季出生的羔羊。罗曼诺夫公羊产精量高，季节变化不明显；在繁殖季节，每日产精子 3.27×10^9 个；在非繁殖季节，每日产精子 2.33×10^9 个（Dacheux et al.，1981）。罗曼诺夫母羔一般 5～7 月龄性成熟，繁殖季节为 7、8 月份，12 月—翌年 1 月可产羔。

② 排卵率。在加拿大，周岁罗曼诺夫母羊平均排卵 2.51 枚，与饲养在法国的同龄母羊一样。但是，秋季配种的第二胎次、第三胎次罗曼诺夫母羊平均排卵 3.2 枚，夏季配种的为 2.81 枚，年均 3.04 枚；法国相同年龄的母羊排卵数分别为 3.26 枚和 3.41 枚（Ricordeau et al.，1982）。周岁母羊和成年母羊的卵子退化率分别为 18.0%和 13.7%。Ricordeau 等（1982）对 650 只青年母羊和 590 只成年母羊进行观察，发现两组的卵子退化率没有显著差异。

③ 罗曼诺夫母羊在正常繁殖季节的受胎率高达 96%（Ricordeau et al.，1976）。配种季节是影响受胎率的重要因素。在加拿大，秋、冬季配种的罗曼诺夫母羊受胎率可达 100%，夏季配种母羊受胎率为 42%（M. H. Fahmy，1989）。在法国，秋季配种的周岁罗曼诺夫母羊受胎率可达 100%；而夏季配种的周岁羊受胎率只有 3.3%，下一个秋季配种，母羊的受胎率为 86.2%（Tchamitchian et al.，1973）。配种年份、产羔季节或母羊年龄

对罗曼诺夫母羊的受胎率影响不大。

④ 胎产羔数。在俄罗斯，罗曼诺夫羊的胎产羔数为 1.84～3.20 只（Desvignes，1971）。在法国，7—8 月配种母羊的胎产羔数为 2.9 只，9—12 月配种的母羊胎产羔数为 3.1 只，密频繁殖母羊的胎产羔数为 2.6 只（Bodin、Elsen，1989）；在舍饲条件下，一年可产两胎，每胎产羔 2～3 只，也有产 4～5 只的情况。引入美国的罗曼诺夫羊数量并不多，但经过 200 多年的持续选育，生产群平均胎产羔数达到 2.6 只，并不逊色于原产地俄罗斯。在加拿大，罗曼诺夫母羊第一次产羔是在 372 日龄、体重 46 kg 时，第二次产羔是在 656 日龄、体重 56.5 kg 时，第三次产羔是在 902 日龄、体重 59.8 kg 时，平均胎产羔数为 2.86 只；出生于四羔母羊和五羔母羊的胎产羔数（2.99 只和 3.40 只）高于单羔母羊（2.41 只）。母羊的出生季节对胎产羔数影响不大，但配种季节对此的影响很大。秋季配种母羊的平均胎产羔数（3.18 只）和胎断奶羔数（2.50 只）均最高；夏季配种母羊的胎产羔数（2.50 只）和胎断奶羔数（1.86 只）最低。胎产羔数随着胎次的增加而逐渐增加，母羊第五胎的胎产羔数最多，达到 3.54 只。尽管第五胎次羔羊断奶前死亡率较高，但断奶羔数仍然最高（2.34 只），这与匈牙利 Veress 等（1979）的研究结果相近。

虽然罗曼诺夫羊母羊的平均胎产羔数达到 2.86 只，但平均胎断奶羔数只有 2.10 只。70 日龄断奶前，四羔羔羊和五羔羔羊的 70 日龄断奶前死亡率分别达到 20.8%和 43.4%。秋季配种、冬季出生的羔羊存活率比夏季出生的羔羊存活率高 22.5%。第一胎羔羊死亡率最低，随着胎次的增加呈递增趋势。

⑤ 产羔间隔。罗曼诺夫母羊一般产后 30～40 d 又可发情。在加拿大，罗曼诺夫母羊平均产羔间隔为 276 d±9.5 d，秋季配种的母羊产羔间隔最短，为 248 d；夏季配种母羊产羔间隔最长，为 308 d。在实施密频繁殖的 41 只母羊中，51%的母羊在 24 个月内成功产 3 胎，其余的母羊则需要 28 个月或 32 个月产 3 胎（M. H. Fahmy，1989）。

⑥ 不孕症频率。在法国的罗曼诺夫母羊中，不孕症占 2%～3%。通过对 125 只罗曼诺夫母羊的细胞遗传学分析，发现 6 只母羊为性染色体嵌合体；其中，5 只是不孕症，1 只可正常繁殖。据 Matejka 等（1985，1987）报道，这个品种的不孕个体占 0.9%～1.9%。

（5）泌乳性能　罗曼诺夫母羊的产奶量与饲养管理条件有关，一般可以满足羔羊的吮乳需要。在法国半舍饲条件下，产双羔母羊在产后第一个月的平均产奶量为 1.7～1.8 kg，产三羔母羊为 2.3～2.5 kg。但在放牧条件下，产双羔母羊的产奶量仅为 1.4 kg。

（6）适应性

① 羔羊成活率。在法国，罗曼诺夫羔羊的死亡率随着胎产羔数增加而增加，但低于其他品种。在同一羊群中，罗曼诺夫羔羊出生后的生存能力高于芬兰羔羊，罗曼诺夫母羊更有能力哺育 2～3 只羔羊（Brunel et al.，1975；Ricordeau et al.，1977）。在户外牧场，初生重小于 1.5 kg 的羔羊死亡率超过 50%（Bouix et al.，1985）。

② 抗病力。据 Selianine（1957）报道，罗曼诺夫成年母羊主要死于肺部疾病和消化道寄生虫病，对某些种类的消化道线虫和肺线虫较敏感。罗曼诺夫公羔易感染干酪性淋巴结炎，发生频繁、病变和临床症状比其他羊更严重。另据 J. Razungles 等（1985）报道，疾病每年造成的罗曼诺夫成年羊损失率为 4.6%，其中肺炎造成的母羊死亡率占 3%。死于肺炎的羔羊约占羔羊总死亡率的 65%。

（7）利用效果 罗曼诺夫羊对其他绵羊品种的繁殖性能改良效果好。其杂种羊繁殖率高，适应性强，羔羊死亡率低。

1964年，法国引进了罗曼诺夫羊，是最早从俄罗斯引进罗曼诺夫羊的西方国家；到1980年，法国的罗曼诺夫羊已经发展到5 000多只。法国在利用罗曼诺夫羊提高本国绵羊繁殖性能方面取得了显著成效，如罗曼诺夫公羊×法国肉用品种白里巧纳羊（berrichon）的杂一代母羊7月龄受胎率就达到84.1%，比白里巧纳羊×边区莱斯特羊的杂种母羊高50.3%。罗曼诺夫羊与白里巧纳羊、法国岛羊和利木辛羊（Limousin）的杂一代母羊胎产羔数分别为2.08只、1.48只和1.37只，比原有品种提高了40%以上；而且，只有1/4罗曼诺夫血统的三元杂种母羊胎产羔数还能达到1.62只。罗曼诺夫羊×法国岛羊的杂种母羊也可两年产三胎。

西班牙在1973年引进的罗曼诺夫羊比1971年引进的芬兰羊繁殖力更高，更能抵抗肺病（Valls Ortiz，1983）。虽然，芬兰羊被引入西班牙和葡萄牙后并未取得成功；但在这两个国家，利用罗曼诺夫公羊生产出更多的杂一代高繁母羊，其繁殖力比具有相同胴体质量的当地母羊高40%～105%。罗曼诺夫公羊与西班牙阿拉贡母羊（Argon）的杂种后代，有81%的母羔在5月龄时表现出明显的性成熟特征，而阿拉贡纯种母羔仅有22%的个体有表现；5月龄配种的杂种母羔平均受胎率为72.39%，而同龄阿拉贡母羔受胎率仅为30.48%。

在西班牙，大多数情况下，罗曼诺夫羊对高温更为敏感，会降低公羊的活力和母羊的繁殖力。当饲料受到限制时，3/4罗曼诺夫血统羊生活力低于1/2罗曼诺夫血统羊，1/4罗曼诺夫血统羊生活力也较好。据Espejo Diaz等（1988）报道，在西班牙西南部的粗放饲养条件下，9—10月配种的罗曼诺夫母羊胎产羔羊3.13只，但羔羊死亡率较高、适应性较差。相比之下，罗曼诺夫×美利奴杂一代母羊与法国岛公羊的杂种后代，生产性能明显高于美利奴羊。

在埃及和以色列，与密频繁殖条件下的同龄羊相比，罗曼诺夫杂种羊的繁殖力和总体生产力都优于芬兰杂种羊（8%～21%），多胎性大致相同（Aboul - Naga et al.，1988）。

在保加利亚用细毛羊与罗曼诺夫公羊杂交，杂一代的受胎率和繁殖率较高（产双羔的母羊占80%～85%）；杂一代再与产肉性能高的法国岛羊杂交，即细毛羊×罗曼诺夫羊×法国岛羊三元杂种从39日龄开始育肥，育肥期日增重为279 g，96日龄时活重平均达27.7 kg；每增重1 kg消耗3.46 kg饲料单位，屠宰率为50%，出肉率75.85%，胴体脂肪含量比法国岛羔羊少7.11%。

在匈牙利较好的饲养条件下，纯种罗曼诺夫成年母羊一年可产两胎，获6只羔羊。

3. 布鲁拉美利奴羊（Booroola Merino）

布鲁拉美利奴羊是由澳大利亚联邦科工组织（CSRO）利用民间多胎美利奴羊群扩大选育而成的新品系。由于该品系产羔多、可全年发情，被新西兰、美国、加拿大等国引进，通过观察、研究，进行扩群、选育和杂交试验。

（1）培育历史 据H. N. Turner（1983）考证，早在1792—1793年，即在澳大利亚引入美利奴羊之前，就从印度加尔各答引进过粗毛孟加拉羊。粗毛孟加拉羊原产于印度西孟加拉邦的松达班沼泽区，虽然产羔率较高，可一年产两胎或两年产三胎，但体型较小。

有人就用来自南非好望角的脂尾型单羔粗毛海角羊（Cape）与孟加拉羊进行杂交，其杂种后代体型明显变大，用于当时的羊肉生产。1797 年，澳大利亚又从西班牙引进了美利奴羊。在美利奴羊的发展过程中可能混入了孟加拉羊或孟加拉杂种羊的血统，时隔 100 多年后，多胎基因被纯化，多胎羊出现在美利奴羊群中；布鲁拉美利奴羊并不是美利奴羊的突变个体，而是孟加拉羊的多胎基因再显。

1916 年，澳大利亚新南威尔士州库马的 Seears 兄弟在鉴定羊群时，发现 1 只多胎母羊，他们将这头母羊及其后裔单独组群饲养。1945 年，他们将两头多胎母羊送给他们的侄子。由于他们侄子的农场叫布鲁拉，这批多胎羊就被叫作布鲁拉美利奴羊。1960 年，他的侄子将该批多胎羊发展到 232 只。

1959 年，希尔兄弟又将 1 只五胞胎公羊送给 CSRO；同时，该组织还向他们买了 12 只三胞胎周岁母羊和四胞胎周岁母羊、1 只两岁母羊。1960 年，希尔兄弟又送给 CSRO 1 只五胞胎公羊和 1 只六胞胎母羊。1965 年，Seears 兄弟去世后，多胎羊全部被出售，CSRO 从中买进 91 只产过多羔的 2～6 岁母羊，并在此基础上进行扩群选育，使每头母羊的产羔数由原来的 1.7 只增加到 2.3 只。

（2）体型外貌　布鲁拉美利奴羊属于中毛型美利奴羊，体型外貌与中毛型美利奴羊没有明显差别；公羊有螺旋形大而外延的角，母羊无角（图 3－15）。

图 3－15　布鲁拉美利奴羊（母羊及羔羊）

（3）主要生产性能

① 生长发育。由于多羔羔在胎儿期、哺乳期摄取的营养量低于单羔羔，携带多胎基因的布鲁拉羔羊、布鲁拉杂种羔羊和布鲁拉杂种母羊所产的羔羊初生重较小、成活率较低、生长速度较慢。成年布鲁拉母羊每年需要哺育更多的羔羊，体重也比哺育单羔的其他美利奴母羊轻一些。但目前没有证据证明多胎基因对其他性状（包括季节性发情活动、胴体品质及产毛量）有影响（N. M. Fogarty，2009）。

② 产奶量。D. G. HallAc 等（1992）对放牧条件下的 27 只布鲁拉母羊测定，产后第 2 d 和第 9 d 平均产乳量为 1.13 L 和 1.50 L；其中，含干物质 22.0%和 18.4%，含乳脂 9.7%和 7.2%，含乳蛋白 6.1%和 4.7%，含乳糖 5.1%和 5.7%。

（4）繁殖性能　布鲁拉美利奴羊属于多胎绵羊品种，可全年繁殖；即使在冬季至夏季这段时间，也至少有 60%的母羊再次发情。现已查明，布鲁拉美利奴羊的多胎性状是受主效基因多胎（用 B 表示）控制的。该基因位于绵羊 6 号染色体，很多绵羊品种都携带该基因；育种工作者可以通过早期识别多胎基因携带者，加快多胎羊的选育进程。

布鲁拉美利奴羊多胎基因有 3 种类型：BB（纯合子）、B＋（杂合子）、＋＋（不带多胎基因）。带有多胎基因的母羊胎产羔数多；带有多胎基因的公羊本身并不表现多羔，而要通过它的后代表达出来。带有 BB 基因型、B＋基因型和＋＋基因型羔羊生长速度差异不大或无差异。

纯合子公羊（BB）配商品群的母羊（＋＋），所有后代均为杂合子（B＋）；只要一个

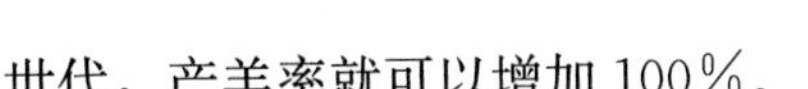

世代，产羔率就可以增加100%。

杂合子公羊（B+）配商品群的母羊（++），后代中一半为杂合子（B+），一半为不带多胎基因的个体（++）。

杂合子公羊（B+）配杂合子母羊（B+），后代中25%为纯合子（BB），50%为杂合子（B+），25%为不带多胎基因的个体（++）。由此可见，布鲁拉美利奴羊的多胎性状可通过多胎基因转移给任何一个品种，其他品种的性能可通过回交保持；以此逐渐去掉布鲁拉美利奴羊的美利奴特征，仍保持高繁殖力特性。

① 排卵数。Piper等（1980）的观察结果表明：带有多胎基因的1.5岁母羊平均排卵3.39枚，2.5～6.5岁母羊平均排卵3.72枚，最高排卵11枚。另据Bindon等（1986）观察，布鲁拉美利奴母羊平均排卵4.65枚，极显著地高于普通美利奴羊（1.62枚）。

② 胎产羔数。1977—1978年新西兰的统计结果表明，布鲁拉美利奴母羊平均胎产羔数为2.29只，其中产单羔、双羔、三羔、四羔、五羔、六羔的母羊分别占24%、37%、30%、7%、2%和1%。

（5）利用效果　布鲁拉美利奴羊的高繁特性引起了许多国家的关注。新西兰率先于1972年和1975年两次引进，并利用多胎基因提高了本国很多商品羊群的繁殖性能。大量试验表明，多胎基因有显著增加母羊排卵数和胎产羔数的功能。与新西兰当地品种（罗姆尼羊、美利奴羊）相比，携带1个多胎基因（B+）的母羊排卵数增加1.5枚，胎产羔数增加1.0只；携带两个多胎基因（BB）母羊排卵数增加3.0个，胎产羔数增加1.5只。例如，Haldon试验站利用布鲁拉美利奴公羊与罗姆尼母羊杂交，每只杂种母羊的平均胎产羔数增加了0.6只，断奶羔羊数增加45%；并且建立了布鲁拉纯合子公羊群，使新西兰成为第二个布鲁拉美利奴羊出口国。

1979年，新西兰的一个商业育种者开展了罗姆尼羊导入布鲁拉美利奴羊血统试验，结果表明布鲁拉美利奴羊血统含量从1/4降到1/8并没有降低其排卵率优势（Davis、Hindi，1985），详见表3-3。

表3-3　含1/4和1/8布鲁拉美利奴羊血统罗姆尼母羊1.5岁体重和排卵数差异

类型	母羊数	体重（kg）	排卵数（枚）
含1/4布鲁拉美利奴羊血统、3/4罗姆尼羊血统母羊	63	50.2	2.27
罗姆尼母羊	61	53.9	1.54
相差		−3.7	0.73
1/8布鲁拉美利奴羊血统、7/8罗姆尼羊血统母羊	14	49.1	2.14
罗姆尼母羊	15	51.6	1.33
相差		−2.5	0.81

数据来源：Davis and Hindi（1985）。

与其他美利奴品系相比，布鲁拉美利奴羊×美利奴羊杂种羔羊胴体脂肪含量高13%、皮下脂肪高15%，骨量低6%，瘦肉组织含量相同；但BB基因型、B+基因型和++基因型布鲁拉美利奴羊公羊后裔之间没有差异（Kleemann et al.，1988）。其他一些研究也报道了布鲁拉美利奴羊各种杂种后裔的胴体脂肪含量较高（Young、Dickerson，1991；

Visscher et al.，2000）。

在 1983 年和 1988 年，美国从新西兰进口了大量布鲁拉美利奴公羊，建成了布鲁拉美利奴公羊群；其中，杂合子母羊比不携带多胎基因的母羊平均每胎多产羔 1.2 头。加拿大于 1982 年也引进了带有多胎基因的布鲁拉美利奴羊，并把多胎基因导入陶赛特羊；不仅提高了其夏季、秋季产羔率，而且对羊毛品质还有所改进。

4. 剑桥羊（Cambridge）

剑桥羊是一个由 12 个品种杂交育成的高繁殖力绵羊品种。该品种与其他绵羊品种杂交，可生产出高品质的杂种母羊，进一步用于杂种商品肉羊生产。剑桥羊目前主要分布在英国和欧洲其他国家。

（1）培育历史　剑桥大学于 1964 年开始用芬兰公羊与 54 只选自地方品种中的多胎母羊杂交。63%母羊来自克伦森林群（Clun Forest breed），部分来自莱恩群（Lleyn）、兰韦诺格群（Llanwenog）和凯里希尔群（Kerry Hill）；拉德诺羊（Radnor）、瑞兰羊（Ryeland）、边区莱斯特羊和萨福克羊也有贡献，但贡献较小。另外，还有一部分为萨福克羊与威尔士当地羊的杂种。用于杂交的母本羊均为曾三次产三羔的个体。这些母羊与芬兰公羊的杂一代公羊再与基础母羊回交，使得芬兰羊的含血量降至 20%。为了迅速提高繁殖力、防止近亲繁殖，加快培育过程，共建立了 7 个家系。经过连续选育和数量扩张，剑桥羊于 1979 年被认定为新品种，此后交由协会管理。

（2）体型外貌　剑桥羊的头和四肢飞节以下着生黑色短刺毛，额宽，嘴阔，耳朵外翘，公羊、母羊均无角，体型中等，胸宽深，背腰长而平直，体躯白色（图 3－16）。

图 3－16　剑桥羊（母羊）

（3）主要生产性能　羔羊 50 日龄平均体重 14.7 kg，5 月龄前日增重达 250～300 g。成年公羊体重 95 kg、成年母羊 70 kg。公羔通常在体重 43～47 kg 时屠宰上市。剑桥羊被毛密而短，产毛量 2～3 kg。

（4）繁殖性能　剑桥羊性成熟早，常年可繁殖。母羊平均发情周期为 16 d，妊娠期 146 d，平均排卵 2.8～4.2 枚，胎产羔 2.2～3.2 只。据 Owen 等（1988）报道，1983—1987 年饲养在英国威尔士班戈大学的剑桥母羊排卵 1～13 枚，其中 1 岁、2 岁、3 岁、4 岁母羊平均排卵 2.7 枚、3.2 枚、3.7 枚和 4.1 枚，胎产羔数分别为 1.6 只、2.4 只、2.8 只和 3.0 只。该品种的排卵率差异较大。Ap Dewi 等（1997）将剑桥羊分成高繁殖组和低繁殖组，发现 1990—1991 年，两组母羊的平均排卵数相差 4 枚；1992—1993 年两组相差 1.9 枚、胎产羔数相差 0.73 只。

剑桥羊产后 12 h 之内的初乳产量为 1～1.5 L，产三羔母羊的产乳量最高可达到5 L，而且母性好。公羊性欲旺盛。

（5）适应性　剑桥羊主要饲养在环境较好的英国和欧洲。据 Owen 等（1986）报道，剑桥羔羊出生死亡率为 3.9%，断奶前死亡率为 5.8%。现有资料表明，该品种对羊瘙痒症有较强的抵抗力，乳腺炎发病率较低。

（6）利用效果　剑桥羊主要用来生产具有高繁殖力的杂种母羊。在英国，剑桥羊通常与特克赛尔羊杂交，其杂种母羊再与终端父本交配；胎产羔数可达 1.9 只，而且可以生产出顶级羔羊肉。同时，也使用剑桥公羊与山地绵羊杂交，尤其在威尔士；其杂一代母羊再与特克赛尔公羊杂交，生产出更适合当地生态环境的商品羊。也有资料表明，剑桥羊与无角陶赛特羊的杂一代母羊产羔率也接近 190%。

与以边区莱斯特羊为父本的杂种母羊相比，以剑桥羊为父本的杂种母羊虽然 18 周龄体重低 4%，但产羔率和断奶羔羊数分别高 14%和 6%。

5. 波力派羊（Polypay）

波力派羊是位于美国爱达荷州杜波依斯（Dubois）的美国绵羊试验站和加利福尼亚州索诺马（Sonoma）的尼古拉斯（Nicholas）牧场通过塔基羊、兰布列羊、无角陶赛特羊和芬兰羊四品种杂交而合成的品种。该品种具有繁殖季节长、产羔率高、母性好、泌乳力强、羔羊生长速度快、胴体品质优等特点，主要分布在美洲。

（1）培育历史　波力派羊诞生于挫折和梦想。爱达荷州长期牧羊人 Reed Hulet 对自己饲养的 600 只母羊的生产性能不满意。他想通过现有可利用品种的杂交，培育出一种产羔多、产奶量高、母性强、适合放牧和舍饲的绵羊品种；但他并没有培育新品种的资源，于是对弟弟 Clarence Hulet 博士谈了他的想法。在美国绵羊试验站工作的 Hulet 博士提交了改变绵羊繁殖季节性、提高产羔率的育种计划并获得批准。他选择的基础羊为兰布列羊和塔基羊，两者的体型大、适应性强、繁殖季节长、牧食性能和产毛性能好；无角陶赛特羊胴体品质和泌乳性能好，繁殖季节长，被毛白色；芬兰羊性成熟早，妊娠期短，产羔多。育种计划中使用的 4 只无角陶赛特公羊购自俄勒冈州、加利福尼亚州、蒙大拿州和北卡罗来纳州，相互间没有血缘关系，体型大，出生时均为双羔或三羔且产自优秀母羊；6 只芬兰公羊是 1968 年进口到美国的原种；兰布列羊和塔基母羊是美国绵羊试验站具有几年高繁殖记录的个体。

1968 年，Hulet 博士开展了陶赛特羊（D）×塔基羊（T）、芬兰羊（F）×兰布列羊（R）杂交试验；1969 年，开展了 D×T 杂种与 F×R 杂种羊的四元杂交试验，而后进行了二元杂种羊和四元杂种羊的自群繁育，并按照最初的计划目标进行选择。1969—1972 年，又购买了 4 只芬兰公羊与基础群进行杂交，但没有购进无角陶赛特公羊。此后的几年里继续生产了二元杂种羊和四元杂种羊，并开展了二元杂种母羊和四元杂种母羊与不同基础杂种群自繁公羊的交配试验及其后代的选择工作。

经过对四品种合成羊几年评价，得出的结论是：四品种合成羊（F×R×D×T）聚集了亲本品种的诸多优点，其性能指标最接近预期目标。Hulet 博士于 1975 年将他所培育的四品种合成羊命名为波力派羊。在该品种的培育初期，繁殖力较好的中等体型个体表现得比较理想；而且，最初的选择标准也是强调繁殖力，注意力没有放在体型的提高上。但经过后来的长期选择，该品种的体重和 120 日龄羔羊断奶胎重（断奶时同胎羔羊的总体重）都有明显的增加。此后，美国很多人对波力派羊开始感兴趣，并于 1980 年成立了波力派羊协会。

有趣的是，Nicholas 先生也选择了同样的基础品种，开展了与美国绵羊试验站目标相同的育种工作。虽然美国绵羊试验站 Hulet 博士是波力派羊基础育种群的创立者，但美国波力派羊协会也认可 Nicholas 先生独立培育的四品种合成羊。因此，美国波力派羊协会最早注册的波力派羊中，有一部分就是他培育的。

（2）体型外貌　波力派羊体型中等，全身白色，无角，耳长适中，体躯光滑，颈部和体躯皮肤没有过多皱纹。成年公羊体重 86～114 kg；成年母羊体高 70～85 cm，体重 62～82 kg（图 3-17）。培育早期有些个体眼睑、鼻子和耳朵皮肤上沉着有粉红色色素，但不受欢迎，随着选择进展，这种羊基本被淘汰。

图 3-17　波力派羊（公羊）

（3）主要生产性能

① 羔羊出生与生长特性。波力派羔羊初生重比兰布列羔羊和塔基羔羊轻，这是由于母体产多羔比例高。双羔羔羊和三羔羔羊的平均初生重分别为 4.1 kg 和 3.7 kg，但羔羊的成活率率高于传统品种。0～21 日龄、21～120 日龄的羔羊成活率见表 3-4。

表 3-4　波力派羔羊不同日龄段的成活率

品种	0～21 日龄	21～120 日龄
波力派	96.2%	92.8%
兰布列	93.1%	89.9%
塔基	91.4%	86.7%

来源：Snowder and Knight（1995）

在美国西部放牧条件下，波力派羔羊 120 日龄平均断奶重为 36.1 kg，高于兰布列羔羊（33.8 kg）和塔基羔羊（34.5 kg）；而断奶后羔羊在放牧和舍饲条件下的生长率与兰布列羔羊和塔基羔羊相近。

② 胴体品质。波力派羔羊胴体大多数指标与兰布列羔羊、塔基羔羊及哥伦比亚羔羊相近。羔羊屠宰率达到 51.5%、背脂厚度 7.2 mm，体壁厚度 2.4 cm，眼肌面积 12.3 cm^2，肾脏和盆腔脂肪占胴体 3.9%。但波力派羊的腿部表观评分高于前面 3 个品种。

③ 产毛性能。波力派羊属中毛型羊，产毛量 3.2～4.5 kg，净毛率 50%～60%，羊毛细度 24～33 μm，长度 7.6～12.7 cm。

（4）繁殖性能　波力派羊以性成熟早、产羔率高而著名。据 Hulet 等（1984）报道，秋季配种的 7～8 月龄母羊受胎率为 94%～97%，而同龄兰布列母羊为 16%～37%、塔基母羊为 57%～73%。秋季配种的成年母羊受胎率一般为 95%。周岁母羊在春季平均产羔 1.5 只，而成年母羊春季产羔 1.7～2.4 只。产羔率主要取决于饲养管理条件和生产体系。与大多数其他非芬兰杂种羊和美国纯种羊相比，波力派羊是繁殖率和产羔率最高的品种之一，羔羊断奶胎重和羔羊平均断奶重也高于很多其他杂种羊和纯种羊。经美国绵羊试验站选育的波力派羊的120日龄断奶胎重长期稳步增加，从1976年的41.6 kg增加到1988年的63.8 kg。波力派母羊的排卵率和子宫效率超过了很多杂种羊（Nawaz、Meyer，1991）；据观察，5～6岁波力派母羊平均排卵1.94枚，每只排卵母羊产羔1.88只。

产羔季节对波力派羊的多胎性表达有一定影响。与春天的产羔数据相比，成年母羊夏季平均胎产羔数下降了0.24只、秋季下降了0.31只（Notter，2000）。波力派母羊的难产率和助产率低于其他杂种母羊（Nawaz、Meyer，1992）。

（5）适应性　Hulet等（1992）认为，波力派羊的行为与兰布列羊、兰布列羊×波力派羊的杂种羊之间没有显著差异。该品种在美国西部山区开阔地带放牧表现良好，母羊的生产寿命与兰布列羊、塔基羊和哥伦比亚羊没有差异，超过了大多数杂种羊。

加拿大、墨西哥及美国各地的牧场，很多人对波力派羊感兴趣并饲养有波力派羊。

6. 德曼羊（D'man）

德曼羊是摩洛哥重要的绵羊品种，也是该国唯一以小群（2～5只母羊）舍饲为主的高繁殖力绵羊品种，具有性成熟早、产羔多、非季节繁殖等特点。

（1）培育历史　该品种起源于摩洛哥齐兹（ziz）、达德斯（Dades）和德拉（dräa）山谷的阿特拉斯高地南部绿洲。德曼羊的传统饲养方法也很落后，混群饲养、营养不良、近亲交配、过早配种（个别8月龄母羊产羔），生产效率不高；直至1975年，被Bouix报道后，才被大家所熟知。此后，摩洛哥国家农业研究院开展了多学科参与的品种改进计划，该品种才得到进一步提升与改进。

（2）体型外貌　德曼羊体型较小，骨骼结构精致，头较小。母羊鼻梁稍隆起，公羊鼻梁隆起，有的个体前额有皱褶。角属于不理想性状。腿较细，被毛较粗，由1种、2种或3种不同颜色组成（黑色、棕色或白色）。成年公羊体重50～70 kg，成年母羊体重30～45 kg。

（3）主要生产性能

① 成活率与生长发育。据Boujenane Ismaïl等（2013）对1988—2009年在摩洛哥东南部的埃拉奇迪亚研究站出生的4 554只德曼羔羊统计，其1日龄、10日龄、30日龄和90日龄成活率分别为95%、93%、93%和92%；10日龄内死亡的羔羊占90日龄前死亡羔羊总数的85.7%。出生类型和季节对羔羊成活率有显著影响，但母羊年龄和羔羊性别对羔羊成活率无显著影响。初生重2.6～3.5 kg的羔羊成活率较高。在研究站饲养条件下，德曼羔羊10～30日龄的日增重为175 g，30～90日龄日增重为167 g。

② 产奶性能。据Dhaoui Amel等（2018）对突尼斯南部集约饲养条件下的80只德曼母羊测定。该品种母羊的日产奶量平均为1.64 L；产奶量在泌乳期的第3～4周达到高峰，在第10周开始下降。母羊总产奶量为128.91 L，其中总蛋白量为5.26 kg、总乳脂量为9.23 kg。羊奶中总固体物、蛋白质、脂肪、乳糖、非脂肪固体物和灰分的含量分别为16.17%，4.04%、7.08%、4.32%、9.09%和0.73%。产羔季节会影响日产奶量和乳成分。其中，秋季总乳脂量和乳总蛋白量最高；冬季，乳中总固形物、乳糖、非脂肪固形物和灰分含量高于秋季和夏季。哺育多羔母羊的产奶量高于哺育单羔母羊。哺育三羔或更多羔羊的母羊乳总蛋白量最高，但总固形物和脂肪的含量最低。

德曼成年母羊的产奶量高于青年母羊和老龄母羊，乳中总固形物、脂肪和灰分也高于青年母羊。乳房不对称的母羊产奶量低于乳房对称母羊，但乳汁更浓稠。日产奶量与总固形物、脂肪、总蛋白质量呈负相关。相比之下，断奶时的胎产活羔数与总产奶量、脂肪和总蛋白质量呈正相关。

（4）繁殖性能　德曼公羊性欲旺盛，可通过“公羊效应”诱导母羊发情。德曼公羊采精量、精子活力相对稳定，但是精液密度受季节影响。5—8 月，由于营养水平差，随着采精次数的增加，德曼公羊的精液密度迅速下降。

德曼母羊的繁殖性能表现在 6 个方面。

① 性成熟年龄。11—12 月出生的德曼母羊平均性成熟年龄为（219±14）日龄。在自由交配的小群体中，70%～90%的母羊在周岁前怀孕，甚至产羔。

② 发情表现。50%以上的德曼成年母羊表现为非季节性繁殖。大多数母羊在 5—9 月、12—翌年 2 月发情。其他月份发情活动下降可能与营养变化有关。青年母羊主要在 3—4 月休情。54%的德曼母羊发情持续期大于 36 h，平均为 39 h。青年母羊的发情持续期明显短于成年母羊。

③ 排卵情况。通过腹腔镜观察，成年德曼母羊排卵为 1～8 枚，平均为 2.85 枚。其中，大多数母羊排 2 枚或 3 枚（分别占 36%和 27%），排 1～3 枚卵子的母羊占 50%，排 4 枚以上卵子的母羊占 16.5%。个体间差异很大。根据对 15 只德曼母羊一年中 9 个发情周期的观察，排卵数量的重复率非常高（$r=0.592$）。

从月份看，德曼母羊在 2—4 月份排卵率较低（2.28 枚），而在 5—7 月较高（2.87 枚）；从年龄看，6～18 月龄母羊平均排卵 1.90 枚，明显低于成年母羊。排单卵的青年母羊占 36%，高于成年羊。虽在一些青年母羊身上也观察到 5～6 个黄体，但平均黄体数不到 3 个。

④ 胚胎存活率。德曼经产母羊配种一次的受胎率为 71%，青年母羊的受胎率为 53%。胚胎存活率与罗曼诺夫羊和爪哇羊（Javanese）相近。该性状受年龄的影响，成年母羊和青年母羊的胚胎存活率分别为 72%和 59%。

⑤ 胎产羔数。德曼羊以高繁而著称。根据两个试验站的观察结果分析，母羊平均胎产羔数为 2.09 只；其中，周岁以内青年母羊胎产羔数为 1.77 只，30～42 月龄的成年母羊为 2.32 只。另据 Lahlou - Kassi 等（1985）报道，胎产单羔、双羔、三羔、四羔、五羔及其以上的母羊分别占 29%、47.5%、17%、5%和 1.5%，其中胎产羔数超过 3 只的初产母羊较少见。

⑥ 产后休情期。德曼母羊产后休情期较短，一般为 34～64 d，半数德曼母羊的产羔间隔低于 6 个月或 7 个月。大多数德曼母羊都是两年产三胎；在有些羊群中，一年产两胎的母羊比例很高。

由于养殖方式、选择程度不同，德曼羊的繁殖力差异较大，繁殖潜力也很大。

（5）适应性　德曼羊一般饲养在阴凉的棚舍内，饲喂由苜蓿组成的高蛋白日粮。在炎热的夏季，德曼羊相对生长速度有所下降，不能很好地适应炎热的气候和营养贫乏的养殖条件。

（6）利用效果　从德曼羊与萨尔迪羊（Sardi）杂交的效果来看，杂一代母羊平均排卵 1.92 枚、胎产羔数为 1.55 只，比萨尔迪羊多排卵 0.69 枚、多产羔 0.35 只。胎产羔数属于加性性状，杂种优势不明显；在摩洛哥，德曼羊与法国岛羊的杂交效果也证明了这一

结论。据 Boujenane（2012）报道，含 1/4、1/2、3/4 德曼血统的德法杂种母羊排卵数为 1.71 枚、1.86 枚和 2.78 枚，相应的胎产羔数分别为 1.66 只、1.75 只和 2.35 只，60 日龄体重分别为 14.5 kg、13.4 kg 和 12.6 kg。显然，杂种母羊的排卵数和胎产羔数随着德曼羊含血量的增加而上升，并且各项指标逐渐接近德曼羊（平均排卵 2.62 枚、胎产羔 2.44 只、60 日龄体重 12.6 kg）。

7. 孟加拉羊（Bengal）

孟加拉羊分布于印度西孟加拉邦的松达班（Sundarban）沼泽三角洲，是一种以小群饲养为主的小型绵羊。这种绵羊多胎高产，适应性极强，又被当地人戏称为“garole”。孟加拉羊是澳大利亚布鲁拉美利奴羊的祖先之一，它携带的多胎主效基因让世界很多绵羊育种工作者着迷。

（1）形成历史　关于孟加拉羊的起源，人们知之甚少；可能是随着早期的移民从印度的其他地方进入西孟加拉邦的松达班地区。该区位于孟加拉湾与河流交汇处，由大量岛屿组成，属于低洼沼泽地带，高度盐碱化，气候寒冷潮湿或炎热潮湿，平均年降水量为 1 800 mm，不适合养羊。但孟加拉羊却在这个偏僻且生态条件十分严酷的地方，依靠未改良的退化草地、淹没的地面或路边放牧或拴系饲养而繁衍下来。由于饲料资源逐渐减少，农户缺乏科学饲养管理技术；孟加拉羊的发病率和死亡率居高不下，饲养量急剧下降，甚至面临灭绝。

（2）体型外貌　孟加拉羊较高，体型较小，从前面看像三角形；鼻梁直，眼睛黑，耳朵短，腿较细，蹄甲黑；公羊有角，母羊无角。母羊即使是在哺乳期，乳房也很小，乳头在乳房的侧面。公羊的阴囊相对较大（图 3－18）。孟加拉羊的被毛有纯色和杂色两种。在纯色羊中，存在白色（28%）、灰色（48%）、黑色（11.6%）和棕色（4.5%）4 个种类。杂色羊（7.9%）被毛由两种不同颜色的毛纤维混合而成。孟加拉羊尾巴短（不到 15 cm）。饲养地、年龄和性别不同的孟加拉羊体型外貌存在较大差异。

图 3－18　孟加拉羊（母羊）

（3）主要生产性能　孟加拉羊属于粗毛羊，主要用于羊肉生产。成年羊体重一般不到 20 kg。通常以农户小群饲养，每群平均 4.5 只，达到 8 只或超过 8 只的羊群非常少，最大的羊群是 25 只。孟加拉羊在 6 月龄左右便被屠宰、上市，能超过 24 月龄的公羊只有 7%左右（S. Pan et al.，2002）。但据 Prakash Ved 等（2017）对 1997—2015 年饲养在半干旱条件下的 1 058 只羔羊体重分析，发现该品种的初生重、6 月龄重、12 月龄重分别为 1.18 kg、9.87 kg 和 13.74 kg，断奶前（0～3 月龄）和断奶后（3～6 月龄）平均日增重分别为 56.87 g 和 40.19 g；同时，在这 15 年间，各生长性状提高了 19.56%～29.51%。

（4）繁殖性能　孟加拉羊携带多胎基因，7～8 月龄性成熟。母羊 295 日龄初次配种，平均 425 日龄产第一胎，产羔率为 170%～225%。该品种可全年繁殖，在夏季白昼最长时发情率最高（61.3%）。在没有任何繁殖计划的情况下，孟加拉羊的发情周期为18.9 d，产羔间隔191 d。产单羔、双羔、三羔和四羔的母羊分别占22.3%、67.7%、9.7%和0.3%。

（5）适应性　孟加拉羊能够适应低洼潮湿的沼泽地带，但严酷的生活环境仍然对它的生存和发展极其不利。孟加拉羊最常见的疾病是腹泻（尤其在夏季和季风季节），其次是呼吸道病（羔羊较易感）；另外，蠕虫病也很常见。

（6）利用效果　1792—1793年引入澳大利亚的孟加拉羊与来自南非海角羊进行了杂交，并参与了鲁拉美利奴羊的形成。A. K. Mishra等于1997年开展了拉贾斯坦半干旱地区的马尔普拉羊（Malpur）与小型高繁绵羊孟加拉羊杂交试验。孟加拉羊×马尔普拉羊杂一代母羊的总产羔率增加了52.38%，其中第三胎产羔数增加了75.73%。孟马杂一代产双羔母羊达到51.1%，比马尔普拉羊母羊高46.4个百分点。虽然孟马杂一代羔羊不同月龄体重均显著低于同龄马尔普拉羔羊，但成活率与马尔普拉羊基本持平。

Mishra等（2008）对144只孟马杂种羊研究发现，其中14只为多胎基因纯合子（BB）、89只为杂合子（B+）、41只为未携带者（++）。由此可见，大多数（71.5%）孟马杂种羊携带多胎基因。多胎基因显著影响了第一次产毛量，BB基因型羊产毛量低于B+型羊和++型羊。但世代对第一次剪毛量没有影响，孟马杂三代羊产毛量较高。其次是孟马杂一代羊和孟马杂二代羊。多胎基因型显著影响日平均产奶量，携带多胎基因的产双羔母羊平均日产奶量比产单羔母羊高28.42%。产羔年份和世代对平均日产奶量没有影响，而羔羊出生类型、胎次和泌乳周期对母羊平均日产奶量有显著影响。

8. 小尾寒羊

小尾寒羊属于短脂尾羊，是我国蒙古羊的后裔，原产于山东、河南、江苏、安徽四省交界的黄河冲积平原，中心产区是山东省鲁西南地区。小尾寒羊属于肉裘兼用型地方良种，具有早熟、多胎、常年发情、体型高大、生长发育快、肉用性能较好、耐粗饲、宜舍饲等特性。

（1）培育历史　很多学者都认为，在宋代中期，我国北方契丹、女真、蒙古等少数民族迁移中原时带来了蒙古羊；但李群（1987）认为，蒙古羊真正批量被引入黄河中下游一带可能是386—581年的南北朝时期。在这一时期，中原地区混战，北方草原上的少数民族乘虚而入，占领整个中原，并先后建立了十几个王朝，历经200多年。因此，蒙古羊很可能是这一时期被带到中原并逐渐发展起来。

虽然无法清楚地追溯到小尾寒羊进入中原地区的确切时间，但可以肯定它的形成与6个因素有关。一是羊群生存环境发生变化。蒙古羊从蒙古大草原来到气候温暖、饲料资源丰富的黄河流域，饲养条件得到很大改善，冬、春季节的饲料供应已不像草原放牧那样严酷，生产力和繁殖力自然得到一定改善。二是当地人生活习惯发生变化。草原民族来到黄河流域时，不仅带来了蒙古羊，也带来了养羊的习俗；这种习俗会对当地老百姓的生活产生了一定的影响，也对小尾寒羊的发展起到一定推动作用。三是老百姓的生活得到一定改善。饲养蒙古羊不仅让大家有肉吃，还能获取绵羊裘皮，缝制成皮袄。绵羊皮袄不仅是冬季御寒的最好衣着，也是民间家庭生活水平的象征。因此，人们促进蒙古羊发展的积极性越来越高。四是当地回族人民喜食羊肉，而且喜食羔羊肉。一般除了留作繁殖用羊外，公羔、母羔都会在周岁前被屠宰食用或出售。通常，大家都会选留体型较大、生长速度较快、产羔较多的羊。五是人口的增加。由于人口的增加，放牧地的减少，蒙古羊的饲养方式逐渐转为农家小群为主。六是当地斗羊风俗的影响。西汉初期，黄河流域就有了斗羊风俗。唐时有记载，“正月，乡人买雄羊，各赴场相角决胜负，致群殴不能禁，围观者千数。”在农闲与节日的娱乐活动中，常有斗羊比赛。人们选择将高大健壮、威猛好斗、具有螺旋形大角、行动敏捷的公羊培育成斗羊，以期在斗羊大赛上获得胜利。获胜的斗羊常常披红戴花、备受赞赏，并被选作种公羊用于配种。同时，好斗的小尾寒羊公羊对外来人和动物均有一定威胁，常被农家用于看家护院。由于人们对小尾寒羊向特定方向的长期选择，使小尾寒羊的发展趋向高大、雄壮、威猛、好斗，与蒙古羊和湖羊都有了明显差异。

新中国成立初期，大家将短脂尾的小尾寒羊和长脂尾的大尾寒羊统称为寒羊。寒羊之名也无从考证，据说是因为大家觉得这类羊能抗寒。小尾寒羊之名最早见于付寅生、陆离等于 1964 年在《科学研究年报》上发表的《小尾寒羊生物学特性的研究》一文。1981 年 8 月，涂友仁、冯维祺牵头，组织国内有关专家和有寒羊分布的 5 省（山东、河北、河南、安徽和江苏）主管部门的畜牧管理及技术人员，先后对主产区山东省梁山县的小尾寒羊和原山东省临清县的大尾寒羊进行了实地考察。最终，大家一致认为，小尾寒羊与大尾寒羊起源不同，不能统称为寒羊。小尾寒羊来源于蒙古羊，而大尾寒羊来源于沿丝绸之路进来的阿拉伯脂尾羊。最终，依照建议将短脂尾的小尾寒羊定为小尾寒羊，并编入《中国羊品种志》。

（2）体型外貌　小尾寒羊鼻梁隆起，耳大下垂；体躯长，四肢高，健壮端正；胸部宽深、肋骨开张，背腰平直；尾短而肥，尾长不超过飞节，尾尖上翘。公羊头大颈粗，有发达的螺旋形大角，前躯发达，雄壮、善斗。母羊头小颈长，大部分有小角，形状不一，少数无角。公羊、母羊全身被毛白色、异质、有少量干死毛，少数个体头部有色斑（图 3－19）。

图 3－19　小尾寒羊（公羊）

（3）行为特点　小尾寒羊性格凶悍，公羊十分好斗；尤其在繁殖季节，同栏难容两只公羊。母羊的母性较差，弃羔现象时有发生。由于体型高大，维持营养需要量高，常常饥不择食；食谱广，采食速度较快。

（4）主要生产性能

① 羔羊生长发育快。据王金文（2009）报道，在较好的饲养条件下，1～6 月龄日增重能达到 200～300 g。经大群测定，小尾寒羊 3 月龄公羔断奶体重可达 22 kg 以上，母羔 20 kg 以上；6 月龄公羔体重可达 38 kg 以上，母羔 35 kg 以上；周岁公羊体重可达 75 kg 以上，母羊 50 kg 以上；成年公羊体重可达 100 kg 以上（最高可达 170 kg），母羊 55 kg

以上（最高可达 130 kg）。小尾寒羊最佳肥育期为断奶至 6 月龄。据山东省农业科学院畜牧兽医研究所小群试验，在中等营养水平条件下，小尾寒羊日增重可达到 255 g，每增重 1 kg 消耗混合饲料（含草粉 20%～30%）5.15 kg。

② 屠宰率较高、肉质品质较好。据菏泽市畜牧局对 10 只 6 月龄公羊测定的结果，平均屠宰率达到 51.29%。小尾寒羊的肉质较好，色泽光艳，肉色浅红至鲜红，肌纤维间有适量脂肪。小尾寒羊肥羔肉中胆固醇含量低，仅为 49.21 mg/100 g。

③ 产毛性能。小尾寒羊属于粗毛羊品种。被毛由无髓毛、两型毛和有髓毛组成。周岁公羊剪毛量为 1.29 kg，周岁母羊 1.40 kg；成年公羊剪毛量为 2.84 kg，成年母羊 1.94 kg。

（5）繁殖性能　小尾寒羊性成熟早，繁殖率高，可常年发情，比较适合农牧区舍饲或半舍饲养殖。小尾寒羊存在多胎基因突变，其中 BB 基因型频率为 0.254 5～0.548 0、B+ 基因型频率为 0.350 0～0.580 0、++ 基因型频率为 0.035 0～0.200 9；B 基因频率为 0.526 8～0.747 0，+基因频率为 0.253 0～0.473 2。

① 性成熟。小尾寒羊公羔在 6 月龄时，就有成熟精子，且精子活力较好、密度较高、形态正常，可以配种，但正式配种会在 10～12 月龄。母羔最早发情时间是 128 日龄，最晚是 200 日龄，平均为 167 日龄；初情时，母羊平均体重为 28.32 kg，相当于两岁母羊体重的 49%。母羊初次配种时间为 179 日龄，最早为 152 日龄；初配体重相当于两岁母羊体重的 51.5%（楚惠民等，2014）。

② 发情持续期及发情周期。小尾寒羊初产前和第 1 胎、第 2 胎、第 3 胎产后平均发情持续期为 30.23 h，发情周期为 16.54 d，各胎次的发情持续期和发情周期没有明显差异。

③ 产后到第一次发情间隔。小尾寒羊产后到第一次发情平均间隔为 48.9 d，最短为 24 d，最长 76 d；产后到配种怀孕平均间隔 67.21 d；产后第一个情期配种受胎率 87.6%。随着胎次的增加，产后到配种怀孕的间隔逐渐拖长，第 3 胎比第 1 胎长 7.8 d。

④ 妊娠期。小尾寒羊的平均妊娠期为 148.33 d，各胎次之间差异不大，第 4 胎比第 1 胎多 1.18 d。

⑤ 产羔情况。据楚惠民等（2014）对小尾寒羊 62 窝第 1～3 胎产羔情况的统计，平均产羔率为 245.16%；22 只初产羊平均产羔率 222.73%，第 2 胎 21 只母羊平均产羔率 252.38%，第 3 胎 19 只母羊平均产羔率 263.16%。

（6）泌乳性能　小尾寒羊泌乳性能较差。据杨在宾等（1997）的测定，小尾寒羊日泌乳量为 0.64 kg，乳脂、乳蛋白、乳糖和乳干物质含量分别为 7.94%、5.80%、3.97%和 18.59%。另据李晓林等（2016）对引入新疆乌鲁木齐舍饲小尾寒羊产奶量的测定，产后 56 d 平均产奶量为 0.54 kg，最高为 0.60 kg，最低为 0.39 kg。当然，绵羊泌乳量与营养状况有一定关系。

（7）适应性　自 20 世纪 80 年代以来，小尾寒羊被广泛引入全国各地，新疆、甘肃、青海、内蒙古、陕西、黑龙江、吉林、辽宁、广西、广东的很多地区都能看到小尾寒羊。广东省湛江地区引入的小尾寒羊保持了常年发情、性成熟早、多胎、繁殖力高的优良特性，可一年产两胎或两年产三胎（王凯等，2013）。西北地区引入的小尾寒羊，在大多数

地区表现良好。但据雷良煜等（2007）对引入青海省门源县的小尾寒羊观察，其在海拔 2 500 m以下、农副产品较丰富的农区适应性良好，表现出早熟、生长发育快、多胎多产等优良性状；但在海拔超过 2 500 m 的青海高原适应性下降，尤其不适应高山草场放牧的饲养管理方式。在海拔 2 388～5 254.5 m 的青海高原，小尾寒羊心率、呼吸频率增加，繁殖性能和生长发育速度明显下降，发病率、死亡率较高。另外，据谭宝青等（2003）对引入黑龙江省绥化市的小尾寒羊的观察，小尾寒羊抗湿能力较差；其在潮湿条件下，容易发生腐蹄病。

由于小尾寒羊体型大、好动，需要消耗较多的营养维持体能。如果饲料营养水平太低，就无法维持正常的生存、生长与繁殖。若繁殖母羊在妊娠后期营养缺乏，容易出现产前瘫痪和胎儿死亡。

（8）利用效果　小尾寒羊引入各地后，除了纯繁以外，主要用作母本，与从国外引进的肉用品种杂交，生产商品肉羊。或者利用小尾寒公羊与当地绵羊品种杂交，以提高当地母羊的繁殖性能；然后再用小尾寒羊杂种母羊与从国外引进的品种进行杂交，生产三元杂交羔羊。

事实证明，小尾寒羊与从国外引进的肉用品种杂交效果都较好。杂种后代不仅在生长发育、产肉性能等方面都高于小尾寒羊，而且繁殖性能得到了显著提高。据温学飞等（2003）试验发现，萨寒杂一代（萨福克羊×小尾寒羊）产羔率、羔羊成活率与小尾寒羊差别不大。据韦凤祥等（2002）观察和分析可知，小尾寒羊×滩羊杂种羊利用农作物秸秆能力较强，具有较高的繁殖性能，常年发情，平均产羔率达 220%。据吕绪清（2007）报道，虽然小尾寒羊不适应高原放牧饲养，但小尾寒羊与内蒙古呼伦贝尔羊杂一代羊的繁殖率、4 月龄体重、耐寒性和放牧适应性都比小尾寒羊好。据杨宝江（2011）报道，杜泊羊×小尾寒羊杂一代的产羔率可达到 185%，比杜泊羊高 49.29%；但随着杂交代数增多，繁殖季节性更趋明显，产羔率也随之下降。据侯引绪（2008）报道，无角陶赛特羊与小尾寒羊杂二代表现出明显的繁殖季节性，自然发情季节主要集中在每年的 10 月份到翌年的 1 月份，这期间的发情羊占全年总发情羊的 90.48%；2—7 月是陶寒杂二代的乏情期，自然发情率极低；8—9 月，仅有少数杂二代羊发情。据陈晓勇等（2012）报道，小尾寒羊与杜泊羊、特克赛尔羊杂交后，随着小尾寒羊含血量的减少，杂交后代母羊繁殖规律呈现明显的季节性，胎产羔数呈下降趋势。

9. 湖羊

湖羊是我国蒙古羊的后裔，属于短脂尾绵羊，是目前世界上唯一生产白色羔皮的绵羊品种；具有早熟、多胎、常年发情、生长发育快、泌乳性能好、母性强、温顺、耐粗饲、宜舍饲等优良特性。湖羊原产于江浙沪交界的太湖流域，以农家小群饲养为主。随着国内舍饲养羊业的兴起，尤其是近 10 年，湖羊受到人们的高度关注并被引入国内 20 几个地区，被广泛用作肉羊杂交母本。

（1）培育历史　很多学者都认为，湖羊是南宋时期北方少数民族大举向江南地区进犯时，将蒙古羊带到太湖地区，而后经过长期风土驯化和定向选育，形成了湖羊这一品种。李群（1997）认为，蒙古羊进入太湖地区的历史，最早可追溯到东晋时期，最迟也应在唐代。郭永立等（1998）认为，湖羊很可能是先从蒙古大草原到达中原，而后才来到江南。

北宋时期，金兵在中原一带长驱直入，北方一片混乱，民不聊生；到北宋末年，朝廷在外不能抗强敌、内不能安民生的情形下被迫迁都临安（今杭州）。大量居民，尤其是农民、手工业者和商人，纷纷跟随官府，南迁到临安府及其附近湖州一带。南迁的居民主要来自河南、山东、陕西、山西一带，极有可能把生活在中原地区的蒙古羊（今小尾寒羊）带到江南地区。这很可能是湖羊与小尾寒羊相似的原因。

湖羊原称“胡羊”，而“胡羊”中的“胡”字原本是中原汉民族对北方少数游牧民族的称呼。“胡羊”一名也是由“胡人”“胡服”“胡马”等延伸而来。李群（1987）研究发现，胡羊并不是吴羊；吴羊实乃山羊，是现今分布在太湖地区山羊的祖先。

由于北方人口的大量涌入，使得太湖地区曾经的“地广人稀”面貌完全改变，可耕地变得十分紧张；湖羊失去了较宽阔的天然放牧地，草料来源相对缺乏。好在自北宋迁都临安以后，江南的桑蚕业得到飞速发展，蚕农可以利用养蚕过程中产生的副产品——蚕沙、叶梗、枯叶、庄前屋后的野草及农副产品，养5～7头羊。由于长期禁锢在狭小的圈舍里，湖羊不仅适应了该地湿热的气候和狭小的饲养条件，而且变得更加温顺和安静。为了节约养殖成本、获得最大利益，人们还注意选留多胎个体和无角个体。在这样特定的自然环境条件下，经过人们的长期定向选择，到明清时期，形成了现在所看到温顺、安静、秀美、胆小、耐高温、耐潮湿、产羔多、抗病力强、易管理、骨骼纤细、上膘快、净肉率高、羔皮品质好的湖羊。

由于养殖湖羊一直是以家庭小群体饲养为主，近亲交配成为不可避免的繁育方式，但具有遗传缺陷的羔羊会被及时屠宰或淘汰。因此，湖羊是一个经过强度选育的品种。

自从1923年羔皮受到外商青睐以后，羔皮出口成为太湖流域的主要出口创汇物资。随着纺织工业的进步和人们衣着原料的变化，20世纪80年代以后，羔羊市场逐渐萎缩，湖羊饲养量不断下滑；加上保种措施不力，很多湖羊被用于无控制杂交，导致湖羊濒临灭绝。直到近10年来，国内规模舍饲养羊业的兴起，湖羊被看作是适合规模舍饲养殖、最理想的杂交母本，被大量养殖和推广到全国各地。

（2）体型外貌　为了便于记忆，可将湖羊的体型外貌特征可概括为楔形头型，鼻梁隆起，耳朵下垂脖颈长；全身乳白无杂染，四肢细短体躯长；公母无角粗毛长，尾巴扁圆尖上扬；深居简出繁育忙，温文尔雅是湖羊（图3-20）。上述任何一个特征不明显或缺乏，如头上有角或尾尖下垂，就可能不是纯种湖羊。

图3-20　湖羊（母羊）

（3）行为特点　湖羊喜安静，怕惊扰，尤其怕声响；性格温顺，在空间狭小的舍饲条件下，相互之间很少发生打斗现象。在繁殖季节，同栏湖羊公羊之间基本上相安无事。湖羊食谱广，很多青草、干

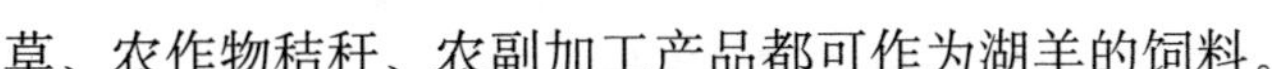

草、农作物秸秆、农副加工产品都可作为湖羊的饲料。

（4）主要生产性能

① 羔羊生长发育快。在一般农户饲养条件下，湖羊成年公羊体重为 65 kg 左右、成年母羊体重为 40 kg 左右，湖羊前期生长速度快。据浙江省农业科学院测定，湖羊 1 月龄平均日增重可达 236.5 g，3～4 月龄平均日增重 213.3 g；断奶后肥育的双羔日增重可达 240 g，屠宰率达 50%以上。在一般饲料条件和精心管理下，湖羊 6 月龄体重可达成年体重的 80%以上，周岁时即可达成年羊体重 90%以上。随着饲养管理条件的改善，湖羊的生长潜力得到了更大发挥，如金昌元生公司饲养的湖羊羔羊，50～60 日龄体重可达 20 kg，最大体重达到 25 kg；此时断奶组群，未出现断奶应激现象，4 月龄前一直处于快速生长阶段。因此，湖羊是目前国内优秀的适合舍饲和直线育肥的肥羔生产品种。

② 骨骼细小，胴体品质高。湖羊不仅骨骼细小、净肉率高，而且膻味小、肉品品质高。据测定，引入金昌的湖羊 6 月龄公羔体重达到 36 kg，屠宰率达到 52%，明显高于国内其他绵羊品种。

③ 被毛白色，羔皮有特色。在湖羊羔羊出生后 1～2 d 内屠宰剥取的羔皮称为“小湖羊皮”，为我国传统的出口商品。湖羊羔皮毛色洁白光亮，有丝一般光泽，皮张轻柔，手感柔和，花纹呈波浪式，紧贴皮板，扑而不散；是目前世界上稀有的白色羔皮，鞣制后可以染成各种色泽，可加工成妇女的翻毛大衣、披肩、帽子、围巾、外衣镶边、春秋时装和童装等；在国际市场上久享盛誉，曾远销欧洲、北美洲、日本、澳大利亚等地区。

（5）繁殖性能　繁殖力是现代肉羊最被重视的性状之一。尤其是在规模舍饲羊场，只有养殖高繁殖力的品种，才有可能获得养殖效益。湖羊属于早熟高繁品种，存在多胎主效基因突变，其中突变纯合型（BB）基因频率为 0.840 0～1.000，杂合型（B+）基因频率为 0～0.118 0，野生纯合型（++）基因频率为 0～0.160 0，突变型（B）基因频率为 0.920 0～1.000，野生型（+）基因频率为 0～0.080 0。

① 性成熟。30 日龄湖羊公羔的精细管内就可见少量初级精母细胞，80 日龄的就出现了精细胞和精子。8 月龄时，采精量可达 0.62 mL，精子活力达到 0.95，密度为 26.39 亿/mL；此时，公羔已具备正常配种能力。母羔 5～6 月龄时性成熟，7～8 月龄时便可配种，可实现当年生、当年配、当年产羔。

② 发情表现。湖羊母羊可常年发情、排卵、交配、受孕。一般情况下，湖羊母羊发情不受气候环境的影响。但严酷的高温环境会影响湖羊母羊的采食量，进而影响胎儿发育；尤其是怀孕后期遇到长期高温天气，可能导致胎儿初生重小、生长缓慢。

湖羊母羊发情周期为 16～17 d，发情持续期 44～49 h。湖羊母羊的发情表现、排卵数、受胎率和胚胎存活率与营养关系极大。据张泉福等（1985）研究可知，每天喂含 211.8 g 粗蛋白质、2.9 兆卡代谢能日粮的优饲组湖羊与每日采食 120.6 g 粗蛋白质、1.97 兆卡代谢能日粮的低饲组湖羊相比，优饲组母羊的排卵数、情期受胎率和胚胎存活率均显著高于低饲组（表 3-5）。

表 3-5 不同营养水平湖羊母羊的繁殖表现

项目	优饲组	低饲组
排卵数（枚）	2.9	2.6
情期受胎率（%）	95	70
胚胎存活率（%）	82.7	65.4
排双卵的胚胎存活率（%）	100	72
排 3 卵以上的胚胎存活率（%）	79	64

资料来源：张泉福（1985）

③ 产羔率。湖羊母羊的平均妊娠期为 147 d。在正常饲养条件下，母羊可年产二胎或两年产三胎，每胎产羔 2～3 只，产羔率为 229%。在良好的饲养管理条件下，经产母羊产羔率可达到 300%以上。引入甘肃金昌的湖羊第 1 胎、第 2 胎、第 3 胎产羔率分别达到 191.9%、226.8%和 271.5%。

④ 产后休情期。湖羊产后休情期与营养、体况密切相关。在良好的饲养管理条件下，约有 30%的母羊在哺乳期（产后 30～40 d）发情配种，但过早配种会影响下一胎的产羔率。羔羊早期断奶（羔羊 45 日龄时断奶）有利于母羊恢复体质，缩短休情期。大多数早期断奶母羊在断奶后 15～20 d 便可发情配种。

（6）泌乳性能　由于饲养管理条件和挤奶方法不同，湖羊产奶量差异较大，一个泌乳期的产奶量为 100～240 kg。据浙江省农业科学院测试可知，稍加精料的湖羊一个泌乳期（120 d）平均日产鲜奶 0.87 kg；如果增补精料，平均日产奶 1.91 kg，最高达到 2.43 kg。据张磊等（2020）报道，引进金昌市的产双羔、三羔、四羔的湖羊母羊在产后 2 个月内，日产奶量分别达到 1.76 kg、1.98 kg 和 2.01 kg。李义海等（2021）对引入天津市的湖羊进行了测定，母羊产后 7～56 d 平均日产奶量为 0.79 kg；母羊乳房形状对产奶量有显著影响，即乳房较大的湖羊产奶量较高。据李晓林等（2015）对引入新疆的舍饲湖羊的观察，产后 55 d 平均日泌乳量为 0.59 kg；其中，0～9 d 产奶量呈上升趋势，10～24 d 趋于平缓，25～34 d 有波动，35～55 d 呈缓慢下降趋势。据阿扎提古丽·奥布力喀斯木等（2021）对引进新疆湖羊的观察，母羊第 2 胎产后 30 d 平均日产奶量可达到 1.052 kg。

（7）适应性　湖羊不仅能适应江南 37～39 ℃的湿热、狭小的舍饲环境，也能适应西北寒冷地区的舍饲、放牧或半放牧条件。新疆准噶尔盆地库尔班通特沙漠边缘的莫索湾，夏季干旱炎热、冬季寒冷，冬季最低温度为－33.2 ℃。据郭志勒等（1982）报道，在 1975 年被引入该地的湖羊，在四季放牧、冬季少量补饲的条件下，表现良好，羔羊初生重、生长速度和成年体重都高于原产地湖羊。在 2012 年被引入四季干旱、冬季寒冷、昼夜温差较大的甘肃省金昌市的 830 只湖羊也表现良好，繁殖性能和产肉性能都超过了原产地的湖羊。

湖羊爬坡能力较差，不适合在较陡峭的山地放牧，可以在较平坦的草场上牧食。由舍饲转向放牧需要一个过程，但放牧可使湖羊变得更加结实、健壮。饲养环境的突然变化容易引起湖羊感染传染性胸膜肺炎；另外，湖羊较易感内寄生虫病和坏疽性乳房炎。

湖羊能较好地适应舍饲环境，已遍布国内大部分地区，西到新疆、西藏，北至内蒙古、宁夏，南抵江西、福建、湖南等，对中国规模舍饲养羊业的发展起到了积极的推动作用。

（8）湖羊与小尾寒羊的区别　小尾寒羊和湖羊都是我国古老粗毛羊蒙古羊的后裔。由于饲养的环境条件不同，以及不同地区的人们按照自己的生活习惯、喜好和饲养管理条件对羊只进行了定向选育，从而形成了在体型外貌和生产性能方面有一定差异的两个品种（表 3－6）。

表 3－6　湖羊与小尾寒羊的区别

项目	小尾寒羊	湖羊
来源	蒙古羊的后裔	蒙古羊的后裔
培育历史	自南北朝时期开始	自南宋时期开始
分布地域	山东省的鲁西南部	浙江省、江苏省间的太湖流域
被毛颜色	全身白色，少数个体头部有色斑。被毛为异质毛，适宜织地毯	全身白色毛，腹毛粗、稀、短。被毛为异质毛，适宜织地毯
头颈部	公羊头大颈粗，鼻梁隆起、耳大下垂。母羊头小颈长	头狭长，鼻梁隆起，多数耳大下垂，颈细长
角型	公羊有发达的螺旋形大角，母羊大都有角，形状不一，有镰刀状、鹿角状、姜芽状等，极少数无角	公母羊均无角
体型和体躯结构	体型大，体躯长，背腰平直，四肢高	体型中等，体躯较长，背腰平直，腹微下垂，四肢偏细
体重	成年公羊体重 80.5 kg，成年母羊体重 57.3 kg	原产地成年公羊体重 40～50 kg，成年母羊体重 35～45 kg
性格	较凶悍、善打斗	较温顺、易管理
尾型	脂尾在飞节以上	尾扁圆，尾尖上翘
骨骼发育	骨骼发达	骨骼较纤细
羔皮		羔皮毛纤维束弯曲呈水波纹花案，弹性强，洁白美观
性成熟	5～6 月龄	5～6 月龄
产羔率	可年产二胎或两年产三胎，平均产羔率 255%	可年产二胎或两年产三胎，在良好的饲管条件下产羔率可达 270%以上
适应性	较好	很好
对饲料的要求	对饲料质量要求较高，日粮由高蛋白饲料（如豆类）、能量饲料（如麸皮和玉米等）和优质青绿饲料或青干草组成	对饲料质量的要求不高，在良好的饲养管理条件下，体况很快得到恢复

（9）利用效果

① 生产肥羔。湖羊产羔多，奶量高。湖羊羔羊早期生长速度快，饲料报酬高，屠宰

率高，骨骼纤细，胴体净肉率高，肉质优，肌肉蛋白质含量明显高于其他绵羊品种。湖羊的适应性好，抗应激能力强；既能适应南方密集、湿热的舍饲条件，也能在北方干旱、寒冷的环境里繁衍生息。在良好的饲养管理条件下，湖羊羔羊 45～50 日龄、体重达到 13～15 kg 时即可断奶，断奶后直接进入育肥场；经过 2～3 个月的直线育肥，体重达到 35～40 kg 时即可上市，生产肥羔。

② 用作肉羊杂交母本。湖羊被看作是国内最理想的肉羊杂交母本品种，与杜泊羊、萨福克羊、陶赛特羊、特克赛尔羊、澳洲白羊、夏洛莱羊等引进肉用品种杂交；其杂一代羔羊不仅生长速度快、抗病力强，而且繁殖力较高。4 月龄舍饲杜湖杂一代（杜泊×湖羊）、萨湖杂一代（萨福克×湖羊）和陶湖杂一代（陶赛特×湖羊）羔羊胴体重分别可达 15.83 kg、15.62 kg 和 17.39 kg（周勇等，2016）。

③ 用于改造低产地方绵羊品种。

——可提高地方品种的产肉性能。据马永阔等（2021）报道，湖羊种公羊与青海高原型藏羊的杂一代羔羊在舍饲条件下，6 月龄体重可达 34.88 kg，比藏羊高 2.22 kg；60～120 日龄平均日增重为 192.89 g，比藏羊高 28.51 g。

——可提高地方品种的繁殖力。湖羊与单胎绵羊品种的杂一代表现出较高的繁殖力，但会随着湖羊含血量的下降而下降。据刘伯河等（2020）报道，在小群饲养和自然交配情况下，杜湖杂一代母羊产羔率可达 224%，其中产双羔母羊和产三羔母羊分别占繁殖母羊的 48%和 42%。据黄华榕等（2014）报道，杜湖杂一代母羊性成熟比湖羊晚，初配月龄为 8～9 月龄。产羔率低于纯种湖羊，但仍然保持了较高水平（215%）。当湖羊与单胎品种杂交时，多羔性状表现为高度显性遗传。因此，湖羊对其他低繁品种的改良效果较显著。

④ 用于羔皮生产。虽然目前的羔皮市场已经严重萎缩，但湖羊羔皮的商品价值地位仍无可替代。

⑤ 用于绵羊奶生产。湖羊繁殖力高、产奶量多，经产母羊日产奶量可达到 1～2 kg；在正常饲养管理条件下，可哺育 3 只羔羊。如果能增加产奶量的选择强度、适当导入外血、提高日粮蛋白质水平、多喂青绿饲料和多汁饲料，湖羊的产奶量会更高。

⑥ 用作绵羊胚胎移植受体羊。用作胚胎移植的受体羊首先应当具备良好的繁殖性能，并且排卵多、产奶量高、母性好、哺乳能力强，而且要求体质健壮、抗逆性强；只有这样，才能保证胚胎在受体羊体内正常发育，羔羊出生后也能健康生长。湖羊可满足上述要求，是理想的绵羊胚胎移植受体羊。

（三）高产奶量绵羊

1. 东佛里生羊（East Friensian）

东佛里生羊是德国培育成功的目前世界上产奶量最高的长毛型奶肉兼用品种。由于该品种具有体重大、早熟、产奶量高等优良特性，早在 1750 年，就被立陶宛引进；此后，又被加拿大、英国、美国、澳大利亚、新西兰、以色列等很多国家引进，用于奶绵羊新品种培育或用作肉羊杂交母本。我国于 2003 年首次少量引进东佛里生羊，于 2017 年开始引进胚胎，并开展了中国奶绵羊培育和改进多胎绵羊产肉性能、产奶性能等多项研究。

（1）培育历史　东佛里生羊原产于德国北部北海沿岸下萨克森州的东佛里生岛及东佛

里生兰地区（Ostfriesland）。东佛里生羊可能由荷兰几个地方品种和17世纪初从几内亚海湾引进的一个绵羊品种杂交而成；也有学者认为，东佛里生羊可能含有荷兰佛里生羊、比利时佛拉芒羊（Flemish）和法国佛兰德羊（Flanders）的血液。东佛里生羊确切的形成历史已经无法考证，但其早在1530年就有记载，至少有近500年的培育历史。大约在1820年以后，人们把东佛里生地区的沼泽羊划分成两个品系，一个向奶用方向培育，另一个则向毛肉兼用方向培育。在东佛里生兰地区，东佛里生羊仍以产奶为主；而在人口密度较大的北威州，除了利用东佛里生羊早熟、高繁殖力和优良的产奶性能外，还特别注意了背部和后腿肌肉生长特性的选育，使该品种的日增重从1969年的246 g提高到1977年的344 g。现有的东佛里生羊已兼备了较高的产奶和产肉性能。

（2）体型外貌　东佛里生羊头大、额宽，耳长、前倾、呈肉色；公羊、母羊均无角，体躯宽而长，腰部结实，肋部呈拱形结构，臀部略有倾斜；体型较大，体型结构良好。乳房宽广，结构良好；乳头分布于乳房两侧，尽可能朝下。被毛白色，偶有纯黑色个体；头和四肢以着生刺毛为主，被毛结构好，腹毛着生良好。羊毛细度30～37 μm，属于46～56支半细毛。尾瘦长、仅着生刺毛，故有“鼠尾巴羊”或“猪尾巴羊”之称（图3-21）。

图3-21　东佛里生羊（母羊）

（3）主要生产性能

① 体增重。东佛里生羔羊平均初生重3～4 kg；6月龄公羔体重可达50～60 kg，母羔可达45～55 kg；成年公羊体重可达90～120 kg，成年母羊可达70～90 kg。

② 产乳量和乳品质。在良好的饲养管理条件下，东佛里生羊的泌乳期可达220 d以上，成年母羊产乳量可达550～700 kg。其中，干物质含量＞17%，乳脂率为6%～6.5%，乳蛋白＞4%，乳糖＞4.9%。

（4）繁殖性能　东佛里生羊属于季节性繁殖品种，一般在9—11月发情配种。羔羊7～8月龄性成熟，母羊一般在10月龄、体重达到成年体重70%以上时即可配种；周岁公羊可参与配种。母羊平均产羔率可达230%。

（5）适应性　由于东佛里生羊原产于生态环境良好的海洋性气候区，对新环境的适应性较差，不易适应高热、高湿和太干燥的气候条件，但能较好地适应围栏放牧及圈舍条件较好的舍饲。其在高寒地区或季节温差较大的地区容易感染肺炎。

（6）利用效果

① 培育奶绵羊新品种。东佛里生羊被用于很多奶绵羊新品种的培育。例如，以色列利用东佛里生羊与阿瓦西羊杂交，培育出阿萨夫奶绵羊；比利时用东佛里生羊与佛拉芒羊杂交，培育出比利时奶绵羊；英国利用东佛里生羊与灰面莱斯特羊、无角陶赛特羊等品种杂交，培育出英国奶绵羊；加拿大利用东佛里生羊与芬兰羊、萨福克羊杂交，培育出具有

繁殖率和产奶量高、体质强壮、生长速度较快等特性的里德阿尔科特羊（Rideau Arcott）；美国、澳大利亚、新西兰都在利用东佛里生羊的基因，培育能生产出高质量羊奶的新品种。我国也在对引进东佛里生羊扩繁、选育的基础上，开展了奶绵羊新品种培育工作。

② 提高被改良羊产奶、产肉性能。在澳大利亚，东佛里生羊与特克赛尔羊、罗姆尼羊、陶赛特羊等杂交，均在一定程度上提高了被杂交品种的产奶量。在我国金昌市良好的饲养管理条件下，东佛里生羊与湖羊杂一代羔羊 2 月龄、4 月龄和 6 月龄体重分别达到 20.92 kg、35.4 kg 和 53.38 kg，相同条件下的东湖杂二代羔羊相应月龄体重为 21.82 kg、38.08 kg 和 58.12 kg。东湖杂种羔羊的生长速度显著高于湖羊，杂二代羔羊的生长速度更快（朱万斌等，2022）。另据李义海等（2021）的观察可知，东湖杂一代产双羔母羊产后 7～56 d 的平均每只产奶量为 39.48 kg，比湖羊多产奶 6.94 kg。由此可见，东佛里生羊对湖羊产奶性能和产肉性能改良效果都很显著。另外，东佛里生羊对小尾寒羊产肉性能的改良效果也较显著（赵金艳等，2015）。

2. 阿瓦西羊（Awassi）

阿瓦西羊是地中海东部最常见的绵羊品种，是伊拉克和叙利亚主要绵羊品种，也是约旦、以色列和巴勒斯坦唯一的地方绵羊品种。改良型阿瓦西羊是继东佛里生羊之后产奶量最高的品种。阿瓦西羊具有抗病力强、善于游走牧食、合群性好等特性，能较好地适应冬季寒冷、夏季高温干燥的环境条件；已被世界上 30 多个国家引进，我国也有少量引进。

（1）培育历史　阿瓦西羊是一个非常古老的品种，其形成历史可以追溯到公元前 3 000年。阿瓦西绵羊、大马士革山羊和大马士革牛都是古老的美索不达米亚文明的产物，经过几个世纪的自然选择和人工选择，阿瓦西羊才逐渐进化成一个适应性良好的脂尾型粗毛羊品种。在传统饲养条件下的阿瓦西羊繁殖力较低、性成熟较晚，150 d 哺乳期仅产奶 40～60 kg（Degen、Benjamin，2003）。从 20 世纪 30 年代开始，各阿瓦西羊饲养国（巴勒斯坦、以色列、叙利亚、伊拉克、约旦、土耳其等）通过选育或改良，使其产乳性能得到明显提升，培育出了改良型阿瓦西新品系。以色列将阿瓦西羊的泌乳期产奶量从 20 世纪 40 年代的 297 kg 提高到 90 年代的 500 kg 以上；叙利亚使其泌乳期产奶量从 1974—1976 年的 128 kg 提高到 2005 年的 335 kg；土耳其经过 7 年的选育和杂交，使其泌乳期产奶量从67 kg提高到 152 kg（S. Galala et al.，2008）。

（2）体型外貌　阿瓦西羊头长又窄，前额凸起，着生棕色或黑色刺毛。公羊有向后和向下扭曲的角，母羊无角或有短角。耳朵中等大小，通常下垂。颈部相对较长，体型中等，背腰较长，体躯覆盖着乳白色粗长毛。四肢长度适中。尾部肥大。母羊平均尾长 18 cm、宽 16 cm，重约 6 kg；公羊平均尾长 30 cm、宽 25 cm，重约 12 kg。沟裂将尾巴下半部分成两瓣，尾末端位于飞节之上。不同种群的乳房和乳头差异很大。改良型阿瓦西羊乳房发育良好，乳房位置正常；而在其他非选择种群，乳房大小适中，但乳头大小、形状和方向变化极大。由于饲养地域不同，阿瓦西羊有许多类型，如科威特、伊拉克和叙利亚的 Naiemi 羊，以及伊拉克的 Shefali 羊和 Herrik 羊（Alkass、Juma，2005）。阿瓦西羊的母羊、公羊见图 3 - 22、图 3 - 23。

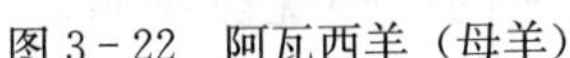
图 3-22　阿瓦西羊（母羊）

图 3-23　阿瓦西羊（公羊）

（3）主要生产性能　阿瓦西羊分布较广，且不同国家和地区的阿瓦西羊生产性能差异较大。羔羊初生重一般为 3.7～4.6 kg，双羔比单羔约轻 20%（Zarkawi et al.，1999）。6 月龄体重 32～38 kg，成年公羊体重 60～90 kg，成年母羊体重 45～55 kg。成年公羊产毛 2～2.5 kg，成年母羊产毛 1.75 kg。被毛长度为 15～20 cm，属于粗毛，主要用作地毯（Degen et al.，2003；Ozyurtlu et al.，2010）。

阿瓦西母羊的产奶量差异更大，主要受母羊的选育程度、年龄、分娩体重、产羔月份、胎产羔数、羊群管理方式、营养供给条件及哺乳期的长短等的影响。据 Gootwine 等（2000）对土耳其的 1 360 只改良型阿瓦西母羊为期 3 年多的跟踪观察发现，如果羔羊在出生时就与母亲隔离，母羊在 214 d 泌乳期内平均总产奶量为 506 L，最大泌乳潜力为 3.9 L/d，在产后第 45 d 达到峰值（约 3.44 L/d）。

以色列培育的改良型阿瓦西母羊在 214 d 泌乳期产奶量达到 506 kg。阿瓦西羊乳中非脂乳固体、蛋白质、脂肪含量分别为 11.3%～17.8%、5.6%～5.7%、6.1%～6.8%（S. Galala et al.，2008）。

（4）繁殖性能　阿瓦西羊属于季节性繁殖品种，繁殖力较低（Abdullah et al.，2002 年），且性成熟较晚（Al-Molla 和 Kredli，2003）。母羔一般在 9 月龄性成熟，每年 4—9 月为繁殖季节，配种一般集中在 6 月下旬到 9 月初，11 月—翌年 2 月产羔（Abu Zanat et al.，2005）。改良型阿瓦西羊的繁殖季节比未改良羊提前 1～2 个月（Epstein，1985）。

阿瓦西母羊的发情周期为 15～20 d，平均 17 d；发情持续期 16～59 h，平均 29 h；妊娠期 149～155 d，平均 152 d。胎产羔数 1.02～1.12 只，改良型阿瓦西母羊可达 1.4 只左右。公羊 8 月龄、体重约 42 kg 时性成熟；公羊精液质量全年变化不大，虽然一年四季都可以配种，但夏季和秋季比春季性欲更旺盛（Kridli et al.，2007）。

（5）适应性　阿瓦西羊起源于阿拉伯沙漠，如培育出高产奶量改良型阿瓦西羊的以色列全国 90%的土地是沙漠，且 50%的养羊户就住在沙漠边缘，环境条件极其严酷。阿瓦西羊不仅可以利用肥大的尾巴储存能量以补偿冬春季节的营养不足，还能远距离游走牧食，能忍受干旱高温造成的干渴，抵抗多种疾病和寄生虫。由于阿瓦西羊具有较强的抗逆性，不仅在中东地区顽强地生存和发展下来了，而且还被引入澳大利亚、意大利、吉尔吉斯斯坦、哈萨克斯坦、葡萄牙、罗马尼亚、印度等国。被引入其他国家的阿瓦西羊主要是来自以色列、土耳其和叙利亚的改良型羊；这些改良型阿瓦西羊在引进国的表现各不相同，得到的褒贬也不一样。例如，埃及和埃塞俄比亚对阿瓦西羊的评价不高（fahmy et al.,1969；hassen et al.，2002）；但来自约旦、伊拉克、马其顿、西班牙、澳大利亚和伊朗的正面报道较多，所有进口国关于产奶量的报道也都是正面的。

（6）利用效果　阿瓦西羊与引进品种（尤其是肉用品种）杂交，成功率较低。不论是叙利亚开展的美利奴羊、卡拉库尔（Karakul）羊、东佛里生羊、陶赛特羊、萨福克羊、芬兰羊和希奥斯羊与阿瓦西杂交试验，还是约旦开展的夏洛莱羊、罗曼诺夫羊、希奥斯羊与阿瓦西羊杂交试验，以及土耳其开展的法国岛羊、兰布列羊、美利奴羊、德国黑头羊、东佛里生羊与阿瓦西羊杂交试验，多以失败告终。其主要原因是，阿瓦西杂种羊适应性差、消费者不认可（尾巴变小）、繁殖性能和生长性能的杂种优势不明显（Kassem，2005；Kridli et al.，2000，2002；Tabbaa，1999）。这方面少有的成功例证是阿萨夫奶绵羊的培育。在以色列，用改良型阿瓦西羊与东佛里生奶绵羊杂交，培育出了含有3/8阿瓦西羊血统、5/8东佛里生羊血统的奶绵羊新品种阿萨夫羊（Gootwine et al.，1996）。阿萨夫羊适应集约化经营，在173 d的泌乳期间，平均产奶量为334 L，母羊胎产羔1.34只，平均产羔间隔272 d（Pollott、Gootwine，2004）。

以色列还将布鲁拉羊的多胎基因导入改良型阿瓦西羊，建立了高繁殖力品系（Gootwine et al.，2001年）；同时，将所产的BB基因型纯合子公羊分配给商品群，用于产生B+基因型杂合子后代。另外，以色列还进行了改良型阿瓦西羊与芬兰羊、罗曼诺夫羊的杂交试验，但由于杂种羊的尾巴变小，消费者不太欢迎（Gootwine et al.，2001）。据Welham（1976）报道，改良型阿瓦西羊与西班牙羊的杂交种产奶量和体重有所增加，但受胎率有所下降。改良型阿瓦西羊与罗马尼亚本地品种羊的杂交种在山区表现不佳，但在平原的表现较好。阿瓦西羊与土耳其的阿卡拉曼羊（Akkaraman）、莫卡拉曼羊（Morkaraman）、达格利奇羊（Daglic）及其他脂尾型地方品种杂交效果都比较好，可以提高这些羊的产奶量和生长性能（Gürsoy，2005）。

尽管阿瓦西羊与引进品种杂交效果不理想，Riyadh等（2003）仍在伊拉克阿布格莱布开展了芬兰公羊×阿瓦西母羊、芬阿杂一代母羊×芬兰羊公羊（用于生产含3/4芬兰羊血统、1/4阿瓦西羊血统杂种羊）、芬阿杂一代母羊×阿瓦西公羊（用于生产含1/4芬兰羊血统、3/4阿瓦西羊血统杂种羊）试验，并对各杂交组合的繁殖力、其他性状进行了为期10年的观察研究；发现当地阿瓦西羊在9个世代内，双羔率由5%增加到35%（增加了30个百分点）；含1/2芬兰羊血统和1/4芬兰羊血统的杂种羊比含3/4芬兰血统的杂种羊更能适应当地亚热带气候条件；含3/4芬兰血统的杂种羊在高温和恶劣环境条件下，死亡率较高，抗逆性较差。虽然芬阿杂一代羔羊断奶重显著低于阿瓦西羔羊，但断奶后日增重（264 g）显著高于阿瓦西羔羊（221 g）；而且尾巴长度减少了26%以上，尾巴宽度减少了48%以上。由此可见，在农场良好的饲养管理条件下，含50%芬兰羊血统和25%芬兰羊血液的芬阿杂种羊的繁殖力、生长速度和尾巴大小均有所提高和改进。

（四）适应性较强的肉用型绵羊品种

1. 米特马斯特羊（Meatmaster）

米特马斯特羊是南非培育成功的粗毛肉羊品种，具有适应性强、肉用性能好、容易管理等特性。该品种已被世界认可并出口到纳米比亚、澳大利亚和加拿大等国。

(1) 培育历史 20 世纪 90 年代初，南非农民意识到当地脂尾羊与欧洲专用肉羊品种之间还存在着很大差距，应该培育出产肉性能更好的肉羊品种。为此，他们利用当地脂尾型品种的优势，开展了多个品种的杂交试验。现有的米特马斯特羊是脂尾型品种达马拉羊 (Damara) 与杜泊羊、法国岛羊、有角威特夏羊、万瑞羊、南非肉用美利奴羊、杜美羊及其他品种的合成体 (Peters 2011)。米特马斯特羊品种协会于 2007 年注册，2008 年成立。

图 3-24 米特马斯特羊 (母羊)

(2) 体型外貌 米特马斯特羊体型中等，结构匀称，四肢强健。被毛为红色、白色，大多数为杂色。眼睛周边和耳朵皮肤上色素沉着良好，被毛上层为短而有光泽的粗毛，下层为蓬松细毛。公羊较雄壮，母羊温顺。公羊、母羊均无角或有小角。尾巴附着良好，呈楔形，沉积适量的脂肪，长度一般不超过飞节 (图 3-24)。

(3) 主要生产性能 米特马斯特羊聚合了母系祖先达马拉羊的适应性强和自动脱毛性能、法国岛羊和杜泊羊的高产肉性能、万瑞羊的被毛覆盖性能。米特马斯特羊 7 月龄左右体重可达 50 kg。公羊 1 岁、2 岁、3 岁、4 岁体重分别为 79.3 kg、85.6 kg、90.2 kg 和 103.0 kg，母羊相应年龄体重为 56.9 kg、60.2 kg、60.6 kg 和 63.9 kg。

(4) 繁殖性能 米特马斯特羊的繁殖性能与饲养管理模式关系较大。在极其粗放的饲养管理条件下，绵羊的繁殖潜力很难发挥出来。有关米特马斯特羊繁殖性能的报道很少。从非常有限的资料得知，其母羊 15 月龄时初次产羔，产羔率 131%，平均产羔间隔 259 d (Becker，2021)。

(5) 适应性 该品种的适应性如同其母系祖先达马拉羊，可较好地适应冬季的寒冷和夏季的炎热，耐粗饲，对蜱传播疾病的抵抗力强，群居性好。

(6) 利用效果 米特马斯特羊在南非的 9 个省区都有饲养，但主要分布在南非中部和西部广阔的绵羊养殖区，北部灌木草原地区对其也有很大需求。目前，已出口到纳米比亚、澳大利亚和加拿大等国。

2. 达马拉羊 (Damara)

达马拉羊是原产于纳米比亚的脂尾型粗毛肉羊，具有体型高大、母性好、群居性和适应性强等特点，主要分布在非洲、澳大利亚、新西兰和加拿大。

(1) 培育历史 达马拉羊起源于东亚和埃及的哈米特 (Hamites) 地区，随着辛巴人迁移到纳米比亚和安哥拉。19 世纪，传教士和探险家在纳米比亚西北部考科韦尔德 (Kokoveld) 地区的 Damaraland 发现了这种羊，故取名达马拉羊 (Damara)。由于达马拉羊长期封闭性地饲养在纳米比亚，没有受到其他绵羊品种的影响，它的很多性状都是自然选择的结果。20 世纪 50 年代末至 60 年代初，位于纳米比亚奥奇瓦龙戈 (Otjiwarongo) 的 Omatjienne 试验站对达马拉羊进行了一系列观察研究。至此，达马拉羊才引起了南非人的兴趣，并引进和发展起来，且于 1992 年成立了南非达马拉羊育种者协会。

（2）体型外貌　达马拉羊体型高大、体躯较长，被毛为黑色、棕色、白色或杂色。全身被以光亮的短粗毛，冬季粗毛下面会长出一层细绒毛。青年羊被毛较长，且绒毛较多；成年后会脱掉绒毛。公羊有发达的螺旋形角，母羊有角或无角，耳大下垂。体躯结构较好，除了尾巴和臀部，没有过多的脂肪。腿长而结实。肥胖的尾巴呈楔形，窄而长，一直延伸到飞节以下（图 3－25）。

图 3－25　达马拉羊（公羊）

（3）主要生产性能　南非达马拉育种者协会的资料显示，达马拉羊公羔平均初生重为 4.3 kg，母羔为 4.2 kg；80 日龄断奶重约为 20 kg。但在 Omatjenne 试验站选育的达马拉羊体重有明显变化。1956 年，100 日龄达马拉羊公羔平均断奶重为 24.0 kg，母羔为 22.8 kg；到 2000 年，100 日龄公羔平均体重达到 28.5 kg，母羊达到 24.6 kg。南非制定的达马拉羊品种标准规定：公羔、母羔初生重分别为 4.5 kg 和 4.2 kg，公羔、母羔 80 日龄平均断奶重为 19.8 kg，6 月龄平均体重为 32.3 kg，周岁平均体重为 46.6 kg。

达马拉羊肉鲜嫩多汁、口感好，背脂厚度一般为 1～2 mm，可满足现代消费者的需要。达马拉羊的脂肪主要沉积在尾巴上，但尾脂白嫩、质量好，是制作香肠的理想原料。达马拉羊的羊皮是世界上最好的皮革原料之一。

（4）繁殖性能　达马拉羊属于非季节性繁殖品种，10～12 月龄性成熟，15～17 月龄产第一胎，产双羔母羊占 35％，羔羊断奶成活率为 96％～98％；母性好；非季节繁殖，可两年产三胎；产羔 8 周后可再次发情。

（5）适应性　达马拉羊腿瘦长，行动敏捷，可以远距离牧食；性情温和，群聚性强。抗饥渴，适应粗放管理。可在半荒漠条件下正常生存，在干旱炎热的季节保持直肠温度恒定，而且对大多数羊病及体内寄生虫有较强的抵抗力。

达马拉羊食性广，牧草、灌木均可采食；其消化能力如同山羊，日粮灌木枝叶可达 64％。据 Wilkes 等（2012）报道，饲喂低营养日粮（含粗蛋白质 8％、能量 7 MJ/kg）的达马拉羊采食量与相同饲养条件的美利奴羊相近，但对饲料干物质和能量的消化率比美利奴羊高 10％；达马拉羊体重增加了 38 g/d，而美利奴羊体重则下降了 28 g/d。同时，饲喂高营养日粮（含粗蛋白质 16％、能量 11 MJ/kg）的达马拉羊比美利奴羊多消耗 14％的饲料，但生长速度比美利奴羊快 30％，饲料的表观干物质消化率和能量消化率没有差异。试验结束时，达马拉羊胴体重和屠宰率高于美利奴羊，胴体重分别为 28.1 kg、23.1 kg，屠宰率分别为 53.2％、41.5％，但胴体组成比例无显著差异。

（6）利用效果　商业化达马拉羊养殖场主要集中在南非北开普省，自由州和豪登省也能见到较小的群体。他们饲养达马拉羊的主要目的是向中东地区（以色列、约旦、沙特阿拉伯、阿曼、科威特、巴林、卡塔尔和阿拉伯联合酋长国）供应活羊。1996 年，澳大利亚开始从南非进口达马拉羊胚胎，繁育出来的达马拉羊主要饲养在西部、南澳大利亚和昆士兰州。达马拉羊对澳大利亚半干旱地区恶劣的环境表现出了非凡的适应力，引起了更多人的关注和饲养兴趣；5 年后，澳大利亚的纯种达马拉羊已经超过 1 万头，杂种羊可能达到 22.5 万头（Chambers 2004）。而后达马拉羊又从澳大利亚输入墨西哥、巴西、新西兰和加拿大等地区（Almeida André，2011）。

3. 欧拉羊

欧拉羊是藏系绵羊的一个特殊生态类型，具有体型较大、体质结实、肌肉发达、四肢健壮、行动敏捷、善游牧、合群性好、适应性强等特点，主要分布于甘肃省玛曲县、青海省河南蒙古自治县和久治县及其相邻地区，是高原牧区较理想的肉用绵羊。

图 3－26　欧拉羊（母羊）

（1）培育历史　在元朝时期，野生盘羊与藏系羊杂交，而后在海拔 3 800～4 500 m 的条件下选育而成，并以甘肃省甘南藏族自治州玛曲县与青海省黄南藏族自治州河南蒙古族自治县接壤的欧拉山命名。

（2）体型外貌　欧拉羊头稍长，呈锐三角形，鼻梁隆起，公羊、母羊绝大多数有微螺旋状角，多数有肉髯。体型较大，四肢较长，背平直，前胸和臀部发育良好。尾呈扁锥形，尾长 13～20 cm。公羊前胸着生黄褐色毛，母羊不明显。全身被毛较短，多数羊头、颈、四肢有黄褐色斑，纯白色个体很少（图 3－26）。

（3）主要生产性能

① 产肉性能。欧拉羊 6 月龄公羊平均体重 35.14 kg，母羊 31.44 kg；1.5 岁公羊平均体重 48.09 kg，母羊 52.76 kg；成年公羊平均体重 66.82 kg，母羊 52.76 kg。1.5 岁羯羊胴体重 18.05 kg，屠宰率 47.81%；成年羯羊胴体重 30.75 kg，屠宰率 54.19%。

② 产毛性能。欧拉羊属于粗毛羊，成年公羊平均产毛 1 kg，成年母羊平均产毛 0.86 kg，净毛率 76%。被毛稀疏，死毛较多，头、颈、尾、腹和四肢均覆盖短刺毛。

（4）繁殖性能　由于生存条件艰苦，欧拉羊性成熟较晚。母羊一般在 10～12 月龄开始发情，1.5～2 岁第一次配种；而且繁殖率不高，每年产一胎，每胎只产 1 只。如果枯草季节能补充适量精料，母羊的发情表现、受胎率、羔羊初生重和成活率都会得到明显改进。另外，欧拉羊母性好，育羔能力较强。

（5）适应性　欧拉羊善于登山远牧、行动敏捷，能够适应高寒草原严寒、潮湿和低气压等自然条件和常年露营放牧的饲养管理方式，而且对毒草的识别能力较强。

（6）利用效果　据李昕等（2015）报道，用欧拉羊与青海省贵南县当地的高原型藏羊杂交，其杂一代羊的体型和体重明显高于相同饲养管理条件下的高原型藏羊。欧拉羊对甘肃天祝草地型藏羊的改良效果十分明显。其杂一代公羔初生重、0～180 日龄平均日增重分别为 4.56 kg和 138.11 g，母羔则分别为 4.28 kg 和 125.72 g，均极显著高于天祝草地型藏羊（梁正满等，2014）。另外，欧拉羊对甘肃甘南山谷型藏羊的改良效果也很明显（郭淑珍等，2013）。

二、山羊

(一) 布尔山羊 (Boer Goat)

布尔山羊，也叫波尔山羊，是南非培育成功的世界上最优秀的肉用山羊品种之一，也是最理想的肉用山羊杂交父本品种之一。布尔山羊具有生长速度快、屠宰率高、净肉多、体型结构好、繁殖力强等特性，已被引入世界各地。我国于2015年首次从德国引进，此后又多次从澳大利亚、新西兰及南非引进。目前，布尔山羊在我国各地均有分布，并被广泛用于改良提高当地山羊的产肉性能，对肉用山羊产业的发展起到了巨大的推动作用。

1. 培育历史

"Boer"原指生活在南非的荷兰人的后裔——布尔人，荷兰语中"Boer"一词也指农民。布尔山羊就是由一群布尔人培育成功的，因此取名布尔山羊。布尔山羊的培育历史并不清楚，很可能是从南非纳马卡布什曼部落和福库部落的本地山羊中选育出来的，也可能含有印度山羊和欧洲山羊的血统。东开普省的科萨大耳山羊（Xhosa Lob - ear Goat）、北开普省的斑点山羊（Speckled Goat）和库内肉用山绵羊（Kunene Goat）可能对布尔山羊的形成也有一定贡献。

南非的布尔山羊最初并不多，而且毛色杂乱，大多数为长毛型。到20世纪50年代，育种工作者才开始制订育种计划，试图通过严格选育，培育出一种体质健壮、适应性强、能在非洲各种恶劣气候条件下生存的肉用山羊。1959年7月4日，成立了布尔山羊育种者协会。协会统一了育种策略和选育计划，起草了育种章程和品种标准，指导山羊饲养者利用理想型布尔种羊改良低质山羊；至此，布尔山羊育种工作才得到顺利进行。

2. 体型外貌

南非布尔山羊分为5个类型。①普通型羊，被毛较短，体型结构较好，但毛色较杂，有灰色、白色、深棕色和极少数棕色头颈的白色个体（图3-27～图3-29）。②长毛型羊，体型较大，肉质较粗，板皮质量较差；因此，属于非理想型，一般在成年时淘汰作肉用。③无角型羊，毛较短，可能是普通山羊与奶山羊杂交而成，体型不太理想。④土种山羊，腿长，体质差，毛色变化较大。⑤改良型羊，即理想型布尔山羊（图3-30）。理想型

图3-27 黑布尔山羊

图3-28 红布尔山羊

布尔山羊全身白色，头部为红色或棕色，公羊、母羊均有向后弯曲的圆形角，耳朵长而下垂，性情温顺，体型中等，体型结构良好；胸宽深，肩肥厚，腿强健而不过肥，腿长与体高比例适中；背宽而平直，肋骨开张良好，尻部宽长而不过斜，臀部丰满但轮廓可见；尾直而上翘，整个身躯圆厚而紧凑。

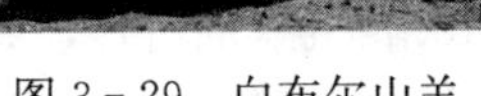
图 3－29　白布尔山羊

图 3－30　改良型布尔山羊（育成母羊）

3. 主要生产性能

① 羔羊生长速度快。据武和平等（1998）观察，引入我国的布尔山羊羔羊初生重可达3～4 kg；2 月龄前，公羔日增重达 182 g，母羔 155 g；断奶后出现应激性生长减慢，但到 5～6 月龄时日增重达到最高峰（230 g）。6 月龄公羔平均体重可达到 30 kg，母羔达到 27 kg，7 月龄后生长速度逐渐下降。成年公羊体重一般为 100～135 kg，成年母羊为 70～90 kg。

②屠宰率高。布尔山羊皮下脂肪随着年龄的增加而增加，屠宰率也随之增加（表 3－7）。

表 3－7　不同年龄布尔山羊的屠宰率

年龄	屠宰率（%）
8～10 月龄	48
二齿	50
四齿	52
六齿	54
满口	≥60

4. 繁殖性能

布尔山羊属于非季节性繁殖品种，繁殖率高，平均产羔率为 160%～200%；胎产双羔较常见，其次是三羔和单羔；一般每 8 个月产一胎，但环境条件对其繁殖性能影响较大。

5. 适应性

布尔山羊对不同环境条件均有较强的适应性。除了南极洲，从南非最温暖的地方到世界上最寒冷的地方都有分布。布尔山羊被毛较短，但在寒冷地区可长出一层短绒，以应对环境应激。另据南非的相关资料介绍，布尔山羊食谱广、抗病力强，一般不会感染蓝舌病，不会发生氢氰酸中毒；很少出现肠毒血症，偶见感染，也可通过接种疫苗予以防控。但据观察，布尔山羊对梭菌病的抵抗力低于当地山羊品种。

6. 利用效果

① 布尔山羊是理想的山羊羔羊肉生产品种。布尔山羊具有初生重大、生长速度快、繁殖力强等特点，6 月龄体重可达 30 kg，即可上市；所产羔羊肉蛋白质含量高，脂肪含量低，鲜嫩多汁，膻味小，且胴体感观好，在市场上很受欢迎。

② 布尔山羊是理想的肉用山羊杂交父系品种。大量的试验证明，布尔山羊对其他山羊品种的改良效果十分显著。其杂种后代的初生重、生长速度、繁殖力都可得到一定程度的提高。布尔山羊对其他山羊产肉性能的改良效果也是国内任何其他山羊品种所不及的。据观察，布尔山羊公羊与陕南白山羊母羊杂一代羔羊初生重、3 月龄体重和 6 月龄体重为 2.15 kg、10.08 kg 和 17.82 kg，分别比陕南白山羊高 28.74%、68.56%和 69.07%；而且，体型结构良好。布尔山羊与陕西关中奶山羊（非奶用）杂一代、杂二代羔羊 6 月龄体重分别达 23.17 kg 和 26.67 kg，比关中奶山羊高 26.96%和 46.14%（周占琴，2001）。布尔山羊与云南文山黑山羊、师宗黑山羊和楚雄黑山羊杂一代公羔 6 月龄体重达 19.88 kg、23.50 kg 和 22.05 kg，分别比被改良品种高 26.06%、23.36%和 23.87%；杂一代母羊产羔率分别提高了 11.0 个百分点、29.0 个百分点和 6.3 个百分点（袁希平，2010）。

③ 选育出肉用山羊新品种。南非从布尔山羊中还选育出了红布尔山羊和萨凡纳山羊（Savanna）。

红布尔山羊又称为卡拉哈里红羊（Kalahari Reds），可能是红头布尔山羊与未改良的当地山羊（普通布尔山羊）杂交的结果。理想型的红布尔山羊为全身棕色（从浅棕色到深棕色）；两齿时，允许被毛中有极少数白色粗毛纤维。红布尔山羊除了体型比改良型布尔山羊稍小外，其他性能没有明显差异。1990 年，卡拉哈里红山羊被南非农业部认定为地方山羊品种。在澳大利亚，黑布尔山羊与红布尔山羊登记在一起。在南非，黑布尔山羊被称为“黑莓”。

萨凡纳山羊又叫白布尔山羊，选自改良型布尔山羊，全身白色，皮肤色素必须是深灰色到黑色；允许被毛有一定比例的黑色或红色粗毛纤维，但优秀公羊、母羊身上不能出现有色斑点。萨凡纳山羊除了毛色以外，其他性能与改良型布尔山羊相差无几，1993 年被官方认定为地方品种。澳大利亚虽然进口了少量萨凡纳胚胎，但没有注册全血萨凡纳山羊。20 世纪 90 年代末，美国也引进了萨凡纳山羊。

（二）南江黄羊

南江黄羊是在我国四川省南江县育成的肉用山羊品种；具有繁殖力高、常年发情、适应性强等特点。

1. 培育历史

南江黄羊的培育始于 1954 年，是用成都麻羊和努比亚山羊的杂种公羊与金堂黑山羊、本地山羊杂交而成。1995 年，经中国畜禽遗传资源管理委员会和品种委员会审定为新品种；1998 年，被农业部正式命名为南江黄羊。

2. 体型外貌

南江黄羊被毛呈黄褐色，毛短且紧贴皮肤，富有光泽，被毛内层有少量绒毛。公羊颜面毛色较黑，前胸、颈肩、腹部及大腿被毛深黑而长，体躯近似圆桶形；母羊大多有角，少数无角（图 3-31）。

图 3-31 南江黄羊（母羊）

3. 主要生产性能

南江黄羊羔羊初生重为 2.1～2.3 kg；公羔断奶前日增重为 154 g，母羔为 143 g；周岁公羊平均体重 37.6 kg，周岁母羊 30.5 kg；成年公羊平均体重 66.87 kg，成年母羊 45.64 kg。

4. 繁殖性能

南江黄羊繁殖力高，产奶性能好。母羊常年发情，8 月龄可配种，年产两胎或两年产三胎，双羔率可达 70%以上，多羔率达 13%，群体产羔率可达 205.4%。

5. 适应性

南江黄羊原产于大巴山区，具有耐寒耐旱、抗逆性强、耐粗放饲养管理和采食能力强等特点，适宜于广大山区（牧区）放牧和农区、半农半牧区舍饲。

6. 利用效果

南江黄羊已被推广到全国 20 几个省区；在各地纯种繁育表现和杂交改良效果都较好，受到人们的广泛欢迎；但近年来退化较严重，数量锐减。

第四章 脂尾羊的利用

脂尾羊最早的记录见于古代乌鲁克（公元前3000年）和乌尔（公元前2400年）的石碑和马赛克上；另外，圣经中也有脂尾羊的记载（Moradiet et al.，2012）。我国饲养脂尾羊至少有2000年的历史。在三国两晋南北朝时期（公元220—580年），战争频繁，北方地区的人口曾多次向南迁移，将北方的脂尾羊（蒙古羊）大量带入了中原地区。在西晋时期，郭义恭在《广志》（公元270年）中记载了一种大尾羊"细毛薄皮，尾上旁广，重十斤，出康居。"唐代《酉阳杂俎》卷十六记载："康居出大尾羊，尾上旁广，重十斤"。明代李时珍的《本草纲目》上也有记载："哈密和大食有大尾羊，尾重十斤"，并引《凉州异物志》中的"有羊大尾，车推乃行"。清代杨屾在《豳风广义》中记载："哈密一种大尾羊，尾重一二十斤。大食一种胡羊，高三尺余，尾大如扇，土人岁取其脂，不久复满。"上述的大尾羊可能是现在长脂尾羊的祖先。

第一节　世界脂尾羊的饲养现状

全世界有1 000多个绵羊品种，总数约11.72亿只（联合国粮农组织，2016）；其中，有60多个品种约2.93亿只是脂尾羊，占世界绵羊总数的25%。脂尾羊又被分为短脂尾羊（尾端未超过飞节）、长脂尾羊（尾端超过飞节）和肥臀尾羊（大而圆的尾巴堆放在肥厚的臀部）。

脂尾羊广泛分布于中东地区（伊朗、以色列、约旦、叙利亚、土耳其、黎巴嫩、埃及等）、南非、津巴布韦、埃塞俄比亚、印度、印度尼西亚、阿富汗、巴基斯坦和中国等（Pourlis，2011）。在伊朗，脂尾羊占96%以上，剩下的4%是瘦尾羊和半脂尾羊（Kiyanzad，2005）。在土耳其，脂尾羊约占87%（Esenbuga et al.，2001）。印度的拉贾斯坦邦、查谟和克什米尔、北方邦等城市和近郊地区，发现少量不知名的脂尾羊；大部分是舍饲，用于羊肉生产。Wilson（2011）报道，在包括非洲角在内的6个国家发现的72个绵羊品种中，有23个是脂尾羊（包括肥臀尾羊）。但在欧盟地区，只有希奥斯羊这一个本地脂尾品种。希奥斯羊原产于希腊岛，属于半脂尾羊，具有早熟、非季节繁殖、繁殖力高和产奶量多等特性；泌乳期产奶120～300 kg，最高纪录为272 d产奶597.4 kg。

世界上著名而且分布极广的脂尾羊是阿瓦西羊和卡拉库尔羊，但它们出名并不是因为尾巴的性状和大小。阿瓦西羊虽然属于脂尾羊，但泌乳期产奶量最高可达到500 kg，而且适应性很强；阿瓦西羊不仅分布于中东地区（叙利亚、黎巴嫩、约旦、伊拉克和以色列等），而且遍及整个非洲，目前全世界至少有 30 个国家都可见到阿瓦西羊（Shinde et al.，2015）。卡拉库尔羊因生产高品质羔皮而著名，广泛分布于俄罗斯、阿富汗、纳米比亚、南非、伊朗和罗马尼亚（shinde，2011）。卡拉库尔羊在我国新疆等地也有少量分布。

在我国的三大粗毛羊品种中，就有两个属于脂尾羊。其中，蒙古羊及其后裔滩羊、乌珠穆沁羊、小尾寒羊、湖羊、和田羊、巴音布鲁克羊等均属于短脂尾羊；哈萨克羊及其后裔阿勒泰羊属于肥臀尾羊。另外，我国还有一部分长脂尾羊，如大尾寒羊、兰州大尾羊、广灵大尾羊、同羊等。脂尾羊约占我国绵羊总饲养量的 70%左右。在新疆 13 个地方绵羊品种中，就有 8 个肥臀尾羊（於建国，2021）。

第二节　脂尾羊的优缺点

一、脂尾羊的优点

1. 适应性强，增膘快

脂尾型绵羊普遍具有适应性强、增膘快的特点。在饲料充足的条件下，脂尾型羊会在尾部囤积大量脂肪，形成脂肪型尾巴；尾脂大大增加了尾巴皮肤表面积，可及时将体内的热量扩散出去，有利于顺利度过炎热的天气。在牧草缺乏的季节，脂尾型羊又可以动用体内囤积的脂肪产生能量，维持自身的营养需要。脂肪是绵羊体内最多变的组织，尾脂是最容易动员的能量源。与瘦尾羊相比，脂尾羊适应性更强，更耐寒、耐旱、耐饥渴，在各种恶劣的环境条件下更容易生存与发展。据报道，在长期营养缺乏的情况下，瘦尾羊的体重下降幅度明显大于脂尾羊，开始死亡的时间也早于脂尾羊（Bocquier et al.，1994）。Wilkes 等（2012）认为，脂尾羊（如达马拉羊）从劣质饲料中获取能量的潜力更大。因此，在饲料缺乏或供应变化较大的环境，饲养脂尾羊可能更有利。

2. 瘦肉质量好

虽然脂尾羊胴体脂肪分布不均，但其肌间脂肪含量较低，可提供优质瘦肉。有人持相反意见，脂尾羊将大量脂肪沉积在尾部，在一定程度上减少了其他部位的脂肪沉积量，降低了羊肉的品质（Negussie et al.，2003）。

3. 可满足宗教的需要

古尔邦节是伊斯兰教的主要节日之一，亦称宰牲节。在节日庆典期间，每一个生活水平较高的穆斯林家庭都要宰杀体重不低于 25 kg 的公羊（阉羊），一般会选择肥胖的绵羊（Subandriyo et al.，1998）。因此，体型较大的脂尾羊受到欢迎。

二、脂尾羊的缺点

1. 胴体脂肪比例高

脂尾羊或肥臀尾羊之所以得名，就因为它们在尾部或臀部储存了大量脂肪。有些脂尾型羊尾巴过大，如我国兰州大尾羊成年羯羊尾脂重 4.29 kg，占胴体重的 13.23%。再如，我国广灵大尾羊一岁羯羊尾脂重可达 5.7 kg，占胴体重的 16.1%；有的品种尾脂甚至高达 7～8 kg，占胴体重的 20%（Yousefi et al.，2012）。过大的脂尾不仅严重影响胴体质量，还容易造成粪便污染，增加胴体分割与加工成本。

2. 消耗营养多

脂肪沉积在身体或尾部比生产瘦肉组织需要更多的能量。因此，从饲料转化率来看，堆积在绵羊身体或尾部的脂肪比瘦肉的生产成本要高得多。在舍饲条件下，饲养脂尾羊在经济上并不划算。

3. 影响繁殖

在良好的饲养条件下，脂尾羊的尾巴很容易增肥、增厚，特别是长脂尾羊，使得容易出现配种困难，影响产羔率。

第三节　羊尾脂的利用

羊尾脂是阿拉伯和波斯人在烹饪中广泛使用的油脂，也曾经被我国劳动人民所食用，成为高寒地区的一道名菜，而且一直没有离开过餐桌。羊尾脂食用价值高于肾周脂和网膜脂（李涛等，2018），如哈萨克羊尾脂中不饱和脂肪酸（UFA）含量为 50.48%，肾周脂和网膜脂中的含量分别为 38.95%和 35.15%。但羊脂肪组织中的脂肪酸以棕榈酸、硬脂酸和油酸为主，不能进入健康食品之列，而且在加热过程中会释放出使人感觉不愉快的膻味。另外，羊尾脂如果保存不当，容易氧化，产生异味，降低食用价值。因此，随着其他类型的油脂产业的快速发展和人民生活水平的提高，羊尾脂的食用量迅速下降（Karras，2012）。

我国是一个羊尾脂生产大国。据报道，新疆年产羊尾脂 6 万多 t（於建国，2021），宁夏回族自治区在 2019 年出栏滩羊 190 万只，产生尾脂约 5 000 t（于洋等，2020）。为了利用羊尾脂，他们不得不把目光放在洗涤用品、复合润滑剂、表面活性剂、护肤品、美容化妆品等轻工业产品的开发上；其产生利润较低，而且造成堆积和浪费（李涛等，2018）。

第四节　减少羊尾脂的措施

一、杂交

杂交是减少羊尾脂最有效的措施。大量试验表明，利用长瘦尾羊与脂尾羊杂交，可以显著改变脂尾羊尾巴的形状与大小。例如，引进的肉羊品种萨福克羊、东佛里生羊、特克赛尔羊、无角陶赛特羊等与湖羊、小尾寒羊的杂一代尾巴变得小而长，很容易断除；在杂二代中，大部分个体尾型已接近瘦尾羊。杂交还能影响胴体脂肪分布。据陈瑛等（2004）报道，陶赛特羊与新疆多浪羊（脂尾羊）杂一代公羔、母羔 4 月龄前平均日增重比多浪羊高 33.25%和 28.19%，尾脂明显减少，仅为多浪羊的 60%。Kashan 等（2005 年）比较了伊朗当地脂尾羊及其与瘦尾绵羊杂种羔羊的增重效率和胴体品质，发现杂种羊的尾巴比纯种脂尾羊减少了 50%，但皮下脂肪却增加了 25%。由此可见，尾部脂肪的损失可通过增加皮下脂肪和肌间脂肪予以补偿。

二、断尾

1. 断尾对脂尾型羊的影响

（1）断尾对产肉性能的影响 据 Epstein（1961）和 Abouheif 等（1992）报道，断尾对脂尾品种羊的胴体丰满度有明显影响；断尾羔羊每千克增重的饲料消耗量比未断尾羔羊少 1.8 kg，每只断尾羔羊比未断尾羔羊多产 2.21 kg 肉。张英杰（1991）认为，早期断尾的羔羊虽然 1 月龄体重会受到明显影响，但此后生长速度逐渐加快，在 6 月龄时已超过对照组。断尾对屠宰率、胴体净肉率基本没有影响。王立艳等（2018）报道，采用结扎法对 1～3 日龄的滩羊羔进行早期断尾，对其日增重、胴体重和净肉重没有显著影响。Marai 等（2003）认为，断尾可以提高羊只屠宰率。另有学者认为，断尾公羔与不断尾公羔的生长性能和胴体品质差异不大。

（2）断尾对机体脂肪分布的影响 Kraidees 等（1995）研究发现，断尾羔羊在初生时胴体软组织中的脂肪沉积量显著低于未断尾羔羊，但内脏器官上的脂肪沉积量却显著高于未断尾羔羊。公羔骨骼和皮肤中的脂肪沉积量高于母羔，但母羔内脏脂肪沉积量却高于公羔。Bingöl M 等（2006）发现，与未进行断尾处理的羊相比，经过断尾处理的诺杜兹（Norduz）公羔肾周脂肪和盆腔脂肪分布明显增加。O′Donovan 等（2010）发现，脂尾型 Kellakui 羊原本沉积在尾部的脂肪有近 50%因断尾而转移到皮下、肌间和体内。刘政等（2015）发现，因尾部脂肪代谢通路被阻断，断尾的兰州大尾羊将原本沉积在尾巴上的脂肪部分转移到了皮下、睾丸、肾脏周围、肠胃周围，但存在着品种差异。Al - Jassim 等（2002）也报道，断尾的阿瓦西羊羔羊盆腔和肾脏周围沉积了更多的脂肪。王立艳等（2018）对滩羊的研究结果也表明，早期断尾羔羊的皮下、肌内和肾周脂肪沉积增加。韦人等（2013）认为，滩羊及其杂一代羊、杂二代羊都是先沉积尾部脂肪，然后才沉积体脂，但断尾后则会改变这种状况，更容易育肥；尤其羔羊断尾后，皮下脂肪及肌间脂肪沉积量增加，羊肉的嫩度提高。周瑞等（2016）研究发现，断尾兰州大尾羊的背膘厚、GR 值、失水率、剪切力、pH 均有升高趋势。

（3）断尾对繁殖的影响 Tilki 等（2010）报道，经过断尾的土耳其突击（Tuj）羔羊睾丸重显著低于未断尾公羊，而且尾部脂肪重量和睾丸重量存在显著相关的线性回归关系。由此判断，公羔的脂肪沉积与繁殖性能有一定关联性。

（4）断尾后的应激反应 大多数研究表明，脂尾羔羊断尾后，直肠温度、呼吸频率和脉搏有所下降，血浆中 β-内啡肽和皮质醇浓度上升，并表现出躁动不安等应急反应；但血液的其他指标在断尾后没有明显改变。断尾初期，脂尾羔羊生长速度会下降，但断奶后生长速度和饲料转化率上升（I. F. M. Marai et al.，2003）。张英杰（1991）采用结扎法对 2～3 日龄大尾寒羊公羔进行断尾结果表明，由于疼痛和不适，影响了羔羊的哺乳和采食，使羔羊 1 月龄体重受到明显影响，但此后生长速度逐渐加快。Bingöl M 等（2006）研究发现，土耳其脂尾型诺杜兹羊公羔断尾和不断尾处理间采食量差异不显著。

2. 断尾方法的选择

脂尾型羔羊断尾后虽然出现一定应激现象，但 1 月龄后生长速度加快，皮下、肌间、睾丸、肾脏周围、肠胃周围脂肪增加，羊肉的嫩度提高。可知，养殖效益有一定改善。因此，体质健康的脂尾型羔羊可在1～3日龄时采用橡胶圈断尾。此时，脂尾型羔羊尾巴较小，断尾造成的损伤面积较小。体质较差的羔羊不宜过早断尾。手术断尾法和热断尾法造成的损伤面积较大，羔羊的应激反应强烈，而且容易引发感染，应慎用。

三、坚持选育

对于一些应该保种的脂尾型羊（如湖羊和小尾寒羊），应该在其他性状相同条件下，尽量选择尾型较小的个体；但尾巴的选择进展很慢，需要长期坚持。

四、羔羊早出栏

在正常情况下，羊的年龄越大，机体沉积的脂肪越多，胴体品质越差。与12 kg的羔羊胴体相比，20 kg羊胴体总的脂肪含量可增加45%，皮下脂肪含量可增加300%。尾脂的沉积也与年龄关系极大。据买买提明·巴拉提等（2001）报道，麦盖提公羊尾脂重大于母羊；周岁公羊的尾脂平均重为1.81 kg，周岁母羊为1.49 kg；成年公羊为4.49 k，成年母羊为2.64 kg。2岁、3岁、4岁和10岁公羊的尾脂重分别是周岁公羊的2.03倍、2.71倍、2.50倍和6.63倍。因此，羔羊早上市是避免尾脂增加的措施之一。

五、调控营养

动物采食高能量饲料后，经过消化吸收进入血液，一部分通过氧化供动物体每日消耗需要的热量，剩余部分则转化为脂肪。脂肪细胞是由脂肪前体细胞分化而成。虽然分化过程十分复杂，但这种分化活动会伴随动物一生，即使到了成年，脂肪组织产生新的脂肪细胞的潜力仍然存在。绵羊采食高能量饲料时，不仅体内脂肪细胞体积会变大，而且脂肪细胞数量也会增加。因此，控制饲料的饲喂量，尤其是能量饲料，可以减缓尾巴的增大，但这样做也会影响整个体重的增加。

第五章 肉羊杂交技术

在肉羊生产中，通过选择合适的亲本进行杂交生产，母羊产羔率一般可提高20%～30%，羔羊成活率可提高40%、体增重提高20%。因此，杂交是肉羊生产中最常用和最有效的手段之一。

第一节 杂交概念与效应

一、杂交的基本概念

杂交是指遗传类型不同的生物体互相交配或组合而产生杂种的过程。就某一特定性状而言，两个基因型不同的个体之间交配或组合就叫作杂交。杂交也指一定概率的异质交配。不同品种间的交配通常叫作杂交，不同品系间的交配叫作系间杂交，不同种或不同属间的交配叫作远缘杂交。

二、杂交效应

杂交可促使基因杂合，使原来不在一个种群中的基因集中到一个群体中来；通过基因的重新组合和重新组合基因之间的相互作用，使某一个或几个性状得到提高和改进，形成新的高产稳产类型。杂交可以产生杂种优势，不仅使后代性状表现趋于一致、群体均值上升、生产性能表现更好；同时，也可使有害基因被掩盖起来，生活力得到提高。

第二节 杂交方法

杂交按照不同形式可分为简单杂交、复杂杂交、轮回杂交、级进杂交、双杂交、顶交和底交等；按照不同目的可分为经济杂交、引入杂交、改良杂交和育成杂交等。

一、按形式分类的主要杂交方法

1. 简单杂交

简单杂交也叫二元杂交，是指两个血缘或性状不同的羊之间的杂交。其公羊、母羊个体只杂交一代，就不再继续杂交。这种杂交方法多用于经济杂交，其后代称为杂一代。杂一代公羔全部用作商品肉羊。杂一代羊通常表现出较强的生活力和较快的生长速度。

2. 复杂杂交

复杂杂交指由3个以上种群（品系或品种）按一定模式进行逐代杂交，通常有三元杂交（3个种群参加杂交）、四元杂交（4个种群参加杂交）等。

三元杂交，一般先用2个品种杂交，生产出在繁殖性能方面具有显著杂交优势的母本群体，再用第3个品种作为父本与之杂交。三元杂交效果一般比二元杂交好。

四元杂交一般有2种形式。第一种，先以4个品种或品系分别两两杂交，然后再进行两类杂种间杂交。这种形式也叫双杂交。第二种，用3个品种杂交的杂种羊做母本，再与另一品种公羊杂交。实践证明，双杂交的杂种比单杂交杂种具有更强的杂种优势。

3. 轮回杂交

轮回杂交也叫交替杂交，是用2个或2个以上品种进行轮替杂交。首先，使用1个公羊品种进行杂交，然后使用下一个公羊品种与杂交种中的母羊进行杂交，直到完成一轮杂交；紧接着又开始下一轮杂交，即依次使用第一个、第二个品种杂交。轮回杂交所用公羊始终为纯种，与公羊交配的母羊只有第一次为纯种，以后都为杂种。轮回杂交的主要目的在于充分利用杂种优势。

4. 级进杂交

级进杂交由2个品种杂交，得到的杂一代母羊（F_1）；再与其中的父本品种公羊回交，获得杂二代母羊（F_2）；杂二代母羊再与父本品种公羊回交，获得杂三代母羊（F_3）。如此连续进行，称为级进杂交。通常父本品种都是引进品种，基础母本为当地绵羊品种、山羊品种。连续进行回交的次数以获得具有理想性状的后代为原则。级进杂交模式见图5-1。

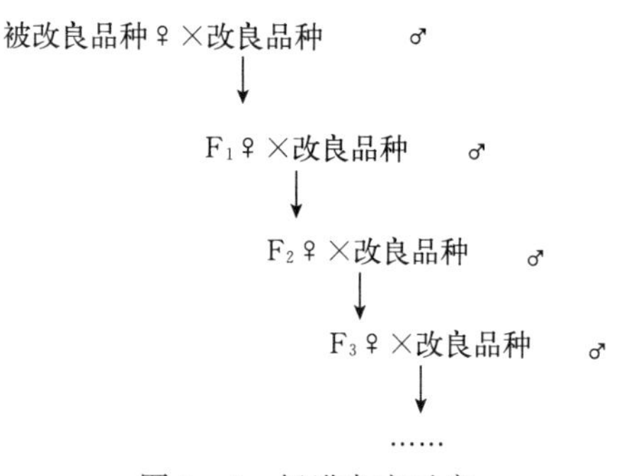

图5-1　级进杂交示意

级进杂交的目的在于改良当地绵羊品种、山羊品种。随着杂交代数的增加，虽然主要性状逐代趋近父本，但对饲养管理条件的要求也会相应提高，还可能出现生活力和生产力下降的现象。例如，布尔山羊与关中奶山羊的杂三代母羊6月龄体重和周岁体重分别比杂二代母羊下降了7.16%和14.55%；杂三代羔羊的平均发病率分别比杂一代羔羊、杂二代羔羊高6.94%和3.22%。因此，级进杂交必须考虑杂交获得的生产力的增加（与基础母本相比）在经济上是否合算；如果高代杂种的额外饲养和保健代价高于可获得的生产力增加的收益，该级进杂交模式可看作是失败的。另外，如果发现杂种优势是杂一代生产力的重要因素，就不宜开展级进杂交；因为这种优势随着杂交代数的增加而逐渐下降，直到最终完全消失。级进杂交在肉羊育种实践中较少采用，更少用于商品肉羊生产。

二、按杂交目的分类的主要杂交形式

1. 育成杂交

育成杂交的目的是育成新品种或新品系。育成杂交的方式有多种，如复杂杂交、级进杂交等，但不采用轮回杂交。在育成杂交中，无论采用哪种杂交方式，当杂交后代中出现理想型时，应当选择其中的优秀公羊、母羊互交（横交固定），使羊群中支配主要理想性状的纯合子增加，从而育成新品种或新品系。

2. 改良杂交

改良杂交也叫改造杂交；其目的是利用外来品种的优良性能改良经济价值较低的本地品种，但仍保留本地品种适应性的杂交方式。改良杂交的结果不仅提高本地品种的生产性能，甚至是改变其生产方向。改良杂交的效果通常是第一代最明显，之后逐渐下降。

3. 引入杂交

引入杂交也叫导入杂交；其目的是保持本地品种的性能特点为主，吸收外来品种某方面的优点，从而加快改良本地品种的某些缺点。引入杂交只杂交一次，然后用杂一代公羊、母羊分别与其父本、母本回交，外来品种的基因比例一般为1/8～1/4（图5-2）。

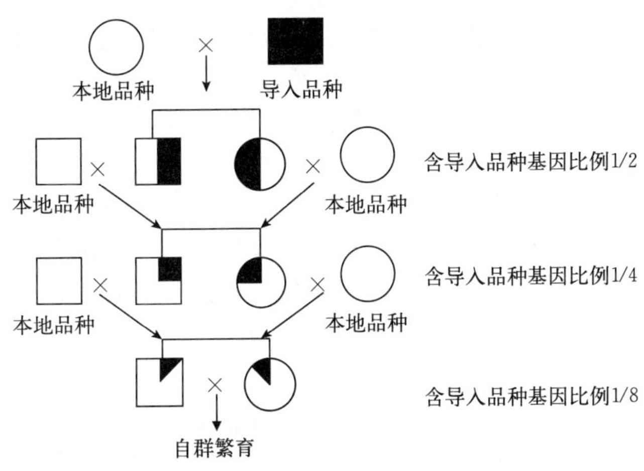

图5-2　引入杂交示意

4. 经济杂交

经济杂交的目的为利用杂种优势，尽快提高绵羊、山羊经济利用价值。例如，简单杂交、复杂杂交、轮回杂交等都属于经济杂交。

第三节　肉羊杂交技术要求

一、选择理想的杂交父本品种、母本品种

杂交用父本品种、母本品种必须根据杂交组合试验结果予以选择，主要从生产性能、适应性和资源可利用性3个方面考虑。

1. 生产性能

（1）父本品种　要求肉用性能好，早熟，生长发育快。如果采取简单的2个品种经济杂交，公羊可在早熟品种中选择；如果进行复杂杂交，第一次杂交使用的公羊可选择大型品种或早熟品种，最后使用的公羊（终端父本）必须具备早熟、生长发育快、饲料转化率高等性能。

选择经济杂交用父本品种时，还要考虑繁殖性能。虽然父本的繁殖性能没有生长发育重要，但在配种相同数量母羊的条件下，多胎品种公羊获得的杂种后代较单胎公羊高得多，尤其是可获得更多用于继续杂交的杂种母羊。例如，用多胎品种公羊杂交时，其杂一代母羊的产羔率可提高60%。芬兰羊虽然繁殖性能较高，但其他性能不突出，一般用作第一次杂交父本；其杂种后代再与南丘羊、有角陶赛特羊等杂交，杂种羊的产肉性能会更好。法国绵羊、山羊研究所用芬兰公羊与法国岛羊母羊杂交，杂一代母羊再与法国岛羊公羊杂交。其杂二代羊经过选择、自群繁育，产羔率可达181.4%；并具有全年繁殖的特性，两年产三胎；每只母羊平均产羔2.53只，且羔羊肉质好。美国用芬兰羊、澳大利亚的布鲁拉羊与当地的兰布列羊母羊杂交，平均每只母羊多产羔0.9只。

（2）母本品种

①选择繁殖力高、发情季节长的品种。虽然单羔羔羊的生长速度快于多羔羔羊，但多羔羔羊各生理阶段的总产肉量高于单羔羔羊；其饲养成本相对较低，饲养效益较高。如果发情不受季节限制，该品种母羊可年产两胎或两年产三胎，贡献更大。虽然，很多高繁殖力品种不具备高产肉性能，如芬兰的芬兰羊、俄罗斯的罗曼诺夫羊、澳大利亚的布鲁拉羊等。但是，杂交技术可将这些品种的高繁殖性能与肉用品种的高产肉性能有机地组合在一起；使其杂种后代既具备较高的繁殖力，又能表现出较好的产肉性能。

②考虑母本的产奶性能。母羊奶量充足，不仅可以哺育更多的羔羊，而且有利于提高羔羊成活率和前期生长速度。例如，布尔山羊与体型高大的奶山羊杂交，其杂一代、杂二代羔羊均能表现出良好的健康与生长态势，获得较好的收益。

2. 适应性

在选择杂交父本、母本时，应考虑其适应性、抗逆性和当地的生态与生产条件。一般来说，粗毛绵羊对严酷环境条件的适应性和抗逆性更强。在高寒地区，肉用绵羊杂交父本可选择杜泊羊、澳洲白杨等粗毛羊品种；母本可选择当地绵羊品种，如蒙古羊、西藏羊，不宜过分强调繁殖力。在舍饲条件下，父本可选择无角陶赛特羊和黑头萨福克羊等，母本可选择湖羊或小尾寒羊。

3. 资源的可利用性

经济杂交用父本宜选择具有适应性强、早熟、肉用性能好等特性的引进品种，母本最好选用当地品种。因为当地品种母羊不仅能够较好地适应当地生态和生产条件，而且其数量大、资源丰富，可节约购买母本的开支。

二、注意杂交父本、母本的个体选择与选配

1. 个体选择

（1）公羊选择　公羊应当是经过系谱考察和后裔测定，而被确认为有突出性能的优秀个体。其体型结构理想，体质健壮，睾丸发育好，雄性特征明显，精液品质优良。

（2）母羊选择　应从多胎的母羊后代中不断选择优秀个体，以期获得多胎性能强的繁殖母羊，并需注意母羊的泌乳、哺乳性能；也可根据家系选留多胎母羊。另外，初产羊的胎产羔数与其终生的繁殖力有一定联系。据武和平等（2003）对布尔山羊的观察可知，初

产单羔的母羊 6 岁前平均每胎产羔 1.67 只；初产双羔的母羊 6 岁前平均每胎产羔 2.4 只，产单羔的比例仅为 1/15。另据姚树清（1992）对细毛绵羊的观察可知，初产单羔的母羊在随后 3 胎中，平均产羔为 1.33 只、1.31 只和 1.4 只；而同期初产双羔的母羊，分别产羔 1.73 只、1.71 只和 1.88 只。由此可见，通过对初产母羊的选择，可提高羊的多胎性能。

2. 公羊、母羊选配

正确选配对提高繁殖力来说也是非常重要的。在实践中，选用双羔公羊配双羔母羊可获得较多的羔羊，所产多羔的公羔、母羔也可留作种用。单羔公羊配双羔母羊时，每只母羊的产羔数有所下降；单羔公羊配单羔母羊，每只母羊的产羔数会更低。

由于公羊的年龄对后代影响很大，选配时要适当考虑交配双方的年龄。一般来说，幼龄羊所生后代具有晚熟、生活力弱、生产性能低及遗传不稳定等特点。壮年羊所生后代机体机能活动旺盛，遗传性比较保守和相对稳定，生活力强，生产性能高和长寿等。老龄羊所生后代具有高度的早熟性，但生产停止也较早，主要器官发育不全；因而，早期衰老，生活力差，遗传性也不稳定。因此，为了获得好的后代，公羊、母羊的选配原则为青年公羊配成年母羊，成年公羊配青年母羊，成年公羊配成年母羊，成年公羊配老龄母羊；避免幼龄公羊、母羊间的交配和年老公羊、母羊间的交配。

三、考虑主要经济性状的遗传力

遗传力低的性状容易获得杂种优势。例如，产羔数、初生重、断奶重等性状遗传力低，主要受非加性基因的影响。一般来说，近交时退化严重的性状杂交优势更明显，若通过纯繁来提高则进展不大。遗传力中等的性状，如断奶后的增长速度和饲料转化率等，在杂交时有中等的杂交优势。遗传力较高的性状，主要受加性基因的影响，通过杂交改进不大，不易获得杂种优势，如胴体长度、眼肌面积等。

四、考虑父本、母本的遗传差异

一般说来，亲本遗传基础（基因型）差异越大，杂种优势表现就越明显。如果两个亲本群体缺乏优良基因，或亲本群体纯度很差，或两亲本群体在主要经济性状上基因频率无多大差异，或缺乏充分发挥杂种优势的饲养条件，都不能表现出理想的杂种优势。由此可见，只有培育好亲本种群、选择好杂交组合、创造适宜的饲养管理条件，才能使杂种羊表现出明显的杂种优势。

五、进行性状的配合力测定

配合力测定是指不同品种、品系间配合效果。生产实践和科学研究证明，一个品种（品系）在某一组合中表现得不理想，可能在另一组合中的表现得比较理想。因此，不是任意两种（或品系）的杂交都能获得杂种优势。配合力表现的程度受多方面因素影响，不同品种（品系）相互配合的效果不同，同一组合里不同个体间配合的效果也不一样，不同组合在相同环境里表现不同，同一组合在不同环境里表现也不同。因此，在开展经济杂交前，必须进行杂交用品种的配合力测定；并在测定的基础上建立、健全杂交体系，使杂交用品种各自的优点在杂交后代身上能很好结合。由相关资料可知，细毛型羊×粗毛型羊的杂种母羊与肉毛兼用型公羊进行杂交，每100只杂种羔羊的产肉量比母系品种的同龄羊多200～300 kg，每100 kg体重较母系品种同龄羊少消耗591～1 182 MJ净能。另外，羊不同性状表现出的杂种优势强度是不同的，各性状表现的强弱顺序为生活力、产羔率、泌乳力、母性本能、体重、生长速度、饲料转化率、剪毛量、羊毛长度和密度。

六、提供适宜的饲养管理条件

肉羊生产性能的表现是遗传基因与环境共同作用的结果。在各环境条件中，营养对杂交优势的影响较大。例如，有些组合在高营养水平表现较好，在中等营养水平表现较差；而有些组合在中等营养水平较好，在高营养水平表现也没有提高。饲养方法、环境温度对杂种优势的表现也有一定影响。

七、进行杂种优势率的估算

为了准确度量杂种优势率的大小，还必须估算主要经济性状的杂种优势率。

① 选择估算方法。目前普遍是用杂一代的各性状平均值和双亲相应性状的平均值进行比较。因为杂种优势是父本、母本品种遗传基础共同贡献和作用的结果，但双亲对杂种优势的贡献大小还有一定的差异。如果没有父本的对照资料，只和母本资料进行比较，羔羊杂种优势率的估计就会失去真实性。杂种优势率常用的估算公式：

$$\text{杂种优势率}=\frac{\text{杂一代性状平均值}-\text{双亲性状平均值}}{\text{双亲性状平均值}}\times 100\%$$

一般来说，用具有杂种优势的杂种个体间的交配来固定杂种优势的做法是不成功的，即杂种优势是不可固定的。这就是育种过程中对杂二代以上个体进行固定，而不对杂一代进行固定的原因。杂一代母羊可用作母本，与其他品种公羊杂交，以生产商品肉羊；也可用于级进杂交，培育新种群。

② 杂交效果的比较应当是对相同管理条件下的不同杂交组合的性状比较。

③ 保持亲本母羊的持续作用。杂交使用的父本一般数量少，不易流失；使用的母本数量大，生产性能差的容易被淘汰。因此，为了能长久地利用杂种优势，应当保护好亲本品种。

④ 重视杂交后代的适应性。一个优秀的引入品种不能完全替代本地品种的主要原因是适应性差，而连续数代的杂交也可能产生同样的问题。因此，经济杂交的代数应根据杂种后代的表现给予适当控制；否则，杂种优势的潜力就难以发挥出来。

第四节　肉羊杂交模式的选择与应用

一、二元杂交

一般选用生产性能优良的肉用品种作父本，用本地羊作母本，杂一代羊通过育肥进行羊肉生产。例如，用黑头萨福克羊或杜泊羊作父本，用湖羊或小尾寒羊作母本，生产二元杂种肥羔。不论从体型结构看，还是从生长速度看，布尔山羊与奶山羊的杂一代、杂二代都具备了肥羔生产的优势。

1. 国内常用肉用绵羊二元杂交模式

(1)　黑头萨福克羊或东佛里生羊♂×湖羊或小尾寒羊♀

↓

商品肉羊

(2)　杜泊羊或澳洲白羊♂×湖羊或小尾寒羊♀

↓

商品肉羊

2. 国内常用的肉用山羊二元杂交模式

(1)　布尔山羊♂×奶山羊（非奶用）♀

↓

商品肉羊

(2)　布尔山羊♂×地方山羊♀

↓

商品肉羊

二、多品种杂交

大量试验证明，采用多品种杂交技术生产肥羔效果更好。虽然各国的肥羔生产方式不同，但都是根据本国或本地区的自然、品种资源等情况，选择成熟早、生长速度快、体型大的品种作父本，选择繁殖力高、母性强的品种作母本，而后通过杂交来生产优质羔羊肉。我国多选择具有适应性强、繁殖率高、生长速度快等特点的公羊（如澳洲白羊、杜泊羊、东佛里生羊）作为第一父本，与湖羊或小尾寒羊母羊杂交，其杂一代具有体型大、繁殖率高、泌乳性能好等特点。而后，杂一代公羊直接育肥，杂一代母羊再与初生重大、前期生长快、体重大、瘦肉率高的肉用品种（如萨福克羊）公羊（终端父本）杂交；三元杂交后代可继承亲本体型大、健壮、肉用性能好等特点，可全部用作肥羔生产。

国内常见多品种杂交模式：

(1)　杜泊羊或澳洲白羊♂×湖羊或小尾寒羊♀

↓

萨福克羊♂×杂一代♀

↓

商品肉羊

(2)　东佛里生羊♂×湖羊或小尾寒羊♀

↓

萨福克羊♂×杂一代♀

↓

商品肉羊

第六章 肉羊高效繁殖技术

绵羊、山羊可利用的繁殖技术很多，如同期发情、人工授精、精液冷冻和胚胎移植、妊娠诊断技术等。本章仅介绍广大养殖场和养殖户最常用的技术。

第一节 同期发情

同期发情又称同步发情，就是利用某些外源激素，人为地控制并调整母畜发情周期的进程，使母羊在预定时间内集中发情、排卵，以达到同期配种、同期产羔、同期育肥、批量上市的目的，可大大节约饲养管理成本。

绵羊、山羊同期发情的处理方法很多，但简单易行、处理效果较好的方法有两种。

① 第 1 天，在阴道放置孕酮阴道栓（硅胶栓或海绵栓）。第 10～14 天，在上午、下午各肌肉注射促卵泡素 30 IU/只，次日撤栓；同时，肌肉注射氯前列烯醇 0.1 mg/只。然后，观察母羊发情状况，并按计划开展配种工作。这种方法较适宜繁殖季节。

② 第 1 天，在阴道放置孕酮阴道栓或海绵栓；第 14 天，肌肉注射孕马血清促性腺激素 200～300 IU/只，次日撤栓；然后，观察母羊发情情况，并按计划开展配种工作。这种方法较适宜非繁殖季节。

第二节 人工授精

人工授精分为传统人工授精和腹腔镜人工授精。前者简单易学，可使公羊的一次采精量配几只至十几只母羊，但受胎率较低；后者是应用腹腔镜技术将精液直接输入子宫角，可使一只优秀公羊在一个繁殖季节配 2 000 只母羊，每天可配 30～50 只母羊，受胎率可达 70%～90%。因此，人工授精不仅可以大大节省购买、饲养大量种公羊的费用，而且可以充分发挥优良公羊的作用，迅速提高羊群质量；同时，可以减少疾病的传染，解决绵羊、山羊的异地配种问题。这项技术已被广大肉羊规模养殖场和养殖户所接受和利用。

一、配种前的准备工作

1. 搞好公母羊抓膘工作

在配种前 1～1.5 个月开始，逐渐提高公羊饲料营养水平，并进行适当的放牧运动。

母羊在配种前 20～30 d 开始抓膘，如补饲优质青干草和精料补充料；补饲量可根据母羊体况具体确定，以增强体质、增加体重、促进母羊集中发情和多排卵为目的。

2. 完成防疫、驱虫、修蹄等工作

在配种前完成防疫、驱虫、修蹄等工作，可确保公羊在繁殖季节顺利完成配种任务。母羊群在妊娠期间少患病、不患病，而且母子健康、平安生产。

3. 选择好场地

采精场地应选择在平坦不滑、干净卫生、周围无噪声的房舍内。场地一经选择，便保持相对固定，不要经常变动，以防公羊因环境陌生而拒绝爬跨、射精。

4. 调教好公羊

对初次采精的公羊一般要进行调教。可选择下列训练措施：

① 定时将公羊与发情母羊圈在一起进行诱导。

② 在其他公羊配种或采精时，让被调教公羊站在一旁，诱导其爬跨。

③ 每天定时按摩公羊睾丸，每次 10～15 min。

④ 隔日注射丙酸睾酮 1～2 mL，连续注射 3 次。

二、人工授精操作方法

1. 鲜精子宫颈口输精法

在肉羊生产中，通常采用鲜精子宫颈口输精法，具体采精和输精操作流程见附件 1。子宫颈时受精部位见图 6-1。

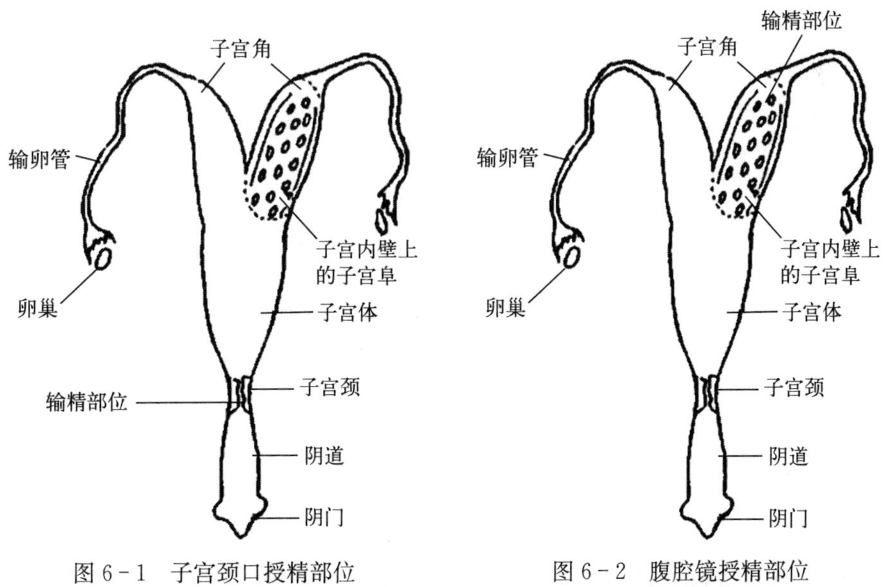

图 6-1 子宫颈口授精部位　　图 6-2 腹腔镜授精部位

2. 腹腔镜人工授精方法

输精前，母羊应禁食 12～24 h。输精时，将母羊固定在保定架上，使其呈仰卧状；术部剃毛、消毒后，升起保定架，使母羊前低后高，呈 45°～60°角倒立仰卧状；然后，在乳房前腹中线左侧插入带套管的锥头；拔出锥头后，插入内窥镜，向腹腔充入适量二氧化碳气，使内脏器官移向前部，便于寻找子宫角、观察卵巢发育情况。对于有成熟卵泡的母羊，可在腹中线右侧相对应处用小号套管锥头刺穿腹壁；拔出锥头后，将装有精液的输精器针头通过套管插入腹腔，向有卵泡发育的一次子宫角注入精液（图 6－2），注入有效精子数达到500万以上即可；然后，缝合伤口。

3. 人工授精注意事项

① 防止精液被污染。活力太差的精液往往不能受精。活力较好的精液如果因输精技术不当，将环境性致病菌带进子宫腔，同样可引起母羊不孕。致病菌的代谢产物可刺激子宫黏膜分泌前列腺素，使黄体消退；微生物还可能直接使精子、合子和胚胎死亡。

② 适时输精。不管是老化卵子与新采集精子，或是老化卵子与老化精子，或是新排卵子与老化精子的结合，都会出现胚胎早期退化现象。如果配种推迟，虽然仍可使接近受精末期的卵子受精；但由于卵子老化，受精的卵子不管能否附植，大多数不能继续正常发育，会出现胚胎被吸收或胎儿发育异常。老化的精子也可导致类似的情况，但由于输入的精液实际上含有成熟状态不同的精子，这种异质性减缓了早输精的不利影响。在这种情况下，未成熟的精子逐渐成熟，确保了排卵时有获能的活动精子。但卵子的情况就截然不同，未受精的卵子在排卵后保持受精能力的生命周期较短，很少超过 8～10 h。

不适时配种会产生的另一种现象是妊娠后误配。由于胎盘产生促性腺激素，部分羊孕后仍出现发情表现，如果再次配种往往会导致胚胎死亡。

③ 输精动作要轻而快，防止损伤羊的阴道和子宫。

④ 处女羊阴道狭小，不适宜使用开膣器。如果需要采用人工授精技术，必须让有经验的配种员操作。

⑤ 利用传统人工授精技术久配不孕的母羊，可改为公羊自然交配或采用腹腔镜人工授精。

⑥ 有生殖道疾病的母羊不宜采用人工授精技术。

第三节　胚胎移植

胚胎移植（embryo transfer，ET）也称受精卵移植、人工受胎或借腹怀胎。该技术是将一头良种母畜配种后的早期胚胎取出，或者由体外受精等其他方式获得的胚胎，移植到另一头同种、生理状态相同的母畜体内，使之继续发育成为新个体。提供胚胎的个体称为供体（donor），接受胚胎的个体称为受体（recipient）。胚胎移植实际上是产生胚胎的供体和养育胚胎的受体分工合作、共同繁殖后代的过程，是家畜育种工作的一种有效手段。

一、胚胎移植的意义

1. 充分发挥优良母羊的繁殖力

1只良种母羊通过超数排卵处理，一次可获得多枚胚胎；而良种母羊的一生中可多次进行超数排卵处理（简称超排）。因此，通过胚胎移植所产生的后代比在自然繁殖条件下所产的后代多几倍、十几倍，甚至几十倍。据观察，只要手术熟练、消毒严格，供体羊可以重复超数排卵处理多次，甚至一年处理 3～4 次，每次间隔 2 个月以上。由此可见，应用超数排卵和胚胎移植可使良种母羊的繁殖力得到最大限度发挥。

2. 缩短世代间隔，加快遗传进展

在绵羊、山羊育种工作中，应用胚胎移植可加大选择强度，提高选择准确性，缩短世代间隔；这对加快遗传进展尤为重要。应用胚胎移植可使羊生长性状的年遗传进展达 62%（Smith，1985）。

3. 使不孕母畜获得生殖能力

有些优良母羊容易发生习惯性流产，或由于其他原因不宜负担妊娠过程的情况下，可让其专作供体。

二、胚胎移植的基本要求

1. 胚胎移植前后所处环境应具有同一性

① 供体和受体在动物分类学上应属于同一物种。

② 供体、受体的发情时间相同或相近，二者的发情同步差要求在±24 h 内。

③ 胚胎在移植后与移植前所处的空间部位相同。采自供体子宫角的胚胎必须移植到受体的子宫角，而不能移到输卵管；采自供体输卵管的胚胎也只能移植到受体输卵管，不能移植到子宫角。

2. 胚胎发育的期限

胚胎采集和移植的期限不能超过周期黄体的寿命，更不能在胚胎开始附植之时进行；而应在供体发情配种后 3～8 d 采集胚胎，受体也在相同的时间接受胚胎移植。

3. 胚胎质量

从供体体内采集的胚胎必须经过严格的鉴定，确认发育良好者（有效胚）才能移植。此外，在整个操作过程中，胚胎不能因任何不良因素的影响而受到损伤。

4. 供体、受体的状况

① 供体的生产性能要高于受体，经济价值要大于受体。

② 供体、受体应健康无病，特别是生殖器官应具有正常的生理功能。

三、供体、受体的准备

1. 供体的选择

① 具有一定遗传优势，生产性能高，经济价值大。

② 具有良好的繁殖性能，繁殖史上没有遗传缺陷；生殖器官正常，无繁殖疾病；易配易孕，分娩顺利，无难产或胎衣不下现象；发情周期正常，发情症状明显。

③ 营养状况良好，健康无病。

2. 受体选择

受体可选用非良种个体或土种羊，但应具备良好的繁殖性能和健康状态，而且体型大、产奶量较高。肉用山羊胚胎移植可选择大型奶山羊作受体，优秀肉用绵羊胚胎移植可选择小尾寒羊、湖羊作受体较佳，也可选择体型较大、产奶量较高的其他地方品种。

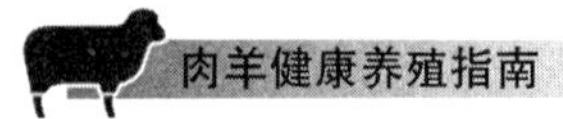

四、供体、受体处理

供体需要进行超数排卵处理，即在母畜发情周期的适当时间，施以外源促性腺激素，提高血液中促性腺激素浓度，降低发育卵泡的闭锁率，增加早期卵泡发育到高级阶段（成熟）卵泡的数量，从而排出比自然情况下多得多的卵子。这种方法称为超数排卵，即超排。

超排处理是一个极为复杂的过程，影响绵羊、山羊超排效果的因素也是多方面的，主要是品种、个体情况、环境条件、季节、年龄、超排处理方式等。一般来说，高繁殖力品种的超排效果高于低繁殖力品种。有1胎以上正常繁殖史的2～5岁健康羊，既不过肥也不过瘦，在秋季气候较凉爽时超排效果最好。

用于超排处理的激素主要有促卵泡素（FSH）、孕马血清（PMSG）、促黄体生成素（LH）和促性腺激素释放激素（GnRH）等，其中以促卵泡素较常用。

超排的程序：在供体的阴道内放置羊用阴道栓（内含孕酮），同时肌肉注射氯前列烯醇；第10～14天，撤栓并开始注射超排激素FSH，每天早晚间隔12 h注射1次，连续注射4 d，剂量依次递减；而后，在发情羊配种时，肌肉注射促黄体素释放激素（LH-A3）。

五、供体采卵

采卵一般在供体配种3～8 d后进行（开始发情当日为第0天）。若采用输卵管采卵，较适宜的时间是在发情后2.5 d左右，此时受精卵处于2～8细胞阶段。若采用子宫采卵，则时间以发情后6～7 d为宜；这时，受精卵大都在子宫角内，处于桑葚期或囊胚期。

六、胚胎鉴定

将收集在平面或凹面玻璃蒸发皿的回收液尽快置于实体显微镜下，仔细观察（图6-3）。而后，用吸卵管将胚胎（受精卵）移入盛有新鲜保卵液的检卵杯中，待全部胚胎检出后进行净化处理；即将检出的胚胎移入新鲜的保卵液中洗涤2～3次，以除去附着于胚胎上的污染物。然后，对其进行质量鉴定，选出可用胚胎，储存在新鲜的保卵液中直到开始移植。

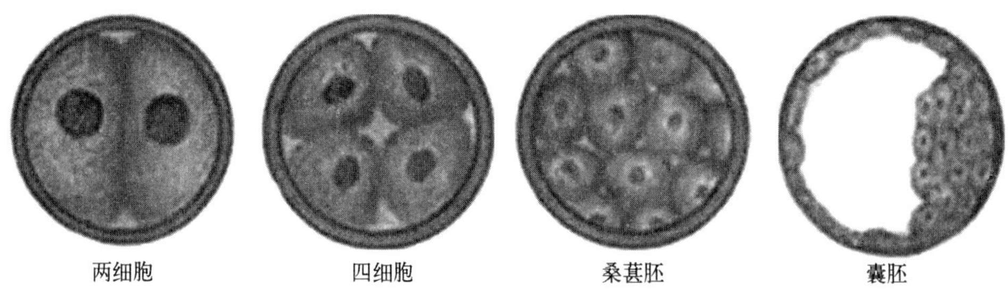

图6-3　不同发育阶段的胚胎结构

七、胚胎移植

胚胎移植时，要用无菌包装或经过消毒的打孔针和移卵管，按保存液→空气→胚胎→空气→保存液的程序填充移卵管；移卵管插入子宫角后应轻轻拉动一下，确认插入子宫腔体后再推入胚胎。胚胎移植时还应注意，如果受体有一侧卵巢上有黄体，胚胎应当移到与黄体同侧的子宫角中；如果移植到黄体对侧子宫角，胚胎死亡率增高。在双侧卵巢都有黄体并欲移植2枚或2枚以上胚胎时，应将胚胎分别移植于左、右两侧；当一侧有1个大黄体或有2个以上功能性黄体时，也可在该侧移植2个有效胚胎。

目前，普遍采用腹腔镜移植技术。胚胎移植前的准备工作同腹腔镜人工授精一致，母羊应禁食12～24 h。移植时，被母羊固定在保定架上，使其呈仰卧状。术部剃毛、消毒后，升起保定架，使母羊前低后高，呈45°～60°角倒立仰卧状；然后，在乳房前腹中线左侧打孔，插入带套管的锥头；拔出锥头后，插入内窥镜，向腹腔充入适量二氧化碳，使内脏器官移向前部，便于寻找子宫角。同时，在腹中线右侧另切一小口，插入肠钳，将一段子宫角拉出体外，移入胚胎后放回腹内，缝合伤口。

第四节　妊娠诊断

早期妊娠诊断可以尽早查清空怀母羊，以便采取补救措施、提高繁殖力。生产中人们通常将配种后两个情期内未出现发情症状的母羊判定为妊娠，但这种方法准确性较差。目前，生产中可利用的比较可靠且简单易行的方法有巩膜检查法、B超诊断法和激素检测法。

一、巩膜检查法

检查时，翻开母羊上眼睑，发现瞳孔上方巩膜的一根直立微血管变得粗大、充盈、呈紫红色，并凸显于巩膜表面，可判断该母羊妊娠。但这种判断方法需要反复比较与练习，积累经验。

二、B超诊断法

便携式动物超声扫描仪（简称B超仪）具有诊断准确率高、安全性好和容易操作等特点，对配种后30～50 d绵羊、山羊的妊娠诊断准确率可达99%。B超诊断法又分为直肠诊断法和腹壁诊断法两种。

1. 诊断方法的选择

B超诊断方法通常是根据配种时间和羊的体型大小确定的。一般来说，配种后30～40 d的母羊胎儿较小、子宫位置变化不大，通过直肠便可观察到子宫形态，可由此确定该母羊是否怀孕。但到配种40 d后，随着胎儿的发育，子宫的形态和位置都发生了较大变化，利用直肠检查就很难观察到子宫形态，需要结合腹壁诊断予以判定。配种40 d以内的母羊，如果体型较大或在饱食之后，通过直肠观察也较困难，同样需要结合腹壁诊断法予以判定。

2. 诊断操作

（1）直肠诊断法　母羊采取站立保定。操作人员将涂有耦合剂的探头轻轻插入母羊直肠，找到膀胱，在膀胱图像左右两侧或下侧轻轻移动探头进行扫描，同时观察荧光屏图像显示情况。

（2）腹壁诊断　母羊可采取站立保定或躺卧保定。操作人员将涂有耦合剂的探头放在乳房左侧或右侧右肷部，紧贴皮肤前后、左右移动扫描，观察荧光屏图像显示情况。

3. 诊断判定

操作时，一旦在荧光屏图像上看到子宫腔体明显，有胎水和胎盘子叶，或子宫腔体内有胎体、胎心搏动，就可判定怀孕；如果看不到子宫腔、胎水、胎盘子叶，也不见搏动的胎体或胎心，只见子宫结构完整如初即可判为空怀（图 6-4）。

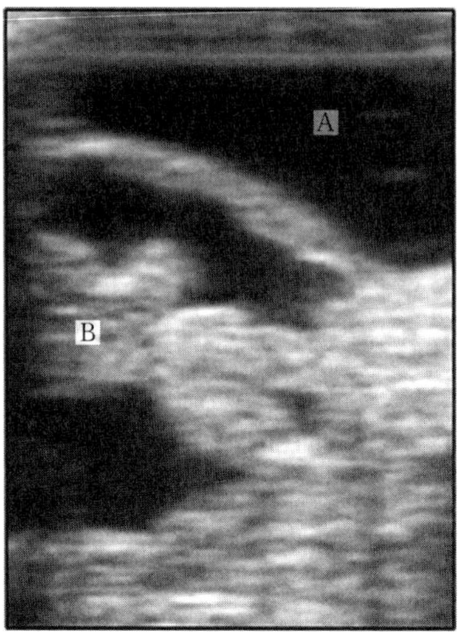

图 6-4　妊娠母羊 B 超诊断图
（A：膀胱，B：子叶）

三、激素检测法

激素检测法就是利用母羊怀孕后血液孕酮含量明显上升这一生理特点，在母羊配种后第 20～25 d，利用放射免疫法测定母羊血液孕酮含量；如果绵羊血浆孕酮含量高于 1.5 ng/mL，就可以判定为怀孕。激素检测法的诊断准确率可达到 93%。

第七章 肉羊的营养需要与供给

羊是草食动物。在草地建设或保护较好的国家和地区，除了强度育肥羊需要舍饲以外，羊群一般都是依靠草地放牧获得营养，只在枯草季节需要补充一定量的牧草或精饲料，以便肉羊养殖效益保持相对稳定，整个产业得到顺利发展。但在我国北方地区，舍饲（尤其是规模舍饲）成为主要养殖形式，羊群日粮的合理供给就显得十分重要了。

第一节　羊的消化生理特点

羊属于反刍动物，可以消化利用纤维素含量较高的牧草、作物秸秆等，生产高蛋白、低脂肪肉品。为了合理地供给日粮，确保羊群健康和生产潜力的正常发挥，必须了解其消化特点。

一、采食特点

羊没有上门齿和犬齿，采食时利用上唇、舌头和稍向外弓的锐利下门齿共同作用，切断牧草，吞入瘤胃。

在饲料选择方面，羊具有以下特点：

（1）具有天生的饲料喜好　山羊喜食灌木枝叶，绵羊喜食鲜嫩牧草，这些特性是由遗传及身体生理结构决定。

（2）可根据口感调整采食取向　羊在放牧条件下，可根据口感调整采食取向。例如，当牧草中单宁含量超过2%时（按干物质计算），绵羊会拒绝采食。在放牧条件下，羊群出现单宁中毒的可能性很小；但羊通常贪食精饲料，如果不限制它们的采食量，就会发生消化不良或酸中毒，甚至死亡。

（3）可根据采食后果判断饲料的可食性　羊可将饲料的适口性或风味与某些不适（如胃肠道不适）或愉快的感觉联系在一起，产生“厌恶”“喜好”。有过某种毒草中毒经历的羊一般不会再次采食同种毒草。

（4）可根据营养需要选择食物　在放牧条件下，羊可根据身体需要选择牧草。在舍饲条件下，它们的选择机会受到限制；但在严重缺乏某种营养素的条件下，羊会强迫自己采食它们并不喜欢的食物或异物，如羊毛、粪便和泥土等。

（5）可改变采食行为　一方面羊可以通过模仿、采食经历或人为的训练，对某种饲料产生喜好或厌恶。例如，在饲喂青贮饲料的初期，大多数羊会拒绝采食，但经过1～2周的诱导训练，可接受并能较好地适应。另一方面，羊的许多行为习性具有较大的可塑性，会随着环境条件的变化而变化。例如，长期放牧的羊，经过一段时间的舍饲后，再回到草场上，就不会啃食牧草，需要1～2周的训练才能恢复。与成年羊相比，羔羊更容易接受改变的风味。

二、反刍特点

反刍是羊的主要消化行为，包括逆呕—再咀嚼—再混合唾液—再吞咽这样一个过程。当羊采食停止后或休息时，把经瘤胃液浸泡的饲草逆呕成一个食团于口中，经反复咀嚼后再吞咽入瘤胃，然后再逆呕咀嚼另一个食团。羊一天内可逆呕食团500个左右。反刍活动是食欲正常的反映，可保证羊在单位时间内采食最大量的食物。影响羊反刍时间的因素有很多，如饲料的种类和品质、日粮的调制方法、饲喂方式、气候、饮水及羊的体况等。一般来说，牧草含水量大，反刍时间短；日粮纤维含量高或采食长干草时，反刍时间长；当羊过度疲劳、患病、受到外界的强烈刺激或长期采食单一颗粒饲料时，会出现反刍紊乱或停止。病羊如果出现食欲废绝、反刍停止，就表明其病情已十分严重。

羔羊出生后40 d左右便会出现反刍行为。另外，早开食可刺激前胃发育，提早出现反刍行为。

三、消化吸收特点

（一）胃的消化吸收特点

羊有4个胃室，分别是瘤胃、网胃、瓣胃和皱胃。瘤胃、网胃和瓣胃没有腺体组织，不能分泌消化液，对饲料起发酵和机械性消化作用，统称为前胃；皱胃也叫真胃。成年绵羊4个胃的总容积约为30 L，山羊为16 L左右，相当于整个消化道容积的67%左右。

1. 瘤胃

瘤胃容积较大，约占胃总容积的78%左右，是羊摄入饲料的临时“储藏库”，可保证羊在短时间内采食大量饲料。瘤胃也是一个微生物密度高、调控严密的生物发酵罐，瘤胃内温度可达40 ℃左右，pH在6～8；寄生着60多种微生物，包括厌氧性细菌、原虫、厌氧真菌等；每毫升瘤胃液中含细菌5亿～10亿个、原虫2 000万～5 000万个。这些微生物可为羊提供非常重要的功能性作用。

瘤胃虽然不能分泌消化液，但胃壁强大的纵形环肌能够强有力地收缩与舒张，以及进行节律性蠕动，以搅拌食物。同时，瘤胃的胃黏膜表面有无数密集的角质化乳头，有助于食糜与胃壁接触。

瘤胃内存在大量的细菌和纤毛原虫等。这些微生物的主要作用是：

（1）分解消化粗纤维　羊本身并不能产生分解粗纤维的酶，必须借助于微生物活动产生的纤维分解酶将粗饲料中的粗纤维分解成容易被消化吸收的碳水化合物，再通过瘤胃壁吸收利用。羊通过瘤胃微生物对日粮营养物质的发酵、分解所得到的能量，占羊能量需要量的40%～60%。

（2）合成菌体蛋白，改善日粮的粗蛋白品质　羊日粮中的含氮物质（包括蛋白质和非蛋白质含氮化合物）进入瘤胃后，经过瘤胃微生物的分解，大部分会产生氨和其他低分子含氮化合物。瘤胃微生物再利用这些低分子含氮化合物来合成自身的蛋白质，以满足繁殖的需要。而后，随食糜进入真胃和小肠的微生物，可被消化道内的蛋白酶分解，成为肉羊的重要蛋白质来源。日粮中低品质的植物性蛋白质和非蛋白氮经过瘤胃微生物的分解和合成作用后，其必需氨基酸含量可提高5～10倍。试验表明，用禾本科干草或农作物秸秆饲喂绵羊时，由瘤胃转移到真胃的蛋白质约有82%属于菌体蛋白。可见，瘤胃微生物在羊的蛋白质营养供给方面具有重要的作用。

（3）合成维生素　维生素 B_1、维生素 B_2、维生素 B_{12} 和维生素K是瘤胃微生物的代谢产物，到达小肠后可被羊吸收利用，满足羊对这些维生素的需要。因此，成年羊一般不会缺乏这几种维生素。在放牧条件下，羊很少发生维生素A、维生素D和维生素E缺乏。若长期缺乏青饲料，羊就会出现维生素A、维生素D和维生素E缺乏症，尤其是种公羊、生长期幼龄羔羊和妊娠后期母羊更容易发生。因此，必须在日粮中添加这几种维生素或饲喂富含维生素的青绿多汁饲料、青贮饲料，以满足羊的健康、生长发育及生产需要。

2. 网胃

网胃呈球形，约占胃总容量的7%。因内壁分隔成很多如蜂巢状的网格，故又称蜂巢胃。瘤胃与网胃紧连在一起，其消化生理作用基本相似；除机械作用外，也可利用微生物分解消化食物。网胃如同筛子，起着饲料过滤作用，可将随饲料吃进去的钉子、泥沙都留在其中；因此，网胃又被称为“硬胃”。

3. 瓣胃

瓣胃又名百叶胃，约占胃总容量的6%～7%，内壁有无数纵列的褶膜，可对食物进行机械性压榨作用，以便将食物中的粗糙部分阻留下来，继续加以压磨；同时，吸收食糜中大量水分、挥发性脂肪酸及钙、磷等物质，减少食糜体积并将其送入皱胃。

4. 皱胃

皱胃又称真胃，类似单胃动物的胃，约占胃总容量的7%～8%。其胃壁黏膜有腺体分布，具有分泌盐酸和胃蛋白酶的作用，可对食物进行化学性消化。

羊胃的大小和机能，随年龄的增长发生变化。初生羔羊的前胃很小，结构还不完善，微生物区系尚未健全，不能消化粗纤维，只能靠母乳生活。羔羊吸吮的母乳不接触前胃的胃壁，而是靠食道沟的闭锁作用，直接进入真胃，由真胃凝乳酶进行消化。但随着日龄的增长，羔羊的前胃不断发育完善。早开食，可促进瘤胃发育；即采食的植物性饲料可为微生物的繁殖创造营养条件，逐步建立起完善的微生物区系，稳定的微生物区系又利于羔羊更好地消化利用植物饲料。因此，羔羊一般在生后7～8 d便开始供给营养价值高、容易消化的开口料和优质青干草。通过早开食、早锻炼，羔羊在7周龄时瘤胃就可以发育完全。如果羔羊不及时采食植物性饲料，瘤胃将会发育缓慢，进而影响整个机体的生长发育。

（二）小肠的消化吸收特点

羊的小肠细长曲折，长度为17～34 m（平均约25 m），相当于体长的26～27倍。肠黏膜中分布有大量的腺体，可以分泌蛋白酶、脂肪酶和淀粉酶等消化酶类。小肠越长，吸收能力越强。胃内容物进入小肠后，在各种酶的作用下进行消化，分解为一些简单的营养物质经绒毛膜吸收；尚未完全消化的食物残渣则与大量水分一道，随小肠蠕动而被推进到大肠。

（三）大肠的消化吸收特点

羊的大肠直径比小肠大，但长度为4～13 m（平均约7 m），无分泌消化液的功能，其作用主要是吸收水分和形成粪便。小肠内未完全消化的食物残渣，可在大肠内微生物及食糜中酶的作用下继续消化和吸收。水分被吸收后的剩余残渣形成粪便，排出体外。

（四）绵羊、山羊的消化生理差异

与绵羊相比，山羊有以下消化生理差异：

1. 食量大，食谱广

从体型大小的比例来看，山羊采食的饲草是绵羊的两倍。在正常情况下，山羊采食的容量占身体的25%～40%，最高可达50%～55%；绵羊则占其身体的12.5%～15%，最多达20%。山羊采食的植物种类比绵羊多15%左右。

2. 对单宁的耐受性强

山羊喜食单宁含量较高的灌木及树枝叶，这类饲料可占其食物组成的60%。树木枝叶类饲料可以满足山羊维持和生产营养需要，而只能满足绵羊维持营养需要。山羊采食树木枝叶的多少与季节变化、可利用饲料种类的多寡有关。一般来说，山羊旱季喜食灌木，而在潮湿季节则喜食禾本科、豆科和杂草类。山羊可依靠后肢站立，有助于采食高处的灌木或乔木的幼嫩枝叶，而绵羊更多只能采食地面上或低处的杂草。据报道，山羊冬季采食树叶量可占日粮的75%，但在春季则不超过15%。山羊嗜好咸味和甜味，厌食腥味；对苦味有一定耐受性。由于春天刚萌发的嫩树和雨季生长迅猛的嫩树叶苦味较重，山羊的采食量便会下降；而到了秋天，树叶的粗纤维及各种矿物质含量增加，苦味下降，山羊的采食量便会上升。山羊对栎树单宁的忍耐力比绵羊强，其瘤胃内容物中单宁的临界含量为8%～10%；而在日粮中添加占体重0.09%的水解单宁后，绵羊在15 d便出现中毒症状。这是因为山羊瘤胃微生物能够合成较多的可分解单宁的酶。虽然瘤胃单宁酶的含量可随着单宁摄入量的增加而增加，但这种增加也是有限的，因而长期在繁茂的灌木林地放牧的山羊增膘慢。

3. 善游走，喜攀登

绵羊与山羊合群放牧时，山羊总是走在前面抢食，绵羊则慢慢跟在后面低头啃食；山羊每天采食行走的路程比绵羊多1/3。面对60°的陡坡，山羊可以直上直下，而绵羊则需要斜向作“之”字形游走。

4. 喜清洁卫生

山羊的味觉更敏感。在正常情况下，山羊不会选择其他羊刚采食过的牧草，拒绝饮用被污染水；但长期舍饲或在不良环境饲养的山羊也会接受不清洁饲料。绵羊则从来就不像山羊那么爱清洁，可采食其他羊刚采食或践踏过的牧草。因此，绵羊更容易感染消化道疾病或寄生虫病。

第二节　各种营养素的功能与利用

羊的营养需要是指羊在生存、生长及生产过程中，所需要的各种营养成分的总和；可划分为维持需要和生产需要。维持需要主要用于基础代谢、自由活动和维持体温；生产需要包括生长需要、妊娠需要、产奶需要等。羊摄取的营养物质首先满足维持需要，满足维持需要后的剩余养分才用于生产需要。维持需要占总摄取养分的比例越低，用于生产需要的比例就越高，饲养效益就越好。羊需要的营养物质包括蛋白质、碳水化合物、脂肪、矿物质、维生素和水等。

一、蛋白质

蛋白质是给动物体提供氮素的物质，也是细胞的主要组成部分，参与动物代谢的大部分化学反应，在生命过程中起着重要作用。

（一）蛋白质的营养与生理功能

1. 维持正常生命活动、构建组织器官

蛋白质不仅是羊的肌肉、皮肤、血液、神经、结缔组织、腺体、精液等的主要成分，而且在体内起着传导、运输、支持、保护、连接、运动等多种功能性作用。由于构成各组织器官的蛋白质种类不同，不同的组织器官具有各自特异性生理功能。

2. 构成各种酶、激素和抗体

蛋白质是动物体内各种酶、激素和抗体的主体成分，并在维持体内渗透压和水分的正常分布方面起着重要作用。

3. 为机体提供热能

在动物体内营养不足时，蛋白质可分解供给能量，维持机体代谢活动。当蛋白质摄入过剩时，也可转化成糖、脂肪或分解产生热能，供机体代谢之用。

4. 更新和修补机体组织

蛋白质的营养作用是碳水化合物、脂肪等营养物质所不能代替的。在羊体的新陈代谢过程中，蛋白质是更新和修补组织的主要原料。

（二）羊对蛋白质的需要

在羊营养需要中，蛋白质的需求量较大。蛋白质也是最容易缺乏的成分。不同生理状态的羊对蛋白质需要量的差异很大，其中以配种期公羊和哺乳期母羊的需求量最高，其次是妊娠后期母羊、非配种期公羊、育肥羊、空怀母羊。我国农业农村部已于2021年12月发布了新版《肉羊营养需要量》（NY/T 816—2021），大家可以参照执行。

羊缺乏蛋白质饲料时，会出现消化功能减退、体重减轻、生长发育受阻、抗病力下降，严重缺乏时可导致羊死亡。日粮中蛋白质水平过低，还会影响羊对其他营养物质的吸收和利用，降低日粮的利用效率，对羊的生产造成极为不利的影响。虽然羊瘤胃内的微生物可以利用非蛋白氮合成可被羊利用的微生物蛋白质；但这部分蛋白质远远不能满足羊的需求量，还必须通过饲料补充。

（三）蛋白质的消化吸收

由于瘤胃微生物的作用，使羊对蛋白质和其他含氮化合物的消化、利用与单胃动物有较大的差异。

1. 蛋白质在瘤胃的降解

饲料蛋白质进入瘤胃后，一部分不在瘤胃中发生变化，进入真胃和小肠后才被消化吸收，这部分蛋白质被称为瘤胃不降解蛋白质；另一部分蛋白质被称为瘤胃降解蛋白质，它在瘤胃中便被微生物降解为多肽和氨基酸。瘤胃中氨基肽酶的活性很高，多肽一般首先被二肽酶切下一个二肽，被切下的二肽会被相应的肽酶降解为游离氨基酸，其中大部分游离氨基酸又进一步被降解为有机酸、氨和二氧化碳。另外，饲料中的非蛋白质含氮化合物（如尿素）在瘤胃中也被降解为氨。

2. 蛋白质降解产物的吸收

瘤胃中产生的氨，部分会被用于合成微生物蛋白质，其余的氨则经瘤胃壁吸收进入血液，并随血液进入肝脏，最终被合成尿素。合成的尿素会有一部分经唾液或直接通过瘤胃壁返回瘤胃，供微生物再利用。这种氨和尿素的循环被称为瘤胃氮素循环。瘤胃中合成的微生物蛋白质（主要是菌体蛋白）进入真胃和小肠后，与饲料蛋白质一样，被消化吸收。瘤胃降解产生的小肽除部分用于合成微生物蛋白外，一部分会直接通过胃壁被吸收；未被胃吸收的部分肽，可进入小肠再被进一步消化吸收。瘤胃微生物还可利用糖、挥发性脂肪酸和二氧化碳构成碳架；在有能量供应的条件下，碳架可与氨合成氨基酸，再转变为微生物蛋白质，被羊消化和利用。

（四）蛋白质的供给

各类饲料中的粗蛋白质含量不同。其中，饼粕类为30%～45%，豆科籽实类为20%～40%，糠麸类为10%～17%，豆科干草类为9%～12%，秸秆类为3%～6%，块根类为0.5%～1%。在肉羊饲养中，应根据饲料的来源、价格及肉羊的饲养标准或要求配制日粮。羔羊育肥期的日粮粗蛋白质含量可达16%～18%，成年羊育肥日粮中的粗蛋白质水平在12%～14%。非蛋白氮（如尿素）可以用作羊非蛋白氮补充饲料，以节省饲料蛋白质。

二、碳水化合物

碳水化合物亦被称为糖类化合物，是自然界存在最多、分布最广的一类重要的有机化合物，也是动物生产中主要的能源；碳水化合物占肉羊日粮组成的70%以上，主要由碳、氢、氧所组成。葡萄糖、蔗糖、淀粉和纤维素等都属于碳水化合物。

（一）碳水化合物的营养与生理功能

1. 维持羊的生命活动

葡萄糖不仅是维持大脑神经系统、肌肉、脂肪组织、胎儿、乳腺等代谢的唯一能源，也是维持正常体温的必需物质。当葡萄糖供给不足时，羊容易出现妊娠毒血症或死亡。黏多糖也是保证多种生理功能实现的重要物质。

2. 形成羊体组织

碳水化合物是形成羊体组织的重要成分之一。其中，五碳糖是细胞核酸的组成成分，半乳糖与类脂肪是构成神经组织的必需物质，糖类与蛋白质化合形成糖蛋白，低级核酸与氨基化合形成氨基酸。

3. 形成羊产品

碳水化合物是形成羊产品的重要物质。例如，葡萄糖可以合成乳糖，并参与部分羊奶蛋白非必需氨基酸的形成。

4. 维持羊消化机能

碳水化合物是维持羊正常消化机能所必需的营养。例如，粗纤维除了为羊体提供能量及合成葡萄糖和乳脂的原料外，还能刺激消化道黏膜，刺激消化道蠕动，促进未消化物质的排除，保证消化道的正常机能。

（二）羊对碳水化合物的需要

碳水化合物来源丰富、成本低廉。一般情况下，羊不会缺乏碳水化合物，但下列情况下需要及时补充：

（1）病弱羊

碳水化合物可以给病弱羊迅速补充能量，便于病弱羊逐渐恢复体质。

（2）妊娠母羊

尤其是妊娠后期，胎儿发育快，对能量需要量较大。据报道，母羊妊娠最后5周的能量需要量比维持需要量高25%～75%（Tissier et al.，1977）。

（3）哺乳期母羊

绵羊在产后12周泌乳期内，有65%～83%的代谢能转化为羊奶中能量；带双羔母羊的转化率更高，需要补充。

（4）寒冷季节

在北方地区的寒冷冬季，羊需要消耗大量的能量保持体温和维持正常代谢；同时，寒冷使瘤胃的活动增强，缩短了食物在其中的滞留时间，使食物的表观消化率下降。因此，需要补充更多的碳水化合物来维持体能。

（三）羊对碳水化合物的消化利用

饲料中的碳水化合物主要是淀粉和纤维素类物质，它们主要经羊的瘤胃微生物作用而被分解、吸收。

1. 前胃的消化吸收

羊前胃对碳水化合物的消化主要依靠瘤胃微生物来完成。在细胞外微生物淀粉酶的作用下，淀粉先被分解为麦芽糖、异麦芽糖，再经麦芽糖酶、麦芽糖磷酸化酶或1,6-葡萄糖苷酶作用生成葡萄糖或6-磷酸葡萄糖；然后，在细胞内微生物酶的作用下，将葡萄糖转化为乙酸、丙酸、丁酸等挥发性脂肪酸，同时生产甲烷和热量。因此，羊的日粮中淀粉所占比例越高，甲烷的产量就越大，日粮能量利用效率就越低。另外，淀粉含量越高，瘤胃发酵、产酸速度就越快。当瘤胃内容物pH降到4～4.5时，纤维分解菌的增长就受到抑制，从而导致瘤胃酸中毒和消化紊乱。因此，羊日粮中淀粉的比例不宜过高。

淀粉发酵产生的挥发性脂肪酸，约75%经瘤胃壁吸收、20%经皱胃和瓣胃吸收、5%经小肠吸收；其吸收速度取决于碳原子的多少，碳原子越多则吸收就越快。其中，丁酸吸收最快，丙酸次之，乙酸最慢。部分挥发性脂肪酸在通过前胃壁过程中可被转化形成酮体，其中丁酸的转化可占吸收量的90%、乙酸的转化量很低。脂肪酸的转化量超过一定的限度会发生酮血症，这也是高精料养羊存在的潜在危险。

2. 小肠的消化吸收

瘤胃中未消化的淀粉与糖会被转移至小肠，在小肠中受胰淀粉酶的作用，变为麦芽糖；而后，在胰麦芽糖酶与肠麦芽糖酶的作用下，分解为葡萄糖。蔗糖受肠蔗糖酶的作用，变为葡萄糖与果糖；果糖又可变为葡萄糖，葡萄糖被肠壁吸收，参与代谢。其过程与单胃动物相似。

3. 挥发性脂肪酸的代谢

羊的淀粉消化产物主要是挥发性脂肪酸。挥发性脂肪酸被吸收入血液后，其中的部分乙酸可经磷酸化转变为乙酰辅酶 A，进入三羧酸循环氧化可净生成 10 分子的三磷酸腺苷（ATP）；剩余部分乙酸通过血液输送到乳腺，通过乙酸的缩合作用合成乳脂肪中的一系列短链脂肪酸。丙酸被吸收后，通过门脉进入肝脏转变为葡萄糖，它是羊体内葡萄糖的主要来源。丁酸主要以酮体形态被机体吸收，主要与乙酰辅酶 A 共同参与机体代谢，是乳脂肪中的一种短链脂肪酸；也可与乙酸辅酶 A 缩合形成较高的脂肪酸，每一分子的丁酸可净生成 25 分子 ATP。

（四）羊碳水化合物的供给

在植物组织中，碳水化合物的含量一般占干物质的 50%～75%；在一些谷物籽实中，其含量可高达 80%。富含碳水化合物的谷物饲料有玉米、燕麦、高粱、小麦、大麦等。大多数鲜嫩的禾本科牧草也富含碳水化合物，如燕麦草、甜高粱、大麦草和黑麦草等。对于羊来说，只要供给营养丰富、搭配合理的日粮，就能满足碳水化合物的需要。但在下列情况需要提高供给量：

（1）病弱羊的供给　给病弱羊需提供容易消化的富含蛋白质、碳水化合物的日粮，每只每日可补充食用葡萄糖 20～30 g，减少日粮低质作物秸秆的饲喂量。必要时，可静脉输入一定量的葡萄糖溶液。

（2）怀孕后期母羊的供给　怀孕后期母羊（尤其是怀双羔、多羔母羊）的日粮碳水化合物供给量需提高到维持需要量的 1.5～2 倍。

（3）哺乳母羊的供给　哺乳期母羊的日粮碳水化合物供给量需提高到维持需要量的 2 倍以上。

（4）受冷羊群的供给　寒冷地区冬季羊群的日粮碳水化合物的供给量需提高 10%～15%。

三、脂类

脂类种类繁多、化学组成各异。在常规饲料分析中，这类物质统称为粗脂肪。脂类广泛存在于动物、植物的组织中。其中，以动物性饲料、糠麸类和各种饼粕类饲料含量较高，成熟后的作物秸秆含量较低。

（一）脂类的营养与生理功能

（1）用作能源　脂肪是含能量最高的营养素，所产的热能是蛋白质和碳水化合物的 2.25 倍左右。

（2）构成羊体组织细胞　脂类是组成羊体组织细胞的重要成分。例如，神经、肌肉、血液、精液等均含有脂肪。各种组织的细胞膜是由蛋白质和脂肪按照一定比例组成的。脂肪也参与细胞内某些代谢调节物质的合成。糖脂类可能在细胞膜传递信息的活动中起载体和受体的作用。

（3）溶解脂溶性维生素　脂肪是脂溶性维生素的溶剂。当羊饲料中缺乏脂肪时，脂溶性维生素消化代谢发生障碍，会表现出维生素缺乏症。

（4）为动物提供必需脂肪酸　羔羊在生长过程中，需要通过饲料提供脂肪酸，其中包括亚油酸、亚麻酸和花生四烯酸。

（5）构成羊产品　脂类也是构成羊产品（乳、肉等）的重要成分。

（二）羊对脂类的需要

羊日粮中缺乏脂肪会影响脂溶性维生素的吸收和利用，而且会影响精子的形成，对繁殖产生不良影响。成年羊瘤胃微生物合成的脂肪便能满足羊对脂肪需要的20%，而且常用饲料中脂肪也比较丰富；一般不会缺乏脂肪，不需要另外补充。但羔羊瘤胃微生物区系未健全，不能合成足够多的脂肪，而且对日粮必需脂肪酸缺乏的反应较敏感，容易出现皮肤角质化、免疫力下降、生长受阻等现象。

（三）羊对脂类的消化与利用

瘤胃对脂类的消化实质上是微生物对脂类的消化。饲料中脂类进入瘤胃后，由瘤胃细菌产生的脂肪酶把甘油三酯分解成为脂肪酸和甘油，甘油很快被微生物分解转化成挥发性脂肪酸。细菌分泌的磷脂酶将磷脂水解。饲草中含有大量半乳糖酯，由瘤胃微生物分泌的脂肪酶将其分解为半乳糖和甘油，二者随后又被细菌转化为挥发性脂肪酸，通过瘤胃壁吸收。其余脂类（包括吸附在饲料颗粒表面的脂肪酸、微生物脂类及少量瘤胃中未消化的饲料脂类）通过十二指肠，进入回肠后被吸收。

虽然瘤胃微生物对羊脂类的消化代谢有重要作用，但日粮脂类含量过高就会抑制纤维素分解菌与甲烷菌的代谢，影响其他营养成分的发酵或瘤胃内生态平衡，进而改变机体对能量的利用效率，降低家畜的生产性能。

（四）脂类的供给

对于长期饲喂单一饲料或劣质饲料的羊群来讲，日粮中可以添加一定量的植物脂肪，添加量以不超过4%为宜。在羔羊日粮中，也可添加一定量的植物脂肪。但由于羔羊对油脂的消化能力受限，需要同时添加适量的脂肪酶，以提高羔羊对脂肪的消化利用率。另外，由于动物脂肪中饱和脂肪酸含量高，不易被羊体消化利用，而且动物脂肪在高温、潮湿环境条件下容易氧化、酸败，并产生醛、酮等物质，对羊体造成危害（如导致黄染病）。因此，羊日粮中不宜添加容易氧化的动物脂肪。同时，添加了脂肪的饲料也不宜长期储存。

四、维生素

维生素也是羊体必需的营养物质，有控制、调节代谢的功能，对维持羊的健康、生长发育和繁殖具有十分重要的作用。维生素可分为脂溶性和水溶性两类。

（一）脂溶性维生素

脂溶性维生素是指不溶于水、可溶于脂肪及其他脂溶性溶剂的维生素，在消化道随脂肪一同被吸收。

1. 脂溶性维生素的营养与生理功能

（1）维生素A（视黄醇）　维生素A与动物的视觉、繁殖、骨骼生长发育及免疫等均有关。母羊体内缺乏维生素A可导致性成熟延迟、卵细胞生长发育受阻，即使有少数卵细胞可发育到成熟阶段并能受精，但流产多；同时，所产羔羊可能出现瞎眼、共济失调、胎衣不下和子宫发炎等病症。公羊缺乏维生素A则会影响精子生成，也可使大部分已形成的精子发生死亡。

（2）维生素D　维生素D有多种存在形式，与羊健康关系较密切的是存在于植物中的维生素D_2和维生素D_3（麦角固醇D_2和胆钙化醇D_3）。其基本功能是促进肠道钙、磷吸收，提高血液钙、磷水平，促进骨骼正常钙化，同时影响动物的免疫功能。同时，维生素D可提高血清中的维生素A含量。因此，在日粮中添加维生素A的同时，一般应添加维生素D，以提高机体代谢水平，加强钙、磷吸收。但如果维生素D添加过量，就会引起中毒。如果连续60 d以上饲喂超过需要量4～10倍的维生素D，羊会出现软骨生长受阻、食欲和体重下降、血钙升高、血液磷酸盐降低等症状。维生素D_3的毒性比维生素D_2大10～20倍。

维生素D是一种固醇类衍生物，共有6～8种之多，其中与动物健康关系较密切的是维生素D_2和维生素D_3。维生素D在豆科植物中含量较多，在其他植物性饲料中含量极少。植物中的麦角固醇在紫外线照射下，其中一部分可转变为维生素D_3；动物皮肤颗粒层中的7-脱氢胆固醇在紫外线照射下也可转变为维生素D_3，储存于动物肝脏。但光照不足或消化吸收障碍可导致绵羊、山羊钙、磷吸收和代谢障碍，发生以骨骼发育受阻（如软骨症和骨骼变形）为特征的维生素D缺乏症。

（3）维生素E（α-生育酚）　维生素E不仅是一种抗氧化剂和免疫增强剂，而且对维持动物正常繁殖性能和提高肉质有重要作用。羊缺乏维生素E会表现出营养不良症，而羔羊则会出现白肌病。

（4）维生素K（甲萘醌）　维生素K是动物维持血液凝固系统功能不可缺少的物质。

2. 羊对脂溶性维生素的需要

（1）维生素A　我国新版《肉羊营养需要量》规定：肉用绵羊生长育肥期、妊娠期和哺乳期的维生素A需要量分别为6 600～14 500 IU/d、6 600～12 000 IU/d和6 800～12 500 IU/d。羊是草食动物，但植物不含维生素A，而只含有维生素A源——胡萝卜素。一分子β-胡萝卜素在羊的肠壁中，经酶的作用可生成两分子维生素A。羊将β-胡萝卜素转为维生素A的能力只有30%。鲜嫩牧草的胡萝卜素含量都比较高，远远高于干黄牧草和作物秸秆。一般来说，饲料越绿，胡萝卜素和维生素E的含量越高。饲喂青绿饲料、多汁饲料和青干草的羊一般不会缺乏维生素A。但如果羊日粮中缺乏青绿饲料或青干草，会出现维生素A缺乏症。另外，采食过多的含氮牧草可在体内形成亚硝酸盐和硝酸盐，阻碍胡萝卜素转化为维生素A，会导致羊出现维生素A缺乏症。

（2）维生素D　常年放牧的羊一般也不会缺乏维生素D，不需要额外补充。饲喂经过太阳晒制的青干草和常年可在运动场活动的羊群也不需要补充。但长期饲喂劣质干草的舍饲羊群（尤其是青年羊）容易出现维生素D缺乏症。

（3）维生素E　维生素E广泛分布于饲料中，其中以青绿饲料（如苜蓿）和植物种子的胚芽中最丰富。通常情况下，羊不会缺乏维生素E；但长期舍饲羊群，普遍存在着维生素A、维生素E缺乏的问题。某些异常原因有可能影响维生素E的摄取或降低其生物效能，如春季嫩草中含有导致腹泻的因子。另外，真菌毒素也可降低日粮中维生素E的吸收。

（4）维生素K　在正常情况下，羊不会缺乏维生素K。一方面，由于植物性饲料均含有维生素 K；另一方面，羊瘤胃微生物可以合成足够量的维生素 K。

羔羊，尤其是母乳供给不足的羔羊容易缺乏脂溶性维生素。一方面，由于它们不能采食大量的青绿饲料，摄取足够的胡萝卜素和维生素 E；另一方面，由于瘤胃功能不健全，不能合成足够的维生素 K；更重要的是，脂溶性维生素的消化吸收需要胆酸盐，幼龄羔羊的胆囊发育不完全，不能分泌足够的胆酸盐，使其所摄入有限的脂溶性维生素的消化利用率大打折扣。因此，需要给羔羊补充脂溶性维生素。

3. 羊对脂溶性维生素的消化与利用

脂溶性维生素在羊消化道内随脂肪一同被吸收，被吸收的机制与脂肪相同；凡有利于脂肪吸收的条件，均有利于脂溶性维生素的吸收。脂溶性维生素以被动扩散的方式穿过肌肉细胞膜的脂相，未被羊体所利用的脂溶性维生素主要经胆囊从粪中排出。

4. 脂溶性维生素的供给

① 尽可能让羊群采食青绿饲料。有条件的地方，可尽可能给各生理阶段的羊群（幼龄羔羊除外）提供放牧条件，给舍饲羊群饲喂一定量的青绿饲料或青干草，使羊能从青绿饲料中获得足够的脂溶性维生素。如果羊群不能从饲料中获得足够的胡萝卜素和维生素 E，可通过维生素添加剂予以补充。但补充维生素添加剂的效果远不如饲喂青绿饲料，尤其是添加剂中的维生素 A 并不能代替胡萝卜素。青绿饲料中所含的类胡萝卜素种类很多、功能很复杂，对动物体的影响远不是单一维生素 A 那么简单。

② 羔羊饲料（特别是代乳料）中应添加足够的脂溶性维生素。

③ 尽早给羔羊饲喂优质青干草，并注意舍外运动锻炼。

（二）水溶性维生素

水溶性维生素包括整个 B 族维生素和维生素 C（抗坏血酸）。

1. 水溶性维生素的营养与生理功能

水溶性维生素都是动物代谢所必需的。B 族维生素主要作为辅酶催化碳水化合物、脂肪和蛋白质代谢中的各种反应；长期缺乏可引起代谢紊乱和体内酶活力降低。维生素 C 广泛参与动物体内多种生化反应。

2. 羊对水溶性维生素的需要

羊瘤胃中的微生物可以合成足够的 B 族维生素和维生素 C，无需另外补充。但需要注意下列 5 个问题：

① 羔羊的瘤胃功能不健全，不能合成足够的水溶性维生素。

② 维生素 B_{12} 合成取决于日粮中适量的钴元素。若日粮中钴缺乏，可使维生素 B_{12} 的合成受限。

③ 羊在妊娠、泌乳和甲状腺功能亢进的情况下，维生素 C 吸收量会减少、排泄量会增加，需要进行补充。

④ 羊在高温、寒冷、运输等应激条件下，以及日粮能量、蛋白质、维生素 E、硒和铁等不足时，对维生素 C 的需要量增加，需要进行补充。

⑤ 大量使用抗生素可抑制胃肠道微生物的繁殖，导致水溶性维生素的合成受阻。

3. 羊对水溶性维生素的利用

水溶性维生素不需要消化，可直接被肠道吸收，而后通过循环到机体需要的组织中；

多余的水溶性维生素大多由尿液排出，在体内储存量很少。

4. 水溶性维生素的供给

① 在瘤胃发育不完全的羔羊饲料中，应添加水溶性维生素（如复合维生素添加剂）。

② 注意肉羊日粮中钴元素的适量供给，确保瘤胃微生物能合成足够的维生素 B_{12}。

③ 通过饲料或饮水给妊娠母羊、哺乳母羊、病弱羊和应激条件下的羊群补充一定量的维生素 C，同时注意日粮蛋白质、能量、矿物元素及脂溶性维生素的满足供应。

五、矿物元素

矿物元素是动物营养中无机营养素的一个大类。自然界存在的矿物元素有 60 多种，羊所必需的有 27 种。矿物元素在羊体内的含量虽然很低，但参与了体内各种生命活动，如构成羊体组织器官、调节体内渗透压和酸碱平衡、维持细胞膜渗透性及神经肌肉的兴奋性等；是保证羊生长、发育、繁殖、育种、泌乳和健康不可缺少的营养物质。羊体内缺乏矿物元素，会引起神经系统、肌肉系统、肌肉运动、食物消化、营养输送、血液凝固和体内酸碱平衡等功能紊乱，影响羊体健康、生长发育、繁殖和羊产品产量，甚至会导致死亡。矿物元素分为常量元素和微量元素。常量元素是指在动物体内的含量大于体重 0.01%的元素，如钙、磷、钠、钾、氯、镁、硫等；微量元素是指在动物体内的含量小于体重 0.01%的元素，如铁、铜、钴、碘、锰、锌、硒、钼、氟、硅、铬等。在羊日粮中通常需要考虑添加的矿物质有钙、磷、钠、钾、氯、铁、铜、钴、碘、锰、锌、硒等。

（一）常量元素

1. 常量元素的营养与生理功能

（1）钙和磷　钙和磷是动物体内含量最多的矿物元素。钙不仅是构成骨骼组织的主要矿物元素，而且在维持肌肉收缩和神经兴奋、血液凝固等方面起着重要作用。同时，钙还能激活多种酶的活性，促进胰岛素、儿茶酚胺、肾上腺皮质固醇及唾液等的分泌。钙还具有调节自身营养的功能，在外源钙不足时，沉积钙（特别是骨钙）可大量分解，供代谢循环需要。

磷除了与钙一起参与骨骼和牙齿组成外，还是其他软组织和能量代谢过程中必不可少的成分。可促进营养物质的吸收，保证生物膜的完整，并参与许多生命活动过程。

（2）钠、钾、氯　动物体内的这 3 种元素主要分布在体液和软组织中，起着维持渗透压、调节酸碱平衡、控制水代谢等作用。钠对传导神经冲动和营养物质吸收起重要作用。钾影响着神经肌肉的兴奋性，细胞内钾参与了糖和蛋白质的代谢。

（3）镁　镁不仅是骨骼、牙齿及许多酶的组成成分，而且参与了 DNA、RNA 和蛋白质的合成，可调节神经肌肉兴奋性，保证神经肌肉的正常功能。

（4）硫　硫是动物必需的矿物元素之一。硫分布于动物体内各个细胞中，主要以有机硫形式存在于蛋氨酸、胱氨酸及半胱氨酸等含硫氨基酸中。硫参与瘤胃微生物菌体蛋白和动物体角蛋白质的生物合成。羊日粮中每添加 1 g 硫，瘤胃中可产生 69 g 菌体蛋白（甄玉国，2002）；硫化合物是某些酶（如脱氢酶和酯酶）的活化剂，以二硫键形式存在于多肽链、联接胶原蛋白和结缔组织；参与体蛋白质和乳蛋白的合成以及脂肪和碳水化合物的代谢；还参与酸碱平衡和解毒过程。

2. 羊对常量元素的需要

(1) 钙和磷 NY/T 816—2021 规定，生长育肥期 30 kg 体重的绵羊公羊、母羊的钙需要量分别为 9.12～11.3 g/d 和 7.9～0.8 g/d，磷需要量为 5.1～7.4 g/d 和 4.4～5.9 g/d。多数牧草和饲料都含有适量的钙，一般都能满足羊的需要。因此，在放牧条件下，羊很少发生钙缺乏症；但在舍饲条件下，由于饲料原料的限制，日粮中钙缺乏或钙磷比例不当会导致缺钙现象发生。玉米、劣质粗饲料和幼嫩禾本科牧草的含钙量都比较低。另外，环境阴暗、消化道疾病、营养缺乏等都可诱发钙缺乏。怀孕母羊缺钙会出现骨质疏松、产后瘫痪和子宫脱出等。饲料中维生素 D 含量不足和羊舍采光不好等因素，可导致羔羊体内维生素 D 缺乏，从而影响钙元素吸收，表现为生长迟缓、异食、喜卧、呆滞、跛行；严重缺钙的羔羊会后躯抬不起，且呼吸、心跳加快；久病羔羊会四肢肿大、弯曲，最终发展为佝偻病。

因为，羊的骨头所占体重的百分比不如牛那么大，而在采食方面比牛的选择性强，可以摄入足够的磷；所以，以往人们认为羊不会发生磷缺乏症。但在舍饲条件下，长期饲喂单一饲料或秸秆类缺磷饲料会出现缺磷现象。羊缺磷的症状同缺钙类似。磷缺乏会导致钙磷比例失调，使得羔羊易发生佝偻病、成年羊出现软骨症、繁殖母羊出现产后瘫痪。缺磷也可造成羊群生产性能和繁殖性能下降，发生异食癖。

(2) 钠、钾、氯 羊对食盐的日需要量为 5～10 g，但各种饲料都较缺乏钠、氯。一般能正常进食的羊都不会缺钾，但日粮中精饲料、非蛋白氮、青贮玉米比例过高会导致缺钾症。缺乏钠、钾、氯中任一种元素，羊都会表现出食欲差、生长缓慢或体重下降、皮肤粗糙、繁殖机能减退、饲料转化率下降等现象。

(3) 镁 NY/T 816 中规定，生长期育肥羊、妊娠母羊、泌乳母羊和种公羊的镁需要量分别为 0.6～2.3 g/d、1～2.5 g/d、1.4～3.5 g/d 和 1.8～3.7 g/d。一般来说，生长旺盛的禾本科牧草含镁量较低。采食大量幼嫩多汁的禾本科牧草的老龄羊、哺乳期母羊容易出现抽搐症（也叫低血镁强直症），但以豆科牧草为主的羊很少发生缺镁症。有人认为，由于生长旺盛的嫩草钠含量较低，不能满足羊对钠的需求，导致体内醛固酮的生成增加，唾液中钠浓度的降低和钾浓度的补偿性增高，过多的钾双抑制了镁元素吸收，从而引起缺镁症（孙郁柱，2005）。也有人认为，羊在钙元素和镁元素同时缺乏时才会表现出抽搐症（Kappel et al.，1983）。缺镁羊通常表现出行动蹒跚、过度兴奋、肌肉搐搦、磨牙等症状。如果不治疗，就会迅速倒地、痉挛、口吐白沫，而后昏迷甚至死亡。

(4) 硫 生长期育肥绵羊的硫硫需要量为 2.1～4.5 g/d，妊娠母羊的硫需要量为 2.6～4.2 g/d。羊所需的氮硫比最低为 10∶1。一般情况下，羊不会发生硫缺乏症。但出现下列情况，则需要补充：

① 采食大量含单宁（鞣酸）的植物（如树叶和灌木枝叶）。虽然山羊瘤胃微生物可以合成降解单宁的酶，但过多的单宁会超出单宁酶的降解水平。也就是说，山羊对单宁的耐受性也是有限的，而绵羊对单宁的耐受性更差。羊只摄入的过多的单宁会与蛋白质形成难以降解的复合物，而植物中的硫多以含硫氨基酸的形式存在于蛋白质中。因此，饲料植物中的单宁可限制硫的利用。

② 用非蛋白氮（如尿素）代替蛋白质饲料喂羊。若不补充硫，会使氮硫比例失调，

从而影响硫的吸收。大量研究表明肉羊日粮中氮硫比应为7∶1～10∶1。

③ 日粮硫元素供给不足。一般来说，饼粕类、谷实和糠麸中含硫量较丰富，为0.15%～0.40%；但青玉米和块根茎类饲料含硫较少，为0.05%～0.10%。因此，以玉米及其秸秆为主要日粮的舍饲羊群容易出现硫缺乏症状，需要额外补充。

④ 瘤胃中的氨氮浓度太低。如果羊采食了大量的低氮饲料，也未补充非蛋白氮，瘤胃就不能给微生物同步供应硫化物和氮元素，从而影响微生物合成菌体蛋白。

羊硫中毒现象很少见，但如果无机硫作添加剂，且用量超过0.3%～0.5%时，可引起厌食、便秘、腹泻、失重、抑郁等症状，严重时可导致死亡。

3. 羊对常量元素的利用

（1）钙　钙主要在羊前胃和真胃中被吸收，部分在十二指肠和空肠中被吸收。饲料中未被利用的钙可随粪排出体外。影响日粮中钙吸收的因素主要有：

① 胃肠道环境。钙是以离子形式在酸性环境中被吸收，任何影响胃肠道酸性环境的因素都会影响钙的吸收。

② 维生素D缺乏。维生素D与甲状旁腺激素、降钙素有协同作用，可促进钙的吸收、钙进入血液，以及维持和稳定细胞外液中钙的浓度。

③ 钙摄入量。尽管羊日粮中过量钙通常无毒性，但摄取量超过需要时，钙吸收率反而会下降；而且有可能减少干物质采食量，使生产性能下降。

④ 动物的生理状态。钙的吸收量一般会随着动物年龄的增加而下降。例如，羔羊1月龄内对母乳钙的吸收率可达98%，而成年母羊对日粮钙的吸收率仅为10%～20%。

⑤ 钙的来源。氯化钙是一种溶解度高的钙源。羊对氯化钙吸收率比碳酸钙高20%～30%，对饲草中钙的吸收率为39%左右。

⑥ 钙磷比例。正常的钙磷比例为2∶1左右。钙过多会影响磷的吸收，磷过多也会影响钙的吸收。

（2）磷　羊主要通过采食植物性饲料获取磷。植物中的磷主要以肌醇六磷酸盐（植酸盐）、磷脂和核酸等有机化合物形式存在。羊瘤胃中的微生物能合成植酸酶，植酸酶可将植酸磷水解成可吸收状态；但羔羊由于瘤胃功能发育尚不完善，对植酸磷的利用率很低。维生素D对血液和体内钙磷平衡机制起着重要作用，对磷的吸收也有一定促进作用。另外，磷的来源、钙的含量、钙磷比例及与磷有拮抗作用的其他矿物元素（铜、铁、锌、锰、铝、硒等）含量等都会影响磷的吸收。羔羊日粮中磷不足而钙量超过需要量1.5倍时，就会出现严重的缺磷症状。补充过量的磷酸盐虽然对羊并无明显的毒性，但可引起腹泻。

（3）钾、钠、氯　天然饲料中钾的含量相对比较丰富。钾主要是在十二指肠通过简单的扩散形式被吸收。空肠、回肠和大肠也能吸收一部分钾。来自饲料及饮水中的钾几乎可以全部吸收。钠主要是在瘤胃、真胃、瓣胃和十二指肠被主动转运，在小肠壁亦可进行被动吸收。饲料中的钠大部分（80%～90%）能被吸收，主要是伴随着糖和氨基酸的吸收而被吸收的。氯主要在羊小肠上端被吸收的，也可与钠一起通过胃壁被吸收。

（4）镁　成年羊日粮中的镁主要通过羊前胃壁被吸收。羔羊主要经小肠吸收镁元素。影响瘤胃吸收镁的因素较多，包括日粮中镁的含量和存在形式、镁的拮抗物（钙、钾、氯

等影响镁吸收）和瘤胃液的 pH（瘤胃液 pH 升高至 6.5 时，镁的溶解度会急速下降）。一般认为，菱镁矿和白云石中的镁离子是不可消化和吸收的。在瘤胃 pH 正常的情况下，镁离子的矿物质来源溶解度很低，如氧化镁；而硫酸镁和氯化镁中的镁离子溶解度高，在瘤胃中的吸收率也高。

据报道，日粮添加葡萄糖可为瘤胃上皮细胞加强镁的主动转运提供能源。同时，葡萄糖的酵解可使瘤胃的 pH 下降，提高镁在瘤胃液中的溶解度，增加瘤胃微生物对氨的利用率，减缓氨对镁转运的抑制作用（Mayland，1988）。

（5）硫　羊消化道中的微生物可选择性地将外源硫（如硫酸钠）转变成有机硫，合成含硫氨基酸，以便在小肠处被吸收。未被利用的硫通过胃壁被吸收，而后被氧化为硫酸盐进入血浆和体液中；血液中的硫酸盐经唾液重新进入瘤胃，形成硫的体内循环。羊的硫代谢与氮代谢相关。适宜的氮硫比可促进日粮中营养物质的消化，促进氮的沉积，从而促进羊的生长。硫的需要量与可利用的含硫氨基酸有着密切关系。

4. 羊常量元素的供给

（1）补充钙和磷　舍饲羊群，尤其是生长速度较快的羔羊、早期断奶羔羊、妊娠和哺乳期母羊、繁殖季节的公羊都应注意补充钙和磷，并适当提高日粮中的钙磷水平。

① 注意日粮钙含量和钙磷比例，按照羊群不同生理阶段的需求予以及时调整。绵羊、山羊日粮正常的钙磷比例应为 1.5∶1～2∶1。但在母羊妊娠后期及哺乳期，钙的消耗量更大，钙磷比例可调整为 2.25∶1。除了多喂含钙量较高的苜蓿、白三叶及谷实类、饼粕和糠麸类饲料，还可以通过在饲料中添加钙制剂予以补充。

② 改善饲养管理条件，增加运动量，增加羊舍的采光面积和羔羊的日照时间。

③ 对表现出缺钙症状的羊只，首先要查明原因。如果钙、磷是等比例缺乏，可用磷酸氢钙予以补充；如果钙、磷不是等比例缺乏，可用石粉或贝壳粉补充。对有缺钙病史或有前兆的母羊可静脉注射 10%葡萄糖酸钙或者 5%氯化钙，同时须补充维生素 D。

（2）补食盐　所有羊只都必须补充食盐，以满足羊体对氯元素和钠元素的需求。羊对食盐的日需要量为 5～10 g，可利用以下措施予以补充：

① 饲料补盐。为了补盐，通常在配合饲料中加入 1%～2%的食盐。饲料中盐的添加量取决于配合饲料的日饲喂量、饮水量和日粮组成。羔羊饲料盐的添加量控制在 1%左右。

② 饮水补盐。在每千克饮水中加入食盐 0.5～1 g，并经溶解和搅拌均匀后方可让羊饮用。水中食盐的添加量应根据羊的日粮组成和饮水量来决定。若在春末和夏初，牧草水分含量高、钠含量低，而且饮水量不大，放牧羊群每千克饮水中食盐量可调整到 1 g；但在饮水能够满足供应和自由饮用、精饲料日饲喂量较大或粗饲料以青干草为主的舍饲条件下，每千克饮水的食盐量应降至 0.5 g 左右。

③ 自由啖盐。将食盐单独放在专用盐槽里让羊自由舔食，即所谓的“啖盐”。

④ 盐砖补盐。盐砖是以食盐为载体，另添加了钙、磷、碘、铜、锌、锰、铁、硒等元素，经过一定工艺制成的中间有孔的圆形盐块。使用时，可吊挂在羊舍或运动场，任羊自由舔食。舔食盐砖也是另一种形式的“啖盐”。

当配合饲料中的盐添加过量、添加的食盐混合不均、饮用高浓度盐水或饮入大量盐水时，羊会出现食盐中毒。另外，酱油渣中的含盐量为 7%～8%，甚至更高。如果单独或大量喂羊也可引起食盐中毒。

食盐中毒与饮水量有关。当羊摄入过量食盐时，如果能充分供给饮水，食盐的排出速度加快，不易引起中毒；反之，如果饮水不足，则可引进中毒。食盐中毒还受其他因素的影响。当机体缺钙和维生素 E、缺乏含硫氨基酸时，可增加羊对食盐的敏感性。

羊的食盐中毒量约为需求量的 10～20 倍（约为 6 g/kg 体重）；致死量为需求量的 25～50 倍，即为 125～250 g/只。

（3）补镁　羊饲料中可选择添加硫酸镁或氯化镁，同时须注意钙元素的补充。

（4）补硫

① 补充蛋氨酸。羊对蛋氨酸硫利用率可达 100%。羔羊缺硫时，可通过补充蛋氨酸，提高日粮中硫水平。

② 在日粮中选择添加硫酸钠、硫酸钙、硫酸钾或硫酸铵时，补充量不宜超过饲料干物质的 0.1%。其用量超过饲料干物质的 0.3%～0.5%时，可使羊产生厌食、失重、便秘、腹泻等毒性反应，严重时可导致死亡。因此，要严格控制添加量。

③ 通过增加富硫饲料（如饼粕类、谷实和糠麸）的饲喂量或放置含有硫元素的舔砖予以补充。

④ 绵羊、山羊在补充非蛋白氮时，也要补充硫，并将氮硫比例调整到 10∶1。

（二）微量元素

微量元素是指动物体内含量小于 0.01%的元素。目前，已查明的微量元素有 20 种，其中羊易缺乏元素约有 10 种。

1. 微量元素的营养与生理功能

（1）铁　铁广泛存在于动物、植物体内，糠麸类饲料和饼粕类饲料中均富含铁。铁主要用于合成血红蛋白、肌红蛋白和呼吸酶类，能参与体内物质代谢，并具有抗感染作用。

（2）铜　在动物体内，铜作为金属酶组成部分直接参与代谢，同时维持铁的正常代谢，并有利于血红蛋白合成和红细胞成熟。铜还参与骨形成，是形成骨细胞、胶原和弹性蛋白不可缺少的元素。

（3）锌　锌是动物体内 200 多种酶的组成成分。在不同的酶中，锌起着催化分解、合成和稳定酶蛋白四级结构、调节酶活性等多种生化作用。锌还参与维持上皮细胞和皮毛的正常形态、生长等，以及维持激素的正常作用、维持生物膜的正常结构和功能。同时，锌在维持公羊睾丸正常发育和精子正常生成方面也具有重要作用。

（4）钴　钴在羊体内的正常含量不超过 1/20 000，但在维持机体的正常生长和健康上具有非常重要的作用。在正常情况下，羊瘤胃微生物的生长、繁殖及合成维生素 B_{12} 都需要钴。维生素 B_{12} 不仅是羊的必需维生素，而且是瘤胃微生物的必需维生素。当牧草中缺乏钴时，则维生素 B_{12} 合成不足，会直接影响瘤胃微生物的生长繁殖，从而影响纤维素的消化。钴也是形成红细胞的一种必要营养素。

（5）锰　锰是一些参与碳水化合物、脂类、蛋白质和胆固醇代谢的酶类的组成成分，也是多种酶的非专一激活剂，是精氨酸酶的专一激活物。骨骼中的锰参与硫酸黏多糖软骨素的形成，是骨骼中软骨的必需成分，可预防骨短粗症。锰与羊生长、繁殖有关，并参与铜的造血功能。锰还是维持大脑正常代谢功能必不可少的物质。

（6）碘　碘是一种生物活性较高的微量元素，也是动物必需微量元素。碘在羊体内主要是通过合成甲状腺素而参与机体代谢。碘对羊的生长发育、繁殖、皮毛发育、红细胞生成和血液循环等起调控作用。我国一度是世界上严重缺碘的国家之一，有 7 亿多人生活在缺碘地区，动物缺碘问题同样也很严重。

（7）硒　硒是动物有机体必需的微量元素之一，参与谷胱甘肽氧化酶、辅酶 Q 及辅酶 A 的合成。硒不仅可以保持动物机体内的生物膜结构不受氧化损伤，对蛋白质的合成、糖代谢、生物氧化及心脏的组织呼吸和能量储备等具有有益作用；而且对正常动物的心脏有兴奋作用，可以提高羊的抗体水平，促进羊生长发育，提高繁殖性能和对各种营养物质的消化率，增强机体的非特异性免疫力；可以改善肺功能，也有助于缓解胃病、改善食欲。因此，硒被称为“生命的核心元素”。

（8）钼　钼作为瘤胃微生物的硝酸氧化酶的组成成分，参与了瘤胃中饲料硝酸盐的转化。同时，钼作为亚硫酸盐氧化酶的组成成分，刺激瘤胃微生物的代谢，促进饲料中粗纤维的消化。因此，钼是羊维持健康、生长和生产所必需的元素。

2. 羊对微量元素的需要

（1）铁　NY/T816—2021 中规定，肉用绵羊生长育肥羊、妊娠期母羊、哺乳期母羊和种公羊对铁的需要量分别为 30.0～88.0 mg/d、38.0～88.0 mg/d、44.0～97.0 mg/d 和 12.0～38.0 mg/d。放牧绵羊、山羊一般不会缺铁，但在失血、感染寄生虫或患有某种疾病而造成铁代谢失调等情况下，可能会发生缺铁性贫血。羔羊会因初生时体内铁储存量少、奶中铁含量低，而出现缺铁症状。缺铁羔羊表现为皮肤和黏膜苍白、食欲减退、生长缓慢、体重下降、舌乳头萎缩、呼吸频率增加、抗病力弱、血红蛋白明显低于正常值，严重时甚至会死亡。

（2）铜　不同生理阶段的绵羊对铜的需要量，随着铜吸收效率的降低而逐渐增加。肉用绵羊生长育肥羊、妊娠期母羊、哺乳期母羊和种公羊对铜的需要量分别为 6.0～33.0 mg/d、9.0～35.0 mg/d、9.0～36.0 mg/d 和 12.0～38.0 mg/d。绵羊、山羊缺铜主要是由于土壤和饲料缺铜。一般来说，在沼泽地、沙地、缺乏钴元素的沿海地区都可能缺铜。饲养在缺铜地区的羊只，如果饲料中铜含量也低于 3 mg/kg，而且不注意补充，就可能出现铜缺乏的症状。自然放牧的羊（尤其是冷季放牧的羊）较舍饲的羊更容易缺铜。有些品种（如特克赛尔羊）对缺铜十分敏感（李万栋等，2021）。

绵羊、山羊缺铜的主要症状是贫血、腹泻、运动失调和被毛褪色。缺铜对 1～2 月龄的羔羊危害最严重，刚出生的羔羊也会发病、死亡。羔羊缺铜主要表现为运动障碍，即人们所说的摆腰病、摇摆病；早期症状为两后肢呈八字形站立，驱赶时后肢运动失调、后躯摇摆，而且呼吸和心率随运动而显著增速；严重时出现转圈运动，或呈犬坐姿势，后肢麻痹，卧地不起，最后死于营养不良。缺铜的成年羊被毛会出现稀疏、粗糙、缺乏光泽、弹性差、弯曲变浅或消失、黑毛颜色变浅的症状。母羊缺铜会出现发情表现不明显、不孕或流产等症状。羊缺铜，可能是单纯缺铜，也可能钴和铁同时缺乏。在单纯缺铜的羊群，只要在食盐中加入 0.5%硫酸铜，便可满足羊的需要；但要注意饲料中钼、锌、镉、铁、铅、硫酸盐和植酸盐含量过高，也会影响铜的吸收。

由于铜在羊肝脏中的滞留量较大，因此绵羊对铜特别敏感，容易发生铜中毒。当日粮中铜含量超过 25 mg/kg 时，羊会出现贫血、生长受阻、肌肉营养不良和繁殖性能下降等中毒症状。当肝内铜聚积到暴发点时，可导致羊的肝功能障碍并引起肝脏坏死；坏死的肝脏无法排出储存的铜，于是肝脏中大量的铜释放入血液，致使红细胞内还原型谷胱甘肽的浓度突然降低，使得红细胞的稳定性和完整性遭到破坏，红细胞破裂后发生急性溶血，羊的组织坏死，直至死亡。另外，饲喂高铜日粮的羊会将大量的铜随粪便排出体外，破坏土壤微生物系统和水体生态环境，影响作物的正常生长；这些铜会在农作物内富集，最后随食物链富集在人体内，损害人体健康。

（3）锌　肉用绵羊生长育肥羊、妊娠期母羊、哺乳期母羊和种公羊对锌的需要量分别为 33.0～81.0 mg/d、36.0～88.0 mg/d、40.0～93.0 mg/d 和 55.0～100.0 mg/d。导致绵羊、山羊缺锌的主要因素是：

① 日粮中锌含量不足，且羊对锌的吸收率低。动物体对植物饲料中锌的吸收率只有 10%～20%或更低。如果饲喂低锌日粮，羊就很容易缺锌。

② 锌与许多矿物质元素有拮抗作用。日粮中纤维素、植酸、钙、铁、铜、汞、铜、铅等都可抑制锌的吸收。

③ 肠道吸收不良。羊患消化道疾病会影响锌的吸收。

④ 锌的需要量增加。羊在迅速生长期、妊娠期、哺乳期需要较多的锌。

羊缺锌的主要表现：生长缓慢，采食量减少，厌食，饲料营养物质的利用率下降，消瘦，消化不良，味觉和嗅觉迟钝或异常，甚至出现异食癖；皮肤粗糙，被毛生长受阻。羔羊易发生骨骼异常、关节僵硬等症状。母羊发情周期紊乱，卵巢萎缩，发情期延长或不发情；受胎率降低，胚胎发育不良，易发生早产、流产、难产、死胎或畸形胎增多。公羊表现为睾丸萎缩，创伤愈合缓慢，免疫力低下等。

虽然羊对锌的耐受力比单胃动物差，但正常日粮不会导致锌过量摄入。绵羊对锌的最大耐受量为 1 000 mg/kg。生长期羊日粮中含锌达 2 500～3 000 mg/kg 时，会出现采食量少、增重慢和血红素下降外，甚至出现急性角弓反张、突然死亡（Ott et al.，1966）。高锌对铜的吸收与代谢有负面影响，而且会对瘤胃微生物产生有害影响并改变瘤胃代谢。因此，日粮中锌水平应予以必要的限制。

（4）钴　成年羊对钴的需要量为 0.3～1.0 mg/d，则羊日粮干物质中钴含量应为 0.1～0.2 mg/kg。羊缺钴的主要原因：

① 土壤和饲料缺钴。一般来说，风沙堆积性草场、沙质土，碎石或花岗岩风化土壤、灰化土及火山灰烬覆盖的地方都严重缺钴。为了判断羊群是否缺钴，最好是对土壤、牧草进行钴含量分析。如果土壤钴含量低于 3 mg/kg、牧草中钴含量低于 0.07 mg/kg，可判定钴缺乏。

② 土壤中的钙、铁、锰等元素含量过高会影响土壤内钴的利用率，pH 过高也会影响钴利用率。

③ 饲料原料组成不合理。不同植物或同一植物的不同部位钴含量差异很大。一般来说，豆科植物中钴含量较高，棉籽饼中钴含量可达 2.0～2.1 mg/kg，普通牧草中钴含量仅 0.03～0.2 mg/kg。同一植株中，叶子含钴量占 56%，种子中占 24%，茎、秆、根中仅占 18%。因此，在缺钴地区，用作物秸秆喂羊容易出现钴缺乏症。

羊群缺钴主要表现为渐进性消瘦和虚弱、流泪、羊毛生长受阻；在食欲减退的同时，还会发生下痢；出现食欲异常，如喜欢吃被粪尿污染的褥草，啃舔泥土、饲槽及墙壁等；最后，会发生贫血症、结膜及口鼻黏膜发白。

羊对钴的耐受力比较强，但当日粮钴超过需要量的300倍时会出现中毒反应，其症状与缺钴相似。羔羊比成年羊更敏感。

（5）锰　肉用绵羊生长育肥羊、妊娠期母羊、哺乳期母羊和种公羊对锰的需要量分别为22.0～53.0 mg/d、30.0～58.0 mg/d、16.0～69.0 mg/d和18.0～75.0 mg/d。大多数植物的锰含量在100～800 mg/kg，如小麦、燕麦、麸皮、米糠等中的锰均能满足动物生长需要。但在下列情况下会出现锰缺乏：

① 土壤缺锰或组成成分不利于锰吸收。石灰岩风化的土壤中锰含量较少；碱性土壤可降低植物对土壤中锰的吸收利用；土壤中有机质与锰形成不溶性复合物，影响了植物吸收和利用。另外，土壤中的铁、钴都可影响植物对锰的吸收。土壤中锰低于3 mg/kg时，羊群就会出现锰缺乏症。

② 饲料组成不合理。虽然大多数植物的锰含量都比较高，但是玉米、粗粉和豆荚中锰含量很低，分别为8 mg/kg、5 mg/kg和16 mg/kg。因此，以玉米、粗粉为主要日粮的羊容易出现锰缺乏症。

③ 日粮中高铁、高钙和高磷会降低锰的吸收。

④饲料中胆碱、烟酸、生物素及维生素B_2、维生素B_{12}、维生素D等不足时，羊对锰的需要量增加。

缺锰羊只表现为：采食量下降，生长减慢，饲料转化率降低，腿变形，站立和行走困难，关节疼痛和不能保持平衡，共济失调；繁殖功能也可能出现异常，母羊表现为不孕。但锰过量也会引起羊生长受阻、贫血和胃肠道损害，甚至出现神经症状。

（6）碘　NY/T 816—2021对肉用绵羊碘需要的建议量为0.4～2.0 mg/d。NRC（1985）建议绵羊日粮干物质中含碘量应为0.1～0.8 mg/kg，妊娠母羊及泌乳母羊可采用高限量。羊缺碘的主要原因：

① 饲料和饮水中碘的含量不足或缺乏（原发性碘缺乏）。

② 采食过多含有碘拮抗物的饲料。例如，菜籽饼、棉籽饼、芝麻饼、豌豆及白三叶草等含有较多的甲状腺肿原性物质甲巯咪唑、甲硫脲，羊长期或大量采食上述饲料就容易缺碘。

③ 日粮中碘的拮抗物质锰、铅、钙、氟、硼含量过高，影响了碘的吸收利用。

羊严重缺碘时，可在颈静脉沟观察或触摸到呈卵圆形、可移动、下部与深部肌肉相连的甲状腺肿块。缺碘时，新生羊羔表现虚弱，被毛稀少，过多地掉毛，全身常有水肿，山羊羔有时比绵羊羔更严重；繁殖母羊常出现难孕、流产或死胎、胎衣不下等现象；公羊性欲降低，精液品质下降。

羊很少出现碘中毒现象。因为饲料中含碘量过高时，适口性下降，羊的采食量下降，自然可以避免中毒。

（7）硒　NY/T 816—2021对肉用绵羊生长育肥羊、妊娠期母羊、哺乳期母羊和种公羊硒需要的建议量分别为0.4～0.9 mg/d、0.5～1.0 mg/d、0.5～1.0 mg/d和0.6～1.6 mg/d。

我国国土面积的72%属于缺硒区，其中30%是严重缺硒地区。在缺硒地区，绵羊、山羊均表现出缺硒症状，需要补充。羔羊对硒缺乏较敏感，往往表现出生长缓慢、消瘦、拉稀、心肌变性并有微血管损伤、心肌水肿、肝坏死、白肌病等症状，甚至突然死亡；成年母羊缺硒表现为产毛量低、繁殖机能降低、流产；种公羊缺硒，出现后肢僵直等症状，影响采精配种。硒也是一种剧毒物质。饲料中硒含量超过15 mg/kg时，可使羊消瘦、失明、心肌萎缩、肝脏萎缩和硬化、胚胎发育受阻或出现先天畸形。羊出现硒急性中毒时，会发生血管系统损害，全身出血，肺充血及水肿，腹水，肝、肾变性，呼吸衰竭而死亡。

（8）钼　一般饲养条件下，日粮中的钼能满足羊的需要。羊缺钼时，采食量、生长速度、受胎率、产羔率下降，胚胎和羔羊死亡率增加，会在肝脏积存过剩的铜。羊摄入过量的钼时会引起钼中毒，症状为剧烈腹泻、消瘦、贫血、掉毛、皮炎、心肌变性、关节异常、繁殖障碍。幼年动物对钼中毒更敏感。日粮中硫水平会影响钼的代谢。硫酸盐可促进钼的排泄，降低钼在肠道中的吸收和在组织中的蓄积。羊日粮中钼的推荐量为0.01～0.05 mg/kg，最大耐受量应低于10 mg/kg。

另外，饲料或饮水中砷、镉、铅、汞过量，也会严重影响羊的繁殖性能，可致早期胚胎或胎儿死亡。

3. 羊对微量元素的利用

（1）铁　铁主要在十二指肠中被吸收，胃也能吸收一部分。羊对饲料中铁的吸收率很低。饲草中的铁通常为氧化铁，其溶解度及吸收率都较差。据报道，妊娠母羊日粮含铁量达到20 mg/kg时，铁吸收率仅为21%（Hoskins et al.，1964）。同时，日粮含铁量越高，吸收率越低。随年龄的增长，羊的铁吸收率会下降。

虽然，动物具有调控铁吸收的内在机制，日粮铁过量一般不会造成中毒；但是，过多的铁盐在消化道中可与磷形成不溶性的磷酸盐，从而影响磷的吸收，导致磷缺乏，出现骨骼疾病。同时，铁过量影响维生素及微量元素的吸收。因此，羊日粮中不宜过量使用含铁化合物。

（2）铜　动物消化道各段都能吸收铜，但主要在小肠处吸收。绵羊的大肠也能吸收铜。肝脏是代谢铜的主要器官。羊对铜的吸收率很低，而且受年龄、日粮组成等很多因素的影响。羔羊对日粮中铜的吸收率可达70%，但随着反瘤胃发育的完善而迅速下降。成年羊日粮铜的吸收率为5%～10%。饲料中的钙、硫、铁、锌、钼等会与铜发生拮抗，从而影响铜的吸收。

（3）锌　锌主要经动物小肠吸收，成年羊约1/3的锌在真胃处被吸收。动物对锌的吸收同样受年龄、日粮组成等诸多因素的影响。例如反刍前犊牛的锌吸收率约为50%、生长期为30%、成年期为20%。未被动物吸收的锌均随粪排出体外，哺乳期母羊还通过乳汁排除一部分。当羊体内锌水平不足时，锌的吸收增加，排出量减少。

羊体内易被利用的锌储备不多；当储备锌耗尽后，肝脏及血浆中锌的浓度迅速下降。但补锌后，羊的采食量和体增重会很快得到恢复。

一般来说，无机锌的消化吸收率低；有机锌（如氨基酸络合锌）的消化吸收率较高，且由粪中排出的少。

羊日粮中钙含量过高会导致锌不足，含量过低又会降低锌的有效性。植酸可与锌结

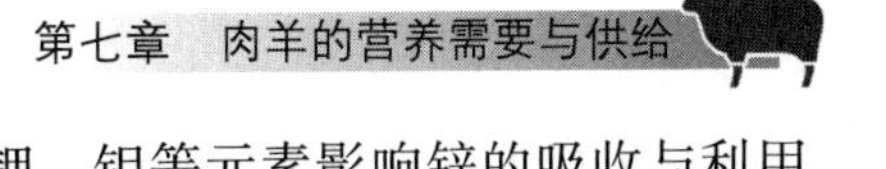

合，形成一种络合物，影响锌在羊体内的吸收。钠、钾、钼等元素影响锌的吸收与利用。磷、铁、铜等微量元素与锌之间也存在着拮抗关系，其中某一种元素过低会引起其余微量元素的缺乏。钼能促进饲料中锌的吸收利用。

（4）钴　动物对钴的吸收率很低。羊对钴元素的吸收与钴的含量、存在的形式密切相关。绝大部分的钴以维生素 B_{12} 的形式被吸收，少量以钴蛋白复合物和无机盐的形式被吸收进入血液。在正常日粮水平条件下，瘤胃微生物能把3%左右的钴转变成在维生素 B_{12}，但动物仅能吸收其中的20%。钴主要在羊小肠后端被吸收，经门静脉运至肝脏，然后输送至全身各组织。因此，肝脏中的钴含量最高。但钴元素一般不在体内蓄积，多数随尿液、粪便排出体外，少量钴还通过毛发、乳汁、胆汁等排出体外。

（5）锰　锰主要在动物肠道处被吸收，被吸收的锰经门静脉循环进入肝脏。其中，小部分锰与铁运转蛋白结合，并通过转运进入体组织中。一些被吸收的锰与 α2 巨球蛋白和白蛋白结合经血液进入体循环。但哺乳动物对锰的吸收率仅为1.0%～4.0%。其主要原因：

① 植物饲料中的植酸可与锰结合形成难溶的单盐或螯合物，使可溶性的锰减少，动物对锰的吸收降低。

② 饲料中粗纤维、单宁等阻碍锰的吸收利用，大豆蛋白也会降低锰的利用率。

③ 锰与铁、钴、锌、硒、镁等微量元素存在拮抗作用。常量元素钙和磷过量对锰的吸收也有抑制作用。

另外，动物体内的锰元素在激素的控制下可保持动态平衡；当吸收量超过需要量时，可通过胆汁将多余的锰排泄掉。但动物体内储存锰的能力较低。

（6）碘　羊可通过饲料、饮水摄入碘元素。饲料中的碘大多为无机碘化合物，羊对无机碘的吸收率几乎可达100%，其中约70%～80%直接从瘤胃处被吸收，另有10%被瓣胃吸收。有机碘也可在瘤胃处被吸收，吸收率与含碘化合物在瘤胃液中的溶解度有关，溶解度低的碘一般在皱胃处被吸收。大部分未被吸收的有机碘随尿液排出，只有少量的碘随粪便排出。

（7）硒　硒主要在十二指肠处被吸收，瘤胃和真胃几乎不吸收硒。在正常饲料供给条件下，绵羊、山羊对牧草和饲料中硒的表观消化率为30%～60%，提高绵羊日粮蛋白质水平有利于硒的吸收。与无机硒源相比，蛋氨酸硒和酵母硒的生物学效价高得多。硒和维生素E有协同作用，增加维生素E的供给量可减少硒的需要量。高钙或低钙日粮均能降低羊对硒的表观消化率，增加硫的摄取量能提高硒的需要量。

（8）钼　羊主要在瘤胃和小肠处吸收钼，但吸收力较低，吸收速度较慢。这主要是因为钼作为羊消化道微生物的生长因子，会被微生物吸收而较长时间滞留在消化道中。被吸收的钼会有少量进入胆汁。而进入血液的钼则转变成一种高度透析的阳离子，参与体循环，并进入其他组织器官中。未被利用的钼主要随粪便排出。

4. 微量元素的供给

微量元素的供给主要注意：

① 放牧、补饲和适时驱虫均可预防羊缺铁。因此，成年羊一般不需要补铁，但羔羊可补充羟基蛋氨酸铁。

② 根据羊对各种矿物元素的需要，以及各种元素的协同与拮抗关系，配制饲料添加剂，补充羊群所需要的矿物元素。

③ 对严重缺硒地区的羔羊，可定期注射亚硒酸钠维生素 E 注射液。羔羊、妊娠母羊、哺乳母羊每月注射 1 次，繁殖公母羊最好在配种前一个月内注射 1 次；其他羊每两个月或每季度注射 1 次。日粮中可添加蛋氨酸硒或酵母硒。

④ 给羊瘤胃内投放含硒、铜、钴等微量元素的长效缓释丸，但 2 月龄内羔羊不宜投放。

⑤ 给高产草场施用的肥料中添加当地严重缺乏的元素。

⑥ 在正常饲养管理条件下，羊群不需要补充钼元素。

⑦ 肉羊日粮添加铜时，必须全面考虑其影响因素，以提高铜在羊体内的吸收率和利用率，避免铜过量添加而影响羊的健康，同时减少过量铜排泄对环境造成的污染。

⑧ 肉羊饲料中尽可能添加有机锌。

⑨ 氯化钴、硝酸钴及钴的硫酸盐、碳酸盐均可利用钴源。但氧化钴由于其溶解度低利用率较差，尽量不用。

六、水

水是羊的生命活动所不可缺少的营养物质，一般占体重的 60%～70%。

水是组成体液的主要成分，是羊饲料消化吸收、营养物质代谢、体内废物排泄及体温调节等生理活动所必需的物质。羊对缺水比缺草还难以忍受。当体内水分损失 5%时，羊就有严重的渴感，食欲下降或废绝；当体内水分损失 10%时，羊就会出现代谢紊乱，生理过程遭到破坏；当水分损失达 20%时，可导致羊死亡。2～3 d 不饮水，羊就拒绝采食。长期缺水，可使羊唾液减少，瘤胃发酵困难，食欲下降，胃肠蠕动减慢，消化紊乱，血液浓缩，体温调节功能失调，尿液浓度增高而发生尿中毒。另外，在缺水情况下，羊体内脂肪过度分解，会诱发毒血症，导致肾炎。

羊的需水量与季节、品种、饲粮等因素有关。据报道，冬季采食较干饲料的母羊每天需饮水 3.8 L，哺乳期母羊每天需饮水 5.7 L、育肥羔羊每天约需水 1.9 L（刁其玉等，2022）。羊喜欢清洁饮水，尤其是山羊常常拒饮被污染水；这种行为是羊的自我保护行为。但在极度干渴条件下，羊也会被迫饮用非清洁水；其结果可能是感染寄生虫病、传染病或消化道疾病。因此，应给羊供应充足的饮水，任其自由饮用；同时还要注意水的卫生和质量，最好饮用深井水或流动而清洁的河水。一般情况下，人的安全饮水对羊也是安全的。饮水中的固体物（各种可溶解盐类）含量为 150 mg/L 时较为理想；低于 5 000 mg/L 时，对羔羊无害；超过 7 000 mg/L 时，可导致腹泻；高于 10 000 mg/L 时，不能饮用。从无盐水突然转为微盐咸水时，有些羊可能出现暂时性轻度腹泻，需要有一个逐渐适应的过程。

第三节　肉羊饲养方式选择

选择饲养方式必须因地制宜，主要取决于饲料资源、生产季节、养殖规模、品种、类型和生产方向等。同一群羊在不同季节可采取不同的饲养方式。因此，饲养方式的划分是相对的，而不是绝对的。例如，在冬春枯草季节，可采取半放牧（放牧＋补饲）或全舍饲方式。舍饲羊群在条件允许的情况下，可进行短时间放牧运动，每天驱赶到人工草地上放牧一定时间，既补充了青饲料，又锻炼了体质；但规模羊场就很难做到这一点。强度育肥羊群以全舍饲为宜。

一、放牧

（一）放牧的合理性

1. 有利于降低饲养成本

放牧可使廉价的天然牧草资源得到转化和利用。以放牧的方式饲养肉羊，在饲料和工人工资等方面的费用比舍饲低50%～70%，可显著降低羊产品生产成本，增加养殖利润。

2. 有利于改善羊群健康状况、繁殖性能和产品品质

适当的运动有利于羊维持身体健康和提高繁殖性能。放牧羊群主要采食未受工业尘埃及农药污染的杂草，加之本身抗病力强，很少使用抗生素等有残毒的药物。因此，所生产的羊肉较安全、卫生。

3. 有利于天然草地牧草的再生

牧草植物的衰老组织不仅不能进行有效的光合作用，而且其呼吸作用消耗植物的营养资源，并因遮阳而阻碍下部枝条的产生和生长。羊群采食这些衰老的组织有利于植物的再生。另外，大量的研究表明，当动物采食植物顶端后，植物会发生超补偿生长，即去除了顶端生长点的植物产量高于未受伤害的植物。动物的合理采食还可以刺激被食植物的种子产量、生物学产量、无性繁殖器官的数量、分蘖密度等的增加。

4. 有利于营养物质的再循环

土壤中营养物质的可利用性是植物生长的一个重要条件。在大多数情况下，土壤养分处于有限供应状态。在不被放牧的条件下，植物残体的分解速度较慢，土壤中可利用养分含量较低；当有动物放牧时，大部分被采食植物组织会以粪尿形式返还草地，加速了土壤的养分循环，有利于再生。因此，动物采食可通过提高土壤肥力而诱导植物的超补偿性生长。

5. 有利于维持生物的多样性

草原工作者的研究可以证明，采取合理的放牧措施可实现草地条件的良性转化。美国草原管理学会主席柯利瑞（1991）认为，家畜对牧草的啃食会促进植被的长期繁茂，并可维持草原生态系统生物物种的多样性。疏林区的繁茂牧草不被动物利用，不仅会造成牧草资源的浪费，而且容易孳生病虫害、引起火灾。适度的放牧还可使草地有害虫类比例下降。

（二）正确处理放牧与生态环境保护的关系

1. 控制载畜量（放牧量）

相关研究证明，在自然植被上放牧，若草地利用率超过产草量的45%～50%，会引起牧草组成的破坏，使家畜喜食的优良牧草逐渐减少、甚至消失，从而使家畜不喜食或不宜食的杂草、毒草相应增多；反之，如果牧草的利用率低于40%～45%，植被的组成与产量均有所改善，而且能够获得较高的养殖效益。因此，不论是肉羊新饲养区，还是传统放牧饲养区，都应依据草场的产草量确定载畜量，因地制宜。

决定载畜量的因素有草地类型、牧草产量与品质、生长季节、所饲养羊群的种类等。在相同放牧条件下，不同种类羊所需的草地面积也不完全相同。例如，大型肉用绵羊、山羊品种，因为采食量大，所需草地面积大于小型地方品种。通常 1 只成年羊（以体重 50～60 kg 成年母羊为例）夏季、秋季每天需青草 8～10 kg，冬季、春季每天需干草 2～2.5 kg，全年约需要上等草场 0.67 hm^2，或中等草场 1.3 hm^2，或下等草场 2 hm^2。估算时，也可按照草地的实际产量和羊群对草地利用率等因素进行。其计算公式为：

$$放牧量=\frac{饲草产量（kg/hm^2）\times 利用率}{羊日采食物量（kg/头）\times 放牧天数（d）\times 放牧时间（h）}$$

另外，在入冬前应严格淘汰非繁殖用羊，以减缓草场压力。

2. 发展季节性羔羊肉生产

冬末与早春时出生的羔羊，可以利用夏季、秋季生长旺盛的牧草，实现较快的生长速度；也可采取放牧＋补饲、放牧饲养＋短期舍饲育肥等方法，使羔羊在寒冷季节到来前，体重达到上市标准。这样，一方面，可减缓冬季、春季草场压力，将有限的牧草留给繁殖母羊；另一方面，可为市场提供优质羔羊肉，满足人们对优质肉品的需求。

3. 发展良种肉羊

引入良种，普及良种，改良提高当地羊的产肉性能。大多数良种肉羊品种，如萨福克羊、杜泊羊和布尔山羊等，6 月龄羔羊体重可达 30 kg 以上。此时，上市的羔羊不仅可为市场提供具有竞争优势的优质羔羊肉，还可节约大量的饲料资源、减轻草场压力。

4. 大力发展人工草地

虽然天然草地作为可更新的自然资源具有很大的生产潜力，但人工草地的载畜量、单位草地肉产量、肉品质量均大大高于天然草地。依照草地畜牧业发达国家的经验可知，面积占 10%草地总面积的人工草地，畜牧业生产力比完全依靠天然草地增加 1 倍以上。因此，人工草地的数量和质量已成为畜牧业现代化的重要指标之一。目前，美国的人工草地面积为天然草地的 15%，俄罗斯为 10%，荷兰、丹麦、英国、德国、新西兰等国为 60%～70%。目前，我国草地的生产力很低，人工草地面积仅为天然草地面积的 2%。我国北方牧区约有 2 000 万 hm^2 土地适宜人工种植牧草、建立人工草地和饲料基地。我国南方地区宜于开发利用的草地有 1 200 万 hm^2。如果实现科学合理的开发利用，其载畜量相当于一个新西兰的规模，可年产牛肉、羊肉 300 万 t 以上，约等于 2 400 万 t 粮食。另外，北方开发潜力较大的还有农牧交错带，即年降水量 400 mm 左右的呈带状分布的森林草原带，包括 11 个省份的 150 多个县市，总面积约为 5 000 万 hm^2。如果将其中的 2 000 万 hm^2 建成高产人工草地和饲料基地，将形成 120 万 t 牛肉、羊肉的生产能力，等于生产 960 万 t 粮食。在农区，完全实行种植业的三元结构（农作物、经济作物和饲料作物）后，估计饲料作物的种植面积可达 1 200 万 hm^2，相当于增加饲料粮 4 000 万 t。因此，应当应有计划地增加资金和技术投入力度，努力改善我国草地的生产和生态环境，并使草地资源得到合理利用，大幅度提高我国草地畜牧业的生产力；同时，可缓解我国因水资源和耕地不足造成的粮食紧缺，增强我国农业可持续发展后劲。

(三) 放牧方式的选择

放牧方式的选择主要依据草地的面积、地形、植被状况、季节和羊群大小等决定。其主要形式有3种。

1. 围栏放牧

根据地形把放牧场围起来。在一个围栏内，将牧草所提供的营养物质数量与羊的营养需要相结合，安排一定数量的羊只采食。羊只在栏内自由采食一段时间后，再被驱赶到另一栏内采食。这种放牧方式也叫围栏轮牧。羊在同一围栏内的放牧时间间隔叫放牧周期。

2. 小区轮牧

又称为分区轮牧。在划定季节牧场的基础上，根据牧草的生长、草地生产力、羊群的营养需要和寄生虫危害情况，将放牧地划分为若干个小区，羊群按一定的顺序在小区内进行轮回放牧。羊群在一个小区的放牧时间限定在6 d以内，这样可以减少寄生虫的感染；因为羊体内虫卵随粪便排出体外，约需6 d才可发育成具有感染力的幼虫。小区轮牧可减少羊只游走所消耗的热能，加快生长速度。放牧周期的确定主要取决于牧草再生速度。一般来说，在温暖地区和温暖季节，采取短期轮牧；在寒冷地区或寒冷季节，则采取长期轮牧。短期轮牧时，春季为10～15 d，夏季为20～30 d，冬季为35～40 d；长期轮牧时，春季、夏季、秋季、冬季分别为21～30 d、35～40 d、60～70 d和80 d以上。在确定轮牧周期的天数之前，先测定草场产草量，再确定放牧的绵羊、山羊数量和轮牧周期。

3. 自由放牧

在草地缺乏的农区或半农区，小群放牧可采取自由放牧形式。

二、舍饲

(一) 舍饲的特点

舍饲是用于肉羊短期育肥的主要措施，也是农区利用农作物秸秆发展养羊业的生产模式，可使农作物饲料“过腹还田”“过腹增效”。通过这样的生产模式，既能保护生态环境，发展生态农业；又能提高农副产品附加值，丰富羊肉市场，增加农民收入。同时，应当认识到舍饲养羊也存在3个方面的缺点，实践中应予以正确对待。

1. 饲养成本高

在肉羊的饲养成本中，饲料费用占到60%～70%。舍饲羊场的饲料主要靠生产、加工或购买，自然加大了养殖成本。

2. 不利于绿色羊肉产品的生产

各种农作物秸秆、人工牧草作物和精饲料中或多或少地残留有农药等有害物质。

3. 羊群体质差

造成舍饲羊群体质下降的原因很多，其中一个很重要的原因是缺乏运动。由于舍饲改变了羊原来的游走觅食习性，使其生理过程发生了一系列的改变，但人们往往忽视了这一变化，加之饲养管理不到位，舍饲羊群易出现体质下降问题。即使舍饲羊场具有一定面积可供羊自由活动的运动场，但运动场不像田间地头、草地那样吸引羊群游走采食。羊群在运动场内所谓的自由活动时间会越来越少，甚至运动场变成了卧息地。因此，舍饲羊群易患营养性疾病和疫病。

（1）营养性疾病　由于长期运动不足，母羊采食量逐渐减少，胃肠的分泌功能、蠕动功能、消化功能、吸收功能等减退，造成消化吸收不良、消瘦等。另外，舍饲羊群可选择的饲料非常有限，通常是喂什么吃什么，而不是自由采食所喜食的饲料。尤其是在冬季和春季，如果不注意青绿多汁饲料的补充，会出现严重的营养缺乏症，正常的生理功能受到影响。繁殖母羊，尤其是怀多羔母羊，如果营养缺乏，常在临产前半个月左右就出现妊娠毒血症，死亡率较高。

（2）疫病　在舍饲条件下，或因营养供应不均衡、或因圈舍潮湿而导致病原体孳生和繁殖、或因拥挤增加了病原体的传播机会，使羊易患干酪性淋巴结炎、李斯特菌病和球虫病等。

（二）肉羊舍饲技术

1. 建立饲料基地

“兵马未动，粮草先行。”如果没有可靠的饲料来源，肉羊饲养就缺乏最基本的保障条件。因此，对于舍饲羊场和养殖户来说，不能长期依赖于外购，需要种草养羊、建立起自己的饲料基地。只有“打有准备、有把握之仗”，才能实现肉羊安全生产和有效养殖。

2. 科学饲养

即饲料营养的合理调配与供给，不仅要考虑羊对饲料的数量需求，还要考虑其质量需求；不仅要考虑适口性，还要考虑投资成本；不仅要考虑不同年龄羊的生理特点，还要考虑当地饲料的资源条件。要力求降低饲料成本，提高饲料转化效率。

3. 调整羊群

入冬前要对羊群进行一次调整，坚决淘汰不孕羊及弱羊、病羊、残次羊。根据具体条件确定饲养规模，做好驱虫与防疫。将不同年龄和生理状态的羊分别组群饲喂。

（三）肉羊舍饲应注意的问题

1. 少喂勤添，自由饮水

少喂勤添可使羊保持较高的食欲，并减少饲料浪费。可按照各生理阶段羊群的营养需要，将各种饲料（青干草、作物秸秆、青贮饲料、精料补充料等）加工成全混合日粮（TMR），分早、中、晚3次加工与供给。

2. 保持食槽干净

羊是喜清洁的动物，爱食新鲜清洁饲料，厌食饲槽中所剩余的饲料。因此，每次喂料前，必须清除槽中剩余的饲料。

3. 保持饲料组成的相对稳定

正常情况下，羊瘤胃微生物区系处于相对稳定的状态，如果突然改变饲料或饮用冰冷水，会打破瘤胃微生物区系的稳定性，病原体就会乘虚而入，引起羊消化紊乱。因此，如果需要改变饲料，应逐渐添新、减旧，给羊一个适应过程。

第四节　肉羊饲料选择

可根据饲料的营养特点，将肉羊常用饲料分为粗饲料、青绿饲料、青贮饲料、能量饲料、蛋白质饲料、矿物质饲料、维生素补充饲料和其他添加剂八大类。

一、粗饲料

粗饲料是指饲料干物质中粗纤维含量超过18%、营养价值较低的植物性饲料；主要包括植物地上部分经收割、干燥制成的干草或加工而成的干草粉，以及秸秆、秕谷、藤蔓、荚皮、农产品糟渣等，有些纤维和外皮比例较大的草籽或油料籽实等也属于粗饲料。

（一）青干草

青干草是由栽培的牧草或野生青草刈割后，经自然干燥或人工干燥后制得；是舍饲肉羊日粮中不可或缺的重要组分。优质青干草应该具备茎叶完整、色绿而清香味浓厚、干脆易断、营养价值高、容易消化利用、无毒、无霉变、无杂质或杂质很少等特点，可以长期储存、方便取用。肉羊日粮中常用的青干草主要包括豆科干草（如苜蓿、沙打旺等）和禾本科干草（如燕麦草、黑麦草等）。

（二）秸秆和秕壳类

秸秆和秕壳类饲料主要指农作物收获籽实后的茎秆、叶片及皮壳等。其来源十分丰富，但其组成成分、营养价值和动物利用效果因品种、生长地域、收获时间、储存方式等不同而差异极大。

1. 农作物秸秆的特点

相对于其他作物秸秆，藤蔓类作物秸秆的粗蛋白质和钙、磷含量较高，而中性洗涤纤维和酸性洗涤纤维含量较低，在不同时间点的粗蛋白质瘤胃降解率均显著高于其他作物秸秆。但与优质牧草相比，农作物（尤其是禾本科作物）秸秆普遍存在下列问题：

（1）营养价值差　作物在成熟过程中，茎叶中的蛋白质和糖类等已转移到籽实中或已遭破坏。收获籽实后剩余的枯死秸秆营养量都较低，除花生蔓和红薯蔓等外，大多数秸秆都被归属于劣质粗饲料。如果储存不当，就会变得毫无价值。

① 蛋白质含量低。秸秆的粗蛋白质含量普遍较低，其中玉米、小麦和水稻秸秆的粗蛋白质含量为2%～7%，低于动物粪便中的粗蛋白质含量。

② 脂肪含量低。秸秆脂肪含量都比较低，一般为1%～2%。

③ 矿物质含量低。秸秆中矿物质含量都很低，最突出的是磷不足，其含量仅为0.025%～0.16%；而且，明显缺乏钴、铜、硫、钠、硒和碘元素。

④ 维生素含量低。大多数秸秆不含胡萝卜素，其他维生素含量也很低。长期饲喂，会造成维生素A缺乏症、维生素D缺乏症、维生素E缺乏症，羊的生产性能、繁殖性能下降。

⑤ 木质化程度高。秸秆中的粗纤维含量高，一般都在25%以上，最高者可达50%；而木质素含量一般为6.5%～16%。木质素的化学性质非常稳定，既不会被家畜胃中的消化酶所消化，也不受家畜消化道中微生物的作用；它反而会抑制微生物的酵解活动，降低饲料中其他养分的消化率，从而影响饲料的饲用价值。因此，木质化程度越高、含量越高，越不容易消化、代谢能也越低。

⑥ 硅酸盐含量高。秸秆中的硅酸盐含量大约为6%，稻草中的含量可高达12%以上。

（2）羊采食量低　秸秆主要用作反刍动物饲料原料。劣质秸秆会影响羊的采食量。一方面，由于秸秆质地粗硬，羊采食时，咬肌工作量增大，导致采食疲劳，引起采食量下降；另一方面，由于秸秆在瘤胃发酵酸后产生大量乙酸，如果不能正常代谢而积聚在血液中，就会影响采食量。据报道，对肉牛饲喂单一粗饲料而无精饲料的条件下，稻草的最大进食量仅为体重的1/10，相当于中等质量羊草进食量的39%，达不到维持能量需要，导致能量代谢的负平衡，使体重下降或“掉膘”。因此，须用精饲料去满足一部分维持和增重的能量需要（冯仰廉等，2003）。

（3）动物消化率低　秸秆大部分成分不能被家畜直接利用，即使可直接利用部分，其消化率也很低。这是因为作物秸秆主要是由植物细胞壁组成，细胞壁的基本成分是纤维素、半纤维素及木质素；有些作物秸秆中硅的含量很高。从理论上讲，秸秆的纤维素和半纤维素，连同细胞内容物都可以通过瘤胃微生物作用被羊消化利用，这部分约占作物秸秆干物质中的80%以上，但实际上羊对这类秸秆的消化率一般只有40%左右，由于细胞壁中纤维素、半纤维素与木质素、硅等以“复合体”的形式存在。动物体内不能合成可分解木质素的酶，因此不能消化利用木质素。硅主要以二氧化硅形式存在于秸秆饲料中，影响饲料的水解和消化。据报道，玉米、小麦和水稻秸秆在牛瘤胃内24 h粗蛋白质的消化率仅为30%左右，相当于苜蓿干草的50%（刁其玉等，2003）。

（4）动物利用率低　由于单一或劣质秸秆不能给瘤胃微生物提供足够的有效能和氨等，瘤胃微生物的生长发育和繁殖受阻；反过来影响微生物对秸秆的分解和合成动物体所需要的挥发性脂肪酸、微生物蛋白和维生素等的效率和数量，进入小肠的瘤胃微生物蛋白量必然下降；不能补偿内源粪氮的损失，氮的表观消化率极低。此时，动物出现氮元素负平衡，且生长受阻、停滞、失重及生产水平低下。另外，动物饲喂单一或劣质秸秆，瘤胃微生物产生的丙酸比例低，流入小肠的瘤胃淀粉较少。动物从小肠中直接吸收的葡萄糖很少，不能满足其维持生命和生产活动的需要。体脂肪的合成作用小，利用率也低。因此，饲喂单一或劣质秸秆无法满足肉羊的基本营养需要。

（5）含有毒害成分　有些作物秸秆含有某些有害成分，未经加工处理就不能用作羊饲料，如棉花秸秆、油菜秸秆和马铃薯蔓等。

2. 作物秸秆选作饲料的原则

不同来源的农作物秸秆营养价值差异很大。选择时，应重点考虑的因素包括营养价值、消化率、适口性、是否含有有毒有害物质。

（1）选择多叶片秸秆　由于作物叶片的营养价值和可消化率通常高于茎秆；据刘海燕等（2019）测定，玉米秸秆不同部位的营养价值差异较大，其中叶片粗蛋白含量最高，达到8.54%，中性洗涤纤维、酸性洗涤纤维和木质素含量相对较低，分别为75.24%和41.80%和4.08%。而同株茎皮的粗蛋白含量仅为3.56%，远低于叶片，中性洗涤纤维、酸性洗涤纤维和木质素含量相对较高，分别为78.01%、50.89%和7.77%。在同一时间点，苞叶干物质的体外消化率、中性洗涤纤维体外消化率最高。

（2）选择籽实中含氮量高的作物秸秆　一般情况下，籽实中氮含量高，其秸秆中氮素和蛋白质含量也高，如豆类植物。

（3）选择叶片枯萎迟的作物秸秆　这类作物秸秆中碳水化合物含量相对较高。

（4）选择细胞壁薄的秸秆　秸秆可根据其构成和动物瘤胃微生物的利用情况分为细胞内容物和细胞壁两部分。细胞内容物包括可溶性蛋白质、非蛋白氮化物、糖类、淀粉、类脂和矿物质，其降解率可达90%以上；细胞壁是由纤维组成，包括纤维素、半纤维素、果胶、树胶、胶浆和木质素等，其消化率很低。大部分农作物细胞壁成分含量高、细胞内容物含量较低，但不同种类的秸秆或同一种类内的不同品种秸秆的化学组成各不相同，甚至差异很大。动物瘤胃微生物对它们的降解率也不相同。

(5) 选择适口性较好的秸秆　羊对饲料的选择不仅取决于本身的经验和生理状态，还取决于饲料的外观、气味、滋味、种类、可选择的范围及营养价值。尤其是山羊，能够选择所需要的饲料种类，防止营养缺乏。因此，质地脆弱、营养价值高、味甜、色绿的花生蔓成为羊最喜食的作物秸秆，其次是适口性较好的红薯蔓和各种豆荚。

(6) 选择新鲜无霉变秸秆　作物秸秆收获后，其中酶的活性和细胞的代谢活动仍然存在，秸秆的营养物质组成处于动态的变化过程。随着储存时间的越长，其中的粗蛋白质含量、可溶性碳水化合物含量、干物质体外降解率会显著下降。长时间储存或因储存不当而发霉的秸秆会变得毫无价值。

(7) 选择不含有毒物质的秸秆，确保羊群安全。

3. 常用的作物秸秆

(1) 花生蔓　在各类作物秸秆中，花生蔓的细胞壁较薄、蛋白质和糖分含量高。其中，粗蛋白质含量为6%～9%，最高可达11.2%，是麦秸中含量的2.5倍；干物质在瘤胃中降解率达77.2%，是麦秸中含量的1.5倍。花生叶中粗蛋白质含量可高达20%。羊采食1 kg优质花生蔓产生的能量相当于0.6 kg大麦的能量。因此，优质花生蔓不仅是较好的作物秸秆，也是优质粗饲料资源之一。

(2) 红薯蔓　据张吉鹍等（2016）测定，红薯蔓中粗蛋白质含量为12.59%，高于花生蔓；中性洗涤纤维为51.46%，酸性洗涤纤维为36.62%；且每千克干物质可提供6.59MJ代谢能，干物质体外消化率比花生蔓高近5个百分点。因此，红薯蔓的饲用价值也较好。

(3) 向日葵盘　向日葵盘含粗蛋白质7%～9%、粗脂肪6.5～10.5%、粗纤维17.9%、以淀粉为主的无氮浸出物18.9%，而且富含钾、钙、钠、镁等元素。同时，向日葵盘还含有铁、锌、铜、锰、铬等微量元素。因此，向日葵盘也是较好的肉羊饲料。

(4) 玉米秸秆　玉米秸秆的粗蛋白质含量为3.5%～7%，粗脂肪为0.8%～1.5%，粗纤维为33%～35%（刘海燕等，2014）。玉米秸秆的粗纤维中的中性洗涤纤维含量可达70%～80%，木质素含量达11.56%～19.34%（王景等，2017；李雅丽等，2017），维生素与矿物质含量低。相对而言，玉米秸秆的营养价值高于小麦秸秆。

(5) 藜麦秸秆　近几年，我国藜麦种植面积不断增加，大量的藜麦秸秆用作反刍动物饲料。藜麦秸秆中含粗蛋白质7.2%、中性洗涤纤维54.87%、酸性洗涤纤维24.48%。藜麦秸秆的饲喂价值高于玉米青贮料，可以代替玉米秸秆、燕麦、大麦干草等饲喂反刍动物。

(6) 大豆秸秆　大豆秸秆质地坚硬，营养价值不高，约含粗蛋白质3.45%、粗脂肪0.65%、淀粉1.72%、中性洗涤纤维72.79%、酸性洗涤纤维56.01%。据卢焕玉等（2010）测定，豆秸中木质素含量达到14.34%。绵羊对豆秸的采食量比玉米秸秆低20.06%，干物质在瘤胃中有效降解率仅为17.98%，比玉米秸秆低43.26%。

（7）大麦秸秆　大麦秸秆和燕麦秸秆的饲养价值介于玉米秸秆与小麦秸秆之间。据李国彰对甘肃省河西走廊 96 份大麦秸秆的测定，大麦秸秆含粗蛋白质 3.51%、中性洗涤纤维 70.95%、酸性洗涤纤维 45.16%、木质素 5.17%、中性洗涤不溶蛋白 1.02%。

（8）小麦秸秆　由于小麦秸秆的营养价值差，且木质素含量达 15.97%（李雅丽等，2017），羊对小麦秸秆的消化利用率很低。据魏晨等（2018）对安徽、河南、山西等地小麦秸秆的测定，粗蛋白质含量为 3.65%～4.73%，粗脂肪含量为 0.72%～1.42%，中性洗涤纤维含量为 71.0%～73.0%，酸性洗涤纤维含量为 41.7%～44.7%，钙含量为 0.58%～0.60%，磷含量为 0.07%～0.09%。24 h 和 48 h 小麦秸秆在瘤胃中降解率分别为 28.4%～33.0%和 55.3%～58.4%。

（9）其他利用价值较低的秸秆

① 谷草。收获后的谷草茎秆坚硬，木质化程度较高。据米浩等（2019）报道，不同品种去穗谷草粗蛋白质含量为 3.90%～7.26%，脂肪含量为 0.63%～0.96%，中性洗涤纤维含量为 77.03%～82.93%，酸性洗涤纤维含量为 51.28%～59.59%。因此，肉羊对谷草的消化利用率较低。

② 稻草。稻草的营养价值和消化率都较低，与小麦秸的饲用价值接近。据王庆等（2022）对宁夏不同地区的稻草分析，粗蛋白含量分别为 3.46%～4.09%，粗脂肪含量为 1.14%～1.33%，中性洗涤纤维含量为 61.11%～81.40%，酸性洗涤纤维含量为 45.44%～56.25%，钙含量为 0.26%～0.36%，磷含量仅为 0.03%～0.07%。申正会等（2015）报道，稻草的木质素含量为 11.48%，以及稻草灰分中的二氧化硅含量为 62.5%。另据冯仰廉等（2003）报道，肉牛在单独饲喂稻草时，其代谢能进食量平均为 63.47 kJ/kg 体重，而代谢产热量为 90.55 kJ/kg 体重，即能量平衡为－27.08 kJ/kg 体重。该负平衡的能量主要来自因体脂肪的消耗而导致的体重下降。由此可见，稻草的饲用价值很低。

③ 高粱秸秆。高粱秸秆表面被一层蜡质覆盖、结构致密，且高粱秆中的木质素和硅含量较高，营养物质不易被微生物利用，动物的饲用价值较差。

④ 花生壳。花生壳含粗蛋白质 4.8%、粗脂肪 1.1%、钙 0.26%、磷 0.09%，但其中中性洗涤纤维含量和酸性洗涤纤维含量分别为 73.06%和 59.53%，比花生蔓高 3.57 个百分点和 4.17 个百分点。花生壳在羊的瘤胃中的有效降解率较低。因此，其饲用价值较差。

⑤ 稻壳。稻壳营养素含量和动物消化利用率极低。据黄宝祥（2007）报道，稻壳含粗蛋白质 2.53%、粗纤维 35.5%～45%、木质素 21%～26%、灰分 11.4%～22%、二氧化硅 10%～21%（占灰分总量的 90%以上），不宜用作动物饲料。

（三）其他粗饲料原料

1. 大豆皮

大豆皮是榨油厂采用去皮浸出工艺加工大豆得到的副产品，约占整粒大豆重量的 8%和体积的 10%。大豆皮含粗蛋白质 9%～13%，几乎不含淀粉。虽然，大豆皮中粗纤维含量达 25%～36%、中性洗涤纤维含量达 44%～62%，归属于粗饲料；但木质素含量低，仅为 2%左右。大豆皮总可消化养分达到 77%，同时富含铁，其含量为 324 mg/kg，很容易被羊瘤胃微生物所利用，可以代替肉羊日粮中的玉米、小麦或小麦麸等。

2. 树叶

树叶被看作是空中绿色饲料工厂生产的产品。其饲用价值主要决定于品种和采集时间。

(1) 品种　许多树叶都可饲用，而且营养丰富；有些树叶经加工调制后，成为家畜较好的蛋白质和维生素饲料源。例如，洋槐、桑树、榆树、构树等树叶的蛋白质含量达20%以上，而且还含有组成蛋白质的18种氨基酸；松针、柳树、杨树、柞树、泡桐等树叶含量次之；杏树、柿树、枣树、李树、苹果等果树叶的蛋白质含量较低。蛋白质含量高的树叶的动物消化利用率也高，每千克树叶可消化蛋白质达50～60 g；相反，柿树、枣树、苹果、葡萄等树叶的蛋白质含量低，其消化利用率也低。树叶中维生素含量普遍较高，还含有大量的维生素C、维生素E、维生素D、维生素K和维生素B_1等；有的树叶含有激素，能刺激动物的生长；或含有抑制病原菌的杀菌素等。树叶中的抗营养成分单宁含量普遍偏高，但随着生长期的延长而逐渐下降。也就是说，鲜嫩树叶虽然营养含量高，但单宁含量也高。山羊虽然对单宁有一定耐受性，但这种耐受性也是有限的。因此，鲜嫩树叶不宜长期单独饲喂绵羊、山羊，而应与其他饲料搭配饲喂。那些具有严重涩味、适口性较差的树叶，如核桃、山桃、橡树、李树、柿树、毛白杨等树叶，不宜喂羊。

(2) 采集时间　不同季节采集的树叶的营养成分差异很大。桑树叶在春季、夏季、秋季皆可采集。刺槐叶，在北方地区，一般在7月底至8月初采集，最迟不要超过9月上旬。松针要在松脂含量较低的春季或秋季采集。对一般树种来说，春季采集的嫩鲜叶的适口性好、营养价值高，夏季的青叶次之，秋季的落叶最差。以槐树叶为例，春季的粗蛋白质含量为27.7%，而秋季的只有19.3%。

二、青绿饲料

青绿饲料是指天然水分含量大于45%的新鲜牧草、野菜、鲜嫩藤蔓枝叶和未成熟的各种植株等。

(一) 天然牧草和人工牧草

羊可采食的牧草种类很多，无法一一列举。在不同环境条件下，羊可采食和利用的牧草资源差异也很大；但大部分牧草的适口性好，营养相对平衡。如果按干物质计算，青绿饲料含粗蛋白质10%～20%、粗脂肪4%～5%、粗纤维18%～30%、粗灰分6%～11%；同时，含有各种酶、激素和有机酸，能促进动物消化液分泌、增进食欲。同时，牧草中的蛋白质营养价值较高，其中含有各种必需氨基酸，特别是赖氨酸、蛋氨酸和色氨酸的含量较多。此外，青绿饲料含有丰富的铁、锰、锌、铜等微量矿物元素；除维生素D外，其他维生素的含量均很丰富。但青绿牧草体积大，水分含量高，可达60%～80%。一般以抽穗或开花前的牧草营养价值较高。羊对青绿牧草有机物的消化利用率可达75%～85%；但在开花或抽穗之后，粗纤维含量增加、木质素增加后，饲料消化利用率明显降低。绵羊对已木质化纤维素的消化利用率仅为32%～58%。

由于青绿牧草营养较丰富，对羔羊、繁殖母羊和公羊来说，都是较好的饲料。尤其是哺乳母羊，若长期饲喂干草，产奶量会受到一定影响；饲喂青绿牧草，则可以提高产奶量。在羊饲喂青绿牧草时，应注意：①要防止拉稀。大量饲喂水分含量较高鲜嫩牧草可引起羊只拉稀。②防止矿物元素缺乏。在幼嫩牧草中，水分含量高，矿物元素含量普遍较低。因此，应注意矿物元素的补充。一般青绿牧草中钾含量较多，但钾能促进钠的排出，放牧羊群不能忽视食盐的补充。另外，青绿牧草中钠和氯一般含量不足，所以放牧羊群更需要补给食盐。③青绿牧草应搭配饲喂。每一种单一牧草都有营养上的局限性。一般来说，豆科牧草蛋白质水平较高。禾本科牧草的粗纤维含量较高，对其营养价值有一定影响；但由于其适口性较好，特别是在生长早期鲜嫩可口，羊的采食量高，也不失为优良的牧草。④长期饲喂青干草的羊不能突然改喂青绿饲料，而应先与干草搭配饲喂，逐渐过渡到全青绿牧草。

（二）多汁饲料

羊常用的块根与块茎类能量饲料有胡萝卜、甘薯、南瓜等。这类饲料的水分含量高达70%～90%，干物质含量低；但干物质中富含淀粉和糖，有利于乳糖和乳脂形成；蛋白质含量较低，纤维素含量一般不超过10%，基本不含木质素；矿物质含量差异较大，通常缺少钙、磷、钠，而钾的含量较丰富；维生素含量差异也较大。

一般来说，在良好草地上放牧的羊不需要补饲这类饲料，到了枯草季节才须根据具体情况补饲。如果青干草的质量和数量都不理想，也没有青贮饲料，每只成年羊每天可喂块根或块茎饲料1 kg左右。补饲量的确定还要参考羊所排粪便的变化。如果粪便不成形，就要减少饲喂量。繁殖季节的羊需要大量的维生素，应供给足够的多汁饲料。在严寒的冬季应控制多汁饲料饲喂量，以防羊只发生腹泻症。

1. 胡萝卜

胡萝卜是一种维生素保健饲料，具有适口性好、胡萝卜素含量高的特点。胡萝卜素是维生素A的主要来源，而维生素A可以促进动物生长、防止细菌感染，并具有保护表皮组织，以及保护呼吸道、消化道、泌尿系统等上皮细胞组织的功能与作用。维生素A也是维持家畜正常繁殖性能必不可少的营养成分。羊缺乏维生素A不仅可能造成胚胎死亡，还可能发生肌肉和内脏器官萎缩、生殖器退化等疾病。因此，给缺乏青绿饲料的羊饲料中添加胡萝卜可以改善饲料口味，提高食欲，调整消化机能，增强羊群抗病力，提高羊的繁殖性能、母羊的泌乳性能。

2. 甘薯

又称白薯、地瓜、山芋。甘薯富含淀粉，能量含量居多汁饲料之首；含水分70%～75%，淀粉含量高，粗纤维含量低；粗蛋白含量低且品质差，钙含量低，缺乏维生素。甘薯味甜，适口性好，易消化，可生喂，也可熟喂。生喂易出现腹泻，不可过量。有黑斑病的甘薯有异味，且含毒性酮，喂羊易导致喘气病，严重时会引起羊死亡。因此，羊应限量饲喂甘薯，同时还要注意剔除有黑斑病和腐烂病的甘薯，并注意蛋白质、矿物元素和维生素的补充。

3. 甜菜

饲用甜菜含糖5%～11%，适于喂羊。新鲜甜菜喂羊容易发生腹泻，应当储存一段时间后再喂；而且喂量不宜过多，也不宜单一饲喂。甜菜渣为糖用甜菜制糖后的副产品，其中80%的粗纤维可以被羊消化，甜菜渣中钙、磷与比例优于其他多汁饲料；但仅含有维生素C，缺乏维生素D。干甜菜渣吸水性强，在饲喂前应用2～3倍重量的水浸泡，以避免饲喂后在羊消化道吸水膨胀。甜菜渣与粉碎农作物秸秆混合后青贮效果较好。

(三) 水生饲料

这类饲料包括水浮莲、小葫芦和水花生等，通常含水率高达90%～95%。因此，不能直接喂羊，可与干草混合或制作青贮饲料后再喂。

三、青贮饲料

用饲料作物（玉米为主）或各种新鲜的植物饲料（包括优质牧草）贮制而成的多汁饲料称为青贮饲料。饲料青贮后，既能长期保存，又能较好地保存青饲料的养分。蛋白质已被分解为氨基酸和酰胺，碳水化合物被分解为乳酸，粗纤维已变软，可提高消化率。在肉羊的日粮配比中，青贮饲料可占30%左右。饲喂前应与其他饲料拌匀。当青贮的酸度过大时，可按每只羊加入3 g左右小苏打粉，以防止代谢性酸中毒。在母羊妊娠后期（尤其在分娩前）20 d左右，应逐渐减少或停止饲喂青贮饲料，提高母羊饲料营养浓度、防止流产。产后1周也要减少青贮饲喂量，以防发生乳房炎和腹泻。霉烂和结冰的青贮饲料对肉羊的健康有害，应禁止饲用。

四、能量饲料

凡每千克饲料的干物质中含消化能10.46 MJ以上者，且蛋白质含量低于20%和粗纤维含量低于18%的饲料均属能量饲料；主要包括谷实类饲料和糠麸类饲料。能量饲料具有容易消化吸收、适口性好、粗纤维含量少、能量高、蛋白质中等、易保存等特点，是肉羊热能的主要来源之一。能量饲料在肉羊日粮的精饲料中占60%～80%，在夏季比例略低一些，在冬季比例略高一些。

(一) 谷实类饲料

1. 玉米

玉米是禾本科谷物饲料中淀粉含量最高的饲料，70%为无氮浸出物，几乎全是淀粉；粗纤维含量极少，饲喂肉羊容易被消化；其有机物消化率达90%。玉米还因适口性好、钙和脂肪含量高而大量用于动物配合饲料中。玉米的缺点是蛋白质含量低，而且主要由生物学价值较低的玉米蛋白质和谷蛋白组成，胡萝卜素含量也较低。因此，用玉米喂羊时，最好搭配豆饼等其他原料，并注意补充钙。过量饲喂玉米可能引起酸中毒。

2. 大麦

大麦是重要谷物之一，全世界总产量仅次于小麦、大米、玉米，居于谷物类第四位。大麦粒（脱壳）约含水分11%、粗蛋白质11%、粗脂肪12%、粗纤维6%、粗灰分3%。大麦的蛋白质含量高于玉米，大部分氨基酸（除蛋氨酸、甲硫氨酸以外）含量都高于玉米，但消化利用率比玉米低。由于大麦的外皮中含有一定量的单宁，因此具有涩酸味。大麦的热能含量不及玉米，而且非淀粉多聚糖（NSP）总量达16.7%（其中水溶性多聚糖为4.5%）。由于水溶性多聚糖具有黏性，可减缓羊消化道中消化酶及其底物的扩散速度，阻止其相互作用，降低底物的消化率。同时，阻碍被消化养分易接近小肠黏膜表面，影响养分的吸收。因此，大麦用作肉羊饲料时，以不超过日粮总量的20%为宜，而且应与其他谷物饲料源搭配使用。

3. 小麦

小麦的营养价值与玉米相似。全粒中小麦的粗蛋白质含量约为14%，最高可达16%；粗纤维含量为1.9%，无氮浸出物为67.6%。小麦虽然也含有11.4%多聚糖、水溶性多聚糖为2.4%，但其黏度低于大麦。压扁小麦可代替肉羊精饲料中50%以上的玉米。

4. 高粱

高粱亦属禾本科植物籽实，高粱和玉米间有很高的替代性。高粱籽粒所含养分以淀粉为主，占65.9%～77.4%；蛋白质占8.4%～14.5%，略高于玉米；粗脂肪含量较低，为2.4%～5.5%。与其他禾谷类饲料相比，高粱的营养价值较低，主要是蛋白质含量较低，赖氨酸含量一般只有2.18%左右。高粱因含有带苦味的单宁，使蛋白质及氨基酸的利用率受到一定影响。不同高粱品种的单宁含量有明显差异。据李筱倩等（1998）报道，扬州大学培育的Ks－304白色杂交高粱颖壳与籽实易分离，单宁含量仅为0.058 5%，其质量明显优于褐高粱。褐高粱的单宁含量高达1.34%，是杂交高粱的23倍，而且高粱颖壳与籽实包裹得很紧，味苦，适口性差，容易引起便秘。因此，褐高粱很少用在羊饲料中。

5. 燕麦

燕麦的营养价值低于玉米，虽然蛋白质含量较高（9%～11%），富含B族维生素，但粗纤维含量高达10%～13%，能量较低，脂溶性维生素和矿物质含量较少。

（二）糠麸类饲料

1. 麸皮

小麦麸皮的营养价值随出粉率的高低而变化；平均含粗蛋白质15.7%、粗纤维8.9%、脂肪3.9%、总磷0.92%。麸皮中的低聚糖具有表面活性，可吸附肠道中有毒物质及病原菌，提高机体抗病能力。麸皮中粗纤维和磷的有机化合物含量高，且质地疏松、容积大，具有轻泻性；所以，母羊产羔后，在饮水中可加入麸皮和少量食盐，有助于排除恶露、通便利肠。但麸皮不宜长期单独饲喂，必须与其他饲料原料配合使用。麸皮具有下列缺点：

（1）营养不全面　麸皮中能量含量较低；钙、磷比例严重失调，钙含量仅为磷的1/8。喂羊时，应与高能量饲料（如玉米等）一起配合使用并注意补充钙。

（2）质地蓬松，吸水性强　如长期大量干喂，饮水不足，易导致羊便秘。

（3）消化利用率低　用麸皮直接饲喂羊，蛋白质的利用率不高，一般吸收率为30%左右；但若膨化后饲喂，吸收率可达到90%以上。

（4）过量饲喂可引起拉稀　虽然麸皮因为具备轻泻作用而被用来饲喂产后母羊，但在任何情况下，饲喂过量都可能出现拉稀。因此，麸皮用作羊饲料，不仅要与其他原料配合，还应控制饲喂量。一般羊精料补充料中的使用量不超过25%。羔羊和种羊的饲喂量应低于其他羊。

（5）在夏季高温高湿季节　容易感染霉菌，滋生霉菌毒素，尤其容易滋生呕吐毒素。

2. 米糠

通常是指大米糠。其粗蛋白质含量为12.8%、粗脂肪16.5%、粗纤维5.7%，是一种蛋白质含量较高的能量饲料；但蛋白质品质较差，除赖氨酸外，其他必需氨基酸含量均较低。米糠中磷多钙少，植酸磷占其总磷的80%以上。另外，米糠中不饱和脂肪酸含量高，易氧化变质，不宜久存。

3. 玉米糠（玉米皮）

玉米制粉过程中的副产品，主要包括外皮、胚、种脐和少量胚乳。其粗蛋白质含量为9.9%，粗纤维9.5%，磷多（0.48%），钙少（0.08%）。玉米糠质地蓬松，吸水性强，干玉米糠喂羊，如果饮水不足，容易引起便秘。因此，饲喂前应加水拌湿。肉羊配合饲料中的推荐量为10%～15%。

五、蛋白质饲料

凡饲料干物质中粗蛋白质含量在20%以上、粗纤维含量小于18%者均属此类。包括植物性蛋白质饲料和动物性蛋白质饲料。非蛋白质含氮饲料也可代替一部分蛋白质饲料。

（一）植物性蛋白质饲料

羊常用的植物性蛋白质饲料有大豆粕、棉粕、菜籽粕、花生粕、酒糟蛋白（DDGS）等。

1. 豆粕

豆粕是豆类加工后得到的一种副产品。

（1）豆粕的优点　豆粕是一种营养成分种类齐全、营养物质含量均衡的优质蛋白饲料源，也是目前应用最广泛且唯一可以不加限制地用于畜禽饲料配方中的植物蛋白源饲料。豆粕的粗蛋白含量高达45%左右，其中含赖氨酸3.02%、蛋氨酸0.66%，富含核黄素和尼克酸，并含5%脂肪、6%粗纤维，含磷也较多。

（2）豆粕的缺点

① 大豆蛋白质的蛋氨酸、色氨酸、胱氨酸含量较少。

② 生豆饼和生豆类中含有多种抗营养因子，有抗胰蛋白酶、脲酶、植物凝集素、皂苷、植酸、棉籽糖（三糖）、水苏糖（四糖）、抗维生素因子、致过敏因子等。这些物质不仅影响动物对营养物质的消化吸收，而且对动物机体组织器官有损害，尤其是损伤羔羊肠道结构，导致腹泻、消化利用率和生长性能下降。

③ 豆粕的营养物质裸露在外，在储藏过程中容易遭受虫、霉侵害，不宜久存。

（3）豆粕的处理与利用

① 发酵处理。大量试验表明，利用微生物发酵处理可使豆粕散发出一种酸香味，提高适口性；在发酵过程中，蛋白质水解产生的可溶性肽类和游离氨基酸也能提高豆粕的适口性。同时，发酵可明显降低豆粕中的抗营养成分含量，使大豆异黄酮的葡萄糖苷转化为葡萄糖苷元，明显提高异黄酮的抗菌活性。

② 热处理。热处理可破坏豆类大部分有害成分，并可提高其适口性和消化率。因此，用作动物饲料的豆饼和豆类应为熟制品。

③ 与其他饲料搭配使用。豆粕可与其他谷实类和糠麸类谷物饲料原料搭配使用。

④ 尽量缩短豆粕的保存时间。

2. 菜籽粕

菜籽粕粗蛋白含量达36%～38%，其中必需氨基酸较高且氨基酸组成较平衡；含硫氨基酸含量高于豆粕，赖氨酸含量低于豆粕，氨基酸的有效性亦低于豆粕，适口性差。菜籽粕钙、磷含量较高。磷含量高于钙，且大部分是植酸磷；微量元素含量也较丰富。

菜籽粕含有硫葡萄糖苷及其降解产物、芥子碱等多种有毒有害成分。硫葡萄糖苷本身对动物并无毒性，其水解产物——噁唑烷硫酮、异硫氰酸酯、硫氰酸酯和腈可引起羊甲状腺肿大，其中以噁唑烷硫酮的致甲状腺肿作用最强，故被称为致甲状腺肿素。反刍动物对菜籽粕中有毒成分的敏感性较非反刍动物低。中毒后的羊表现为食欲降低或废绝，反刍减少或停止；瘤胃蠕动无力而次数减少，臌气；尿频而量少，出现血尿；严重者出现急性溶血性贫血，可视黏膜发绀，鼻腔流出泡沫样液体；咳嗽，呼吸急促，精神沉郁，消瘦；常出现共济失调、痉挛或麻痹等神经症状。

菜籽粕中有毒成分种类较多，羊中毒状况也较为复杂，且目前无特效治疗药。因此，用作羊饲料的菜籽粕，应经脱毒处理并限制用量。羊精料补充料中的使用量以不超过6%为宜，羔羊慎用。一旦发现羊有中毒表现，应立即停止饲喂，对症治疗。

3. 棉粕

加工工艺不同，使得棉粕的营养价值差异很大。例如，由完全脱壳的棉仁榨油后制成的棉粕粗蛋白质含量可达到40%，甚至更高；但未脱壳的棉籽直接榨油后制作的棉粕粗蛋白质含量仅为20%～30%，棉粕的蛋白质组成不太理想，精氨酸含量高达3.6%～3.8%，但赖氨酸含量仅为1.3%～1.5%，只有豆粕的一半。棉粕中蛋氨酸仅为0.4%左右，纤维素含量高；钙少磷多，钙含量为0.21%～0.28%，磷含量为0.83%～1.04%，且其中71%左右的磷为植酸磷。

棉粕中含有棉酚和环丙烯类脂肪酸，长期过量饲喂，可引起动物中毒。棉酚在动物消化道内可刺激胃肠黏膜，引起胃肠道炎症；吸收入血液后，能损害心、肝、肾等实质器官，使之发生变性、坏死；因心脏损害而导致的心力衰竭，常会引起肺水肿和全身缺氧性变化。棉酚能增强血管壁的通透性，促进血浆和血细胞渗向周围组织，能在神经细胞中积累而危害神经系统；干扰血红蛋白的合成，引起缺铁性贫血，并导致溶血。羊通过瘤胃微生物的发酵作用可使棉酚分解。有人认为，游离棉酚在瘤胃中与可溶性蛋白质结合，会形成结合棉酚，从而使其失去毒性。因此，对于瘤胃机能健全的成年羊来说，一般情况下不易引起中毒；但是，如果游离棉酚超越了瘤胃的解毒极限，仍会引起中毒。羔羊瘤胃机能尚不完善，难以对棉酚起到解毒作用，因而较易中毒。羊发生棉酚中毒后，表现为食欲减退、腹泻、失明、黄疸、心率和呼吸加快，以及颈部、胸部和腹部水肿。因此，棉粕在羊饲料中的用量应限制在5%～8%，羔羊慎用。

4. 花生粕

脱壳花生粕的营养价值较高，粗蛋白质含量可达44%～47%。与豆粕相比，花生粕中精氨酸含量较高，但其他必需氨基酸（特别是赖氨酸）缺乏。又因皮壳中单宁含量较高，绵羊对花生粕的消化利用率较低，加之易感染黄曲霉菌，应限制其用量。羊饲料中花生粕的用量应为8%～10%，同时注意氨基酸的补充。

5. 芝麻粕

芝麻粕的营养成分与豆粕接近，含粗蛋白40%、粗纤维8%，代谢能和赖氨酸含量均低于豆饼，富含蛋氨酸、胱氨酸、色氨酸和矿物元素；但芝麻壳中草酸含量较高，影响矿物质的利用。一般芝麻粕不能作为动物的唯一蛋白源。羊精料补充料中的用量宜为6%～

8%，羔羊精料补充料中的用量宜为3%～4%。

6. DDGS

DDGS是酒糟蛋白质饲料的商品名。由于用于加工原料不同，DDGS又被分为玉米DDGS、高粱DDGS、小麦DDGS和大麦DDGS等。其中，以玉米DDGS产量最大，并被广泛用于反刍动物饲料。玉米DDGS具有以下特点：

① 适口性好，无有毒、有害成分。

② 粗蛋白质含量和消化利用率高。以玉米为原料的DDGS粗蛋白质含量为25%～30%。玉米在发酵制取乙醇的过程中，淀粉被转化成乙醇和二氧化碳，蛋白质、脂肪、纤维等均被留在酒糟中。由于微生物的作用，酒糟中的蛋白质、B族维生素及氨基酸含量均比玉米含量高，而且含有在发酵中生成的未知促生长因子。DDGS蛋白质在反刍动物瘤胃中的降解率仅相当于豆粕的45%～50%，过瘤胃率高达45%～60%，因此，用作羊饲料，其利用率较高。

③ 脂肪含量高。脂肪含量高达含8%～12%，约为玉米籽实的2～3倍。

④ 中性洗涤纤维和酸性洗涤纤维含量高，分别为43%和18%，可促进羊胃肠蠕动，降低瘤胃酸中毒的患病率。

⑤ 磷和钾含量高。磷和钾含量分别为0.71%和0.44%，但钙的含量仅为0.10%，饲喂肉羊时必须注意钙和钠的添加。

DDGS的缺点是：水分含量高，易生长霉菌：不饱和脂肪酸含量高，容易发生氧化。因此，DDGS饲料应注意干燥储存，并尽量缩短保存时间。肉羊精料补充料中使用量为10%～20%。

（二）动物性蛋白质饲料

动物性蛋白质饲料主要指乳品业副产品、禽产品、渔业加工副产品及养蚕业副产品等，如牛奶、鸡蛋、鱼粉和蚕蛹等。动物性蛋白质饲料的粗蛋白质含量较高，一般占干物质的50%～85%；粗蛋白质品质好，所含必需氨基酸齐全，生物学价值高；消化率高，钙、磷比例适当，能被家畜充分消化利用；富含B族维生素，特别是维生素B_{12}含量高。但动物蛋白质来源复杂，品质不稳定，加工方法简单并缺乏有效的管理，存在着下列安全隐患：

1. 微生物污染

由于动物源性饲料产品中蛋白质和脂肪含量高，容易受到微生物的污染，尤其是肉粉、肉骨粉中更易孳生微生物（特别易受沙门氏菌污染）。沙门氏菌在饲料中大量繁殖，一旦被动物摄入后，可侵入肠黏膜上皮细胞及黏膜下固有层，造成消化道感染而引起动物感染型细菌性饲料中毒。此外，其他细菌（如葡萄球菌）污染饲料后，在饲料中繁殖并产生肠毒素，动物摄入肠毒素后可引起毒素型细菌性饲料中毒。一些性质稳定地存在于饲料中的毒素或通过饲料进入动物机体内的微生物代谢毒素可对畜产品造成污染，进而影响了动物产品的安全性。

2. 重金属污染

长期食用或饮用富含铅、砷、镉等重金属的饲料或饮水的动物骨骼中这些重金属含量往往超标；以皮革副产物为原料的皮革蛋白粉通常镉含量超标。以生活在高汞、高砷、高镉等重金属环境中的鱼类为原料制作的鱼粉可造成汞、砷、镉等含量超标。用重金属超标的动物源性饲料饲喂动物后，可进一步在动物体内蓄积，进而污染畜禽产品，危害人类健康。

3. 疫病风险

动物源性饲料产品如果来自疫区带菌、病死畜禽或未经严格消毒加工的副产品原料，常会造成动物疫病扩散和通过食物链导致人类患病。目前，普遍认为疯牛病大规模暴发的主要原因是牛食用了含有羊痒病朊病毒的肉骨粉所致。

由于动物源性饲料存在上述安全隐患，农业部于2001年就下发了《关于禁止在反刍动物饲料中添加和使用动物源性饲料的通知》；2017年3月，国务院法制办公布的《饲料和饲料添加剂管理条例》中，也禁止在反刍动物的饲料、饲料添加剂中添加动物源性成分，但乳和乳清除外。

（三）非蛋白质含氮饲料

尿素、双缩脲及某些铵盐都是目前较广泛利用的非蛋白质含氮饲料。这些物质对肉羊没有能量的营养效应，但羊瘤胃微生物能有效地利用非蛋白氮合成能被羊胃肠消化吸收的菌体蛋白质，所以具有较高的营养价值。尿素是肉羊饲料中最常用的非蛋白氮，一般商品尿素的含氮量为45%，每克尿素相当于2.8 g粗蛋白质，或者相当于7 g豆饼的粗蛋白质含量。适量的尿素可以取代羊饲料中的蛋白质饲料，降低饲料成本，而且还能提高生产力。

1. 尿素的饲喂

尿素可混合于精饲料中，也可与青贮饲料、干草混合饲喂。将尿素加在青贮饲料中，可提高青贮饲料的蛋白质水平。一般每吨青贮饲料中加尿素5～6 kg，即先将溶解后的尿素均匀地洒在青贮饲料中，然后装窖青贮即可。如果将尿素与糊化了的淀粉做成颗粒饲料，饲喂效果更好。一般成年母羊每天喂尿素10～15 g，每日应分2～3次喂给。如果按日粮干物质计算，尿素喂量以不超过1%为宜，并采取由少到多的饲喂办法，使瘤胃中微生物有一个适应过程。其适应过程一般为6～8周。

2. 羊饲喂尿素时应注意问题

（1）严格控制饲喂量　由于羊在采食尿素后，瘤胃中有益微生物在尿素慢慢分解并放出氨的过程中获得营养迅速繁殖，才能形成大量菌体蛋白。如果羊一次性采食过多的尿素，导致瘤胃内尿素浓度过大，微生物来不及有效利用尿素释放出的氨，使氨直接通过胃壁被羊体吸收，引起中毒。

（2）逐渐增加饲喂量　瘤胃微生物对尿素的利用需要有个适应过程，持续使用才能有理想的效果；如果因故中断，再喂时仍需由少到多逐渐过渡。

（3）控制高蛋白饲料源饲喂量　如果羊采食大量富含尿素酶的饲料（黄豆、黑豆、豆饼、刺槐叶、紫穗槐叶、紫花苜蓿等），尿素酶在瘤胃中可加速尿素分解并在短时间内大量释放氨，使有益菌不能大量繁殖，便无法获得大量菌体蛋白，饲喂尿素失去意义，而且会出现氨中毒。因此，在利用尿素喂羊时，日粮中的粗蛋白质含量不应超过12%。

（4）饲喂量尿素后不能立即饮水　如果羊饲喂尿素后立即饮水，使尿素分解过快，会导致瘤胃尿素浓度过大，分解氨过多，从而引起中毒。

（5）禁止空腹饲喂和单独饲喂　羊空腹饲喂、单独饲喂的结果与饲喂后直接饮水一样，会引起中毒。

（6）禁用抗菌药物　在羊饲喂尿素期间，同时应用抗生素类添加剂或药物，会导致大量的有益微生物被杀死，尿素所释放的氨不能被微生物有效利用而进入血液，引起羊中毒。磺胺类药物还可使硫发生络合反应，从而引起硫络血红蛋白症。因此，饲料中如果添加了尿素，就不能同时添加抗菌药物或添加剂。

（7）不宜喂羔羊　7周龄前的羔羊瘤胃微生物区系还不稳定，功能还未健全，没有足够的微生物来利用尿素所释放出的氨。因此，不能给羔羊喂尿素。

（8）不宜喂育肥羊　一方面，由于育肥羊日粮蛋白质水平较高，尿素利用率不高。另一方面，由于饲喂尿素会影响羊肉风味。因此，育肥羊不宜饲喂尿素。

（9）日粮中需要添加矿物元素　微生物合成含硫氨基酸（蛋氨酸、半胱氨酸）需要硫。日粮中硫缺乏会影响微生物对尿素的利用和微生物蛋白产量。日粮中合适的氮硫比为10∶1～14∶1。其他营养素（如钴、磷等）的不足也会影响尿素的利用。

（10）日粮中需要足够的碳水化合物　瘤胃微生物需要通过消化、利用碳水化合物合成羊体所需要的微生物蛋白。因此，尿素与高碳水化合物精料（如糖蜜、玉米粉等）配合，饲喂效果较好。

（11）大量饲喂青草时不宜喂尿素　由于青草中的水分含量高达85%～90%，会导致尿素分解过快，从而引起动物中毒。

六、矿物质饲料

羊常用的矿物质饲料主要有食盐、贝壳粉、蛋壳粉、石粉和磷酸氢钙等。这类饲料不含蛋白质和能量，只含矿物质；但具有刺激食欲、提高适口性、补充钙和其他矿质元素的作用。

对任何一只羊来说，盐是最需要补充的矿物质饲料。一只成年羊每日需要食盐5～10 g，但各种饲料源的含盐（主要是钠）量较少，尤其是牧草含钠量更少，远远不能满足羊体的需要。因此，必须给羊补盐。在北方地区，最好补充硒碘盐。补盐的方法多种多样，可通过预混料或添加剂供给，也可通过饮水、舔舐砖补充或自由啖盐。

其他矿物质饲料常用作添加剂，用量应根据日粮的需要来确定。补给钙与磷，一般与精料混合使用。

七、维生素补充饲料

维生素主要存在于青绿饲料中。在冬季、春季，青绿饲料缺乏，维生素不足，影响肉羊的生长发育。胡萝卜、优质牧草、树叶和发芽饲料都含有大量胡萝卜素和维生素E，可用作维生素补充料。在冬季、春季缺乏青绿饲料时，胡萝卜可用作种公羊、泌乳母羊、羔羊的维生素补充料，每只每日饲喂量为0.5～1 kg，效果很好。

八、其他添加剂

通常为了满足肉羊的营养需要，完善日粮的全价性，或者为了达到促进肉羊生长、防止某些疾病、减少饲料储藏期营养物质的损失、改进肉质等目的，会在饲料生产加工、使用过程中添加少量或微量物质。

肉羊饲料添加剂可分为营养性和非营养性两类。营养性添加剂包括矿物元素添加剂和维生素添加剂，非营养性添加剂主要有生长促进剂、缓冲剂和调味剂等。

添加剂通常是由一种或多种原料与载体或稀释剂搅拌均匀的混合物，不能直接饲喂动物，必须与饲料混合均匀。

（一）营养性添加剂

1. 矿物元素添加剂

矿物元素添加剂是羊日粮中不可缺少的营养物质。虽然在配合饲料中的用量很少，但对补充营养、预防疾病、保障饲料品质和羊产品质量作用很大；不仅有利于羊的正常生长、繁殖，还可节省饲料、降低成本、提高养殖效益。有人把矿物元素称作全价饲料的心脏和灵魂。在实际生产中，羊通过饲料和饮水不能满足羊对某些元素的需求，必须注意补充。

羊常用的微量元素添加剂通常是以石粉为载体，添加亚硒酸钠、碘化钾、氯化钴、硫酸锰等成分配制而成，主要补充铁、铜、锰、锌、钴、碘、硒、钼、氟、钒、锡、镍、铬、硅、硼、镉、铅、锂和砷等。由于不同地域动物矿物元素盈缺情况不同，添加剂的组成也不同。例如，缺硒地区肉羊通常补充含硒微量元素。

矿物元素还可以盐砖等形式供给。盐砖是以食盐为载体，添加钙、磷、铜、锌、锰、铁、硒等元素，经一定工艺制成。使用时，可吊挂在羊舍或运动场，也可吊挂在饮水池边或饲槽内，任其自由舔食。

2. 维生素添加剂

对羊来说，B族维生素、维生素K和维生素C可通过瘤胃微生物合成并能满足羊本身的需要。维生素D也可以完全合成或部分合成。维生素E虽然合成量有限，但青绿饲料、青干草、青贮饲料及谷物饲料中都含一定量的维生素E，成年羊可从天然饲料中可获得足够的维生素E。维生素A也可以通过采食青绿饲料来满足。由此可见，在正常饲养管理条件下，羊饲料中不需要额外补充维生素添加剂。若羊长期采食劣质干草、稻草、块根类、豆壳类、长期储存的干草、陈旧的青贮饲料、腐败变质的玉米或豆类会出现肌肉营养不良、白肌病等一系列疾病。哺乳母羊长期采食这类饲料还容易引发羔羊白肌病。在这种情况下，需要补充脂溶性维生素添加剂。

大多数维生素的稳定性较差，容易氧化或易被其他物质破坏，所以几乎所有的维生素添加剂都经过特殊加工处理和包装。即使这样，维生素添加剂在潮湿、高温条件下或遇酸、碱和矿物质时稳定性都会下降。

（1）维生素A　多由维生素A醋酸酯制成，紫外线和空气中的氧都可促使维生素A醋酸酯分解。湿度和温度较高时，稀有金属可使维生素A的分解速度加快。含有7个水的硫酸亚铁可使维生素A醋酸酯的活性损失严重。维生素A与氯化胆碱接触时，活性将受到严重损失，在强酸或强碱环境中很快分解。维生素A添加剂在干燥、密封、避光、20℃以下条件下可储存一年。

（2）维生素D　大多为维生素D_3，是用胆骨化醇醋酸酯为原料制成。酯化后，又经明胶、糖和淀粉包被，稳定性较好。在常温（20～25℃）条件下，在含有其他维生素添加剂的预混剂中，可储存一年。但是如果在35℃的预混剂中储存一年，活性将损失 35%。

(3) 维生素 E　维生素 E 添加剂多为人工合成的 α-生育酚醋酸酯，性能比较稳定；在维生素预混剂中，可储存一年。

(4) 维生素 K　在饲料中使用的是人工合成的维生素 K_3（α-甲基萘醌），其性能比较稳定；在添加剂预混料中，微量元素对它影响不大，但高湿条件下会加速分解。

(5) 维生素 C　也叫抗坏血酸，极易氧化，在光照和高温条件下很容易被破坏。另外，抗坏血酸可破坏其他维生素；故在制作添加剂预混料时，要尽量避免维生素之间的直接接触。

(6) B 族维生素　一般吸水性都比较强，而且容易受温度和酸性、碱性环境的影响。

鉴于以上原因，维生素添加剂最好储藏在干燥、避光、低温条件下，避免与酸碱物质及矿物元素添加剂共存，特别要避免与吸湿性强的氯化胆碱共存。密封包装的高浓度单项维生素添加剂一般可储存 1～2 年，不含氯化胆碱和维生素 C 的维生素预混料保存时间不能超过 6 个月，含维生素和微量元素的复合预混料保存时间不能超过 3 个月。所有维生素补充物产品开封后需尽快用完。

（二）非营养性添加剂

1. 生长促进剂

(1) 抗菌肽　抗菌肽不仅能够调整动物肠胃菌群的平衡，提升肠道的消化吸收能力和饲料转化率，减少有机物质排出量和对环境的污染；还能促进幼龄动物脏器发育，提高生长率和生产性能；被看作是最具应用前景的抗生素替代品和最安全、有效的饲料添加剂。

(2) 益生素　又被称为益生菌、活菌剂、生菌剂、促生素；在我国，又被称为微生态制剂或饲用微生物添加剂；是采用动物肠道有益微生物经发酵、纯化、干燥精制的复合生物制剂。在动物消化道，益生素可产生有机酸（如乳酸），提高日粮养分利用率，促进动物生长，防止腹泻；产生淀粉酶、蛋白酶、多聚糖酶等碳水化合物分解酶，消除抗营养因子，促进动物的消化吸收，提高饲料转化率；合成维生素、螯合矿物元素，为动物提供必需的营养补充。益生素能分泌杀菌物质，抑制动物内致病菌和腐败菌的生长，改善动物微生态环境，提高机体免疫力，同时刺激动物产生对致病菌的免疫力。益生素中的硝化菌，可阻止毒性胺和氨的合成，净化动物肠道微生态环境。

对羔羊来说，饲料中添加益生素可以促进羔羊生长率，提高存活率、饲料转化率和免疫力，减少死亡率。成年羊的瘤胃健全，瘤胃内有稳定的微生物可以利用饲料中的纤维素、蛋白质和非蛋白氮，合成供羊体利用的微生物蛋白质、B 族维生素和维生素 K。成年羊还具有较强的抗病力，而且通过运动锻炼可提高其免疫力。由于羊胃肠道菌群之间具有竞争排斥作用，益生菌可抑制其他有益菌群的增殖，而且与部分金属盐有拮抗作用，可抑制铜、锌等金属盐的吸收。因此，成年羊一般不需要添加益生素。

2. 缓冲剂

常用的饲料缓冲剂有碳酸氢钠和氧化镁。在进行强度育肥时，往往会加大羊日粮中的精饲料比例，减少粗饲料量。这样机体代谢会产生过多的酸性物质，造成胃肠对饲料的消化能力减弱。在饲料中添加缓冲剂，可以增加瘤胃中的碱性蓄积，使瘤胃环境更适合于微生物的生长繁殖，并能增加食欲，从而提高饲料的消化利用率。

缓冲剂应均匀地混合于饲料中，添加量应逐渐增加，以免突然增加造成采食量下降。碳酸氢钠的用量为混合精料的1.5%～2%，或占整个日粮干物质的0.5%～1%。氧化镁的用量为混合料的0.75%～1%，占整个日粮干物质的0.3%～0.5%。试验表明，二者联合使用效果更好，碳酸氢钠与氧化镁的比例以2∶1～3∶1为宜。

缓冲剂应在饲喂前直接加入全混合饲料中，不宜提前加入预混料或精料补充料中，以免破坏其中的营养成分。

3. 调味剂

饲料中添加调味剂的目的是改善饲料的气味和滋味，引诱和增进动物采食量。羊用调味剂主要用于羔羊代乳品中，常用的调味剂有乳香型香料、甜味剂和甜香素等。

4. 脱霉剂

饲料感染霉菌的现象非常普遍，只是污染程度不同而已。因此，寄希望于采购优质原料来避免霉菌毒素污染的做法基本上不可能。人们不得不寄希望于脱霉剂——通过在饲料中添加脱霉剂来预防饲料霉菌毒素中毒，但脱霉剂的成分和功能差异很大。生产中最常见的脱霉剂是硅铝酸盐类，包括蒙脱石（钠基蒙脱石、钙基蒙脱石、镁基蒙脱石、铁基蒙脱石、锂基蒙脱石及铝基蒙脱石等）、沸石、膨润土、硅藻土、高岭土等。其中，蒙脱石最常用。这类物质对霉菌毒素的吸附作用仍存在着局限性：

① 由于蒙脱石的吸附机理不同，对毒素的吸附能力和吸附毒素种类很有限。

② 蒙脱石的吸附特性具有双向性，不仅吸附有毒有害物质，也会吸附部分营养成分。尤其是会吸附维生素和矿物质而导致家畜维生素和矿物元素缺乏，对日粮的营养产生不利影响。

③ 天然蒙脱石虽有吸附作用，并无抑菌、杀菌功能。

九、限制饲喂的农作物及其产品

（一）含光敏物质的植物及其产品

过敏虽然不是一种病，只是动物有机体免疫系统对某种物质的一种异常过度反应，但过敏会给羊群的正常生活和生产造成一定影响。认识和有效防止羊群过敏反应，可避免和减少由此带来的不必要损失，大大提高羊群的健康水平。

一般来说，有色羊不会发生饲料过敏反应，只有白色绵羊、白色山羊对某些植物中的光敏物质较敏感，会出现以皮肤无色部位（尤其是眼睑、四肢内侧、尾根内侧）红斑皮炎为主要特征的过敏反应，甚至死亡。

1. 常见的富含光敏物质的植物

（1）荞麦　荞麦的种子、茎叶和花蕾含有原荞麦素，其中以种子外壳及开花期茎叶含量最高。羊采食荞麦后，原荞麦素通过血液循环到达皮肤，蓄积数天之久。当羊被阳光照射后，原荞麦素迅速转化为荞麦素。荞麦素是一种光敏物质，可引发中毒性感光过敏。轻者皮肤无色素部位，尤其是无毛部位出现红斑（荞麦疹）、水肿和剧痒。重症病羊皮肤上会出现水泡；水泡破裂后，会因细菌感染而化脓，甚至导致皮肤坏死。严重者出现口炎、结膜炎、阴道炎及上呼吸道炎症，甚至呼吸困难并伴有体温升高。

（2）鲜嫩苜蓿　鲜苜蓿中含有叶红质。白色绵羊、山羊采食苜蓿后，叶红质被吸收，从血液进入无色素的皮肤层内；在阳光作用下，羊会出现皮肤炎症，奇痒难耐。另外，还会引起血管破裂和神经、消化等机能紊乱、肝脏解毒功能降低。

（3）金丝桃属植物　金丝桃属植物中的金丝桃素和春欧芹中的呋喃香豆素属于光敏物质。

（4）严重感染蚜虫的植物　寄生在植物上的蚜虫体内含有光敏物质。动物大量采食寄生有蚜虫的牧草、菜叶类饲料后出现过敏反应，甚至死亡。

（5）其他　红三叶草、杂三叶草、苕子草、灰菜等也可引起动物过敏。

2. 预防过敏

① 不到荞麦地边和苜蓿地放牧白色绵羊、山羊。

② 禁止给白色绵羊、山羊饲喂荞麦及其产品。

③ 不给白色绵羊、山羊大量饲喂新鲜苜蓿及三叶草等富含光敏物质的牧草。

目前，对光敏物质仍无特异性解毒剂，只能对症治疗。发现羊群出现过敏现象，及时找出原因，停止饲喂含有光敏物质的饲料。将误食含有光敏物质饲料的羊群赶入阴暗处，避免阳光直射。对严重过敏的羊只，可肌肉注射抗过敏药物（如本海拉明、异丙嗪等），同时静脉滴注 10%葡萄糖酸钙或 5%氯化钙。

（二）含有有毒成分的植物或植物产品

很多植物资源都含有有毒成分，需要加工后才可喂羊或者需要限制饲喂量，有些则完全不能用作饲料。

1. 常见的含有毒物质的植物

（1）马铃薯及马铃薯蔓

① 生马铃薯难消化。马铃薯的中所含淀粉粒非常难破裂，而且含有降低蛋白质消化率的糜蛋白酶抑制因子，其饲用价值只有玉米的 25%～30%。加热可促使淀粉破裂，而且可以破坏马铃薯蛋白酶抑制剂，使动物对马铃薯的淀粉和蛋白质的消化率大大提高。因此，如果有必要最好喂羊熟马铃薯。

② 马铃薯有毒。马铃薯的肉、皮、茎、叶、花都含一定量的龙葵素。龙葵素，又叫马铃薯毒素、茄碱，是一种有毒的糖苷生物碱，能溶于水，有腐蚀性和溶血性。在正常情况下，马铃薯肉、皮及芽眼中的龙葵素含量较低，人和动物食入后不至于引起中毒；但其茎、叶、花中龙葵素含量较高，而且腐烂、发霉、变绿、生芽的马铃薯薯龙葵素含量更高，若此状态下被动物采食了，就会使动物中毒。

风干的马铃薯茎、叶中龙葵素含量也比较高，而且适口性很差。据侯鹏霞等（2020）报道，宁夏固原市降霜前马铃薯蔓的粗蛋白质、中性洗涤纤维、酸性洗涤纤维含量分别为 6.74%、50.80%和 35.60%，龙葵素含量为 0.07%。另据朱风华等（2022）对重庆市巫溪县 17 个马铃薯蔓样本测定，发现其中的龙葵素含量为 171.3 mg/kg。但龙葵素遇醋酸加热后可被分解破坏。青贮可使马铃薯茎叶的龙葵素含量降低 30%～50%。因此，马铃薯蔓饲喂羊前最好与含糖量较高的牧草（如禾本科草）混合青贮，或经其他脱毒处理；禁止饲喂腐烂、发霉、变绿、生芽的马铃薯，也禁止饲喂未经发酵的风干马铃薯蔓和新鲜马铃薯的茎、叶、花。

（2）油菜秸秆　油菜秸秆的粗脂肪和粗蛋白质含量高于小麦秸和玉米秸。但油菜秸秆的蜡质、硅酸盐和木质素含量较高，羊消化率很低；而且油菜秸秆有异味和有毒物质——芥酸和硫代葡萄糖苷，羊采食量后会导致甲状腺肿大、新陈代谢紊乱，甚至引起死亡。因此，油菜秸秆不能多食，也不能直接用作羊饲料。

（3）棉花秸秆　棉花秸秆资源较丰富，但营养价值较差；营养成分与麦稻秸基本相似，粗纤维含量高达40%以上。据报道，绵羊饲喂一定量的棉花秸秆后，会出现采食量降低、消化不良等现象。另外，棉花秸秆含有0.03%游离棉酚。棉酚是一种有毒成分，对动物健康有害。虽然瘤胃微生物可以降解棉酚，使其毒性降低，但长期或大量饲喂对羊的健康有一定危害。

（4）黄花菜根　黄花菜俗称金针菜，又叫萱草、忘忧草、健脑菜等，属于百合科萱草属的多年生草本植物。新鲜黄花菜含有一定量的秋水仙碱，根部（特别是根的皮层）和茎叶（包括枯黄茎叶）含有萱草根素；这是两种有毒成分，羊采食后都会中毒。据报道，羊采食黄花菜根后的2～3 d，最多至6～7 d，就会出现中毒症状，如双目永久性失明（瞎眼病）、四肢或全身瘫痪、膀胱麻痹，甚至死亡。

（5）洋葱　洋葱含有N-丙基二硫化物或硫化丙烯的生物碱，在老洋葱或大葱中含量较多，不易被加热、烘干等因素所破坏。N-丙基二硫化物或硫化丙烯能降低红细胞内葡萄糖-6-磷酸脱氢酶（G6PD）的活性，从而使红细胞更容易氧化变性、溶解。另外，N-丙基二硫化物或硫化丙烯还可以氧化血红蛋白形成海恩茨氏小体，含有此小体的红细胞可被网状内皮细胞吞噬而引起贫血。因此，羊采食洋葱后，会出现急性贫血、呕吐、尿血、昏迷等中毒现象，甚至死亡。

2. 预防中毒

禁止饲喂上述有毒植物及其产品。

第五节　牧草选择与种植

牧草与粮食作物一样，只有选择适应当地生态特点的良种，采用科学的栽培技术和田间管理，才能生产出高产优质的牧草。

一、牧草品种的选择依据

种植人工牧草时，首先要考虑牧草的品质和丰产性，其次要考虑自然环境和适应性。

（一）品质和丰产性

不同牧草品种的营养价值差异很大。即使同一种牧草，一年生牧草品质也优于多年生牧草。相对而言，早熟品种优于晚熟品种。早熟品种通常在低温条件下生长，晚熟品种主要在高温条件下生长。在低温凉爽的环境下，牧草叶、茎可以沉积更多的易消化碳水化合物、蛋白质，从而提高牧草的营养价值；而在高温条件下，牧草中储存了较多的难以消化的纤维，而容易消化的碳水化合物储存量较少。这就是晚熟牧草消化率低的原因。在同一种牧草中，即使都属于多年生牧草，不同品种间的差异也很大。

（二）适应性

不同品种牧草的生产性能和对环境条件的适应性不尽相同。不论从营养价值看，还是从产草量、适口性看，苜蓿都是其他牧草品种不可比的。在众多的青绿饲料或用于晒制青干草的牧草作物中，苜蓿被称为牧草之王。世界各地的人工牧草基地无一不是以苜蓿为主，但不同地域选择种植的品种不尽相同。干旱沙漠地区可以考虑种植耐寒、耐旱、耐热、耐贫瘠、适应性极强的沙打旺。冬季、春季气候较温和的地区可以考虑种植黑麦草，以满足春季羊群对青绿饲料的需求；高寒地区可以种植燕麦草。土地紧缺的农区可在夏收后抢种混合草；生产的牧草既可以青饲，也可以晒制成青干草。

（三）生产方向

一般来说，豆科牧草蛋白质含量高、糖分和水分含量较低，更适合晒制青干草；大多数禾本科牧草蛋白质含量较低，糖分含量较高，较适合青贮饲料加工。多汁饲料更适合鲜喂。

（四）种子来源

选购牧草种子，最好到专业牧草种子经营单位购买，并详细了解牧草的适应性、栽培技术及病虫害防治方法；同时，要注意分辨品种介绍是否客观真实，有必要时可先行试种，待证实牧草品种优良后再大面积推广。而后，要考虑其是否具有较多的叶片或叶片的枯萎期较迟。一般来说，多叶片牧草更具营养优势，因为叶片的营养价值高于茎秆。叶片枯萎迟的作物秸秆中碳水化合物含量较高。另外，可考虑其籽实中的含氮量，因为籽实中含氮量高的作物秸秆中氮素和蛋白质含量也高，如豆科植物。

二、可选择的牧草品种

（一）豆科牧草

1. 苜蓿

苜蓿属于多年生豆科牧草，是当今世界分布最广的栽培牧草。在我国，苜蓿也有两千多年的栽培历史，西北地区、华北地区、东北地区、江淮流域均有栽培。紫花苜蓿是晒制青干草的最好原料，也是一般羊场和养殖户首选种植的牧草。虽然不同品种苜蓿的抗逆性有一定差异，但均具有其他牧草所不具备的很多优点，被人们称为“牧草之王”。苜蓿干草一般指经过晾晒或烘干而成的蛋白质在18%以上、水分低于14%、粗纤维低于40%、相对饲喂价值（RFV）高于130的紫花苜蓿。

（1）苜蓿的优点

① 营养价值高。紫花苜蓿不仅营养价值高、各种营养成分均衡，而且容易被动物（尤其是牛、羊）消化利用。适时收割的苜蓿富含蛋白质、维生素、矿物质和多糖，而且含有皂苷、黄酮和未知促生长因子（UGF）等生物活性物质。

——蛋白质。苜蓿干物质中粗蛋白质含量一般可达18%～20%。其中，以孕蕾期粗蛋白质含量最高，达23.31%（是玉米的2.74倍）；盛花期粗蛋白质含量可达18.52%，结荚期粗蛋白质含量可达到16.98%。紫花苜蓿叶的粗蛋白质含量为36.50%（是玉米的4.3倍），比茎秆的粗蛋白质含量高1～1.5倍。苜蓿蛋白质含量和动物的消化利用率远高于其他禾本科牧草和饲料作物；而且组成苜蓿蛋白质的氨基酸含量丰富、种类齐全，包含了动物所需要的全部必需氨基酸。其中，赖氨酸含量是玉米的4倍多，组氨酸、精氨酸、丙氨酸的含量均是玉米的2倍，色氨酸、蛋氨酸的含量也显著高于玉米。如果按蛋白质和能量综合效能计算，苜蓿的代粮率可达 1.2∶1。

——维生素。紫花苜蓿富含维生素 A、维生素 B、维生素 C、维生素 E、维生素 K 及类胡萝卜素等，是仅有的含 B 族维生素 B_{12} 的植物性饲草。其中，含量较高的有叶酸、胡萝卜素、泛酸及胆碱，分别为 4.36 mg/kg、94.6 mg/kg、28.0 mg/kg 和 89.5 mg/kg。紫花苜蓿是生物素利用率最高的原料之一。

——矿物质。苜蓿中的矿物质含量比禾本科植物多 5 倍。常量矿物元素钙的含量为 1 380 mg/kg、镁元素含量为 2 020 mg/kg、钾元素含量为 2 010 mg/kg。这些常量元素对动物来说，具有强骨健体、调节神经兴奋及稳定细胞膜等作用。

苜蓿中的微量元素含量也比较丰富，其中铜、铁、锌、锰的含量分别为 9.8 mg/kg、230 mg/kg、16 mg/kg 和 27 mg/kg。这些元素有助于动物生长发育，改善机体抗氧化性，提高免疫力。

——多糖。苜蓿的多糖具有抑菌作用，可以调节畜禽肠道菌群的数量，从而改善畜禽的肠道微生态；同时，还可以促进畜禽免疫器官的发育，促进淋巴细胞的增殖分化，进而增强淋巴 B 细胞、淋巴 T 细胞对病原体的杀伤作用，进而促进动物生长、提高饲料报酬、增强免疫力，减少疾病的发生。

——其他。苜蓿富含皂苷等生物活性物质，具有清除氧化自由基、提高抗氧化酶活性的功能，从而改善了动物体的抗氧化性。另外，苜蓿还含有异黄酮类物质及多种促生长因子。

② 产量高。紫花苜蓿的产草量因生长年限和自然条件不同而变化，且变化范围很大。播后 2～5 年的苜蓿每年可刈割三茬。在气候温和、水肥条件较好的环境条件下，每亩可产干草 700～800 kg。据报道，每公顷苜蓿茎叶中可提取蛋白质 2 750～3 805 kg，比大豆高 1.8 倍；主要氨基酸比大豆高 67%。在相同的土地上，紫花苜蓿比禾本科牧草所收获的可消化蛋白质高 2.5 倍左右，矿物质高 6 倍左右，可消化养分高 2 倍左右。与其他粮食作物相比，苜蓿单位面积营养物质的产量也较高。

③ 适口性好。紫花苜蓿的单宁含量不足 1%，适口性好。不论青饲还是调制成青干草或草粉，羊都喜食。

④ 适应性广。紫花苜蓿喜干燥、温暖，最适气温为 25～30 ℃，但也抗寒、抗旱、耐瘠薄、抗风沙，在海拔 2 700 m 以下、年降水量 250～800 mm、年平均气温 4 ℃以上的地区都可生长。

⑤ 利用年限长。紫花苜蓿寿命可达 30 年之久，田间栽培利用年限多达 7～10 年左右。但其产量在第 2 年～第 5 年最高，此后逐年下降。

⑥ 再生性强，耐刈割。紫花苜蓿再生性很强，刈割后能很快恢复生机，一般一年可刈割 2～4 次。

（2）苜蓿的缺点

① 苜蓿含有雌性激素香豆雌醇，长期大量采食鲜苜蓿可使处于繁殖年龄段的母羊的繁殖功能发生紊乱。

② 开花前的苜蓿皂角素含量较高，绵羊、山羊采食后可发生急性瘤胃臌胀，抢救不及时会引起死亡。

③ 鲜苜蓿中含有光敏物质叶红质，白色绵羊、山羊采食鲜苜蓿后，会引起皮肤炎症、奇痒难耐，还会引起肝脏解毒功能降低、中枢神经紊乱。

④ 钙磷比失调。钙磷比为 1∶7～1∶10。因此，羊群饲喂以紫花苜蓿为主的日粮时，应注意磷的补充。

（3）苜蓿品种选择 可选择种植的品种有金皇后、三得利、阿尔冈金、WL323、WL319HQ 等。北方地区可选择陇东苜蓿、敖汉苜蓿，还可选择耐盐碱品种中牧 1 号、中牧 2 号等品种。

（4）苜蓿种植

① 土壤选择。苜蓿对土壤要求不高，除了重黏土、低湿土、强酸碱土外，从粗砂土到轻黏土都能生长；以排水良好的钙质土壤生长最好，略耐碱，不耐酸。

② 播种方法。苜蓿在春季、夏季和秋季都可以播种。西北地区多采取苜蓿与小麦分层播种；即在小麦播种的地面上撒上苜蓿种子，然后耙平即可。播种前，先用 50～60 ℃热水将种子浸泡 30 min，晾干后再播种。一般每亩播种 1～1.2 kg，播种深度为 0.5～2 cm。如果土壤黏性大，可播得浅一些，以保证苗齐、苗全。

③灌溉。苜蓿耗水量大，在入冬前、返青后、干旱时都要浇水。但也要注意排水，水淹 24 h 会死亡。

（5）苜蓿收割 大量研究表明，苜蓿从现蕾至初花期干物质和蛋白质的积累量达到高峰，是最佳收获时期。初花期苜蓿干草的蛋白质含量可达 21%，且羊对苜蓿的消化率可高达 70%～80%。刈割时留茬高度 4～5 cm。每次割后，中耕松土、施肥可促使再生。

（6）苜蓿调制

① 干燥。优质苜蓿干草的含水量应在 14%～17%，颜色深绿，保留有大量叶片、嫩枝和花蕾，具有特殊的芳香气味。为了达到这一目标，可选择下列干燥方法：

——自然干燥。自然干燥是利用田间日光能、风能进行干燥。其优点是成本低、干草有芳香味，缺点是对天气的依赖性大、营养损失较多。由细胞呼吸作用和氧化分解作用造成生理生化损失，一般占苜蓿干草的 7%。由于苜蓿叶片和茎秆的干燥速率不同，在搂草、搬运、机械处理过程中造成的叶片、嫩枝损失约达 20%。一般来说，雨淋造成的损失更大；如果发霉变质，苜蓿的营养会完全丧失。

——高温快速干燥。通常是采用加热的方法使苜蓿的水分快速蒸发到安全水分含量。烘干的苜蓿干草色、香、味几乎与鲜草相同；粗蛋白质含量较自然晾晒苜蓿高 5%～7%，且可将干草中的杂草种子、虫卵及有害病菌全部被杀死。缺点是成本较高，芳香性氨基酸损失较大；高温可使部分蛋白质变性，饲用价值下降。

——自然与人工结合干燥。在苜蓿含水量降至 40%左右时，利用大型烘干机械进行快速烘干，并加工成草块、草颗粒等产品。优点是烘干所消耗的能量少，营养损失较少。

——干燥剂干燥。将一些碱金属盐溶液喷洒在苜蓿上，经过一定化学反应，破坏草茎秆表皮层，加快株内水分散失。这样可减少干燥过程中叶片损失，提高干草营养物质的消化率。常用的干燥剂有氯化钾、碳酸钾、碳酸钠、碳酸氢钠等。试验表明，给刈割的苜蓿草垄喷洒 2%碳酸钾溶液，干燥速度比压扁茎秆快 43%。

② 青贮。苜蓿虽然是一种优质牧草，但单独青贮效果较差。含糖量低、水分含量高、

乳酸菌含量低和环境温度不适宜是导致苜蓿青贮失败的主要原因。

——含糖量低。青贮原料的含糖量越高，青贮成功的概率越高。玉米青贮所需最低含糖量应为4.95%，实际含糖量为26.80%，远远高于需求量。苜蓿青贮最低含糖量应为9.50%，实际含糖量只有3.72%，相差甚远。青贮原料中糖分不足时，有机酸会转化为丁酸，蛋白质会转变为氨，导致青贮品质变差。因此，苜蓿不宜常规青贮。

——水分含量高。青贮原料适宜的水分含量为60%～70%，但苜蓿现蕾期含水量超过80%，且在多雨季节所收获的苜蓿不容易晾晒。苜蓿中养分在压实过程中会随水分流出，并为有害微生物的迅速繁殖提供便利条件，使苜蓿青贮发热、结块、变质，成功率下降。

——乳酸菌含量低。苜蓿属于豆科牧草，其茎叶表面附着的乳酸菌较少，导致苜蓿青贮发酵缓慢或难以控制其他有害微生物的繁殖。

——环境温度不适宜。制作青贮最适宜的温度为20～30℃，而夏季青贮窖内温度大多超过35℃。如果在苜蓿青贮时压实或取料操作不当造成升温，就会抑制乳酸菌的生长繁殖。此外，高温高湿的环境更利于酵母菌、腐败菌、霉菌等有害菌繁殖，增加苜蓿青贮变质的风险。

可选择的苜蓿青贮方法有混合青贮、半干青贮和加添加剂青贮3种。

——混合青贮。由于紫花苜蓿自身含糖量较低，可在青贮过程中，添加一定比例富含糖类的物质（如禾本科植物、甜菜渣、玉米粉等），以提高青贮饲料可溶性碳水化合物含量，满足乳酸菌繁殖的营养需要。生产中最常见的是苜蓿与玉米秸秆混合青贮，既解决了紫花苜蓿含糖量低的问题，又提高了玉米秸秆青贮饲料的营养价值。

——半干青贮。苜蓿在青贮前，先进行晒制，将含水量降到40%～50%，使植物细胞液变浓、渗透压增高；使微生物的发酵作用受到抑制，尤其是丁酸菌、腐生菌等有害微生物区系的繁殖受到阻碍；从而使青贮料中的丁酸显著减少。由于微生物发酵较弱，蛋白质分解少，有机酸产生量较少；使半干青贮饲料具有营养损失量少、易于保存、适口性好等优势。很多国家都推行半干青贮饲料，用来代替乳牛和肉牛日粮中的干草、青贮料和块茎饲料，并获得了良好的效果。

——加添加剂青贮。添加甲酸可显著降低苜蓿青贮原料的pH、增加乳酸含量、减少氨氮含量，进而改善苜蓿青贮品质。常用的方法是：每吨苜蓿中添加85%～90%的甲酸2.8～3 kg，分层喷晒，过多或过少都不能保证质量。甲酸在青贮和瘤胃消化过程中，能分解成对家畜无毒的CO_2和CH_4，而且甲酸本身也可被家畜吸收利用。

添加乳酸菌制剂能保证发酵初期乳酸菌的菌种优势，迅速降低青贮pH，抑制微生物水解饲料蛋白，减少青贮饲料氨态氮产生，达到改善青贮品质的目的。

添加可溶性糖类物质能促进乳酸菌迅速生长繁殖，快速降低青贮饲料pH，生产出优质青贮饲料。

添加发酵液（如酒糟）进行苜蓿青贮，可提高青贮中乳酸菌数量，降低pH和氨氮含量，改善青贮品质和营养价值。

2. 三叶草

三叶草属（也称车轴草属），一年生或多年生草本植物，在全世界温带地区广泛分布，尤其以非洲南部、南美的温带地区分布较多。我国在引进品种的基础上，培育了鄂牧1号、川引拉丁诺等品种。牧草型三叶草主要用于放牧型人工草场培植。

（1）三叶草的优点

① 草质柔嫩，营养丰富。三叶草干物质中粗蛋白质含量达24.7%，粗脂肪2.7%，粗纤维12.5%，无氮浸出物47.1%，灰分13.0%。

② 再生性好。三叶草适宜的刈割期为开花期，每年可刈割2~4次。

③ 抗寒性好。尤其是白三叶草，在我国东北地区等可以安全越冬。

④ 对土壤要求不高。除盐渍化土壤外均能生长，耐酸性土壤；但在pH≥8的碱性土壤上生长不良或不能生长。

（2）三叶草的缺点

① 喜水不耐旱。

② 含有皂角素，绵羊、山羊大量采食鲜白三叶草会引起羊瘤胃臌胀。

③ 含有雌性激素香豆雌醇，羊群长期采食容易出现不发情或流产现象。因此，人工草地上的白三叶草常常与多年生黑麦草和鸭茅草等混合播种。

（3）品种选择 作为人工草地种植牧草，建议选择白三叶草和高加索三叶草。

（4）种植 白三叶草可在3月下旬—4月上旬与禾本科牧草混播。

（5）调制 三叶草可调制成青干草或青贮饲料，调制方法同苜蓿。

3. 沙打旺

沙打旺属于多年生豆科牧草。风干沙打旺的粗蛋白质含量为14%~17%，幼嫩植株中粗蛋白质含量高于老化植株。苗期的粗蛋白质含量为13.36%，初花期的粗蛋白质含量为12.29%，盛花期的粗蛋白质含量为12.30%；霜后落叶期的粗蛋白质含量急剧下降至4.51%，仅为盛花茎期前的1/3~1/2。沙打旺的营养价值、适口性、有机物质消化率和消化能均低于紫苜蓿。

沙打旺一般晒制成青干草喂羊，也可与禾本科草混合加工成青贮饲料。但沙打旺喂羊时，应搭配其他饲草，以提高其利用率。

（1）沙打旺的优点 抗逆性强，适应性广；具有抗旱、抗寒、抗风沙、耐瘠薄等特性，且较耐盐碱。不论在年降水量350 mm以上的旱地、肥力较差的沙丘和滩地、干硬贫瘠的退耕地，还是在土壤pH 9.5~10.0、含盐量0.3%~0.4%的盐碱地，以及在其他牧草不能生长的地方，沙打旺都能生长。已萌发的沙打旺幼苗，被风沙埋没3~5 cm，仍能正常生长。

（2）沙打旺的缺点

① 含有多种脂肪族硝基化合物。这类化合物可引起家畜急性中毒或慢性中毒。晾晒后，有毒成分含量下降，适口性会有所改善。青贮也可以减小沙打旺的毒性，提高适口性。

② 怕潮湿，在低洼易涝地上容易烂根死亡。

（3）沙打旺品种选择 可选择陕西榆林和内蒙古早熟品种。

（4）沙打旺种植 沙打旺对土壤要求不严，各类土壤都可以种植，但以黑钙土、栗钙土和黑黄土更适宜。沙打旺没有固定的播种期，从早春到初秋均可，一般每亩播种0.5 kg

左右。

（5）沙打旺调制　沙打旺可调制成青干草或青贮饲料，调制方法同苜蓿。

4. 其他豆科牧草

（1）草木樨　草木樨是一年生或者二年生的豆科草木樨植物。分布于我国的草木樨属于外来入侵植物，有白花草木樨和黄花草木樨两种。由于草木樨具有适应性广、耐瘠薄、耐盐碱、防风固沙、保持水土、改良土壤等性能，而被用作绿肥作物；同时，由于草木樨有较高的粗蛋白质含量（16.67%）和胡萝卜素等，被用作家畜饲料。但草木樨含有香豆素，具有苦涩味，适口性较差。草木樨在储藏或调制时一旦被霉菌感染，香豆素就会转变为双香豆素；而双香豆素能降低动物血液中的凝血酶原的生成，从而使动物血管通透性增加、凝血作用受阻，出现全身广泛性出血、腹痛。双香豆素会使有的动物突然出现鼻腔、口腔、尿道、阴道黏膜出血，甚至乳汁中也带有血液。因此，草木樨用作肉羊饲料时，应做到：

① 晒成干草。草木樨茎、叶在风干过程中，香豆素会大量溢失；叶片风干 10 d，香豆素可减少 70%～75%。因此，饲喂草木樨干草相对较安全。

② 晒制干草时，不要堆放。调制好的干草不宜打捆储藏，以防霉菌感染。

③ 控制饲喂量。尽量与其他饲料配合饲喂。

④ 妊娠母羊和羔羊要少喂或不喂。

（2）小冠花　小冠花抗逆性强，根系发达，能适应各种土壤结构，且茎叶繁茂、侵占性强、盖度大；不仅具有特殊的固土和防止水土流失作用，而且具有恢复植被、增加土壤有机质、培肥地力、改良土壤的作用。因此，我国于 1948 年开始从美国和欧洲引进，种植在公路、铁路、河堤、渠道两旁，以及废弃地、瘠薄地、矿迹地，取得了明显的生态效益。小冠花属于豆科牧草，茎叶繁茂，营养物质含量丰富，特别是蛋白质、钙及赖氨酸含量较高。盛花期小冠花干物质中含粗蛋白质 22.08%、粗脂肪 1.84%、粗纤维含量 32.38%、无氮浸出物 34.08%。但小冠花含有 β-硝基丙酸、糖苷、生物碱等有害成分，老化或干燥后，有毒成分的含量会明显下降。绵羊、山羊采食鲜嫩小冠花草容易出现拉稀或中毒现象，羔羊大量采食后会出现死亡现象。因此，小冠花用作羊饲料时，最好调制成干草或与其他牧草搭配饲喂，并限制饲喂量。

（二）禾本科牧草

禾本科牧草来源广、数量大、适口性好、易干燥、不落叶，包括燕麦、黑麦、大麦等谷类作物和马唐、野燕麦等野草类。禾本科牧草粗纤维多，粗蛋白质含量（8%～12%）和维生素含量均低于豆科牧草。因此，喂羊时最好与豆科牧草搭配使用，或适当增加精料喂量。

1. 燕麦草

燕麦草是营养价值相对较高、牛羊最喜食的禾本科牧草，可以青饲、青贮，也可制成青干草。燕麦草与苜蓿搭配可使粗饲料的利用效率得到明显提高，实现优势互补。因此，燕麦草被看作是苜蓿的绝配搭档。

（1）燕麦草的优点

① 适应强。燕麦草喜温暖湿润的气候，耐炎热，抗严寒，而且对土壤要求不高。

② 饲用价值高。燕麦草叶量较多，细嫩多汁，干物质中粗蛋白质含量为 6%～10%，脂肪含量大于 4.5%，均比大麦和小麦高两倍以上。燕麦草虽然中性洗涤纤维含量略高于苜蓿干草，但半纤维含量高、木质素含量低，更容易被羊消化且燕麦草被瘤胃降解速度较快，停留时间短，可以刺激羊采食更多的干物质。燕麦草的水溶性碳水化合物含量比苜蓿干草高 1 倍以上，适口性更好，所调制的干草被称为“甜干草”。

（2）燕麦草的缺点

① 不适应沙土和含氮低的土壤，不耐阴。

② 矿物质含量较低，硝酸盐含量高。饲喂时，应注意矿物元素的补充和与其他牧草的搭配。

（3）燕麦草品种选择　北方地区可选择丹麦 444、丹麦 437、品五等。

（4）燕麦草种植　燕麦草以有机质含量较高的黏壤土种植效果最好，忌重茬。马铃薯、胡麻、谷子、豆类、小麦、玉米等都可作为燕麦草的前茬，以豆类前茬最好。一般选择 6 月上旬播种，每亩用种子 6～8 kg。

2. 黑麦草

黑麦草属禾本科植物，在春季、秋季生长繁茂，草质柔嫩多汁，适口性好，动物消化利用率高，各种家畜都喜食。黑麦草有多年生和一年生 2 种。

（1）黑麦草的优点

① 多年生黑麦草生长快、分蘖多、能耐牧，是优质的放牧用牧草，也是禾本科牧草中可消化物质产量最高的牧草之一。常与白三叶等豆科牧草混播。每次放牧采食量控制在鲜草总量的 60%～70%可保证草场不退化。

② 一年生黑麦草根系发达，分蘖能力强，再生性好，喜温暖、湿润气候，在温度为 12～27 ℃时生长最快，适于刈割青饲，也可晒制成干草或直接放牧利用。其中，多花黑麦草茎叶干物质中分别含粗蛋白质 13.7%、粗脂肪 3.8%、粗纤维 21.3%；叶丛期的黑麦草茎秆少而叶量多，质量更佳。

（2）黑麦草的缺点

① 黑麦草含有一定量的硝酸盐，放置不当，就会转化为有毒的亚硝酸盐。

② 多年生黑麦草和多花黑麦草含有 0.02%～0.05%的佩洛灵，幼苗和嫩枝中的含量可达 0.1%～0.25%。黑麦草干草中含有较多的组胺，组胺含量达 20 μg/kg 时，可引起家畜强直症。

③ 一年生黑麦草在炎热的夏季会生长不良，甚至枯死。

（3）黑麦品种选择　一年生黑麦草可选择阿伯德、赣选 1 号、奥引 1 号和邦德等品种。多年生黑麦草可选择南农 1 号和百盛多年生黑麦草。

（4）黑麦草种植　黑麦草对土壤要求不高；在较瘠薄的微酸性土壤上能生长，但产量较低；在排水较好的肥沃土壤或黏土上生长较旺盛。最适播种期是 9～10 月，每亩播种 1.5～2 kg。

（5）黑麦草调制　一年生黑麦草可以青饲，也可晒制成青干草。

3. 玉米

玉米是世界上种植最广泛的作物。玉米分为食用玉米和饲用玉米。一方面，食用玉米的收获期在果穗成熟以后；如果提前收割用作饲料，秸秆产量比较低。据报道，在中等地力条件下，食用玉米一般亩产秸秆 2～3 t，而饲用玉米的秸秆产量可达 4～6 t。另一方面，饲用玉米茎叶发达、抗逆性好、果穗大，一般在籽粒乳熟末期或者蜡熟前期收获，全株用作青贮饲料。

（1）玉米的优点　适应强，产量高，籽实和秸秆都可以用作饲料，而且更适合制作青贮饲料。全株玉米制作青贮饲料的效果是其他作物无法达到的。

（2）玉米的缺点　玉米秸秆和籽实的营养价值远远低于豆科牧草，也低于其他禾本科作物；而且鲜嫩玉米含有氰苷类成分，抽穗前不宜青饲。

（3）玉米品种选择　饲用玉米的品种也有很多，选择饲用玉米主要看果穗比例。因为果穗是青贮玉米淀粉的主要来源和产量的重要组成部分，对青贮玉米的产量和品质起着至关重要的作用。玉米果穗占整个植株干重的 40%～60%，而且果穗所占比例越大、青贮品质越好。目前，北方地区可推荐的饲用玉米品种有豫青贮 23、津青贮 0603、中农大青贮 67 等。如果兼顾玉米的营养价值和产草量，可选择粮草兼用型品种。

（4）玉米种植　玉米对土壤条件要求并不严格，可以在各种土壤上种植。一般 4 月下旬至 5 月上旬播种，每亩播种 3～4 kg。

（5）玉米调制　主要用作青贮饲料。

4. 甜高粱

甜高粱属于一年生草本植物；拔节后期到抽穗期，叶片面积增大，茎叶氰化物含量下降，且粗纤维含量低、动物消化利用率较高，这时可以青饲。

（1）甜高粱的优点

① 生长快，产量高。在水肥条件较好的条件下，可长到 3～4 m，一年可刈割 2～3 茬，亩产鲜草 8 t 左右。

② 叶片茂盛。茎叶比可达 1∶1。

③ 分蘖能力强。单株最多可分蘖 24 株。

④ 含糖量高，是玉米的 2 倍。

⑤ 抗旱、抗病、耐涝、耐盐碱，容易栽培，被称为“作物中的骆驼”。

（2）甜高粱的缺点

① 茎、叶含有氰苷类有毒成分，幼苗期含量最高，不宜青饲。

② 甜高粱粗蛋白质含量较低、水分含量高，不宜长期单一饲喂，必须与其他饲料（如豆科牧草和精饲料）搭配饲喂。

（3）甜高粱品种选择　北方地区可选择大卡、大龙、雅津 1 号、雅津 2 号和雅津 4 号等品种。

（4）甜高粱种植　甜高粱对土壤的适应能力强，在 pH5.0～8.5 的土壤上都能生长，对盐碱的忍耐力比玉米还强。北方地区一般在 4 月上旬播种，每亩播种 1.5 kg 左右。

（5）甜高粱的利用　甜高粱可以青饲，也可以青贮。甜高粱是一种比较理想的青贮原料，但要注意水分含量，最好与其他水分含量较低的秸秆或者苜蓿混合青贮。甜高粱也可以晒制成干草，其操作简单，并能保持 70%～85%的养分，容易被反刍动物消化利用。

5. 苏丹草

苏丹草，又名野高粱，为高粱属一年生高大禾本科草。苏丹草原产于非洲北部，分布于全球。我国在新中国成立前已经引进，已培育出 5 个新品种（宁农苏丹草、奇台苏丹草、乌拉特 1 号苏丹草、新苏 2 号苏丹草和盐池苏丹草），在西北地区、东北地区和长江流域均有种植。

（1）苏丹草的优点

① 根系发达，可入土 2.5 m。茎秆直立，高 2～3 m，一般可分蘖 15～25 枝。

② 生长迅速，再生能力好。在适宜的环境条件下，一年可刈割 2～3 次，亩产鲜草 5 t 以上，适时收割的苏丹草干物质中粗蛋白质含量可达 4.5%～5.3%。

③ 与饲用高粱杂交，培育出的高丹草表现出很强的杂种优势。

④ 适应性强。苏丹草喜温，能够较好地适应干旱及半干旱地区的自然条件；对土壤要求不高，可在弱酸和轻度盐渍土壤上生长；而且耐旱，可在干旱地区种植。

（2）苏丹草的缺点　由于苏丹草为高粱属植物，茎叶中含有氰苷；绵羊、山羊采食后，会将氰苷转化为氢氰酸而中毒。因此，苏丹草最好加工成青贮饲料或晾晒成青干草。鲜喂时，应与其他饲料搭配并控制喂量。

（3）苏丹草品种选择　水肥条件的南方地区可选择新苏 2 号和盐池苏丹草，北方地区可选择乌拉特 1 号和高丹草（高粱与苏丹草杂交种）。

（4）苏丹草种植　苏丹草一般在 4 月上旬至 6 月份种植，每亩播种 1～1.5 kg，在气候温暖雨水充沛的地区生长最繁茂，不宜种在排水不良或过酸过碱的土地上。

（5）苏丹草的利用　苏丹草适宜青饲，也可青贮或调制干草。

三、牧草收割

收割期的选择是影响草场单位面积产量和干草品质的重要因素。适时收割可在不影响牧草再生和越冬的前提下，获得最多最好的牧草。

（一）收割时间

确定牧草刈割时间，首先要考虑牧草的产量和干草营养物质含量，其次要考虑刈割期对牧草当年再生和下年度产量的影响等。一般来说，牧草粗蛋白质含量在生长初期最高，以后逐渐下降；碳水化合物含量则从生长初期到枯黄期不断增加。幼嫩牧草水分含量较多，干物质含量低；但叶量丰富，粗蛋白质、胡萝卜素等含量多，营养价值高。随着牧草的生长，粗纤维的含量逐渐增加。开花期，牧草的产量最高，随后品质逐渐下降，消化率同样随着生育期的延续而下降。

禾本科牧草为单子叶植物，一般根系发达、植株较高。在孕穗期至抽穗期，叶多茎少，粗纤维含量较低，质地柔软，粗蛋白质、胡萝卜素含量高。如果推迟到抽穗期，叶片数量相对下降，品质变差。因此，燕麦建议在孕穗期刈割；多花黑麦草在抽穗初期刈割；用于青贮的玉米应在乳熟期至蜡熟期刈割。

豆科牧草为双子叶植物，包括草本植物，也包括饲用灌木和饲用木本植物，如苜蓿、沙打旺等。不同生育期豆科牧草的营养成分的变化比禾本科牧草更为明显；其叶片的营养物质，尤其粗蛋白质含量比茎秆高 1～2.5 倍。因此，不应过晚收割。苜蓿、沙打旺等最适收割期是现蕾至初花期；此时收割总产量最高，而且对下茬生长影响不大。

另外，还要考虑牧草的饲用价值（如适口性）。植株高大的杂草应在现蕾到初花期刈割；芨芨草、佛子茅等应在抽穗初期收割；芦苇应在生有8～9个叶片时刈割；以针茅为主的牧草应在芒针形成和出现以前刈割；苦味较重的蒿类最好在降霜后、结实期刈割。

（二）留茬高度

适宜的留茬高度是保证再生牧草正常生长的重要条件之一。留茬高度应考虑牧草的生长点和产草量。由于不同牧草的生长点距离地面的高度不同，留茬高度也不同。留茬过高会影响牧草产量，过低则影响再生草的生长，割掉生长点和分蘖节甚至会使牧草失去再生能力。紫花苜蓿一般留茬高度在4～5 cm，青贮玉米留茬30 cm。如果为了再生，多花黑麦草应留茬5 cm，燕麦草留茬4～5 cm，第二次应贴地刈割。

第六节　饲料调制方法

生产中，可根据各种饲料的特点和肉羊的饲喂要求，对各类饲料原料进行调制与加工，常用的调制方法有干燥、切短、粉碎、揉搓、拉丝、浸泡、蒸煮、焙炒、发芽、制粒、膨化和发酵等。

一、干燥

干燥主要见于牧草的调制。牧草干燥可分为自然干燥法和人工干燥法。

（一）自然干燥法

自然干燥法是利用太阳热能晒制干草，不需要特殊设备，一般农户均可实施。具体的干燥方法又可分为地面干燥、草架干燥和发酵干燥。

1. 晒制方法

（1）地面干燥法　地面干燥法也叫田间干燥法。先将收割后的青草摊放在干燥而平坦的地面暴晒，时时翻动，以迅速降低青草的含水量，争取在4～5 h内将水分降到40%左右。然后，将草堆集成0.5～1 m高的草堆，并保持草堆松散通风，使其逐渐风干。遇到恶劣天气及时遮盖，严防雨水淋湿；天气转晴后可以推倒翻晒，直至干燥。当水分降至20%～25%时，打成30～50 kg的草捆，运至棚中堆储，减少翻动，防止叶片脱落和营养损失，以保持青绿颜色。待水分降至14%左右时，即可上垛储存。

（2）草架干燥法　在潮湿多雨的地区或季节，应采用草架干燥。草架可因陋就简。晒制时，将青草置于草架上，堆叠厚度不超过70 cm，保持蓬松。草架干燥的牧草养分损失少，品质好。

（3）发酵干燥法　在阴湿多雨地区，可将青草平铺风干。当水分降至50%左右时，分层堆积压实至3～5 m厚，表层覆盖地膜。堆内青草迅速发热，经2～3 d，温度上升到60～70 ℃时，若一时无法晾晒，可堆放1～2个月；待天气转晴，再打开草堆晾晒，发酵所产热量迅速散发，容易干燥。这样制得的干草呈褐色，略具发酵的酸香味，品质略差。

2. 晒制的好处

一方面，牧草在晒制时，经阳光中紫外线的作用，所含的角固醇转化为维生素D；这是有益的转化，为羊提供了一定量的维生素 D。另一方面，牧草在晒制和储存时，体内的蜡质、挥发油、萜烯等物质氧化产生醛类和醇类，使青干草有一种特殊的芳香气味，提高了牧草的适口性。

3. 晒制造成的损失

牧草在晒制过程中，总营养物质损失 20%～30%，可消化蛋白质损失 30%左右，维生素损失 50%以上。

（1）营养自然流失 刚收割的牧草细胞尚未死亡，仍可通过呼吸作用分解牧草的养分以维持其生命。因此，干燥速度越慢，牧草停止呼吸的时间越迟，营养损失就越大。据报道，牧草晒制时间超过 1 d，胡萝卜素损失 75%；超过 7 d，胡萝卜素损失 96%，维生素 C 几乎全部损失。

（2）枝叶脱落 在搂草、翻草、搬运、堆垛等一系列作业中，叶片、嫩茎、花序等细嫩部分易折断、脱落而损失；由此一项引起的损失可使青干草的饲用价值降低 30%左右。

（3）雨淋 雨淋可使处在干燥过程中的牧草粗蛋白质、能量、胡萝卜素及其他维生素遭到严重损失。

（二）人工干燥法

利用特制的干燥机具，通过加热、通风的方法调制干草。其优点是干燥时间短，生产效率高；养分损失少，通常可使青草营养成分的 90%左右得以保存；获得的青干草品质好，也可进行大规模工厂化生产。缺点是设备投资和耗能的费用较高，而且制得的干草缺乏维生素 D。人工干燥法又可分为常温通风干燥法、低温烘干法和高温快速干燥法。

1. 常温通风干燥法

常温通风干燥法指利用高速风力来干燥青草。无论是散草还是草捆，在草库内经堆垛后，通过草堆中设置的栅栏通风道，用鼓风机强制鼓入空气，最后达到干燥。这种干燥方法适于收获青草时，相对湿度低于 75%、气温高于 15 ℃的地方使用。

2. 低温烘干法

用浅箱式或传送带式干燥机烘干牧草，干燥温度为 50～150 ℃，时间为几分钟至数小时，适合于小型农场；也可在 48 ℃左右的室内放置数小时，使青草干燥。

3. 高温快速干燥法

该方法使用转鼓气流式干燥机。先将牧草铡至 2～3 cm 长，然后经传送机送入烘干筒，只需经数分钟甚至数秒钟烘烤，便使青草水分降至 10%左右。此法生产效率高，但设备昂贵，国外工厂化草粉生产较多采用这种方法。

（三）青干草的品质鉴定

青干草品质的好坏直接影响到肉羊的健康状况和生产性能。因此，有必要对所饲用的青干草品质进行鉴定。用于鉴定的牧草样品要具有代表性，必须是多点抽样。鉴定的内容主要包括以下 8 个方面。

（1）水分含量 青干草的标准含水量应在 17%以下；含水量超过 17%时，容易霉烂变质。

（2）颜色 优良的青干草应保持青绿颜色。这是蛋白质、胡萝卜素和多种维生素保存的重要标志。如果青干草失去青绿色，即表示营养物质损失较大；如果青干草变为褐色或黄色，则表示品质不佳。

（3）气味　适时收割所调制的青干草，应具有草香气味。若草堆里散发出霉烂气味，表明其品质不良。

（4）叶量　牧草植物叶片营养丰富，适口性好，容易消化。因此，青干草在调制过程中应尽量使叶片不受损失。优质青干草的茎、叶比例应为 1∶1；叶片脱落越多，其品质越差。

（5）牧草收割时的发育期　根据青干草植株上花瓣和果实的有无及其所占的比例来判断牧草收割时的发育期。若收割时期适宜，则营养价值较高，品质优良；若已有荚果形成，则收获时间已迟，茎秆粗老，品质较差。

（6）杂质含量　指青干草中夹带灰尘、泥沙等杂质的多少。优质青干草要求纯净而杂质少。若杂质较多，表明其品质也较差。

（7）植物组成情况　人工栽培牧草多为禾本科牧草和豆科牧草，这是最有营养价值的两大类。在优质天然牧草中，禾本科牧草和豆科牧草所占比重不应少于 60%，且有毒有害植物不宜超过 1%。

（8）病虫害侵袭情况　优质青干草要求无病害的严重侵袭。

（四）青干草的储存

青干草储存不当也会发霉变质，使养分损失殆尽。青干草的储存方法有草棚储存和露天储存。

1. 草棚储存

储量小，适合于用草量不大的养殖户。储存时，草垛底部采取防潮措施或离开地面 0.5 m，垛顶应与棚顶之间有一定距离，以保持通风。青干草可打成小捆，整齐地堆垛在棚内；也可在羊舍上方的空间堆垛。

2. 露天储存

露天储存的垛址应选在地势高燥处，不渗透雨水、雪水，排水良好；距羊舍较近，取用方便。垛底要高出地面 30～50 cm，最好在上面铺一层树枝、秸秆等。清除垛底附近杂草及障碍物，以利于防水防火，草垛的顶部应加盖塑料薄膜，以防风吹雨淋。

二、切短和粉碎

各种秸秆和牧草喂前都应切短，以便于羊只采食和咀嚼，提高适口性和采食量，利于同精料均匀混合，可减少羊在采食物过程中造成的浪费，但切短和粉碎不能显著提高饲料的消化率和营养价值。对羊来说，粗饲料以切成 2～3 cm 为宜，饲喂老龄羊的饲草以 1 cm 为宜。不论是哪一种饲料，都不能粉得太细。粗饲料粉得太细，过瘤胃速度太快，会造成营养物质的浪费。

一般来说，羊更喜欢采食压扁或粉碎的籽实饲料。籽实饲料粉碎后，其表面积会增大；表面积越大，与消化酶的接触越密切，越利于消化吸收。有些整粒籽实还有一层硬壳，几乎不能被消化酶分解，随粪便排出体外后仍能在适宜的条件下发芽、生根；对于这类饲料原料必须粉碎。但粉碎程度是相对的，不是越细越好。例如，籽实饲料粉得过细可引起消化道疾病。因此，饲料是否需要粉碎，应考虑饲料种类和动物生理阶段的差异。

三、揉搓和拉丝

揉搓和拉丝不仅可提高粗饲料的适口性和利用率，而且使青贮饲料容易压实，节约储存空间。每立方米可青贮 600 kg 以上，比切短饲料多青贮 20%左右，羊的采食率可达到 100%。由此可见，揉搓和拉丝可以大大节约饲料原料，提高饲料的利用率。

四、浸泡

可将铡短的秸秆和秕壳经水淘洗或洒水湿润后，拌入精料，再喂羊。据报道，用 0.2%左右的食盐水，将铡短的秸秆浸泡 1 d 左右，喂前拌入糠麸和精料，喂羊效果较好。未经粉碎或压扁的豆类等籽实饲料比较坚硬，浸泡后可使其软化，并能增加适口性，提高消化率。对于一些含有单宁或其他有毒的饲料（如菜籽粕），浸泡还可以使其异味和毒质减轻，提高饲喂的安全性。但浸泡时要注意气温，夏天浸泡时间不宜太长，否则容易腐烂变质。

五、蒸煮和焙炒

蒸煮和焙炒处理主要用于含有较高有毒有害或抗营养成分的饲料，如豆类、菜籽粕和棉粕等。对蛋白质含量较高的饲料，加热处理时间不宜过长，一般在 130～150 ℃条件下，蒸煮和焙炒时间不超过 20 min。

（一）蒸煮和焙炒的效果

1. 破坏有毒有害成分

蒸煮和焙炒可在一定程度上破坏饲料中的有毒有害成分和抗营养成分，如大豆中的抗胰蛋白酶、棉籽饼中的棉酚等，可提高饲料的利用率。

2. 提高饲料适口性和消化率

禾本科籽实（如小麦、大麦、高粱、玉米等）含淀粉较多；经蒸煮或焙炒后，部分淀粉糖化，变成糊精，产生香味，有利于消化。大豆经蒸煮或焙炒后，不仅可以降低抗营养成分，还可以除去豆腥味、提高消化率。

3. 杀灭病原微生物

蒸煮和焙炒可杀灭饲料中的病原微生物，提高安全性。

（二）蒸煮的缺点

青绿饲料（尤其是叶类饲料）经蒸煮等热处理，不仅不能提高其营养价值，有时还会使蛋白质变性、消化率降低、维生素破坏。长时间蒸煮会降低饲料蛋白质的生物学价值，尤其是降低限制性氨基酸（如赖氨酸）的吸收率。

六、发芽

为了解决舍饲绵羊、山羊的青饲料紧缺问题、提高禾谷类籽实的饲用价值，有人通过设施培植技术（如水培技术）生产发芽饲料（属于青绿饲料）。最常见的发芽饲料是大麦芽。大麦经过 7～8 d 培育，长到 8～10 cm 时，切碎、按一定比例混入饲料中，尤其适合于饲喂幼龄羊、病羊、妊娠母羊和哺乳母羊。

（一）发芽饲料的优点

1. 可提高饲料营养价值

籽实饲料发芽可极大地增加酶的活性。在酶的作用下，籽实中的淀粉可变成单糖，蛋白质变成氨基酸或简单的肽类；脂肪分解成脂肪酸、维生素，特别是B族维生素和维生素C含量显著增加。大麦在未发芽前几乎不含胡萝卜素，但发芽后（芽长8～10 cm），1 kg大麦可产生胡萝卜素73～93 mg，核黄素的含量由1.1 mg增加到8.7 mg，蛋氨酸含量增加2倍，赖氨酸增加3倍。这时便可喂羊。

2. 可提高动物的采食量

发芽饲料适口性好，羊喜食，可提高羊的采食量。

（二）羊饲喂发芽饲料应注意的问题

1. 大麦芽的功能有差异

大麦芽因生长期不同、调制方法不同而营养不同、作用截然不同。长到8～10 cm的大麦芽可用作青绿饲料，提供维生素；用于饲喂哺乳母羊，还具有催奶作用。但短麦芽具有助消化、促食欲作用；经过微炒的短麦芽则具有回奶作用，并能催生落胎。因此，妊娠母羊严禁饲喂短麦芽。

2. 麦芽根含有麦芽毒素

麦芽根中的麦芽毒素N-甲基大麦芽碱（Candlcine）的作用类似于麻黄碱（麻黄素），可松弛支气管平滑肌，收缩血管，兴奋中枢神经。因此，羊大量采食大麦芽会出现中毒现象。

3. 麦芽容易感染霉菌

麦芽容易感染荨麻青霉、棒曲霉和米曲霉等，动物采食了感染这些霉菌的麦芽后，可引起中毒、死亡。

七、制粒

颗粒饲料是由全价混合料或单一饲料（牧草、饼粕等），经挤压作用制成的具有一定颗粒形状的饲料。颗粒饲料多为圆柱形，直径约4～5 mm，长10～15 mm，可压制成圆饼形。生产中可根据不同生理阶段羊的采食需要调整颗粒组分和大小。

（一）颗粒饲料的优点

1. 可减少饲料浪费

制粒可提高饲料营养成分的均匀性、全价性，避免羊择食，减少饲料浪费。同时，节约了羊采食所需要的时间，降低了能量消耗。

2. 可增加羊采食量

颗粒饲料在制粒过程中的高温使淀粉糊化产生香味，从而使羊的采食量得到相应增加。

3. 可提高饲料消化利用率

在制粒过程中因蒸气处理及机械作用，破坏了谷粒糊粉层细胞的细胞壁，使糊粉层细胞中的有效成分释放出来，而且对抗营养成分和有毒有害成分有一定消除和破坏作用，从而提高动物的消化利用率。

4. 便于饲料储藏、包装和运输

颗粒饲料比粉状饲料体积缩小了约1/3。由于颗粒饲料的散落性好、吸湿性小、储藏稳定性高，在包装过程中降低了粉尘及微量成分的损失，在成品运输过程中避免了自动分级现象。

5. 可提高饲料安全性

制粒可杀灭饲料中的有害病菌和寄生虫卵，降低了动物通过饲料感染疾病的概率，提高了饲料的安全性。

（二）颗粒饲料的缺点

（1）增加成本　加工时需要专门的设备，并消耗较多的电能。

（2）造成饲料成分损失　在制粒过程中，由于湿处理、热处理及机械压力作用的影响，饲料中热不稳定成分会受到一定程度的损失；如维生素A损失6%～14%，赖氨酸效价也有所降低。

（3）影响羊反刍　长期饲喂单一颗粒饲料，羊会出现反刍紊乱或停止，影响饲料转化率。

八、膨化

膨化是最常用的饲料熟化方法。大豆、玉米、麸皮及各种饼粕都可以通过膨化提高饲用价值。

（一）膨化饲料的优点

1. 可提高动物的采食量

饲料熟化后，脂肪从细胞内部渗透至表面，与糖、蛋白质之间进行相互作用，可增加饲料的香味，适口性更好；可刺激羊的食欲，提高采食量。

2. 可提高饲料效价

（1）提高蛋白质的效价　由于膨化料中存在大量糊化淀粉，将蛋白质紧密地与淀粉基质结合在一起，生成瘤胃不可降解蛋白，即过瘤胃蛋白。膨化对不同原料所产生的作用不同。其中，燕麦蛋白的降解率降低了约45%，见表7-1。

表7-1　不同饲料原料在瘤胃中的蛋白质降解率

单位：%

	正常饲料	膨化饲料（120℃）
大豆粕	63	48
大豆	79	53
大麦	72	54
燕麦	88	43

资料来源：《膨化饲料的营养价值》。

对于反刍动物而言，蛋白质如果生成过瘤胃蛋白，就可避免动物产生氨中毒，提高利用率。

（2）可提高脂肪的热能值　膨化处理将原料分子的油脂释放出来，可提高脂肪的热能值。

3. 可提高饲料的消化率

① 经过高温、高压处理和各种机械作用，能够破坏和软化纤维结构的细胞壁部分。

② 挤压膨化可使饲料中淀粉的糊化度从13.58%提高到81.55%。糊化度越高，越容易被动物消化利用。

③ 膨化可使蛋白质结构发生变化，如蛋白质三级结构和四级结构的结合力变弱，分子间的二硫键、氢键等结合键部分断裂，导致蛋白质变性，对消化酶更加敏感。另一方面，膨化可使饲料原料中很多抗营养因子（如皂苷、胰蛋白酶抑制因子等）失去部分活性，减少对动物机体内源消化酶的破坏，从而提高蛋白饲料的消化率。

4. 可防止油脂成分的酸败

膨化可使脂肪与淀粉或蛋白一起形成复合产物脂蛋白或脂多糖，降低了游离脂肪酸含量。同时，钝化了脂酶，抑制了油脂的降解，减少了产品储存与运输过程中油脂成分的酸败。

5. 可提高饲料的安全性

膨化可减少饲料中的细菌、霉菌和真菌含量，其灭活率可达100%，从而提高饲料的卫生品质，减少羊患病的风险。同时，可最大限度地降解饲料原料中的有毒物质，如豆粕中的尿素酶、棉粕中的棉酚、菜籽粕中的芥子苷等，大大提高了饲料的安全性。

6. 提高羔羊的饲料消化利用率

羔羊因消化器官尚不发达，难以消化复杂的植物性饲料，通过膨化可以有效提高饲料消化率。例如，玉米膨化后，淀粉糊化，使淀粉晶体结构不可逆地被破坏，在小肠内迅速吸水膨胀，大大增加了淀粉酶的作用面积和穿透能力，使淀粉的水解速度和消化程度得到提高；同时，糊化淀粉大幅度提高了对α-淀粉酶的敏感度，使其作用更迅速。此外，糊化淀粉还会刺激羔羊胃内产生乳酸，可防止病原微生物的产生，从而防止羔羊拉稀。

（二）膨化饲料的缺点

饲料膨化对氨基酸等有一定破坏作用，对维生素也有不同程度的影响。其中，维生素K、维生素B_1、维生素B_2、维生素B_6和叶酸损失较大，维生素A、维生素D、维生素E也有一定量损失，其损失程度与膨化温度和添加形式有关。另外，饲料膨化耗电量较大，增加了加工成本。

九、发酵

发酵不仅可以提高饲料营养价值和消化率，而且可以降低饲料中有毒、有害和抗营养成分含量。因此，发酵已成为最常用的饲料调制技术广泛用于青贮饲料和各种饼粕类饲料的调制等。由于发酵所采用的菌种不同，发酵效果会有一定差异。

（一）发酵饲料的优点

1. 可提高饲料的营养价值

微生物的代谢不仅可提高饲料粗蛋白质、粗脂肪及多糖等营养物质的含量，还会产生淀粉酶、蛋白酶、脂肪酶、维生素、小肽、菌体蛋白、游离氨基酸等多种有益活性代谢产物，显著提高了饲料的营养价值。

2. 可改善饲料的适口性

经过发酵后，饲料中大分子物质被降解成易吸收消化的小分子物质，降低了粗纤维和粗脂肪的含量；同时，还会产生有机酸，释放出天然的芳香味，刺激家畜的食欲，使其消化酶的分泌增加，促进营养物质的消化吸收，从而提高饲料的消化率。

3. 可提高饲料的消化率

大量研究已经证明，用乳酸菌、枯草杆菌、放线菌、酵母菌等多种有益菌发酵可使饲料 pH 下降。饲料 pH 直接影响羊胃肠道的 pH。羊胃肠道的 pH 会影响诸如胰蛋酶、糜蛋白酶、羧肽酶、淀粉酶、脂肪酶、麦芽糖酶和乳糖酶的功能，进而影响羊的日粮消化率。

4. 可提高饲料的利用率

① 发酵饲料中的酵母活细胞，或酵母中的某些微生物生长促进因子，可促进瘤胃内纤维分解菌、乳酸菌等有益微生物的生长繁殖，提高对饲料中粗纤维的降解能力。

② 饲料 pH 降低能激活与蛋白质和碳水化合物代谢有关的酶，从而提高饲料中的粗蛋白质的利用率。

③ 有机酸还可以补充羊胃内限制性脂肪酸，对能量代谢产生有利影响；能促进钙、磷等矿物质的吸收。

5. 有利于羊的健康生长

① 饲料发酵可以阻止大肠杆菌等有害微生物的生长和繁殖，刺激有益菌的生长。

② 酵母细胞可与羊胃肠中的毒素和某些病原菌结合，提高机体免疫功能。

③ 有益微生物还能分泌大量的有机酸，降低肠道的 pH，并产生多种细菌素、多黏菌素和酶类等，抑制肠道病原微生物的繁殖，调节肠道内微生态平衡。

④ 发酵饲料中的有益菌可作为一种非特异性免疫因子，能诱导肠道黏膜的免疫应答，产生免疫蛋白和免疫因子，增强肠道的免疫功能，减少肠道疾病的发生。

（二）青贮技术

青贮技术是利用微生物对粗饲料进行发酵的具体例证。青贮也是一种简单、可靠、经济的牧草和秸秆储存方法，可以长期保存饲料原料青绿多汁特性，减少营养损失。

1. 青贮的基本原理

青贮就是在密封状态下，利用乳酸菌（厌氧菌）发酵饲料，使其呈酸性，抑制有害菌生长，以达到长期保存青绿饲料营养特性。青贮是一个复杂的微生物群落演变过程，大致可以分为 4 个阶段。

第一阶段为有氧呼吸期。在青贮初期，仍存有少量空气，附着在饲料表面的好氧微生物和兼性厌氧微生物（包括各种腐败细菌、肠道细菌、酵母菌和霉菌等）开始生长繁殖，消耗可溶性糖和蛋白质，产生大量热、二氧化碳、氨气、氢气等。

第二阶段为厌氧微生物竞争期。这一时期，由于植物细胞和微生物的呼吸作用，使空气中的氧逐渐减少，形成厌氧环境；同时，某些细菌在发酵过程中产生的醋酸、琥珀酸和乳酸等有机酸含量迅速增加，环境 pH 不断下降，有利于乳酸菌的生长繁殖并成为优势菌种。乳酸菌不仅可在含氧量低或无氧条件下正常生长繁殖，而且具有较强的产酸和耐酸能力，能发酵糖类形成乳酸。其他微生物的作用则被削弱和抑制。

第三阶段为酸化成熟期。随着乳酸菌发酵过程延长，环境 pH 进一步降低，即酸度提高。在发酵中占优势的乳酸链球菌的生长繁殖受到抑制，乳酸杆菌则大量繁殖，使饲料酸度进一步增加。其他类的大部分微生物被抑制。

第四阶段为稳定期。随着乳酸杆菌活动的加剧，饲料中乳酸积累达到一定程度，乳酸杆菌的活动也逐渐受到抑制。当乳酸含量达1.5%～2%、pH在4.2以下时，青贮饲料就可长期保存。含糖量较高的玉米、高粱等牧草进入稳定期需要20～30 d，含糖量较低的豆科牧草进入稳定期需要3个月时间。

2. 青贮的优点

（1）可减少饲料营养物质损失　青饲料适时青贮，其营养成分损失一般不超过15%，尤其是粗蛋白质和胡萝卜素的损失较少。青贮饲料的能量、粗蛋白质消化率高于同类风干草产品。

正常青贮时，青贮原料中的可溶性碳水化合物大部分转化成乳酸、乙酸、琥珀酸及醇类等；其中主要为乳酸，同时放出少量热量。碳水化合物、蛋白质和氨基酸分解生成丁酸、胺、氨和二氧化碳等。纤维素含量保持不变，脂肪含量变化不大。青贮饲料中蛋白质含量的变化与pH密切相关，当pH小于4.4时，蛋白质损失极少；当pH大于4.4时，蛋白质损失较多。

（2）可提高秸秆的消化率　青贮饲料具有酸香味，柔软多汁，能刺激食欲、消化液分泌和胃肠蠕动，增强消化功能，促进精饲料和粗饲料中营养物质的利用，提高秸秆的消化率和适口性。

（3）可以长期安全保存　在密封条件下，青贮饲料可长期保存；主要用于冬春枯草季节给羊补充青绿饲料。青贮饲料如果保存得好，就不受风吹日晒和雨淋的影响，不怕火灾。因此，青贮是一种经济、安全储存秸秆的方法。

（4）可减少病虫害　秸秆青贮后，夹杂的病菌、虫卵和杂草种子失去活力，可减少生物对环境的危害。

（5）可以降低有害物质　很多牧草所含的生物碱都会对羊的健康造成危害，而牧草在青贮过程中会产生大量的有机酸与这些生物碱发生反应，降低其毒性。有机酸可与沙打旺所含的3-硝基丙酸起酯化作用，也可使苜蓿中所含的皂苷分解成寡糖和甾体化合物（或三萜类），达到降低这类牧草毒性的效果。

3. 青贮饲料的加工

青贮饲料的加工过程大致可分为容器的选择和建造、原料准备、装料和密封4个步骤。

（1）青贮方法的选择　人们通常根据青贮原料的品种、数量和地势条件等选择青贮方法。常见的青贮方法有窖贮、塔贮、袋贮和地面青贮等。一般来说，用青贮塔青贮的效果好、浪费少，但建筑成本较高。青贮袋在饲喂和运输方面较方便，但需要专门的填充设备、生产成本较高，而且容易遭受鼠害的影响。青贮窖一般养殖场都可建造，但也需要一定成本。青贮窖又分为地下、地上、半地下等。在地下水位低且土质较好的地方，可建地下青贮窖，深度以2～3 m为宜（图7-1）；在地下水位较高的地方，可建半地下青贮窖，地下部分一般为2 m左右，地上部分为1～1.5 m（图7-2）；在不宜挖地下窖或雨水较多的地方可修成地上青贮窖，其高度以方便操作为宜。地面青贮，也叫堆贮，就是直接把铡

短的原料堆积在地面（水泥、土地及草地）上进行青贮，主要见于规模化羊场。地面青贮原理与塔贮、窖贮、袋贮等相同，但需要利用拖拉机、装载机等重型机械进行碾压，每填1 m青贮料就要碾压1次；而后，用防穿刺塑料膜封住顶部和四周，再用土或废旧轮胎等重物压实；底部用沙袋压实，周围挖排水沟，确保青贮液和雨水向外流出。地面青贮制作成本低，且不受数量和地点的限制。

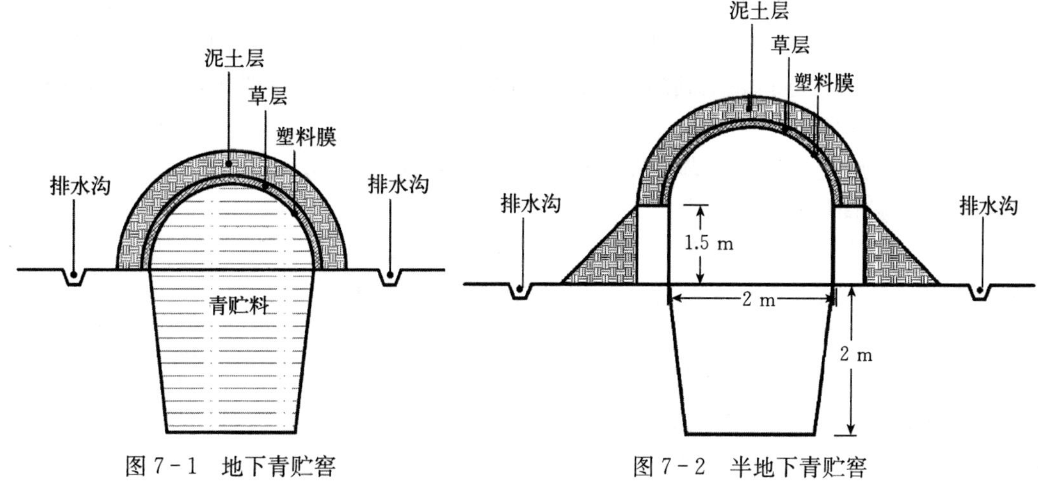

图7-1 地下青贮窖　　图7-2 半地下青贮窖

(2) 青贮操作（以窖贮为例）

① 青贮窖的基本要求。地处高处，干燥，土质坚实，窖底离地下水位0.5 m以上。窖的形状以长方形较佳，要求窖壁光滑，窖口上大下小，适当倾斜，四角应呈圆弧形，窖底平整但有一定坡度。建筑材料最好选择砖混结构，没条件的地方可选择土窖铺垫塑料薄膜的办法，但青贮原料不能与土墙壁接触。

② 青贮设施的容量估算。青贮窖的容量大小与青贮原料种类、水分含量、切碎压实程度及青贮设施种类不同有关。一般来说，可揉搓和拉丝的原料容易压实，需要的空间较小，每立方米可青贮600 kg以上；切碎的玉米秸秆可青贮500 kg左右，可平均按每立方米560 kg计算。

表7-2 青贮窖的尺寸、面积及每米长度青贮料的重量

编号	深度 (m)	底宽 (m)	顶宽 (m)	横断面积 (m^2)	每米长度青贮料重量 (kg)
1	1.2	1.5	2.1	2.16	1 210
2	1.2	1.8	2.6	2.64	1 480
3	1.2	2.1	3.1	3.12	1 750
4	1.8	1.8	2.7	4.05	2 270
5	2.4	2.5	4.5	8.40	4 700
6	3.0	3.0	5.6	12.90	7 200

③ 青贮原料准备。适时收割是保证青贮原料质量最主要的因素之一。选择收割时间，

不仅要考虑单位土地面积营养物质收获量的多少，而且要考虑到糖分和水分是否合适。收割好的原料应当及时运到青贮现场予以青贮。原料在田间放置太久，不仅营养受到一定程度损失，而且易感染杂菌而发霉。

④ 原料铡短。原料在青贮前都应进行铡短或揉搓。羊用的原料，一般铡成 2～3 cm 长，以便压实和利用。揉搓效果更好。

⑤ 装窖。装窖前，先在窖底铺垫 10 cm 厚麦秸。装窑时，要边装边压，每装 10～20 cm厚，就必须压一次，特别要压紧窖的边缘和四角。大型青贮窖可利用拖拉机碾压。

⑥ 封窖。当青贮原料装填到高出窖面 1 m 后，在上面盖上塑料薄膜或 15～30 cm 麦秸，压紧，在上面压一层干净的湿土；待一周后，青贮原料下沉，再用湿土填起；下沉稳定后，再向顶部加土并压实；为了防止雨水浸入，周围应挖排水沟。

4. 常见青贮饲料种类

（1）玉米青贮饲料　玉米青贮饲料是指蜡熟期玉米收割后，将茎、叶、果穗一起切碎调制的青贮饲料。这种青贮饲料营养价值高，每千克相当于 0.4 kg 优质干草，是目前世界上最常见的青贮饲料。其特点是：①玉米产量高，每公顷产量一般为 5～6 t，个别高产地块可达 8～10 t，饲料玉米产量一般高于其他作物；②营养较丰富，可在冬、春季补充青饲料之不足；③适口性强，青贮玉米含糖量高，制成的优质青贮饲料具有酸甜味，且酸度适中（pH4.2），羊习惯后，喜欢采食。

（2）玉米秸秆青贮饲料　玉米秸秆青贮饲料是用籽实收获后的秸秆加工的青贮饲料。玉米收获后，叶片仍保持绿色，茎、叶水分含量较高，也是调制青贮饲料较好的原料。

（3）其他牧草青贮　一些多年生牧草，如苜蓿、草木樨、红豆草、沙打旺、红三叶、白三叶、冰草、无芒雀麦、老芒麦、披碱草等，不仅可调制干草，也可以调制青贮饲料。这类牧草青贮时要注意 5 个问题。

① 根据牧草茎秆柔软程度决定切碎长度。禾本科牧草及一些豆科牧草（苜蓿、三叶草等）茎秆柔软，应切成 2～3 cm 长。沙打旺、红豆草等茎秆较粗硬的牧草，应切成 1～2 cm 长。

② 豆科牧草蛋白质含量较高，糖分含量较低，满足不了乳酸菌对糖分的需要，单独青贮时容易腐烂变质。为了增加糖分含量，可采用与禾本科牧草或饲料作物混合青贮可选择添加 1/4～1/3 全株玉米、玉米秸秆、苏丹草或甜高粱等。制糖厂的副产品，如新鲜甜菜渣、糖蜜、甘蔗上梢及叶片等，也可以混在豆科牧草中，进行混合青贮。

③ 有些禾本科牧草水分含量偏低（如披碱草、老芒麦）、糖分含量稍高。豆科牧草水分含量稍高（如苜蓿、三叶草）。二者进行混合青贮，优劣可以互补，营养又能平衡。所以，在建立人工草地时，就应考虑种植混播牧草，便于收割和青贮。

④ 茎蔓和叶菜类饲料青贮。这类青贮原料主要有甘薯蔓、花生蔓、甜菜叶、甘蓝叶、白菜等。除花生蔓含水量较低外，其他几种含水量均较高，可与低水分原料或粉碎的干饲料实行混合后青贮。

⑤混合青贮。所谓混合青贮，是指两种或两种以上青贮原料混合在一起制作的青贮。这类饲料除了禾本科牧草与豆科牧草混合、高水分饲料与干饲料混合外，还有糟渣饲料与干饲料混合青贮，如苹果渣、甜菜渣与干玉米秸秆混合青贮。

5. 提高青贮饲料品质的技术要点

（1）排除空气　乳酸菌是厌氧菌，只有在没有空气的条件下才能繁殖。如果不排除空气，不仅乳酸菌生存受到抑制，而且喜氧的霉菌会迅速繁殖，导致青贮失败。因此，青贮原料要切短、压实、密封好。

（2）创造适宜的温度　当青贮原料温度达到 25～35 ℃条件时，乳酸菌就能大量繁殖，很快占主导地位，致使其他一切杂菌都无法活动繁殖。温度过高（50 ℃）时，丁酸菌活跃，会导致腐败。气温过低，乳酸菌不能正常繁殖，也达不到青贮的效果。因此，在青贮饲料时，应注意选择适宜的季节或天气。

（3）尽量缩短铡草和装窖的时间　铡碎的青贮原料堆放半天，就会大量产热；既损失养分，又影响质量。因此，在青贮过程中应快割、快铡、快装窖。

（4）掌握适宜的含水量　一般认为，青贮原料的适宜含水量为 65%～75%。水分不足，青贮原料不易压实，空气不易排除，植物体糖分也不容易渗出来，这种条件不利于厌氧的乳酸菌繁殖。水分过多，青贮料中的汁液会受压流失，使原料黏结成块，降低乳酸浓度，产生挥发性酪酸和氨，使青贮饲料变臭。

测定青贮原料水分含量的简易办法是，用手捏青贮料，以指间湿而不滴水为宜。若原料含水量过高，可适当晾晒；含水量过低，可少量加水拌匀后青贮。

青贮饲料水分的掌握，应视原料质地而定。例如，玉米秆、高粱秆等质地粗硬、不易压实的原料，水分含量应高一些。质柔软的原料如薯蔓、蘼草、树叶、天然牧草等，水分含量应低一些。

对于含水量在 45%～60%的质地粗硬、植物细胞汁液难以渗出的原料，可添加食盐，以促进细胞汁液流出，有利于乳酸菌发酵。食盐添加量一般为青贮原料重量的 0.2%～0.5%。对于水分含量较高的原料，可添加一定量的干秸秆，或与水分含量较低的原料搭配青贮。

（5）选择含有一定糖分的原料　用于青贮的饲料原料含糖量不应低于 1%，因为乳酸主要由糖分转化而来，糖分过高，饲料会过酸；糖分过低，乳酸菌繁殖缓慢，则饲料不易青贮而容易腐败。玉米秸秆是理想的青贮原料，尤其是乳熟后至蜡熟期的全株玉米最为理想。

6. 青贮饲料质量鉴定

通常人们主要通过捏、看、闻的感官评价来确定青贮饲料是否霉变或过酸，是否可用作饲料。已经发霉的低劣青贮饲料应被禁止饲喂肉羊。青贮饲料感官鉴定标准见表 7－3。

表 7－3　青贮饲料感官鉴定标准

等级	颜色	气味	酸味	结构
优良	绿色或黄绿色，接近原色，有光泽	芳香酒酸味很浓	浓	湿润，紧密，捏成团后会逐渐散开
中等	黄褐色或暗绿色	酒香味很淡或有刺鼻酸味	强烈	水分稍多，捏成团后不易散开
低劣	黑色、深褐色，生有白霉	有特殊臭味或霉味	无	腐烂、污泥状，黏滑或结块、无结构

中国畜牧业协会于 2018 年发布的 TCAAA 005—2018《青贮饲料—全株玉米》规定全株玉米青贮饲料质量分级应符合表 7－4 的规定。

表 7-4　全株玉米青贮饲料的营养化学指标及质量分级

指标	等级			
	一级	二级	三级	四级
pH	≤4.2	>4.2，≤4.4	>4.2，≤4.6	>4.6，≤4.8
氨态氮/总氮（N%）	≤10	>10，≤20	>20，≤25	>25，≤30
乙酸（%）	≤15	>15，≤20	>20，≤30	>30，≤40
丁酸（%）	0	≤5	>5，≤10	>10
NDF（%）	≤48	>48，≤53	>53，≤58	>58，≤63
ADF（%）	≤27	>27，≤30	>30，≤33	>33，≤36
淀粉（%）	≤28>	23～28	18～23	13～18

注：全株玉米青贮饲料干物质含量不低于 30%。全株玉米青贮饲料籽粒破碎率达到 90%以上。乙酸、丁酸以占总酸的质量比表示；中性洗涤纤维、酸性洗涤纤维、淀粉以占干物质的量表示。

7. 青贮饲料的利用

（1）开窖使用不宜过早　青贮饲料应在青贮后 40～60 d、待饲料发酵成熟、产生足够的乳酸、具备抗有害细菌和霉菌的能力后再启用。

（2）分段取用　开窖时，应从一端开始，分段取用。先揭去上面覆盖的土、草和霉变层，再由上而下垂直切去。每日取用后，要用塑料薄膜覆盖取用部位。

（3）逐渐增量　用青贮饲料喂羊，初期不宜多喂，可混合精料饲喂，以后逐渐增加饲喂量。成年羊的日饲喂量为 1～2 kg，并分 2～3 次饲喂。由于青贮饲料含有大量的有机酸，具有轻泻作用；患有肠炎、腹泻病羊和怀孕后期母羊应少喂或停喂，尤其是临产前半个月的怀孕母羊一定要注意。羊饲喂青贮饲料时，日粮中应添加碳酸氢钠，以防止酸中毒。羔羊因瘤胃功能不健全，应少喂或慎喂。如果青贮料的酸度过大，可用 5%～10%的石灰乳中和后再饲喂。

（4）严禁饲喂霉变青贮饲料　如果发现羊在饲喂青贮饲料后出现拉稀现象，就应立即检查青贮饲料是否发霉或感染其他病菌。如果发现霉变，应立即停止饲喂。

（5）防止二次发酵　二次发酵又叫好氧性腐败。在温暖季节开启青贮窖后，空气随之进入，好氧性霉菌大量繁殖，导致青贮饲料腐败变质，养分损失殆尽。为避免二次发酵所造成的损失，可采取以下技术措施：

① 适时收割青贮原料。青贮原料最好在降霜前收割，收割后立即下窖储存。如果霜前收割，霜后青贮，乳酸发酵就会受到抑制，青贮中总酸量减少，开窖后容易发生二次发酵。

② 计划取用。取出的青贮饲料不能堆放太久，一定要做到随用随取。

8. 青贮饲料中的有害微生物及其对羊群的危害

饲喂劣质青贮饲料会引发羊一系列病症，甚至死亡。这种现象并不少见，但很多人并不了解其中原因，或者不知道从青贮饲料中寻找羊群发病的原因，不能及时采取有效的应对措施。在青贮饲料调制和饲喂过程中，应严把质量关，禁止使用劣质青贮饲料。

（1）青贮饲料中的有害微生物　在青贮过程中，氧气会逐渐耗尽，乳酸菌大量繁殖；

有害微生物的活动虽然受到抑制，但仍以休眠状态存在于青贮饲料中。一旦有氧气进入，这些有害微生物会卷土重来，导致青贮饲料二次发酵，使青贮饲料的饲用价值严重受损或丧失殆尽。青贮饲料中较常见的有害微生物有霉菌、李斯特菌、丁酸菌、肉毒杆菌、酵母菌、大肠杆菌等。

① 霉菌（Mycoderma）。霉菌是丝状真菌的俗称，属于好氧型微生物，具有极强的繁殖能力。青贮饲料在收获、发酵及取用过程中都有可能受到霉菌毒素的污染，但主要发生在开窖后正在使用的青贮饲料上。

由于青贮饲料的原料、储存时间和条件不同，感染的霉菌也有一定差异。主要包括黄曲霉毒素 B_1、玉米赤霉烯酮、呕吐毒素、赭曲霉毒素 A（OTA）、伏马菌素（FB）及其他真菌次级代谢产物。

根据 Richter 和 Bauer（2007）的研究，玉米青贮中出现最频繁的霉菌是娄地青霉菌，而牧草青贮中的是红曲霉菌和烟曲霉菌。Skaar（1996）和 Auerbach 等（1998）发现，欧洲不同地区（分别在法国、意大利、前捷克斯洛伐克、德国、奥地利）的牧草和玉米青贮主要受到娄地青霉菌的污染。

据奥特奇公司于 2018 年收获季对采自部分地区的 26 份青贮饲料检测，发现 84.6%的青贮饲料被 6 种霉菌毒素污染了，还有 15.4%的样品感染了 7～8 种霉菌毒素。其中，单端孢霉烯族毒素 B 族、烟曲霉毒素、玉米赤霉烯酮和萎蔫酸的检出率达到 100%，黄曲霉菌毒素和麦角毒素的检出率分别为 15.38%和 3.85%。席俊程等（2019）对 2018 年采自华北地区、西南地区和西北地区规模牧场的 72 份全株玉米青贮样品进行了分析，华北地区和西南地区的青贮饲料呕吐毒素和玉米赤霉烯酮的检出率为 100%，西北地区的玉米赤霉烯酮检出率为 27.78%；黄曲霉菌毒素仅见于华北地区的青贮饲料样品，且检出率较低，为 11.11%。2007 年，澳大利亚对全株玉米青贮饲料分析，呕吐毒素和玉米赤霉烯酮的检出率为 100%。许多类型的青贮饲料都会受到霉菌毒素的污染，甚至一些表观很好、看不出霉变的青贮饲料也含有较多的呕吐毒素、玉米赤霉烯酮、T-2 毒素和伏马毒素。

青贮饲料霉变后，饲用价值降低或丧失。一是干物质含量降低，通常会下降 5%～10%，有时甚至会降低 30%左右。二是营养价值、消化率下降。这是由于高营养价值、容易消化的物质遭到微生物的破坏，加之发热会导致蛋白质发生变质、利用率下降。三是部分微生物会分泌较强毒性的物质，引起动物发生中毒。

青贮霉菌对动物机能的影响是多方面的，可造成肠道组织形态变化，影响肠道屏障的完整性、黏液素的产生、微生物群系的稳定性、局部免疫系统和营养物质的消化吸收，对肝脏、肾脏、生殖系统都有损伤。病羊会表现各种中毒症状，如精神委顿、目光无神、步态不稳，流涎、磨牙、食欲减少或废绝，以及生长发育不良、消瘦、腹痛、腹泻、排灰色稀粪。幼畜常出现行走不稳、瘫痪、震颤等神经症状。怀孕母畜常流产，产死胎。病重者会卧地不起。病羊还会通过畜产品将毒素传递给人类。

② 李斯特菌（Listeria）。李斯特菌在水、牧草、青贮饲料、有机质、土壤、粪便等环境中广泛存在，并能在 4 ℃低温繁殖。Schocken-Iturrino 等在一项巴西的研究中发现，开窖的青贮饲料中有 65.6%带有李斯特菌，其中 10%是单核细胞增生李斯特菌。青贮饲料中李斯特菌存活、生长和丰度取决于青贮过程中的 pH 和厌氧程度；当 pH 超过 4.5

时，会进一步增加李斯特菌存在的风险。

羊采食青贮饲料后，尤其采食了 pH>5.0 的劣质青贮料，很容易感染李斯特菌。绵羊和山羊都能被感染，其中羔羊和妊娠母羊最容易发病。据报道，全年饲喂青贮饲料的农场比不饲喂青贮饲料的农场，感染单核细胞增生李斯特菌概率高 3～7 倍。因此，李斯特菌病也叫“青贮病”。

③ 丁酸菌（Clostridium butyricum）。丁酸菌又称丁酸梭状芽孢杆菌、酪酸菌、丁酸杆菌、丁酸梭菌等。丁酸菌厌氧，主要存在于土壤中。随青贮原料进入青贮窖的丁酸菌可在密封良好的条件下大量繁殖；其生长环境的最适 pH 为 7.0～7.4，最适温度为 37 ℃。碳水化合物含量不足、含水量过高的幼嫩原料更有利于丁酸菌活动和繁殖。

在青贮饲料发酵初期，丁酸菌和乳酸菌竞争生长。如果青贮原料的糖分含量高、水分含量低于 70%，乳酸菌迅速繁殖，pH 会很快降到 4.2 或更低，丁酸菌的活动会进一步受到抑制。但如果青贮原料的碳水化合物含量不足、水分含量过高（高于 85%时），乳酸菌不能迅速繁殖；丁酸菌及其他细菌会乘机兴起、大量繁殖，形成优势菌群，主导发酵过程。丁酸菌在繁殖过程中，通过脱氢、脱羧和氧化还原等方式使蛋白质腐败，引起青贮饲料变质、发臭变黏，使葡萄糖和乳酸分解产生具有挥发性臭味的丁酸。丁酸含量越高，青贮饲料品质越差。

丁酸菌大量繁殖可以诱导青贮饲料 pH 的变化，促使不耐酸的腐败微生物生长，导致青贮饲料出现二次发酵现象。丁酸不仅可以降低青贮饲料品质和适口性，还会引起家畜丙酮血症。

酮病的典型症状为排出的气体、尿液等有烂水果样气味。有的个体表现为神经兴奋、不安，以及流涎、磨牙、空嚼、意识障碍。患病严重时，羊会站立不稳，倒地，头屈向颈侧，昏睡乃至昏迷死亡。

酮病患羊娩出的羔羊会表现出营养不良、生活力低下、体重小，被毛稀少、无光泽；可视黏膜贫血、发绀，吮乳反射减弱或缺乏。羔羊常在出生后 8～12 h 发生腹泻，往后会流涎和截瘫；体温下降，脉搏和呼吸频数降低，一般在 1～2 d 内死亡。酮病患羊尸体特征为四肢僵直、头向后仰。有的羔羊出生时健康，但在出生后第 2～3 d 出现吮乳反射迟缓、异嗜（在口角内和下颌皮肤上有特征性的泡沫样唾液蓄积）、腹泻、截瘫、精神萎靡、拱背、步态不稳等症状。

④ 肉毒梭菌（Botulinum Clostridium）。肉毒梭菌又称肉毒杆菌或肉毒梭状芽孢杆菌，是一种革兰氏阳性厌氧杆菌，有 A、B、C（Cα 和 Cβ）、D、E、F、G 7 个型；各型的肉毒杆菌分别产生相应型的毒素。肉毒毒素是目前已知毒性最强的生物毒素之一，能引起人和动物特殊的神经中毒症状，致残率、病死率极高。其中，A 型、B 型、E 型、F 型可引起人群中毒，C 型、D 型毒素主要引起畜禽中毒。肉毒梭菌属于中温菌，生长最适温度为 25～37 ℃，产毒最适温度为 20～35 ℃，最适 pH 为 6～8.2。当 pH 低于 4.5 或超过 9 时，温度低于 15 ℃或超过 55 ℃时，肉毒梭菌不能繁殖和形成毒素。肉毒梭菌芽孢广泛存在于自然界，动物肠道内容物、粪便、腐败尸体、腐败饲料及各种植物中都经常带有肉毒梭菌。健康反刍动物胃肠道中肉毒毒素的合成水平较低。如果摄入过多的毒素或肠道微生物种群发生变化，微生态平衡被打破，毒素的合成量超过动物可以耐受的限量，就会出

现肉毒中毒症状。

据报道，在青贮饲料、饲草和未做酸化处理的饲料中，肉毒梭菌极易生长和产生毒素，塑料制品包装的青贮饲料（袋装青贮）很容易滋生肉毒杆菌。给牛羊饲喂不良青贮饲料，尤其是袋装青贮饲料，容易出现肉毒素中毒现象。规模牛场肉毒素中毒事件时有发生。最急性的肉毒梭菌感染病羊还没有临床症状表现即会死亡。急性病羊在发病初期表现为神经兴奋、共济失调，行动僵硬，口角流出白色泡沫，流涎，颈部、腹部和股部肌肉松弛；发病后期则卧地不起，头弯向腹侧，饮食废绝，舌尖伸出口外；最终，因麻痹而亡。

⑤ 酵母菌（Yeast）。酵母菌是一群单细胞的真核微生物，喜氧，喜潮湿，不耐酸，主要分布在含糖质较高的偏酸性环境。与青贮饲料有关的酵母有表面生长的假丝酵母、汉逊氏酵母和毕赤氏酵母等，还有深层生长的球拟酵母。其他酵母，如拟内孢霉和酵母属酵母，亦有发现。在青贮饲料正常发酵情况下，酵母菌只在最初几天生长繁殖，随着氧气的耗尽和乳酸积累等环境条件改变而停止活动。青贮饲料的有氧变质往往是由酵母菌引起的。在青贮初始或开窖有氧阶段，酵母菌参与青贮有氧腐败，即将乳酸降解为 CO_2 和 H_2O。乳酸的降解会导致 pH 的上升，从而引起其他多种有机物质的腐败。因此，酵母被认为是青贮在开始时就变质的最重要的微生物因素。

在青贮料的缺氧环境中，酵母菌利用糖类发酵生成乙醇和 CO_2；乙醇的产生减少了乳酸发酵所需要的糖类，从而影响青贮饲料品质。青贮饲料的干物质含量高时更有利于酵母的生长。所以，酵母菌属于青贮饲料中的有害微生物。饲喂霉变青贮饲料会损伤动物的肝脏，导致采食量、消化功能和生长速度下降；严重时，影响健康，反刍停止，出现腹疼和神经症状，站立不稳，可视黏膜黄染，腹泻，脱肛，死亡。

⑥ 大肠杆菌（Escherichia coli）。大肠菌类是指一群能发酵乳糖产酸产气、需氧或兼性厌氧、不形成芽孢的革兰氏阴性小杆菌，也是一类与青贮饲料有关的腐败菌。青贮饲料是反刍动物传播致病性大肠杆菌的载体，在腐败的青贮饲料中可检测出大量大肠杆菌。

大肠杆菌生化性状活泼，物质代谢能力较强，可分解青贮饲料中的蛋白质和氨基酸，使青贮饲料腐烂变质，从而导致青贮饲料的饲喂价值降低。但是它不耐酸，当 pH 降低至 4.4 时，可以抑制大肠杆菌的繁殖。在青贮过程中，酸性环境可以有效地抑制大肠杆菌的生长发育，随着青贮发酵时间的延长，大肠杆菌的数量会逐渐减少。

羊群因采食青贮饲料而感染致病性大肠杆菌的现象时有发生。患羊精神不振、食欲下降、体温升高、被毛粗乱、不愿活动。部分患羊可视黏膜黄染或苍白，消瘦，腹泻后体温下降；粪便稀，呈半液状，或有气泡，或混有黏液和血液。

⑦ 其他。芽孢杆菌、链霉菌或其他放线菌有时也参与青贮饲料有氧变质。

（2）防止青贮饲料变质的措施

① 选择有一定的可溶性糖和氮源的青贮原料。如果青贮原料糖分充足，即含糖量占其鲜重的 1%～1.5%；乳酸菌就繁殖得快，产生的乳酸就多，饲料 pH 迅速下降，有害微生物就不能生长、繁殖。一般来说，玉米、甜高粱及其他禾本科牧草的含糖量都不低于 1%，可用作青贮原料；而苜蓿、沙打旺等豆科牧草含糖量较少，青贮时需要搭配可本科牧草或者调成半干草进行青贮。

② 将青贮原料水分保持在 65%～70%。如果水分不足，青贮原料不易压实，空气不

易排出，青贮窖内温度容易上升，乳酸菌不能正常繁殖，使植物细胞呼吸和其他好氧微生物活动持续时间延长，易导致青贮饲料霉变。水分太多，喜湿的梭菌、霉菌大量繁殖，糖分也被稀释。另外，在压榨过程中，糖分随水分流失严重，乳酸菌繁殖受到影响，会导致青贮霉变。因此，如果青贮原料水分太大，可进行适当的晾晒，或掺入一定量的干草；水分太低时，可适当加水，或掺入含水量高的牧草。

③ 压实原料。尽快排除空气，缩短青贮饲料的有氧呼吸期，为乳酸菌的大量繁殖创造条件。

④ 注意温度。在青贮过程中，最理想的温度是 25～30 ℃。温度过高过低都会影响乳酸菌的繁殖，影响青贮质量。在正常情况下，只要将青贮原料压紧压实，形成无氧条件，青贮窖中的温度就会被控制在正常温度范围之内。北方地区一般在 9—10 月加工青贮饲料，不仅是因为到这个季节的原料供应充足，也是因为这个时间段的温度较理想。

⑤ 添加乳酸菌制剂。青贮时，添加乳酸菌制剂可以迅速降低青贮饲料的 pH，抑制植物呼吸酶活力和霉菌、腐败菌活力，使乳酸菌快速繁殖，实现饲料快速酸化。

（3）防止羊群感染青贮中的有害微生物

① 禁喂给羊群饲喂霉烂变质的青贮饲料。

② 禁止饲喂陈旧青贮饲料。青贮饲料储存时间越长，感染的有害微生物的风险越大，而且感染的种类越复杂。

③根据当地羊群发病情况，每年给羊群接种肉毒梭菌疫苗。

第八章 肉羊日粮配制与供给

合理的饲料配方设计可达到节约成本、精准饲喂、提高养殖效益的效果；计算机的应用和饲料配方软件的开发，使这项工作变得更加精准与高效。

第一节　肉羊的饲养标准

饲养标准又称营养标准，是根据羊的品种、性别、年龄、体重、生理状态、生产方向和水平，规定每只羊每天应获取的各种营养量，也是进行科学养羊的依据和重要参数。养殖技术人员可根据羊的营养需要量和各种饲料原料的营养价值计算出羊在特定生理状况下的日粮配方。我国农业农村部于 2021 年 12 月发布了《肉羊营养需要量》（NY/T 816—2021）。NY/T 816—2021 中规定了肉用绵羊、肉用山羊的营养需要量，适用于饲料企业、各种类型养羊场（户）肉羊饲粮的配制。

第二节　精料补充料的调制

精料补充料是由预混料、蛋白质饲料、能量饲料和部分饲料添加剂组成，主要用于补充粗饲料的营养不足，饲喂时必须与粗饲料、青贮饲料搭配。

一、预混料

预混料是添加剂预混合饲料的简称，是一种或多种微量组分（包括各种矿物元素、维生素、合成氨基酸、非营养性添加剂）与稀释剂或载体按要求配比，均匀混合后制成的中间型配合饲料产品。预混料不能直接喂羊，必须与蛋白质饲料和能量饲料按一定比例配成浓缩料或精料补充料。预混料在肉羊精料补充料中的用量一般为 4%～5%。由于预混料容易受潮变质，而且其中有些矿物元素对维生素有一定破坏作用；因此，预混料的储存时间以不超过 3 个月为宜。

二、浓缩料

浓缩料是由蛋白质原料和添加剂预混而成，没有添加能量饲料，不能直接饲喂，必须和玉米、麸皮或米糠等能量饲料按照一定比例混合后才可以饲喂。浓缩料在肉羊精料补充料中的用量一般为30%～40%。

三、精料补充料

精料补充料可以直接购进；也可以购进预混料，按照配方要求，与蛋白质饲料和能量饲料混合而成；也可以购进浓缩料，按照配方要求，与能量饲料混合而成。

第三节　全混合日粮的配制

全混合日粮（TMR）是，根据羊对蛋白质、能量、粗纤维、矿物质和维生素等营养素的需要，把揉碎的粗饲料、精料补充料和各种添加剂进行充分混合而得到的营养平衡的全价混合日粮。饲喂全混合日粮有利于控制日粮的营养水平，提高干物质采食量，可有效地防止消化系统机能紊乱。由于全混合日粮各组分比例适当，且均匀地混合在一起，羊采食后，瘤胃内可利用碳水化合物与蛋白质分解利用更趋于同步；同时，又可防止羊在短时间内因过量采食精料而引起瘤胃pH的突然下降；能维持瘤胃微生物（细菌与纤毛虫）的数量、活力及瘤胃内环境的相对稳定，使发酵、消化、吸收及代谢可正常进行，可防止酮血症、乳热、酸中毒、食欲不良及营养应激等病的发生；可减少饲料浪费，提高生产率，实现肉羊规模化饲养。

一、肉羊饲料配方设计

饲养标准中规定了肉羊在一定条件下（生长阶段、生理状况、生产水平等）对各种营养物质的需要量。其表达方式或以每日每只羊所需供给的各种营养物质的数量表示，或以各种营养物质在单位重量（常为1 kg）中的浓度表示。在饲料成分表中所列出的是不同种类饲用原料中各种营养物质的含量。为了保证动物所采食的饲料含有饲养标准中所规定的全部营养物质的含量，就必须对饲用原料进行相应的选择和搭配，即配合日粮或饲粮。

（一）饲料配方设计的原则

饲料配方的设计涉及许多制约因素，为了对各种资源进行最佳分配，配方设计应基本遵循以下原则：

1. 科学性原则

饲养标准是对动物实行科学饲养的依据，因此经济合理的饲料配方必须根据饲养标准所规定的营养物质需要量的指标进行设计。在选用的饲养标准基础上，可根据饲养实践中动物的生理阶段、生产性能、膘情、地域环境和季节变化等因素进行适当调整。例如，在北方的寒冷季节，寒冷使瘤网胃的活动增强，缩短了食物在其中的滞留时间，使食物的表观消化率下降，羊只需要消耗大量的能量保持体温和维持正常代谢。因此，日粮中需要补充更多的能量饲料来维持体能。

设计饲料配方应熟悉所在地区的饲料资源现状，根据当地饲料资源的品种、数量及各种饲料的理化特性和饲用价值，尽量做到全年比较均衡地使用各种饲料原料。

① 选用新鲜无毒、无霉变、质地良好的饲料。黄曲霉和重金属砷、汞等有毒有害物质不能超过规定含量。含毒素的饲料应在脱毒后使用，或严格控制饲喂量。

② 注意饲料的体积应尽量和动物的消化生理特点相适应。

③ 选择适口性好、无异味的饲料。若采用营养价值高而适口性差的饲料，必须限制其用量，特别是为羔羊和妊娠母羊设计饲料配方时更应注意。对适口性差的饲料也可通过搭配适口性好的饲料或加入调味剂予以改善，以提高羊的采食量。

2. 可行性原则

在原材料选用的种类、质量稳定程度、价格及数量上都应与市场情况及企业条件相配套。产品的种类与阶段划分应符合养殖业的生产要求，还应考虑加工工艺的可行性。

3. 安全性与合法性原则

所使用的饲料原料和生产的产品必须符合国家法律法规及条例。

4. 经济性实用原则

选用原料时应注意因地制宜和因时制宜，要合理安排饲料工艺流程和节省劳动力消耗，降低成本。

5. 逐级预混原则

为了提高微量养分在全价饲料中的均匀度，原则上讲，凡是在成品中的用量少于1%的原料，要进行预混合处理。例如，预混料中的硒，就必须先取一部分料进行预混合；如果混合不均匀，就会影响动物生产性能的正常发挥，甚至导致动物中毒、死亡。

（二）饲料配方设计的方法与基本步骤

1. 确设计目标

首先，应明确饲料产品所饲喂的对象，即根据不同的品种、年龄、性别及生产方向选用相应的饲养标准；其次，要明确饲料的预期目标值——饲喂效果。

2. 确定营养水平

饲养标准中所规定的指标数量较多，实际饲料配置时很难满足全部指标，应有重点地进行筛选，主要考虑下列4条原则：

（1）确定重要指标　在进行配方设计时，首要考虑的重要指标有蛋白质、能量、钙、磷等。

（2）考虑饲养方式　在自然放牧或粗放饲养条件下，动物存在着自我营养调节的可能性；但由于生产水平较低，可以适当放宽饲养标准中规定的某些指标。在高度集约化饲养的方式下，由于动物所需的营养完全依赖于人为供给，则应严格执行标准。

（3）考虑日粮组成　通常情况下，在选用饲料原料时常常带有地区性特点，这就难免造成在某些营养指标上的偏差。此外，由于原料的产地和新鲜度不同，其营养成分也往往不同。如有条件，最好对每批原料都进行营养成分检验。

（4）考虑环境的影响　饲料原料和饲养标准虽然是进行配方的重要依据，但总有一定的适用条件，任一条件的改变都有可能引起动物对营养需要的改变。因而在某些特定条件下适当调整某些营养指标是十分必要的。

3. 选择饲料原料

（1）应尽量利用当地饲料资源　制定饲料配方应尽量选择资源充足、价格低廉而且营养丰富的原料，以达到降低原料成本的目的。

（2）要注意各种原料的合理搭配　饲料的合理搭配包括两方面的内容，一是各种饲料之间的配比量，二是各种饲料的营养物质之间的互补作用和制约作用。饲料中各种原料的配比量是否适当关系到饲料的适口性、消化性和经济性。各种饲料搭配使用可发挥各种营养物质的互补作用，有效地提高饲料的生物学价值，提高饲料的利用率。但并不意味着饲料的种类越多越好，原料种类过多不但造成设计和实际生产上的麻烦，而且易出现新的营养不平衡。

（3）对原料进行分析检测　饲料原料受种系、产地和新鲜度影响而导致营养成分往往不同。每批原料均有可能造成营养成分上的差异。在条件允许的条件下，对原料组分进行检测。

4. 肉羊饲料配方计算

饲料配方的计算分为手工计算和利用饲料配方软件设计。手工计算配方具有局限性，即计算复杂，工作量大，而且需要丰富的实践经验与较强的专业知识。软件设计可解决上述问题。目前，已开发出很多肉羊饲料配方软件，这项技术不但能提高配方的精确度，进行营养限制因素的研究，而且可迅速进行成本重新估算和配方的再次筛选。

现以体重 30 kg、日增重 300 g 育肥绵羊公羔为例，利用饲料配方软件设计配方。

（1）查饲料原料价格及营养成分（表 8－1）　肉羊常用饲料原料有花生壳、玉米秸秆、燕麦草、玉米、麸皮、豆粕、菜籽粕、DDGS、育肥羊预混料（5%）、氯化铵、食盐等。肉羊常用饲料原料价格及干物质营养成分见表 8－1。

表 8－1　肉羊常用饲料原料价格及干物质营养成分

原料	价格（元/t）	营养成分							
		干物质（%）	粗蛋白（%）	代谢能（Mcal/kg）	中性洗涤纤维（%）	粗蛋白质（%）	钙（%）	磷（%）	钙磷比
花生壳	800	88.15	8.63	1.08	71.91	29.59	0.27	0.09	3.00
玉米秸秆	800	85.00	5.01	1.84	76.90	44.95	0.29	0.09	3.2
玉米	2 400	85.54	8.18	3.35	8.76	94.67	0.02	0.28	0.08
麸皮	1 500	87.21	17.89	2.86	36.66	81.84	0.11	1.05	0.11
豆粕	3 400	86.97	49.33	3.13	14.33	88.59	0.38	0.78	0.49
菜籽粕	2 820	89.10	42.97	2.42	30.49	72.86	0.60	0.96	0.63
DDGS	2 360	89.5	28.94	3.32	25.47	94.12	0.03	0.75	0.5
氯化铵	2 280	98.00	165.30						
育肥羊预混料（5%）	4 400	96.92					20.63	0.01	
食盐	500	99.90							
石粉	280.00	99.62					38.60	0.01	

（2）查绵羊的饲养标准　根据体重和日增重，查得体重 30 kg、日增重 300 g 育肥羊每天对各种养分的总需要量，如表 8－2 所示。

表 8-2 肉用绵羊育肥公羊营养需要量

体重（kg）	日增重（g/d）	干物质采食量（kg/d）	代谢能（MJ/d）	净能（MJ/d）	粗蛋白质（g/d）	代谢蛋白质（g/d）	净蛋白质（g/d）	中性洗涤纤维（kg/d）	钙（g/d）	磷（g/d）
30	300	1.29	13.3	7	181	87	59	0.39	11.6	6.5

（3）限定原料用量和营养参数　应根据各种饲料原料的性能特点、肉羊的营养需要量和实际生产中总结的经验，设定限定饲料原料用量和各种营养参数的上下限（表 8-3 和表 8-4）。

表 8-3 各种饲料原料用量的上下限

饲料原料	用量上限（%）	用量下限（%）
花生壳	15	
玉米秸秆	15	
玉米		20
麸皮	8	4
豆粕	8	
菜籽粕	5	
DDGS	12	
氯化铵	0.5	0.5
育肥羊预混料（5%）	5	
食盐	0.5	
石粉	0.5	

表 8-4 各种营养参数的上下限

营养成分	上限	下限（%）
粗蛋白（%）	18	16
代谢能（MJ/d）		13.3
中性洗涤纤维（%）	30	24
钙（%）		0.7
磷（%）	0.41	0.26
钙/磷		2
粗饲料（%）	20	
其他指标		

（4）进入程序运算　利用饲料配方软件按程序运算后，获得体重 30 kg、日增重 300 g 育肥绵羊公羔的饲料配方、饲料原料日摄入量和饲料干物质日摄入量（表 8-5）。

表 8-5　饲料配方及各种原料的摄入量

原料	配比（%）	原料摄入量（kg）	干物质摄入量（kg）
玉米	46.7	0.691 1	0.591 1
花生壳	15.0	0.222	0.195 7
豆粕	10.4	0.153 9	0.133 8
麸皮	8.0	0.118 4	0.103 2
DDGS	5.4	0.079 9	0.072 2
菜籽粕	5.0	0.074	0.065 9
玉米秸秆	5.0	0.074	0.062 9
育肥预混 5%	3.0	0.044 4	0.043
石粉	0.5	0.007 4	0.007 4
氯化铵	0.5	0.007 4	0.007 3
食盐	0.5	0.007 4	0.007 4
合计	100.0	1.479 9	1.289 9

（5）分析配方　将计算所得配方中各种营养可摄入量与体重 30 kg、日增重 300 g 育肥绵羊公羔营养需求量进行比较、分析，确定各营养成分的差异。分析结果见表 8-6。

表 8-6　配方中各种营养成分与营养标准之差异

名称	含量	干物质摄入量	需求量	差异
蛋白质	16.787%	217 g	181 g	+36
脂肪	3.099%	0.040 kg	—	
灰分	9.314%	0.120 kg	—	
中性洗涤纤维	26.609%	0.343 kg	0.390 kg	−0.047 kg
干物质	87.174%	1.29 kg	1.29 kg	
矫正淀粉	36.679%	0.473 kg	—	
钙磷比	2.578		—	
总可消化养分	74.785%	0.965 kg	—	
代谢能	11.11 MJ/kg	14.33 MJ	13.3 MJ	+1.03 MJ
钙	1.056%	13.624 g	11.6 g	+2.024 g
磷	0.410%	5.284 g	6.5	−1.216 g

从表 8-6 看出，该配方各项营养指标达到或接近体重 30 kg、日增重 300 g 的育肥绵羊公羔日粮营养需求标准。因此，其日粮配方组成应为花生壳 15%、玉米秸秆 5%、玉米 46.7%、麸皮 8%、豆粕 10.4%、DDGS 5.4%、菜籽粕 5%、育肥预混（5%）3%、石粉 0.5%、氯化铵 0.5%、食盐 0.5%。

二、全混合日粮的饲喂

全混合日粮可作为肉羊的全部日粮，每日分早、中、晚三次饲喂，而且要保持饲料原料的相对稳定性。如果变化，应对营养成分进行测定，以便重新调整配方。同时，要做到随混随喂。全混合饲料如果放置太久，其中的青贮饲料等成分就会腐败变质。其他饲料原料受潮后，也会发霉变质；另外，有些原料对饲料营养成分有影响，最好在饲喂前加入。例如，小苏打（碳酸氢钠）可以调节饲料的酸碱度，中和胃酸，促进肠胃收缩，增进食欲，被广泛应用于肉羊饲料中。但小苏打却为弱碱性物质，长期添加在饲料中会破坏饲料中 B 族维生素、维生素 C 以及有机酸，而且小苏打放置时间过长，在潮湿环境中容易分解失效。

第四节 高精料日粮对肉羊的影响

近年来，人们为了加快肉羊育肥速度，采取高精料甚至不喂粗饲料的饲喂模式，导致肉羊消化功能发生紊乱、多种病症频发，由此产生的直接和间接损失无法估量。

一、高精料日粮对羊健康的影响

（一）引起急性瘤胃酸中毒

肉羊采食的精料中易发酵的碳水化合物饲料（如玉米、大麦、燕麦）可刺激微生物繁殖，产生大量挥发性脂肪酸和乳酸，当挥发性脂肪酸和乳酸的合成速度大于瘤胃壁的吸收速度时，挥发性脂肪酸和乳酸就在瘤胃内蓄积，造成瘤胃 pH 下降。据报道，当瘤胃内容物的 pH 降到 3.88 时，乳酸量可达 2.0 g/100 mL。瘤胃液乳酸增多，渗透压上升，致使大量体液经瘤胃壁渗出到高渗透压的瘤胃，机体迅速脱水。同时，瘤胃乳酸被血液吸收后，血液乳酸含量升高，很快发生酸中毒。

（二）引起瘤胃角化不全、瘤胃炎、肝脓肿综合征

饲喂高精料日粮，羊瘤胃内容物乳酸浓度升高后，抑制唾液分泌和瘤胃蠕动，高酸、高渗透压内容物长时间积滞在瘤胃、网胃内，引起瘤胃黏膜上皮细胞角质化，结构发生异常。由于受积滞饲料的机械性、化学性刺激，瘤胃乳头发炎、出血、溃疡，甚至穿孔，细菌由此侵入血液，引起转移性脓肿。如果瘤胃内的坏死厌氧丝状菌从瘤胃损伤部侵入，经门动脉进入肝脏，就会引起肝脓肿。

（三）引起皱胃疾病

饲喂高精料日粮不仅会引起瘤胃酸中毒，而且瘤胃内的高酸、高渗透压内容物进入皱胃后，对皱胃黏膜产生慢性刺激，引起溃疡和糜烂。另外，由于瘤胃、网胃、皱胃的收缩频率降低，瘤胃内容物发酵迅速加快，颗粒更小，流速更快，迅速进入皱胃，导致皱胃内

容物的挥发性脂肪酸浓度升高，抑制皱胃蠕动，使皱胃内容物积滞，产生大量气体，可引起皱胃扩张或变位。

（四）引起肠道疾病

当未经瘤胃消化的过量精料进入小肠后，也造成小肠微生物的组成和结构发生改变，生理功能失常。摄入的过量淀粉如果在消化道前部不能被完全消化，会进入大肠发酵，导致肠道中 pH 下降，脂多糖（LPS）和挥发性脂肪酸浓度上升，从而引起后肠酸中毒。酸中毒导致消化道处于酸性环境从而损伤大肠上皮。同时，由于挥发性脂肪酸的积累增加了肠道内部的渗透压，会导致体液渗入到粪便中，进一步引发腹泻；而且肠道脂多糖浓度的上升会破坏肠道的屏障功能，并导致游离脂多糖进入血液循环，引发全身炎症。

（五）引起尿结石

在肉羊日粮蛋白质高于生长需求或日粮蛋白质氨基酸组成不平衡时，一部分蛋白质会以尿素形式随尿液排出，尿液中尿素浓度增高，尿道中的细菌分泌脲酶，将尿素分解为铵，致使尿液 pH 升高，加速了尿液中离子形成结晶，继而形成尿道结石。该病多见于舍饲公羊和高精料育肥公羔。

（六）引起肥胖症

当肉羊摄入的营养物质（包括糖、脂肪和蛋白质等）超过需要量时，就会转化成脂肪储存起来，血液甘油三酯、磷脂和胆固醇含量增加，使脂肪组织利用丙酸和甲基丙二酸盐合成脂肪酸的能力增强。因此长期饲喂高精料日粮（尤其是高能量日粮）可引起肉羊肥胖症。而肥胖症会对公母羊的繁殖性能造成极其不利的影响。

1. 肥胖对公羊的影响

过瘦或虚弱的公羊性欲低，精液数量少，精液品质差，畸形精子多，精子活力低，很难达到满意的配种或采精效果。过肥的公羊由于体内脂肪沉积过多，各器官处于超负荷状态，气血亏损，容易疲劳，性欲较差，影响配种或采精。另外，公羊过度肥胖可引起睾丸生殖细胞变性，产生较多的畸形精子和死精子，没有受精能力。

2. 肥胖对繁殖母羊的影响

肥胖对母羊繁殖力也有一定危害。其危害主要归因于内分泌障碍，其一，肥胖可致母羊体内胰岛素增加，使卵巢产生过多的雄激素，抑制排卵；其二，肥胖母羊体内性激素结合蛋白减少，可导致血液雌激素和雄激素非正常增加，从而影响母羊的排卵机能；其三，过度肥胖会使母羊吸收大量类固醇于脂肪中（类固醇激素是脂溶性的），引起外周血液类固醇激素水平下降，降低了性功能；其四，肥胖会造成母羊卵巢和输卵管等生殖器官的脂肪沉积，卵泡上皮细胞变性。这些因素不但影响卵子的发生、发育、排出以及配子、合子在输卵管的运行，而且会导致母羊出现卵巢静止、卵泡闭锁、排卵延迟，导致母羊长期不发情或发情异常，严重影响受胎率和繁殖率。因此，繁殖母羊的膘情应保持适中，既不宜过肥，也不宜过瘦。

（七）引起氨中毒和环境污染

日粮中蛋白质含量过高，超过肉羊本身需求时，未消化的白质进入大肠经微生物发酵产生氨气，导致肠道内氨浓度升高，其中一部分被肠道吸收，增加了血氨的浓度，血液中氨浓度增加到一定程度时，氨与血红蛋白结合，降低血红蛋白的携氧能力，造成氨中毒；

同时粪、尿中的氮含量增加，这些有机物分解产生氨态氮，不仅严重损害肉羊健康，还会对生态环境造成污染。

二、高精料日粮对羊产品品质的影响

（一）对羊肉品质的影响

过高的精料对羊的肉质产生不利影响。据报道，饲喂高精料日粮（精粗比为55：45）滩羊的背膘厚度和肌内脂肪含量分别比饲喂低精料日粮（精粗比为35：65）滩羊高15.57%和44.44%（金亚东等，2021）。饲喂高精料日粮（精粗比为80：20和70：30）的藏羊肌内脂肪含量显著高于低精料日粮（精粗比为40：60、30：70和20：80）藏羊（周力等，2021）。提高日粮精料比例还会导致山羊肌肉饱和脂肪酸含量增加（王子苑，2015）；而胴体脂肪含量过多则食用品质较差。

（二）对乳脂率的影响

高精料日粮可使反刍家畜的乳脂率明显降低。Bauman（2003）认为，低纤维、高淀粉（NFC）日粮改变了瘤胃正常的脂肪生物氢化过程，使瘤胃产生了某些特定的生物活性脂肪酸；这些脂肪酸被小肠吸收后到达乳腺，在乳腺处抑制乳腺上皮细胞的乳脂合成过程。

三、应对措施

（一）合理搭配饲料原料

科学调制饲料，确保各生理阶段肉羊日粮中含有一定比例的粗饲料，而且要尽可能保持粗饲料原料的多样性，选择优质饲料原料。注意蛋白质和能量饲料的合理搭配，避免因不合理的饲料原料搭配造成资源浪费、生产性能降低。

（二）合理控制精饲料喂量

可参考不同生理阶段肉羊的饲养标准（营养需要量）、饲料原料组成和气候特点等，制定肉羊饲养管理技术规程。对育肥肉羊而言，日粮中粗饲料的比例不宜低于20%。

（三）合理使用饲料添加剂

1. 添加微生态制剂

微生态制剂包括益生菌、益生元和合生元。其中，益生菌能定植在消化道内，改善宿主胃肠道菌群平衡；益生元则不易被宿主消化，而是选择性地被后肠有益菌利用，并促进有益菌群增殖、抑制有害菌生长；合生元则是益生菌和益生元协同组合的制剂。

2. 添加抗菌肽

相对于微生态制剂，抗菌肽的作用更加强大。它们的作用靶位点都是肠道，靠生物夺氧、竞争抑制、产生多种酶及抑菌物质来维护肠道原有菌群的优势地位，抑制有害菌的繁殖，从而维持动物肠道的健康，保证肠道屏障作用的完整性。抗菌肽所产生的酶会加速日粮中蛋白质的降解。因此，肉羊日粮中添加抗菌肽有助于降低高精料日粮（尤其是高蛋白日粮）产生的危害。复合纳米抗菌肽的添加量为0.5%。

3. 添加缓冲剂

常用的饲料缓冲剂有碳酸氢钠和氧化镁。缓冲剂应在饲料饲喂前均匀加入，添加量应逐渐增加，以免突然增加造成采食量下降。碳酸氢钠的用量为混合精料的 1.5%～2%，或占整个日粮干物质的 0.5%～1%。氧化镁的用量为混合料的 0.75%～1%，占整个日粮干物质的 0.3%～0.5%。试验表明，二者联合使用效果更好。碳酸氢钠与氧化镁的比例以 2∶1～3∶1 为宜。

第五节　霉菌毒素对肉羊健康的危害及防控措施

霉菌广泛存在于自然界。在饲料生长、成熟、收获、运输、加工和储存过程中，都会感染霉菌，霉菌会生长和产生毒素。霉菌即使消失了，霉菌毒素还会存留很长时间。肉羊采食了被霉菌毒素污染的饲料后，会出现各种霉菌毒素中毒症状，甚至死亡。

饲料霉变已经成为一个世界性的难题。据报道，全球 25%的农作物受到不同程度的霉菌污染；大部分都含有 2～3 种霉菌毒素，部分达到 7～8 种。我国饲料及饲料原料被霉菌毒素污染状况也日趋严重，100%受检饲料及原料受到不同程度的霉菌毒素污染，98.97%的饲料原料受到两种以上霉菌毒素污染。成品饲料的霉变问题更为严重。据侯楠楠等对 2019 年全国部分地区饲料及原料霉菌毒素污染状况调查，配合饲料中的黄曲霉毒素 B_1、玉米赤霉烯酮和呕吐毒素检出率分别为 89.13%、96.84%和 98.62%。其中，玉米赤霉烯酮的最高含量达到 3 340.30 μg/kg，是 GB 13078—2017 规定的 6.68 倍；呕吐毒素的最高含量达到 7 993.6 μg/kg，是 GB 13078—2017 规定的 7.99 倍。全国每年由于饲料霉变而造成的间接损失和直接损失是无法估量，给畜牧业与人类健康造成巨大危害。

有关羊饲料霉变方面的研究报道较少，但随着舍饲肉羊产业的发展和养殖规模的不断扩大，这一问题也日渐突出。据朱风华等（2014）对山东省常用羊饲料黄曲霉素 B_1、玉米赤霉烯酮、呕吐毒素、赭曲霉毒素 A 4 种霉菌毒素污染情况调查，呕吐毒素污染最严重，玉米、豆渣、豆饼、棉粕、玉米胚芽粕、米糠和酒糟的呕吐毒素检出率均为 100%，豆粕和 DDGS 的检出率分别为 88.89%和 70%。其次为玉米赤霉烯酮，苜蓿、混合饲料和全价料中的玉米赤霉烯酮毒素检出率均为 100%。赭曲霉毒素 A 主要污染棉粕，黄曲霉毒素 B_1 污染较轻。玉米秸秆除了呕吐毒素和玉米赤霉烯酮检出率（分别为 80%和 70%）较高外，也是镰刀菌的主要污染源之一。因此，羊饲料霉菌污染程度及其毒素的危害性远比人们所认知的要严重得多，应引起高度重视。

一、饲料中常见的霉菌毒素

目前，自然界已知的霉菌毒素有 400 多种，其中黄曲霉毒素、赭曲霉毒素、玉米赤霉烯酮、T-2 毒素、呕吐毒素及烟曲霉毒素等毒害作用较大。通常一种霉菌或毒株可产生几种毒素，一种毒素也可由几种霉菌产生。曲霉菌属主要分泌黄曲霉毒素、赭曲霉毒素等，青霉菌属主要分泌桔青霉，麦角菌属主要分泌麦角毒素，梭菌属主要分泌呕吐毒素、

玉米赤霉烯酮、T-2毒素、伏马镰孢毒素等。饲料中常见霉菌产生的毒素及对动物的危害性，见表8-7。

表8-7 饲料中常见霉菌产生的毒素及对动物的危害性

霉菌毒素	产毒霉菌	主要感染作物	毒素特性	对动物的危害
黄曲霉毒素（AFT）	黄曲霉菌、寄生曲霉菌	木薯、辣椒、玉米、棉籽、小米、花生、大米、芝麻、高粱、葵花籽、坚果、小麦DDGS和各种香料	属于有毒致癌物质的黄曲霉毒素是指一类结构类似的化合物，其代谢产物主要有黄曲霉毒素B_1、黄曲霉毒素B_2、黄曲霉毒素G_1、黄曲霉毒素G_2、黄曲霉毒素M_1和黄曲霉毒素M_2等，其中以黄曲霉毒素B_1毒性最大，其次是黄曲霉毒素M_1、黄曲霉毒素G_1、黄曲霉毒素M_2、黄曲霉毒素B_2和黄曲霉毒素G_2	可损伤肝细胞，引起肝癌。可抑制动物的免疫机能，降低动物生产性能，还可在动物产品中残留而威胁人类健康
赭曲霉毒素（OT）	各种曲霉菌和青霉菌	各种谷物类饲料原料	属于一组霉菌毒素，其中赭曲霉毒素A（OTA）分布广、毒性大	OTA具有很强的致癌性、神经毒性、致畸性、肾脏毒性、免疫毒性和肝脏毒性等。与黄曲霉毒素具有协同作用
玉米赤霉烯酮（ZEA），也称为RAL和F-2霉菌毒素	禾谷镰刀菌、黄色镰刀菌、轮枝镰刀菌、三线镰刀菌等镰刀菌和赤霉菌	玉米、大麦、燕麦、小麦、水稻和高粱等谷类作物	属于强效雌激素代谢产物，具有热稳定性	具有生殖毒性、免疫毒性、致畸作用和遗传毒性。影响动物生殖器官的发育。影响母畜卵巢激素的合成、排卵和胎盘附植，引起流产、死胎和畸胎。导致内分泌系统紊乱，影响免疫系统
T-2毒素	各种镰刀菌属	各种谷物，如小麦、燕麦和玉米等	属于分布最广、毒性最强的A型单端孢菌毒素。耐高温，不易降解	具有很强的细胞、肝肾和免疫毒性，同时具有致癌的风险
呕吐毒素（DON），也称脱氧雪腐镰刀菌烯醇	禾谷镰刀菌和串珠镰刀菌	小麦、大麦、燕麦、黑麦和玉米等谷物，以及麸皮和玉米副产品	属于B型单端孢霉烯族毒素。在饲料及其原料中广泛分布。耐热、耐酸，不易被降解	刺激胃肠道引起动物呕吐，减少采食量，与其他毒素协同可造成消化和免疫系统损害

（续）

霉菌毒素	产毒霉菌	主要感染作物	毒素特性	对动物的危害
烟曲霉毒素（FB），又叫伏马菌毒素	串珠镰刀菌	玉米	属于双脂类化合物，具有耐热性，不易消除。已发现的烟曲霉毒素有16种，主要分为A、B、C和P4类，最常见的是B类，其中FB_1毒性最强、所占比最高	具有很强的神经毒性、脏器（肝和肺）毒性、免疫毒性，同时具有致癌风险

二、饲料霉菌生长和产毒条件

（一）温度和水分

霉菌属于中温型微生物。不同霉菌生长条件有所不同，生长温度为4～60℃，大多数霉菌生长的最适温度是25～30℃。温度低于0℃或高于30℃时，霉菌则不能产毒或产毒能力减弱。所以，在夏季各种饲料都容易霉变。与细菌、酵母等不同，霉菌对湿度的要求不高，可在很低的湿度环境中生长；但大部分霉菌生长的最适相对湿度为80%～90%，饲料含水量为17%～18%是霉菌生长繁殖的最适宜条件。霉菌种类不同，其最适繁殖与产毒的饲料水分含量要求也有差异，如赭曲霉为16%以上、黄曲霉与多种青霉为17%、其他霉菌为20%以上。

一般来说，霉菌产生毒素所需要的湿度要求更高一些。例如，黄曲霉生长的最低相对湿度为80%（30℃时），生成黄曲霉毒素的最低相对湿度为86%～87%。随着湿度的增加，霉菌生长速度会加快。大多数霉菌喜欢高温、高湿环境。因为高温、高湿易于激发饲料脂肪酶、淀粉酶、蛋白酶等水解酶的活性，加快饲料营养成分的分解，促进微生物、病害虫的繁殖和生长，可给霉菌生长与产毒提供更有利的条件。

霉菌生长要求的水分活度较其他微生物（如细菌和酵母）都低。水分活度值在0.60以下，所有霉菌都不能生长；仅少数霉菌可以在水分活度值为0.65时生长。霉菌毒素的生成与水分活度关系较大。在水分活度较低时，产毒霉菌可能不产生或较少产生毒素；在水分活动较高时毒素会显著增加。霉菌生长过程中的代谢作用可产生大量二氧化碳和水，使生长环境的水分活度值增加，变得更适合霉菌生长和产毒。总而言之，温度和水分是霉菌生长和产生毒素的重要条件，二者对霉菌生长具有类似的调节作用，并且具有互作效应。常见霉菌的产毒条件见表8-8。

表8-8　常见霉菌毒素的产毒条件

霉菌毒素	产生毒素的条件
黄曲霉毒素	最适温度为25～32℃，相对湿度为86%～87%
赭曲霉毒素	在水分活性为0.99、温度为30℃条件下最适宜繁殖、产毒

（续）

霉菌毒素	产生毒素的条件
呕吐毒素	由禾谷镰刀菌产生，在相对湿度80～90%、28℃左右的条件下可产生呕吐毒素或玉米赤霉烯酮，或同时产生两种毒素
玉米赤霉烯酮	最适温度为20℃，相对湿度为80%～90%
T-2毒素	适宜温度为0～32℃，低于15℃时产量最大
烟曲霉毒素	在水分活度大于0.91、温度为15～25℃时，其基质最容易产生烟曲霉毒素

（二）pH

虽然霉菌生长对pH要求不高，可以在比较广泛的pH范围生长；但霉菌产生毒素所需的pH范围相对较窄，多数霉菌毒素在酸性pH范围（3.0～6.0）产生，最适pH为5.5～6.5，偏碱环境会抑制霉菌的生长。与湿度一样，霉菌产生毒素所需的pH范围也受到了营养因子等环境因素的影响。例如，霉菌生产黄曲霉毒素的最适pH在5～6；当pH调至中性偏碱性时，黄曲霉毒素的产生会受到抑制。

（三）营养

饲料中的各种营养因子对霉菌的生长和毒素的都会产生影响。例如，含糖量高或蛋白质含量较高的饲料较适于黄曲霉毒素的产生，1%～3%的食盐对黄曲霉毒素的产生有促进作用。饲料中的各种微量元素也对毒素的生成有一定的影响。Davis等（1967）研究发现，锌、铁、镁等矿物质元素与黄曲霉毒素的产生存在一定的关系。也有人认为，油脂含量高的作物更易感染真菌（Chang et al.，2004；Wilson et al.，2004）。曲霉菌主要在油脂丰富的玉米粒中定居，霉菌的靶目标是脂质体而不是淀粉（Keller et al.，1994；Smart et al.，1990）。整粒玉米和全脂玉米胚容易感染黄曲霉菌；而在胚乳和脱脂玉米胚上，黄曲霉毒素相对较少（Lilleho et al.，1974）。未脱脂棉籽粉中的黄曲霉毒素含量比脱脂后高近800倍（Mellon et al.，2000）。Tindall（1983）和魏金涛等（2007）的研究结果表明，饲料霉变后粗脂肪含量明显降低。由此可见，霉菌的生长及产毒与油脂含量密切相关。

三、导致饲料霉变的原因

（一）饲料作物种植模式不当

饲料中的霉菌毒素主要产生于田间，作物收获前黄曲霉毒素污染是一个普遍存在的问题，在干旱和高温地区污染更为严重。例如，黄曲霉菌在玉米扬花期开始有少量积累，在吐丝期积累量增加；在灌浆期积累量显著增加，并达到最大值。在同一块土地上连年种植同一种作物（连作）会导致土壤霉菌感染概率上升。田间产生的霉菌毒素主要有玉米赤霉烯酮、烟曲霉毒素、呕吐毒素、T-2毒素。据报道，在玉米连作田间土壤中含有未腐化的玉米芯上，黄曲霉菌落数比周围土壤多出44倍，成为玉米生长期黄曲霉菌的潜在来源。玉米之后种植小麦会造成呕吐毒素污染。玉米轮作可降低土壤中黄曲霉数量。

（二）气温干热

干旱、高温可抑制作物活体植株和果实（荚果）产生植物保卫素、抑真菌蛋白等抗性物质，使植株抗性相关代谢活动减弱，从而削弱作物抵抗霉菌侵染和产毒的能力。例如，受到干旱和高温胁迫的花生，即使在收获后也较正常生长条件下收获的花生更易受黄曲霉毒素污；高温会导致玉米黄曲霉毒素和伏马毒素污染程度加重。

（三）饲料储存环境湿热

霉菌的繁殖受到温度、湿度的影响。高温、高湿不仅可以激发饲料脂肪酶、淀粉酶、蛋白酶等水解酶的活性，加快饲料中营养成分的分解速度；还能促进病虫害的繁殖和生长，产生大量的湿热，进一步促使饲料发热、霉变。如果环境温度在 15 ℃以上、相对湿度达到 80%以上时，霉菌会迅速繁殖，产生大量毒素。如果饲料储藏环境地面潮湿、通风不畅，饲料水分不仅散失困难，甚至会有所增加，给霉菌滋生创造了更好的条件。据报道，在温度为 20 ℃±2 ℃、相对湿度 65%±5%的模拟储存下，玉米可储存 31 d；在相对湿度 75%+5%储存条件下，玉米可储存 24 d；而在相对湿度 85%±5%的条件下，玉米可储存 17 d。储存期间，呕吐毒素污染十分严重。

（四）饲料本身水分含量高

收获后的饲料如果晾晒不足、水分含量高，利于霉菌繁殖，就容易造成霉烂变质。研究表明，饲料原料水分含量达到 14%、相对湿度为 75%～85%时，储存过程中极易产生大量霉菌，使饲料品质下降。

（五）储存环境和包装袋等未经严格消毒

在未经消毒的环境条件下，饲料被霉菌污染和虫咬后，内部产生大量的热量而导致饲料霉烂变质。

（六）储存时间长，堆积方法不当

在温度较高的情况下，若饲料堆码过高、储存时间较长，而且长期不翻动，容易使饲料局部自身发热、滋生霉菌、产生毒素。粉碎后的谷物籽实饲料储存 25 d，脂肪损失 37%～40%；储存 50 d，脂肪损失 52%～57%。同时，其他营养成分的损失率也有所增加；而且适口性变差，营养价值下降。

（七）遭受虫害

虫害不仅消耗饲料，造成浪费；而且还要消耗大量氧气，产生二氧化碳、水，释放出热量，导致饲料局部温度升高、湿度增大，为霉菌繁殖和产毒创造更有利的条件。

（八）饲料破碎

霉菌对饲料的危害与饲料形态、保存条件等有关。一般来说，整粒储存的谷物，霉变后成分变化相对较少；但经粉碎后，霉菌更容易侵入。由于谷物饲料粉碎后破坏了籽粒外蜡质层的保护，接触空气的面积增大，营养外漏，更容易吸收水分、孳生霉菌，促使霉菌产生更多的毒素。

四、霉菌毒素对饲料的危害

（一）降低饲料品质

再好的饲料如果发生霉变，品质都会下降，甚至完全丧失饲用价值。霉变的孢霉菌可产生多种酶，将饲料成分分解，并吸收其营养，破坏饲料内的养分，使饲料营养物质含量降低、饲用价值下降。

1. 对饲料蛋白质的影响

霉菌污染青贮饲料后，其分泌多种酶分解饲料养分供其生长繁殖；同时，会释放出热量，破坏饲料蛋白质，使饲料中蛋白质水平下降，也可能会使蛋白质消化率降低等。由于蛋白质降解速度慢，所以蛋白质水平的减少不明显。如果霉变显著，总的氨基酸会下降，尤其是赖氨酸和精氨酸下降。

2. 对饲料碳水化合物的影响

饲料发生霉变，碳水化合物被分解，产生醛类、酮类等物质，挥发出酸臭味气体，影响羊采食量。

3. 对饲料维生素及其他成分的影响

随着饲料霉变的加深，霉菌的消耗使得B族维生素和维生素A、维生素D、维生素E、维生素K等下降。据报道，在96 d储存期间发霉的玉米（含水量15.1%）脂肪含量由原来的3.8%降至2.4%，胡萝卜素含量由3.1 mg/kg降至2.3 mg/kg，维生素E含量由22.1 mg/kg降至20.6 mg/kg。

（二）降低饲料适口性

霉菌在饲料中生长繁殖产生的酶、饲料自身所含的酶及其他因素的共同作用所产生的代谢产物可使饲料的感官性质恶化，如散发出难闻的霉味、油哈味，饲料颜色异常，黏稠污秽、结块等；导致饲料适口性差，动物采食量下降甚至拒绝采食。

（三）降低反刍动物对饲料的利用率

霉菌毒素可抑制动物瘤胃纤维素酶的活性，使纤维性饲料的发酵受到影响；进而降低饲料营养价值，影响动物机体对营养的吸收和代谢。黄曲霉毒素不仅对动物肝脏造成严重伤害，在消化道、肝脏、肾脏的代谢产物还影响细胞膜的功能，使维生素的吸收和蛋白质的合成受阻。例如，维生素D在体内难以被活化为可以促进肠道钙、磷吸收的1,25-二羟维生素D_3，从而影响钙磷的吸收；动物表现出骨骼强度下降、腿软弱无力，以及股关节骺端软骨骨质疏松、坏死等症状。黄曲霉毒素还影响微量元素铁的吸收，引起溶血性贫血。

五、霉菌毒素对反刍动物的危害

霉菌毒素对动物的危害极大，不仅可直接损伤消化道，还可引起内分泌和神经系统功能紊乱，降低动物生产性能和繁殖性能，干扰动物免疫系统，导致动物对传染病病原的易感性增加，甚至会感染健康动物不易感染的病原体。

（一）对反刍动物组织器官的危害

1. 对消化道的危害

（1）对瘤胃微生物的影响　霉菌毒素对动物瘤胃微生物的影响取决于毒素种类、质量浓度及瘤胃主要微生物对该毒素的敏感性。由于霉菌滋生的环境具有相似性，通常情况下，多种霉菌和霉菌毒素同时存在，而且在对瘤胃微生物的影响上具有叠加或协同作用。随着饲料进入羊体内的霉菌毒素能够抑制瘤胃内一种或多种微生物的繁殖，使瘤胃微生物菌群稳态系统失去平衡，严重影响降解毒素能力，减少挥发性脂肪酸和甲烷的产量。

（2）对胃肠道组织的危害　很多镰刀菌属霉菌产生的毒素能直接刺激皮肤黏膜，引起口腔溃疡、胃肠炎、胃肠出血和肠黏膜脱落等。大量的赭曲霉素会引起动物的肠黏膜炎症、溃疡和坏死。有些毒素还能完整地到达十二指肠，被动物体吸收，对动物健康产生无法预料的影响。例如，精料中的黄曲霉菌毒素 B_1 含量为 10 g/kg、黄曲霉菌毒素 B_2 含量为 5 g/kg 时，可引起奶牛猝死；病检可见死牛皱胃和小肠内充满血凝块，胴体苍白。

2. 对呼吸道的危害

动物吸入霉菌孢子会感染呼吸系统。若动物采食了黑斑病甘薯后，可导致甘薯酮、甘薯醇、甘薯宁等毒素中毒，出现呼吸困难、肺气肿等症状。

3. 对肝脏的危害

肝脏对霉菌毒素最为敏感。动物采食霉变饲料后，首先表现为肝脏损伤，出现肝实质细胞坏死、胆管增生，以及黄疸、肝硬化、腹水、贫血等症状。对肝脏造成危害的霉菌毒素主要有黄曲霉毒素、杂色曲霉素、红色青霉毒素、环氯素等；其中，黄曲霉毒素的危害较大。在所有的黄曲霉毒素中，黄曲霉毒素 B_1 对动物的危害最大；其毒性是氰化钾的 10 倍，是砒霜的 68 倍；污染饲料的也主要是黄曲霉毒素 B_1。

4. 对肾脏的危害

赫曲霉毒素、橘青霉素、杂色曲霉毒素等都可引起动物肾小管变性、坏死，出现尿频、血尿、蛋白尿等症状。

5. 对神经组织的危害

展青霉素、黄绿青霉素等可引起动物神经组织变性、坏死，出现过度兴奋、共济失调、震颤等症状。

6. 对造血系统的危害

葡萄穗霉毒素、T－2 毒素、呕吐毒素等可引起动物白细胞和血小板减少，出现机体广泛性出血、贫血等症状。

7. 对其他组织器官的危害

羊采食黄曲霉毒素 B_1 重度感染的饲料后，会感染黄染病，从而出现共济失调，黏膜、浆膜和皮下广泛出血。胸腔、腹腔积液，心内外膜有出血，淋巴结充血水肿。玉米赤霉烯酮及其代谢物不仅能改变羊的瘤胃发酵特性，还能影响胆汁形成，进而影响羊的正常生长发育、降低生产性能。

（二）霉菌毒素对反刍动物繁殖性能的影响

饲料中的霉菌毒素可引起动物卵巢机能性障碍，导致卵巢发育不良和激素分泌紊乱，引起母畜不发情、发情不明显或屡配不孕。据报道，玉米赤霉烯酮和呕吐毒素可以通过降低卵泡液中 IGF－1 和雌激素的浓度，扰乱卵巢发育相关基因的表达、卵母细胞核成熟及诱导颗粒细胞凋亡等途径影响卵泡发育。母羊饲喂含玉米赤霉烯酮 12 mg/kg 的饲料 10 d，便会出现发情周期延长、排卵率和受精力下降等现象；即使饲料中玉米烯酮浓度较低，也会在体内蓄积，显示出毒性。

奶牛长时间摄入被玉米赤霉烯酮污染的饲料后，会引起母牛阴户发炎肿胀、受胎率降低；成功受孕后胚胎发育受到影响，极容易造成孕牛流产等；种公牛的精液品质下降，造成奶牛繁殖机能障碍。有研究表明，给奶牛饲喂玉米赤霉烯酮含量为 12 mg/kg 的饲料，即可引起怀孕母牛流产；含量为 25 mg/kg 时，可导致奶牛的受胎率由 87%降到 62%。同时，玉米赤霉烯酮进入瘤胃后，90%会被瘤胃微生物转化为玉米赤霉烯醇，其毒性比玉米赤霉烯酮更强。

（三）霉菌毒素对反刍动物免疫力的影响

高浓度霉毒素的危害极大，可降低动物肠道免疫球蛋白数量，增加促炎性因子；打破原微生物菌群，使有害菌群在肠道大量繁殖，出现霉菌性肠出血综合征。霉菌毒素还能破坏免疫系统，抑制免疫应答；不仅使动物对疾病的易感性增强、抗病力下降，同时还会降低疫苗接种和药物治疗的效果。

大部分霉菌毒素对动物机体免疫系统都有毒害作用，其中以黄曲霉毒素和赭曲霉毒素对机体免疫损伤最明显。黄曲霉毒素能破坏细胞抗原呈递能力，导致抗原增多而抗体无法与之结合，使免疫应答无法准确启动；还会造成免疫系统中巨噬细胞及中性粒细胞功能改变，基因转录发生变化，免疫细胞功能丧失，免疫系统失调。据李景昭（2017）观察发现，饲料黄曲霉毒超标对羊口蹄疫免疫效果影响很大。赭曲霉毒素 A 也可造成体液免疫和细胞免疫障碍；单端孢霉毒素则是一类强有力的免疫抑制剂，能影响动物的免疫细胞，降低免疫应答能力；伏马霉素对动物机体内免疫系统的影响具有广泛性，特别是针对 T 细胞所引起的功能失活，造成免疫系统功能损害。例如，在肺组织中引发巨噬细胞的吞噬能力下降，导致动物易受到肺部疾病的侵袭。

各种应激因素（如高温、拥挤、接种疫苗、营养缺乏）和疾病干扰等因素都会导致动物对霉菌毒素的抵抗力降低，给养殖场带来较大损失。在秋季、冬季，使动物出现疫情的罪魁祸首不一定是冷应激，而有可能是霉菌毒素导致的免疫抑制。另外，霉菌毒素还可引起羊腹泻、乳腺炎、脱毛、产弱羔、视力弱等病症。

六、反刍动物对霉菌毒素的抵抗力

（一）反刍动物比单胃动物更能耐受霉菌毒素

反刍动物瘤胃内生存着大量的微生物。在微生物的直接作用或其分泌的酶作用下，许多霉菌毒素被菌体吸附，或者降解成为无毒或者毒性小的物质，从而降低了其毒性作用。因此，反刍动物在短期饲喂含有低浓度霉菌毒素饲料时，可以依靠自身调节能力来维持肠道黏膜的完整性；并且在一定程度上，霉菌毒素可激活并提高防御应答。有人通过绵羊体外瘤胃液试验发现，瘤胃内细菌和原虫都能够降解 T-2 毒素。当瘤胃中的 T-2 毒素质量浓度控制在 10 μg/mL 以下时，可被完全代谢。赭曲霉毒素 A 在瘤胃中可被转化为毒性较低的赭曲霉毒素-α，呕吐毒素在健康反刍动物瘤胃内很快会被微生物转化为低毒的脱环氧化物形式。当反刍动物长期或大量饲喂含有高浓度霉菌毒素时，也会出现中毒现象。因此，很多国家都对饲料霉菌毒素含量进行限制；如反刍动物饲料中呕吐毒素的最大限量为 10 μg/kg，其他家畜饲料最大限量为 5 μg/kg。

（二）霉菌毒素一般不能被瘤胃微生物完全降解

虽然动物瘤胃微生物可以降解霉菌毒素，但这种降解能力也是有限的。Westlake K.

通过绵羊体外瘤胃发酵试验发现，当黄曲霉毒素 B_1 和黄曲霉毒素 G_1 添加量在 1.0 μg/mL 和 10.0 μg/mL 时，二者的降解率小于 10%。当奶牛摄入 1～10 μg/mL 的黄曲霉毒素 B_1 时，体内的瘤胃微生物只能降解不到 10%的黄曲霉毒素 B_1；而剩余的未被降解的黄曲霉毒素 B_1 会迅速吸收入血液、损伤脏器，或通过全身循环系统代谢到奶和尿液中。当动物在大量或长期采食霉变饲料后，瘤胃微生物不但不能完全降解霉菌毒素，其正常的生长增殖、结构、形态和发酵模式会发生改变，瘤胃微生物与宿主间、微生物与微生物之间的动态平衡关系会被打破，饲料在瘤胃中的分解和利用程度也随之改变，动物的生长生产性能受到影响。另外，在大多数情况下，饲料被多种霉菌污染，霉菌毒素在动物体内的毒性作用表现出协同效应和加性效应，更增加了霉菌毒素中毒的危险性。

（三）有些霉菌毒素能够抵抗瘤胃微生物的降解作用

许多霉菌毒素具有抗菌、抗原虫和抗真菌的能力，可以改变瘤胃微生物区系，如烟曲霉毒素 B_1、展青霉素、麦考酚酸、桔青霉素、娄地霉素能够抵抗瘤胃微生物的降解和失活作用。有些毒素经瘤胃微生物代谢还会被转化为活性更高的代谢产物；如奶牛采食玉米赤霉烯酮后，瘤胃微生物将其降解为 α-玉米赤霉烯醇，其毒性是原毒素的 4 倍，对奶牛繁殖性能产生更明显的影响。这些与菌种自身特性相关，也与霉菌毒素强弱、作用持续时间有关。在多种霉菌混合污染的情况下，动物体内的毒性作用可表现为协同效应、增效效应、加性效应，从而增加了霉菌毒素中毒的严重性。

（四）瘤胃微生物对霉菌毒素降解能力受多种因素的影响

1. 受动物日粮组成的影响

日粮组成、饲养水平、饲喂频率等会影响瘤胃内环境，如瘤胃内 pH、渗透压等。同时，这些因素会影响瘤胃微生物区系。不同的微生物活力对霉菌毒素的作用自然不同。当 pH 降低时，会严重影响瘤胃微生物对毒素的降解功能，甚至有些微生物会大量死亡。Upadhaya 等（2011）在研究韩国本土山羊对赭曲霉毒素 A 降解时发现，当瘤胃液 pH 调至 5.8 时．瘤胃液对赭曲霉毒素 A 的降解率明显降低。反刍动物摄入较多的精料时，瘤胃内容物酸度偏大，会抑制瘤胃微生物和原虫的正常繁殖及对霉菌毒素的降解作用，反而会增加动物对霉菌毒素的敏感性。因此，对于高精料饲养的羊群来说，霉菌毒素同样是一种高强度应激因素；情况严重时，也会导致羊只死亡。

2. 受动物生理特点的影响

由于不同动物的器官大小、功能、感觉能力和瘤胃微生物种群不同，它们对霉菌毒素的反应也不一样。饲喂同样饲料的韩国本土山羊降解黄曲霉毒素 B_1 能力（20%～25%）要高于肉牛（10%～14%）；而同种本地山羊不同个体对黄曲霉毒素的降解能力也有差异（Upadhaya et al.，2009）。幼龄家畜对黄曲霉毒素更敏感，我国规定犊牛和羔羊精料补充料中的黄曲霉素 B_1 含量不得超过 20 μg/kg，其他动物饲料中不得超过 30 μg/kg。

3. 受饲料饲喂时间的影响

前人研究结果表明，饲喂时间会影响进入消化道的霉菌毒素的生物转化。微生物菌群数量和代谢能力在饲喂之后的一定时间内会增加，从而提高对霉菌毒素的降解能力。绵羊瘤胃液对赭曲霉毒素 A 的最高降解能力是在饲喂之前，在饲喂之后 1 h 活性最低。

七、预防饲料霉变的措施

（一）严格执行《饲料卫生标准》（GB 13078）

我国对饲料和饲料原料中主要霉菌毒素含量进行了严格限定，详表 8-9。

表 8-9　饲料和饲料原料中主要霉菌毒素限定量

霉菌毒素		产品名称	限量
黄曲霉毒素 B_1（$\mu g/kg$）	饲料原料	玉米加工产品、花生饼（粕）	≤50
		植物油脂（玉米油、花生油除外）	≤10
		玉米油、花生油	≤20
		其他植物性饲料原料	≤30
	饲料产品	犊牛、羔羊精料补充料	≤20
		泌乳期精料补充料	≤10
		其他精料补充料	≤30
赭曲霉毒素 A（$\mu g/kg$）	饲料原料	谷物及其加工产品	≤100
	饲料产品	配合饲料	≤100
玉米赤霉烯酮（mg/kg）	饲料原料	玉米及其加工产品（玉米皮、喷浆玉米皮、玉米浆干粉除外）	≤0.5
		玉米皮、喷浆玉米皮、玉米浆干粉、玉米酒糟类产品	≤1.5
		其他植物性饲料原料	≤1
	饲料产品	犊牛、羔羊、泌乳期母羊精料补充料	≤0.5
		其他配合饲料	≤0.5
呕吐毒素（mg/kg）	饲料原料	植物性饲料原料	≤5
	饲料产品	犊牛、羔羊、泌乳期母羊精料补充料	≤1
		其他精料补充料	≤3
T-2 毒素（mg/kg）	饲料原料	植物性饲料原料	≤0.5
伏马毒素（B_1+B_2）（mg/kg）	饲料原料	玉米及其加工产品、玉米酒糟类产品、玉米青贮饲料和玉米秸秆	≤60
	饲料产品	犊牛、羔羊精料补充料	≤20
		其他反刍动物精料补充料	≤50

注：摘自《饲料卫生标准》（GB 13078—2017）

（二）科学种植饲料

1. 合理倒茬种植

不论是玉米还是燕麦草，尽量避免在同一地块上连年种植（重茬种植），以降低原料被霉菌污染的概率和程度。种植玉米之后，尽量选择种植其他作物（如豆科牧草），而不是玉米或小麦。

2. 选择抗霉菌品种

据报道，玉米种皮在抵御霉菌侵染中有重要作用，其细胞壁、表皮细胞间紧密程度、栅栏细胞层、裂缝和气孔、蜡质层及种皮渗透性的强弱、耐破损程度等都与玉米抵抗黄曲霉菌侵染有关。因此，培育和种植抗霉菌品种是解决霉菌毒素污染问题最经济、最有效和最彻底的方法。日本科研人员利用转基因技术，培育出对霉菌毒素能“自我解毒”的玉米新品种；而且这一性状稳定，其后代也具有分解毒素的能力。为防止动物饲料霉变，美国也培育出 6 个抗黄曲霉菌的玉米新品种。这些经验都值得借鉴。

3. 适时种植

据报道，玉米延迟种植后，玉米螟幼虫对玉米幼穗蚕食率增大；玉米受害严重，伏马毒素含量增多。因此，要严格按照玉米不同品种的特性要求，适时播种，合理密植，提高植株的抗逆抗病能力。

4. 合理收割

镰刀菌毒素大多数产生于田间，玉米早种植和早收获可减少串珠镰刀菌和伏马毒素污染。因为土壤中镰刀菌孢子无处不在，土壤、杂质很可能会大大增加饲料有害微生物（如霉菌、梭状芽孢杆菌和李斯特氏菌等）的数量。因此，应选择合理的牧草收割时间，控制收割机的收割高度，尽量减少饲料原料中的杂质。

（三）搞好仓储工作

1. 控制饲料库房的湿度

将饲料库房相对湿度控制在 60%，并保持地面干燥。一般来说，控制湿度更为重要；即使环境温度较高，只要控制好湿度，霉菌和虫害也不容易滋生。为此，应在饲料下方垫上 15～20 cm 垫料，而不直接将饲料堆放于地面；或者对库房地面进行防潮处理（如铺设防潮耐磨塑胶地板），饲料上方及周围都要留有空隙；以保持良好的通风条件，降低环境温度。

2. 严格消毒仓库

霉菌对强酸和强碱较敏感。不论是存放草料的库房，还是青贮场地；每次使用前，必须清理并选择强酸或强碱进行彻底与消毒，不留死角。

3. 及时灭虫

一旦发现饲料生虫，立即用安全、高效的杀虫剂进行杀虫处理。国内外主要利用化学药剂防治储粮害虫和霉菌，常用的主要有防虫磷（马拉硫磷）、杀虫松（甲基嘧啶硫磷）和凯安保（溴氰菊酯）等。

4. 控制进料量

有计划地购进饲料，一次进料不宜太多，配好的饲料不可储存太久，夏天以不超过 30 d 为好。若需储存较长时间，则应遵循推陈出新的原则，先用旧料，不可新陈混存。

5. 控制饲料含水量

干燥是防控饲料霉变最重要的措施，也是饲料产品安全储存的关键。不论是牧草，还是谷物饲料都应晒干后储存，而且要保持干燥的均匀一致。有研究表明，入库时饲料原料的水分含量超过 15%，在储藏时霉菌就会在其中快速生长繁殖；水分含量在 17%～18% 时，霉菌最容易繁殖产生毒素。

实际生产中可执行国家及行业对饲料水分含量的规定。北方配合饲料、精料补充料的水分控制在 14%以下，浓缩料水分控制在 12%以下；南方配合饲料和精料补充料的水分控制在 12.5%以下，浓缩料水分控制在 10%以下。在平均气温低于 10 ℃的季节或者储存时间不超过 10 d，允许含水量增加 0.5%。一般对饲料入库的要求是玉米、高粱和稻谷等含水量≤14%，大豆、麦类、次粉、糠麸类、甘薯干和木薯干等含水量≤13%，棉籽饼粕、菜籽饼粕、向日葵饼粕、亚麻仁饼粕、花生饼粕等含水量≤12%。凡是含水量不符合要求的饲料原料一律不准入库。

（四）规范加工与包装

在加工饲料的过程中，必须规范化操作；按照标准做到彻底冷却后，再装袋、运输、存储和使用。配好的饲料用双层袋包装，内层用不透气的塑料袋，外层再用纺织袋；并尽量使袋内缺氧，以抑制袋内霉菌繁殖。

（五）安全运输

运输过程中应该防止雨淋和日晒。

（六）饲料中添加复合抗菌肽或益生菌

前面已经提到，在动物饲料中添加适量的抗菌肽，不仅可以提高动物的存活率、生长率、饲料转化率和抗病力，还能有效地预防饲料发霉变质现象。复合益生菌可调节动物肠道微生态平衡，增强动物机体的免疫力，有效分解黄曲霉毒素、玉米赤霉烯酮、赭曲霉毒素、麦角毒素、呕吐毒素等多种霉菌毒素。益生菌可使饲料中的霉菌毒素不被机体吸收，迅速排出体外；并能显著降低动物血液、靶器官中霉菌毒素浓度，减低霉菌毒素的毒性；解除霉菌毒素对免疫功能的抑制，保护肝、肾等重要代谢器官免受霉菌毒素的侵害。

（七）在饲料中添加饲料防霉剂

添加防霉剂也能在很大程度上预防饲料原料的霉变。在秋、冬干燥低温季节，饲料水分在 11%以下时，一般不使用防霉剂；饲料水分在 12%以上时，可使用防霉剂。在高温高湿季节，可适当加大防霉剂的用量；但应在饲料混合时添加，且添加量以 0.2%为宜。

常用的防霉剂包括有机酸类及其盐类，如丙酸、山梨酸、苯甲酸及其盐类。

防霉剂可以改变环境的酸碱度，使休眠状态的霉菌孢子不能发芽。防霉剂可以对某些霉菌的代谢功能产生抑制，使霉菌生长速度放慢。但每种单一的化合物都只能对某几种或几类霉菌有效，即它的抑菌谱都是有限的；所以，复合型的防霉剂可以得到更广泛的抑菌谱。丙酸盐与丙酸是目前市场的主流产品。其中，丙酸盐比丙酸挥发慢，可以在饲料中作用更长时间；丙酸扩散性与挥发性好于丙酸盐，在饲料储存前期作用效果好于丙酸盐。

八、对霉变饲料的处理

霉菌毒素种类众多，而且毒素分子结构和理化性质均有较大差异，现有脱霉剂无法达到对多种霉菌毒素均具有显著的吸附效果。同时，脱霉剂还存在对营养物质的吸附问题。对于已经霉变的饲料可根据具体情况，选择相应处理方法。

（一）暴晒

霉变饲料在阳光下暴晒一段时间后，水分降低，霉菌繁殖受阻；加上阳光中紫外线的杀菌作用，可显著去除霉菌孢子及其毒素。但强烈的阳光照射可能破坏饲料中的营养物质，而且无法消除饲料的霉味。

（二）热处理

发霉的饼粕类饲料，在 150 ℃条件下焙炒 30 min，或微波加热 8～10 min，可破坏

48%～61%黄曲霉毒素 B_1 和 32%～40%黄曲霉毒素 G_1。

（三）清洗

利用清水将霉烂饲料冲洗后，置于太阳下翻晒、干燥。

（四）化学处理

用 5%的碳酸钠或 5%生石灰溶液浸泡 12～24 h 后，再用清水洗净、晒干。

（五）发酵处理（微生物法）

该方法是采用乳酸菌、面包酵母、酿酒酵母等微生物分解霉菌毒素。微生物代谢产生的某些酶可与霉菌毒素发生反应，使毒素分子结构中毒性基团被破坏而生成无毒降解产物。微生物不仅对多种霉菌毒素有降解作用，而且不吸附维生素、微量元素等小分子有机化合物，能够有效保存饲料中的营养成分。例如，为了防止青贮饲料发生霉变，可以在制作过程中加入促进发酵的乳酸菌。乳酸菌不仅可以抑制某些霉菌生长和产生毒素，而且能吸附和降解黄曲霉毒素；即将有毒的黄曲霉毒素 B_1 被转变为无毒的黄曲霉毒素 B_2a（AF B_2a）和弱毒的黄曲霉毒素 R0（AFR0），达到脱毒解毒的效果。

（六）添加酶制剂

很多专家希望能分离出可降解真菌毒素的高效酶，因为酶可以以一种高度专一和高效的方式与毒素产生化学反应。例如，重组解毒酶能解毒黄曲霉毒素 B_1，显著降低该毒素的诱变作用；漆酶可降解玉米赤霉烯酮。但解毒酶的分离过程复杂，其成功率不高。

（七）添加抗氧化剂

1. 添加商品抗氧化剂

近几年来，国际上出现了新型高效防霉剂。它可取代霉菌体内的酶系，并阻碍霉菌正常的氧气吸收；从而阻碍霉菌正常的生理功能，达到防霉效果。最常见的饲料抗氧化剂是乙氧基喹，其次是复合型抗氧化剂。

2. 添加营养抗氧化剂

据报道，饲料中添加维生素 A、维生素 C、维生素 E、硒色素等可缓解霉菌毒素对细胞的作用。硒、维生素 E 和维生素 C 作为抗氧化剂和自由基的成分，可保护脾脏和大脑免受 T-2 毒素和呕吐毒素导致的细胞膜受损。维生素 E 还可减少赭曲霉毒素和 T-2 毒素导致的过氧化物的形成。蛋氨酸的补充量高出 NRC 推荐量的 30%～40%，就会减轻黄曲霉毒素的危害。

（八）吸附脱毒

吸附脱毒是一种应用广泛的物理脱毒法。

1. 铝硅酸盐类

常用的吸附剂有蒙脱石、沸石、硅藻土等。铝硅酸盐类可以有效吸附黄曲霉毒素，对玉米赤霉烯酮、赭曲霉毒素、单端孢菌素等毒素吸附能力不足。铝硅酸盐对营养素也有一定的吸附作用，干扰营养物质吸收利用。因此，不适合用于吸附饲料的霉菌毒素。

2. 有机吸附剂

用于吸附霉菌毒素的有机吸附剂，主要是来自酵母细胞的功能性碳水化合物，最常用为甘露聚糖。甘露聚糖由β-D 葡萄糖和β-D 甘露糖以糖苷键结合而成。其特殊的结构与霉菌毒素具有高亲和力，可通过氢键、离子键和疏水作用力等实现对霉菌毒素的吸附。这种多糖可以识别不同分子结构霉菌毒素的各种位点，直接吸附或直接结合霉菌毒素，从而达到吸附的作用；但不会降低营养物质的生物利用率，具有很大的应用潜力。

第六节　无公害肉羊饲料生产

无公害饲料是指无农药残留、无有机化学毒害品或无机化学毒害品、无抗生素残留、无致病微生物、霉菌毒素不超过标准的饲料。因此，无公害饲料就是围绕解决畜产品公害和减轻畜禽粪便对环境污染等问题，从饲料原料的选购、配方设计、加工饲喂等过程，进行严格的质量控制和实施动物营养系统调控，以改变、控制可能发生的畜产品公害和环境污染，而产生的低成本、高效益、低污染的饲料产品。

一、无公害饲料生产的基本原则

（一）确保饲料原料质量

调制配合饲料所选的原料必须符合 GB 13078《饲料卫生标准》、各种饲料质量标准、饲料添加剂标准和《饲料标签》的有关规定，将有毒、有害成分控制在允许范围之内。

（二）严格执行国家相关法规与制度

1. 禁止使用的药品及其化合物

农业农村部于 2019 年 12 月 27 日公布的《食品动物中禁止使用的药品及其他化合物清单》，见表 8－10。

表 8－10　食品动物中禁止使用的药品及其他化合物清单

序号	药物	序号	药物
1	酒石酸锑钾	11	林丹
2	β-兴奋剂类及其盐、酯	12	孔雀石绿
3	汞制剂：氯化亚汞（甘汞）、醋酸汞、硝酸亚汞、吡啶基醋酸汞	13	类固醇激素：醋酸美仑孕酮、甲基睾丸酮、群勃龙（去甲雄三烯醇酮）、玉米赤霉醇
4	毒杀芬（氯化烯）	14	安眠酮
5	卡巴氧及其盐、酯	15	硝呋烯腙
6	呋喃丹（克百威）	16	五氯酚酸钠
7	氯霉素及其盐、酯	17	硝基咪唑类：洛硝达唑、替硝唑
8	杀虫脒（克死螨）	18	硝基酚钠
9	氨苯砜	19	己二烯雌酚、己烯雌酚、己烷雌酚及其盐、酯
10	硝基呋喃类：呋喃西林、呋喃妥因、呋喃它酮、呋喃唑酮、呋喃苯烯酸钠	20	锥虫砷胺
		21	万古霉素及其盐、酯

2. 饲料和饮水中禁止使用的药物

农业部、卫生部、国家药品监督管理局于 2002 年公布的动物饲料和饮水中禁止使用的药物包括：

（1）肾上腺素受体激动剂　盐酸克仑特罗、沙丁胺醇、硫酸沙丁胺醇、莱克多巴胺、盐酸多巴胺、西马特罗、硫酸特布他林。

（2）性激素　己烯雌酚、雌二醇、戊酸雌二醇、苯甲酸雌二醇、氯烯雌醚、炔诺醇、炔诺醚、绒毛膜促性腺激素（绒促性素）、促卵泡生长激素。

（3）蛋白同化激素　碘化酪蛋白、苯丙酸诺龙及苯丙酸诺龙注射液。

（4）精神药品　（盐酸）氯丙嗪、盐酸异丙嗪、安定（地西泮）、苯巴比妥、苯巴比妥钠、巴比妥、异戊巴比妥、异戊巴比妥钠、利血平、艾司唑仑、甲丙氨脂、咪达唑仑、硝西泮、奥沙西泮、匹莫林、三唑仑、唑吡旦及其他国家管制的精神药品。

（5）各种抗生素滤渣　这类物质是抗生素类产品生产过程中产生的工业三废；因含有微量抗生素成分，在饲料和饮水中添加对养殖业危害很大。一是容易引起耐药性；二是由于未做安全性试验，存在各种安全隐患。

二、重视饲料储存、加工过程

收获后的籽实、牧草、秸秆必须快速晒干、储存，并做好储存过程中的水分和温度控制工作，防止发生霉变。用于青贮的牧草和秸秆应及时加工、入窖。

饲料加工应远离动物饲养场，生产厂区布局合理，原料、加工成品分开，防止交叉污染。生产设备应能满足产品的安全卫生和定量标准要求。

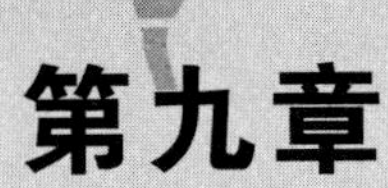

第九章 肉羊的饲养管理

肉羊的饲养管理不仅包括营养的供给、圈舍环境条件（环境温度、湿度、卫生、地面舒适度、空气流通等）的创设，还应包括福利保健（驱虫、防疫等）。

第一节 肉羊的福利保健

动物福利就是指人类出于人道主义给予动物的待遇。改善动物福利，不仅能改善动物的康乐程度，使其免除不必要的痛苦；而且也能使动物最大限度地发挥生产潜力，生产出更安全的产品，产生更大的效益。因此，肉羊的福利保健关系到肉羊养殖业的健康发展和产品市场走向，是肉羊养殖业过程中不可忽视的重要管理措施。

一、世界动物福利实施现状

（一）立法

1822 年，英国出台了反对虐待动物法案；1824 年，成立了防止虐待动物协会。法国在 1850 年通过了反虐待动物法案。紧接着，爱尔兰、德国、美国、奥地利、比利时、荷兰等地区也相继出台了相关法案。自二战以后，这些国家根据社会变化和需求，不断完善了动物保护法和相应的管理条例、法规。例如，美国在 1966 年颁布实施了《动物福利法》，在 1970 年、1976 年、1985 年、1990 年和 2002 年进行了 5 次大篇幅修订，在 2003 年、2005 年又进行了补充，使之成为保护动物对象涵盖面最广泛的一部动物福利法。美国各州所订定的动物保护法令，大多数由其主管机关授权民间动物保护团体负责执行。美国现有几千个民间动物保护团体，最著名的两大团体是美国防止动物虐待协会（ASPCA）和美国人道协会（HSUS）。这两大团体为维护全球动物的福利而大力宣传相关知识和理念。美国大部分州把虐待动物行为视为与抢劫、强奸一样的重罪；一经发现，不仅会受到道德上的指责、身败名裂，还会受到法律上的惩处。例如，在亚利桑那州，虐待动物造成严重后果的，最多可以罚款 15 万美元。如果主人或他人胆敢虐待宠物，动物保护协会就会派人来把动物接走，交由专人去看护；而执法部门则会根据《动物福利法》对虐待动物者进行处理，情节轻的将被罚款，情节重的则要被判刑坐牢。

瑞典在原有动物保护法律的基础上，于 1997 年制定了《牲畜权利法》。这部旨在改善动物福利的法律规定：不能用过于拥挤和窄小的笼舍养鸡；夏季必须把牛赶到草地上牧食，猪舍地面要铺设稻草，以便休息。

目前，世界上已建立动物福利法的国家和地区达到100多个。1981年，世界动物保护协会成立，总部设于伦敦，活跃在全球50多个国家。他们的主要任务是，通过宣传、教育，改善动物福利，防止虐待动物的事件发生，推动各地建立动物保护法。

1. 动物的基本福利

世界动物保护组织于2004年提出，人类应当给动物提供5项福利。

（1）享有不受饥渴的自由　保证提供充足的清洁水、保持良好健康和精力所需要的食物，满足动物的生命需要。

（2）享有生活舒适的自由　提供适当的房舍或栖息场所，使动物能够舒适地休息和睡眠。

（3）享有不受痛苦、伤害和疾病的自由　保证动物不受额外的疼痛，采取预防疾病的措施，对患病动物及时治疗。

（4）享有生活无恐惧和悲伤感的自由　保证避免动物遭受精神痛苦的各种条件和措施。

（5）享有表达天性的自由　提供足够的空间、适当的设施及与同类动物伙伴在一起。

2. 农场动物福利

英国的动物福利法可细分为农场动物福利法、实验动物福利法、伴侣动物福利法、工作动物福利法、娱乐动物福利法和野生动物福利法。其中，与农产品贸易的关系最为密切的农场动物福利法主要内容有4项。

（1）饲养　为动物提供良好的环境条件，不得采用使动物受到额外伤害的方式饲养。

（2）运输　在动物运输过程中，应得到充足的饮食和休息时间，避免动物受到伤害。如果出现动物患病、受伤及引起额外痛苦，必须停止运输。

（3）手术　禁止采用引起动物疼痛、不使用麻醉剂和使动物致残的手术。

（4）屠宰　屠宰场要远离动物养殖场，实施单独屠宰。屠宰房应保证动物的基本安全，其结构、设备和工具不会让动物受到刺激、痛苦及伤害。

除上述规定外，还有不得以踢打等方式虐待动物、激怒或恐吓动物，不得自行或协助他人挑逗动物或使其搏斗，不得无故给动物服用有毒、有伤害性的药物等。对违反动物福利法的人员，动物福利法也作出了相应的处罚规定。

（二）签订公约

除了各国制定的《动物福利法》以外，欧盟也还出台了一些国际性动物保护公约。这些公约对各缔约国有相当大的约束作用，如1979年制定的《保护屠宰用动物欧洲公约》规定“各缔约国应保证屠宰场的建造、设备及其工具符合本公约的规定，使动物免受不必要的刺激和痛苦”。各缔约国的法规必须与国际公约一致。

（三）制定实施细则

发达国家不仅有较为完善的动物福利法，而且制定了一系列具体而严格的标准或实施细则，涵盖动物出生、养殖、运输到屠宰加工全过程。美国于2002年启动了“人道养殖认证”标签。该标签的作用是向消费者保证，在所提供的畜产品的生产过程是按照文雅、公正、人道的标准对待动物的。

欧盟理事会于2003年1月就明确提出，欧盟成员国在进口第三国动物产品之前，应将动物福利作为考虑的一个因素。德国要求，动物在运输过程中，应有足够的休息空间、饮水供应，保持空气清新、温度控制在5～15℃，有分隔好的区域；只有经过福利条件认证的养殖场所饲养的家畜才能被允许进入德国市场，且认证条件较为苛刻。

（四）采取具体福利措施

世界动物卫生组织（OIE）于2002年成立了动物福利特别工作组，并于2004年2月23—25日召开了世界动物福利大会，将当年的工作重点放在人道地屠宰动物和海上运输的动物福利上。在英国，一些地方建立了工作动物“退休”制度，即在动物从业一定年限或达到一定年龄以后，将不再从事任何工作，并且在余生会享受良好的福利待遇；此外，对一些身处痛苦之中的工作动物可实施“安乐死”。

二、动物福利保健的重要性

（一）福利条件影响动物的健康和产品质量

提倡动物福利的主要目的是，使人类在更好地、合理地、人道地利用动物的同时，能让动物活得舒服、死得不痛苦。有研究表明，在肮脏和密集的环境里，动物自身免疫能力会大大降低，很容易生病，进而引起疫病；而动物处于突发恐怖和痛苦时，肾上腺激素会大量分泌，影响肉的质量，并且有可能产生对人身体有害的物质。

（二）动物福利立法是社会文明进步的象征

虐待动物的现象折射出人性的丑陋和残暴。一个民族如果不能阻止其成员残酷地对待动物，也将面临危及自身和文明衰落的危险。善待动物是每一个有良知的公民所必须具有的善良天性。动物福利立法是人类对于自然界认知的更新，是社会文明进步的象征，也是道德高尚的社会特征之一，关系到一个国家的国际声望。

（三）动物福利已成为国际畜产品贸易的壁垒

世界贸易组织的规则中有明确的动物福利条款。如果肉用动物在饲养、运输、屠宰过程中不按动物福利的标准执行，检验指标就会出问题，从而影响肉品的出口。2002年，几位乌克兰农场主根据合同，向法国出口活猪；经过60 h多的长距离运输后，却被法国有关部门拒之门外。其原因是，乌克兰农场主在长途运输中没有考虑活猪的福利问题；即这批活猪没有按照法国有关动物福利法规在途中得到充分的休息。由此可见，动物福利已不仅仅是一个观念问题，已经影响到国际贸易，正在成为影响国际畜产品贸易的一道新壁垒。

三、推进动物福利的必要性

我国在畜产品的生产过程、运输和屠宰方式等方面还存在着诸多动物福利问题。除了动物因营养缺乏出现异食癖现象、因动量不足或生存环境恶劣而导致健康状况和产品品质下降外，屠宰前注水、残忍屠宰现象仍时有发生。因此，急需采取具体措施推进动物福利。

（一）立规

应借鉴发达国家的经验，以法律的形式规定动物福利，使得对虐待动物行为的处置有章可循、有法可依，从而逐渐遏制虐待动物现象。

（二）教育

首先，将动物福利写进教科书，教育孩子善待动物。让大家明白，对动物文明养殖、进行“临终关怀”不是矫情，而是体现了社会的文明进步和个人素养的提升。其次，对养殖人员、畜牧兽医技术人员和屠宰人员进行动物福利知识培训，逐步规范他们的职业操作行为。

（三）做好动物福利相关宣传工作

通过各种媒体宣传，让人们知道什么是动物福利？为什么要给予动物福利？动物福利与人类文明进步、生存发展有什么关系？提高全民爱护动物、保护动物（包括家畜）的意识，培养人们尊重生命、与动物和谐相处的好习惯。

（四）建立福利养殖动物产品认证和检测体系

研究和了解国际动物福利通行标准和各国或地区的特殊要求，建立并完善我国福利养殖畜产品质量认证与检测体系，与国际标准体系接轨。

（五）制定和执行动物福利规范与流程

（1）制定动物福利技术规范与标准　制定出涵盖养殖、运输、屠宰加工等全过程的动物福利技术规范或标准。

（2）推行动物福利操作流程　制定屠宰场建设和操作流程，严禁小作坊的私屠乱宰现象，严厉打击一切虐待动物的行为，使动物在饲养、运输和屠宰过程中免遭痛苦。

（六）创立动物福利养殖形象品牌

扶持和建设动物福利养殖示范场、养殖户，指导他们按照动物福利养殖技术规范进行生产，提高动物在生产过程中的福利待遇和产品质量，帮助他们申请福利养殖动物产品证书，增加市场竞争力，逐步创立福利养殖动物产品品牌。

第二节　羔羊的饲养管理

一、羔羊的主要生理特点

羔羊刚出生时，瘤胃很小，仅占整个胃室的30%左右；且瘤胃组织发育尚不健全，缺少微生物菌群，不具备消化饲料的能力；此时，皱胃（真胃）容积最大（约占胃总重的56%），而且是唯一具有消化功能的胃。羔羊吸吮的母乳经食道沟直接进入真胃，由真胃所分泌的乳酶进行消化。

随着日龄的增长和植物性饲料采食量的增加，前三胃体积迅速增加。特别是瘤胃发育迅速，不仅肌肉层不断增厚，瘤胃乳头逐渐出现，乳头表层细胞角质化程度提高，大量的角质化上皮细胞不断脱落、更新；瘤胃微生物区系迅速建立与发育。在6～7周龄时，瘤胃微生物菌落数接近成年羊，具备消化纤维素的功能。8周龄时，瘤胃发育基本成熟，其他消化器官（如肠道、胰腺等）也随着羔羊日龄的增加和饲料类型的变化而发育、完善。对于羔羊来说，瘤胃发育程度不仅影响其断奶前的采食、生长及对精粗饲料的利用率，而且对断奶后的采食量、消化功能、生长发育及生产性能都有很大影响。

出生后一个月内，羔羊吸吮的母乳通过食道沟直接进入了皱胃，如果仅靠吮乳会造成羔羊瘤胃发酵底物缺乏，从而使瘤胃发育受阻。如果同时饲喂青干草和谷物饲料，母乳便可直接进入瘤胃；此时，在瘤胃微生物的作用下，产生短链脂肪酸，促进瘤胃乳头的生长。因此，羔羊瘤胃消化功能的形成很大程度上取决于固体饲料的采食，早开食可以促进羔羊瘤胃发育，快速由过渡阶段进入反刍阶段。

二、羔羊的补偿性生长

补偿性生长也叫追赶性生长，是指因营养受阻或病理因素导致生长迟缓的生物在去除这些因素后出现的生长加速现象。补偿性生长也是生物在进化过程中为适应外界环境变化的一种表现；但不是在任何情况下都能出现。如果羔羊在生命早期生长速度受到严重影响，则在下一阶段很难进行补偿性生长，而且过长时间的生长受阻也很难得到补偿。另外，成年羊没有补偿生长能力。

（一）造成羔羊营养受阻的主要原因

造成羊营养受阻的因素很多，有先天因素，也有后天因素。任何一种因素导致的营养受阻都可能对羔羊的健康和生长发育带来极大危害。

1. 先天营养受阻

（1）母羊过早配种　由于过早配种，妊娠期母羊和胎儿都在不断生长过程中，胎儿将与母体争夺营养物质，导致胎儿营养供应不足、发育受阻，使得羔羊初生重小、生活力和生长力差。

（2）母羊怀多羔　虽然怀多羔母羊的总胎盘重量有所增加，但每个胎儿所占的胎盘容量较小，获得的营养相对较少。因此，多羔羔羊初生重相对较小。据张磊等（2020）观察，在甘肃省金昌良好的舍饲条件下，湖羊双胞胎、三胞胎和四胞胎羔羊初生重分别为3.82 kg、3.21 kg和2.80 kg，二月龄体重为20.60 kg、16.61 kg和14.81 kg，四月龄体重为34.30 kg、29.80 kg和26.61 kg。由此可见，即使在饲养管理较好的条件下，多羔羔羊在胎儿期的发育也会受到一定影响，而且这种影响在后天很难得到补偿。

（3）母羊营养缺乏　若母羊妊娠期营养缺乏，尤其是妊娠后期营养供给量不足，不仅会影响胎儿发育，而且会影响母羊分娩后的产奶量和初乳的质量（营养素和免疫球蛋白的含量降低），造成胎儿和新生羔羊营养缺乏、发育受阻。

2. 后天营养受阻

（1）母羊泌乳量少　导致母羊泌乳量少的原因有3个。第一，母羊配种太早，乳腺结构发育不完善，影响分泌功能。第二，母羊妊娠期间营养缺乏或搭配不合理，无法为泌乳功能的正常发挥提供足量的营养。例如，维生素E摄入量不足，母羊体内仅有的维生素E可能通过胎盘供给了胎儿，而无法满足乳腺组织发育，影响乳腺分泌功能；妊娠后期蛋白质或能量摄入不足也会影响乳腺发育，造成泌乳量少等问题。第三，哺乳期营养缺乏或不平衡。初期母羊可能会大量动用体内储备的养分来弥补乳汁生产的需要。如果营养长期供给不足，便会出现营养“亏困”、泌乳量严重下降，甚至完全终止泌乳。

（2）同胎多羔　产多羔母羊由于妊娠期间营养消耗量大，产后体质相对较差，泌乳量很难满足两只以上羔羊的吮乳需要；即使产多羔母羊的泌乳量高于产单羔母羊，每只羔羊的吮乳量仍然远低于其他羔羊。尤其是在规模养殖条件下，多羔羔羊无法得到较好的照料，必然表现营养缺乏、生长缓慢及死亡率高。

（3）超早期断奶　有些养殖场为了加快母羊繁殖速度，不考虑羔羊的生理特点和实际发育情况，采取超早期断奶，导致羔羊发育受阻。

（4）补饲不及时　断奶前羔羊与母羊混群饲养，不能及时补充开口料，致使羔羊营养缺乏、消化功能差，早期断奶后不能较好地适应全植物性日粮，生长发育必然受到影响。

（5）饲料质量差　羔羊的消化功能相对较差，如果饲喂质量较差的羔羊料或成年羊料，或者不能勤添少喂、保持饲料清洁卫生，必然影响羔羊的采食量和营养摄取量，导致生长受阻。

（二）补偿性生长的表现

大量研究表明，生物（包括动物和植物）在进化过程中为适应外界环境变化都会表现出补偿性生长现象。动物的补偿性生长主要有 4 种表现。

1. 降低维持需要量

动物可通过降低维持需要量，来保证在食物不充分的情况下存活；但当恢复营养供给后，这种较低的维持需要水平还能持续一段时间，使动物在正常采食情况下能将更多的能量用于生长。

2. 增加采食量

Ryan 等（1993）的研究表明，饲料受限组的牛在恢复自由采食后，采食量高于对照组的时间达 140 d；而饲料受限组绵羊采食量高于对照组的时间达 35 d。

3. 提高饲料转化率

Ford 和 Park（2001）的研究表明，饲料受限组肉牛的平均日增重虽然低于对照组，但在补偿性生长阶段却显著高于对照组；从全期来看，饲料受限组肉牛日增重较高，但饲料消耗量较少，饲料利用效率是对照组的 1.5 倍。

4. 改变机体组成

据报道，经过补偿性生长后的羔羊上市时胴体比对照组轻，但胴体蛋白质比例较高，尤其是补偿性生长的早期阶段蛋白质沉积较快。也就是说，如果在补偿性生长刚结束后屠宰，胴体就比较瘦；但如果在该阶段以后很长时间再屠宰，机体组成就和正常生长的羔羊没有明显区别。

（三）影响补偿性生长的因素

限制因子去除后，羔羊可能表现为全补偿性生长、部分补偿性生长、零补偿性生长或负补偿性生长，补偿效果主要取决于 4 个因素。

1. 营养受限时的年龄

一般认为，营养受限出现的时间越早、延续的时间越长，动物受到的影响越大，补偿的可能性越小。例如，胚胎期营养缺乏导致的矮小胎儿，出生后很难得补偿性生长；幼龄羔羊营养缺乏的影响较久远，也不会表现出补偿性生长。据 Allden（1968）报道，体重达到 15 kg 的羔羊遭受营养受限后，才会表现出补偿性生长。

2. 营养受限的持续时间

营养受限出现的时间越晚越短，对生长发育的影响越小，完全补偿的可能性越大。例如，5～6 月龄的湖羊羔羊体重已经达到成年体重的 70%以上，这一阶段的营养缺乏虽然影响其生长发育，但饲养管理条件一旦改善，体质便很快得到恢复，并在一定时期内生长速度超过同龄其他羊。

3. 营养受限的强度

营养受限的强度越大，需要补偿生长的时间越长，过度的营养受限可造成不可逆的零补偿或负补偿。例如，钙、磷或维生素 D 的严重缺乏、代谢异常导致的羔羊佝偻病，即使病因完全解除，羔羊仍然不能恢复原来的生长状态。营养缺乏导致的羊繁殖障碍（如性成熟晚、不孕、流产），只要营养受限的时间不长，一般可以恢复；但如果长期饲养不当，特别是在发育期营养严重不良而致使生殖器官受到影响，即使饲养管理条件得到改善，也很难使其生殖机能恢复正常。

4. 机体组织的生长强度

生长强度越大的组织受阻越严重。例如，羔羊在胚胎后期，骨骼的生长发育较旺盛；此时如果营养不良，骨骼受阻程度就很大，出生后补偿性生长的可能性比较小。

5. 品种及性别

一般来说，雄性动物的补偿性生长能力高于雌性，生长速度较慢的品种补偿性生长能力高于生长速度较快的品种。

（四）羔羊营养受阻现象的预防

1. 加强母羊饲养管理

为妊娠母羊提供足够的营养，尤其注意妊娠后期的营养供应。将怀多羔母羊另外组群、单独饲养，提高能量、蛋白质、矿物元素（尤其是钙磷）和脂溶性维生素的供给量，确保胚胎正常发育，以产出健康胎儿。

2. 避免母羊过早配种

虽然不同品种的性成熟年龄各不相同，但母羊初配时体重应达到成年体重的 70%以上。例如，湖羊母羊应在 7 月龄以上、体重 35 kg 以上时开始配种，萨福克羊、杜泊羊等专用肉羊品种应在 10 月龄以上、体重 40 kg 以上时开始配种。

3. 羔羊早开食

羔羊 7 日龄左右就对植物性饲料有一定兴趣，此时便可供给营养价值高（富含蛋白质、维生素、矿物质）、容易消化（以膨化谷物为主）、具有奶香味的开口料。做到勤添少喂，任其自由采食，并保持开口料清洁、新鲜。同时，在饲槽中放置优质苜蓿青草，最好采取强制补饲措施。

4. 饲喂全营养饲料

不论是那一阶段的饲料，都要具备营养全面、无霉变、没有抗生素或农药残留，而且做到满足供应；最好加工成全混合饲料，定时、定量供给，确保羔羊健康生长。

（五）羔羊补偿性生长特性的利用

利用羔羊补偿性生长的这一特性，对贫瘠草地上放牧营养受阻的育成羊进行短期舍饲育肥，生产瘦肉型胴体，可获得较好的收益。

三、羔羊的饲养管理

（一）接羔育幼

接羔育幼是肉羊生产中的收获季节，也是肉羊生产者最忙碌和最重要的季节。对于饲养非季节性繁殖肉羊品种的生产者来说，一年四季，甚至每一个月都可能是收获季节，都需要投入精力与关注。具体操作可参考《肉羊接羔育幼工作操作流程》。

（二）开食

在羔羊早期补饲固体饲料，可以有效提高采食量，促进消化器官（尤其是瘤胃）发育，降低死亡率和发病率。大多数羔羊在 1 周龄左右会对固体饲料产生兴趣。因此，绵羊、山羊生产者一般对这个龄段的羔羊供应营养价值高、适口性好、容易消化利用的开口料。幼羔开口料多为颗粒状精料，主要由膨化大豆、玉米、矿物元素等组成；另外，会添加少量饲料调味剂和抗菌肽或益生素类。

幼羔的开口料如果只有精饲料，容易造成瘤胃 pH 降低、发育异常；引起瘤胃乳头角质化和粘连，降低吸收营养的面积；采食过量精料还容易引起腹泻。羊属于草食动物，幼羔对牧草也有一种天然嗜好，会主动采食牧草；而且采食一定量的粗饲料（如优质青干草），对其瘤胃健康发育十分有利。幼羔饲喂粗饲料的效果主要受牧草种类、品质、粒度、采食量和供给方法等因素的影响，采食过多的粗饲料或劣质饲草也不利于健康。因此，必须做到合理供给，精心管理。

1. 粗饲料对幼羔瘤胃健康发育的益处

（1）对瘤胃容积有扩充作用　由于幼羔对粗饲料的消化能力低，使得粗饲料在瘤胃中占据空间大。这种物理充盈作用促进了瘤胃容积的增加。

（2）可刺激羔羊瘤胃壁的发育　精饲料可刺激瘤胃上皮发育、增殖。粗饲料可刺激瘤胃壁肌肉层增厚，进而为瘤胃容纳更多食糜提供支撑，也为瘤胃蠕动提供强大力量，促使食糜与微生物充分混匀。杨斌（2016）在羔羊颗粒开食料中补充了粗切的苜蓿干草，提高了羔羊断奶前的采食量，同时，提高了前胃（尤其是瘤胃）重量；使羔羊获得了更大的体重、日增重和胴体重，使断奶初期羔羊能很快适应植物性饲料，在一定程度上预防了因断奶引起的应激现象。马万浩（2019）在羔羊开食料中补充了 10%苜蓿干草，提高了羔羊生长性能，促进了瘤胃增长和形态发育。

（3）影响瘤胃微生物区系　Yez - Ruiz 等（2020）报道，在饲料中添加粗饲料，可提高断奶前羔羊瘤胃细菌总数，降低产琥珀酸丝状杆菌和产甲烷菌数量。杨斌（2016）发现，早期补饲苜蓿干草的羔羊，其瘤胃内容物和瘤胃上皮微生物区系更接近与断奶后。

（4）产生其他作用　饲喂粗饲料可调节羔羊瘤胃液 pH、促进瘤胃上皮细胞吸收挥发性脂肪酸与转运蛋白 mRNA 的表达等方面也发挥积极作用。

2. 大量饲喂粗饲料对幼羔的不利影响

（1）影响采食量　由于粗饲料占据大量瘤胃容积，过多的粗饲料会降低幼羔的采食量。

（2）影响生长发育　由于幼羔瘤胃微生物尚不完善，不能有效地降解粗纤维；过多的粗饲料会影响幼羔对营养物质的获取，进而影响其生长发育。同时，由于粗饲料中的纤维能量水平较低，难以满足幼羔的能量需要，影响羔羊生长发育。

(3) 影响其他饲料营养的利用　粗饲料中过多的纤维素可增加幼羔胃肠道食糜流通速率，缩短食糜在胃肠道的滞留时间，导致其他饲料有机物的消化利用率降低。

(4) 可导致病患　幼羔采食坚硬、柔韧的秸秆类粗饲料（如玉米秸秆和稻草），不仅难以消化，而且很容易损伤瘤胃乳头，引起胃炎；大量的纤维团还可能造成真胃阻塞，导致死亡。

3. 粗饲料的选择

饲喂幼羔应选择干燥、无霉变、营养价值较高、脆性好、易咀嚼的苜蓿干草、花生蔓、青干树叶，其次是干苹果渣、甜菜籽粕，也可以喂新鲜燕麦草和黑麦草等；但不宜喂粗硬、柔韧、难以咀嚼的燕麦干草、黑麦干草、玉米秸秆和稻草等。

4. 粗饲料的饲喂方法

① 给幼羔供给粗饲料的同时，必须供给开口料。

② 将苜蓿青干草切成 3～5 cm 长的小段，放在粗饲料补饲槽内，任幼羔自由采食，并做到勤添少喂；也可以按 5%～10%的比例与开口料混合后饲喂。

（三）强制补饲

强制补饲可提高羔羊的断奶成活率和断奶前日增重，减少母羊乳房炎的发病率。具体补饲方法见第二章。

（四）适时断奶

羔羊过早断奶容易引起应激性疾病及生长发育受阻，过晚会延迟母羊膘情恢复及产后发情时间。适宜的断奶时间应取决于羔羊品种、营养水平、饲喂方法等。一般来说，羔羊应在瘤胃功能发育完全后断奶。在自然饲养管理条件下，羔羊一般在 8 周龄时瘤胃发育才基本成熟。

受羔羊品种、固体饲料营养水平和饲养管理等因素的影响，羔羊的断奶日龄差异较大。例如，英国在羔羊体重达到 11～12 kg 时断奶，法国在羔羊体重大于初生重 2 倍时断奶，加拿大在羔羊 60 日龄或羔羊体重达到 20 kg 时断奶。在我国大多数湖羊养殖场，对于早开食的羔羊，尤其是经过强制补饲锻炼的，多于 45 日龄左右、公羔体重达到 14 kg 以上、母羔体重达到 13 kg 以上时断奶，取得了较好的效果。羔羊断奶日龄可根据品的种生理特点和用途予以适当调整。对于季节性繁殖品种，尤其是引进肉羊品种，一般采取 2～3 月龄断奶。

经过强制补饲的羔羊能够较好地适应母子分离的饲养形式，可采取突然断奶法；即断奶时，直接移走母羊。对没有经过强制补饲的羔羊最好采取逐渐断奶法，即断奶前一周逐渐减少羔羊吮乳次数，直至完全停止吮乳。弱羔、病羔可适当推迟断奶时间。

羔羊早期断奶是一个相对概念。一般来说，羔羊在 90 日龄前断奶都可称为早期断奶，其中 30 日龄前断奶可称为超早期断奶。有人认为，羔羊可实施 3～7 日龄或 15 日龄超早期断奶；也有人认为，湖羊于 28 日龄断奶是可行的，30 日龄断奶效果较好。但事实上，超早期断奶羔羊在断奶后需要饲喂一定量的代乳粉。这种做法不仅会增加羔羊的养殖成本和发病率，而且对羔羊的前期发育造成一定影响。如果没有特殊需要（如母羊用于挤奶），就没必要对羔羊实施超早期断奶。正确的做法应当是，在羔羊瘤胃功能发育基本完成、胃肠道微生物菌落数接近成年羊时，再断奶。

（五）断奶羔羊的饲养管理

1. 分类饲养

对计划断奶羔羊进行称重，并根据体重和表现进行初步分级、分类。断奶后，分别组群饲养。

2. 加强管理

① 做好过渡管理。羔羊断奶前一周，延长母子分离时间（白天隔离，夜间合群）；在断奶最初 2～3 d，在饮水中加入电解多维；断奶后两周内，日粮保持相对稳定，发现异常，及时处理。

② 在羔羊断奶应激期过后，可根据生产用途，开始饲喂育成羊料或育肥羊料，并做到逐渐更换，稳步过渡。接种没有接种的疫苗，并按计划进行驱虫。

第三节　育成羊的饲养管理

育成羊是指断奶后到第一次配种期间的羊。由于品种、饲养方式、日粮营养水平、断奶时间和饲养环境的差异，育成期的范围也有很大差异。

一、育成羊的生理特点

育成羊全身各系统和各组织器官都处于旺盛生长发育阶段，与骨骼生长发育密切的部位仍在迅速增长，体型继续增大，体重不断增加。因此，育成羊可采食占其体重 3.5%～4%的饲料（按干物质计），还需要供给足够的蛋白质、矿物质和维生素。若营养缺乏，尤其是蛋白质供应不足，不仅严重影响育成羊生长发育，而且很容易出现异食癖；若长期缺乏钙、磷，或钙、磷比例失调，或维生素 D 不足，育成羊很容易出现佝偻病；同时，营养缺乏对肉羊的性成熟、繁殖性能影响极大。一般来说，早熟绵羊品种在 7～8 月龄性成熟，晚熟绵羊品种可能延迟到周岁后；大多数肉用山羊品种和湖羊在 5～6 月龄性成熟，8～10月龄便可配种。育成公羊的性成熟年龄通常比同品种母羊晚 2 个月左右；但如果这一阶段营养供给缺乏或不平衡，会发生育成羊的性成熟年龄推迟或丧失有效繁殖能力。另外，运动量不足也影响育成羊健康发育。因此，必须给予育成羊足够的营养保障和适当的运动锻炼。

二、育成羊的饲养管理

（一）断奶后日常管理

1. 重新组群饲养

要按大小、强弱分栏饲养；挑出其中的弱羔，单独组群，并给予特别关照。同时，隔离病羊，予以及时治疗或淘汰处理。

2. 满足营养供给

不仅要供给足够的日粮，更要注意日粮的蛋白质、各种矿物元素和脂溶性维生素的含量。一般来说，育成羊精料补充料中的粗蛋白质含量应该保持在 15%～16%，能量水平应不低于日粮总能量的70%。同时，要供给清洁饮水，任其自由饮用。

3. 做好保健管理工作

（1）提供良好的圈舍环境　保持圈舍清洁、干燥和空气流通。圈舍温度保持在5～33℃。

（2）做好免疫接种和驱虫工作　要特别注意预防肺炎、肠毒血症、大肠杆菌病、肠痉挛和球虫病的发生。

（3）注意舍外运动锻炼　每日舍外运动时间不低于2 h。

（二）性成熟期管理

在育成期，公羊、母羊的生殖器官会逐渐发育完全并具备繁殖后代的能力。羊性成熟的年龄因品种、营养、气候和个体发育等而不同。性成熟的育成羊虽然已具备了配种能力，却不宜过早配种。育成羊正处于生长发育阶段。公羊过早配种可导致元气亏损，严重影响其生长发育，缩短可使用年限；母羊过早配种不仅影响自身生长发育，还可能导致产羔率低、羔羊初生重和成活率低。因此，育成羊一定要按性别单独组群饲养，防止早配现象发生。同时，要注意营养满足供给和运动锻炼，确保育成期能健康发育。一般认为，育成母羊体重达到成年体重的70%～75%时，可开始配种，公羊最好在1～1.5岁开始配种，早熟品种公羊的初配年龄可以提前到1岁左右，但应有计划地限制每周配种次数。

（三）育成羊的饲养管理规程

育成羊的饲养管理规程见附件3。

第四节　种公羊的饲养管理

种公羊的健康状况决定了其利用价值。种公羊的饲养管理水平关系到羊群的繁育效能和养殖经济效益，甚至影响羊群的健康发展。因此，必须引起高度重视。

一、种公羊的饲料供给

种公羊需要长年保持中上等膘情，健康，活泼，精力充沛，情欲旺盛。所喂的饲料要求营养价值高，富含蛋白质、矿物质和维生素A、维生素D、维生素E，而且易消化吸收、适口性好。饮水应清洁、无污染。非配种期除放牧外，每只种公羊每日补饲优质青干草1 kg或青绿饲料2～3 kg（或青贮1.5 kg）、精料补充料0.5～0.6 kg。配种前1～1.5个月逐渐增加精饲料饲喂量。处于配种期的公羊的精料补充料饲喂量应达到体重的1%左右，分早、中、晚3次供给，自由采食青干草。另外，每日喂胡萝卜0.5～1 kg、鸡蛋2枚或鲜牛奶0.5 kg；有条件的羊场，每日可喂青绿饲料2～3 kg。

二、种公羊的保健管理

（一）防止环境高温

高温不仅会影响种公羊的性成熟、性器官发育、性欲和睾酮水平，而且会影响射精量、精子数、精子活力和密度等。环境热应激可使公羊的活精子数由67%降低到35%，正常精子数由73%减少到43%（田允波，1994）。

（二）保持圈舍干燥

不论气温高低，相对湿度过高都不利于种公羊身体健康，也不利于精子的正常生成和发育。在35℃的高温下，相对湿度从57%提到78%，种公羊体温上升0.6℃、睾丸温度上升1.2℃。潮湿可抑制阴囊皮肤的蒸发散热，从而影响精子的生成与发育。据武和平等（2007）观察，布尔山羊在多雨、潮湿季节，性行为不活跃或受到抑制，精液品质下降。即使在秋末繁殖季节，过多的降水量也可导致公羊精液品质下降、母羊受胎率低或不能受孕。

（三）注意适当运动

饲养人员除了经常给种公羊修剪蹄甲、梳理被毛、按摩睾丸外，还要定时驱赶公羊运动。舍饲公羊每日被驱赶运动时间不低于2 h（早、晚各1 h以上），以保持旺盛的精力。长期不运动或运动量不足的种公羊精液品质会下降。

（四）防止过度使用

大量的研究结果表明，种公羊在不同采精制度条件下，其采精量和精子密度变化不明显。虽然增加采精次数可提高精子的生成水平，但连续采精2个月后就会有所下降，且不能使排出的精子总数得到明显提高。同时，每周采精次数较少的公羊性欲较高，而采精次数多的公羊性欲较差，而且这种差异随着采精时间的延长而越来越明显。过度采精配种可导致公羊性功能亏损、体质下降、缩短使用年限，严重者在1～2年内丧失性欲而被迫淘汰。

成年种公羊在繁殖季节，每周可采精10～15次，即每天采精2～3次，且5～6 d后应休息1～2 d。在非繁殖季节，如深冬和仲夏，应让公羊充分休息，不采精或尽量少采精。公羊采精后应与母羊分别饲养，以减少精力浪费。

三、种公羊的饲养管理规程

种公羊的饲养管理规程见附件4。

第五节　繁殖母羊的饲养管理

让适繁母羊多产羔羊、产健壮羔羊是实现肉羊高效养殖的重要条件之一，良好的饲养管理条件是实现这一目的保证。

一、空怀期的饲养管理

适中的膘情是实现母羊高受胎率的基本保障，过肥、过瘦都会影响其繁殖力的正常发挥。空怀期母羊如果在良好的草地上放牧，可以不补饲；但应通过延长放牧时间，增加营养的摄入量。如果放牧条件较差，应在配种前1个月左右，将母羊转入最好的草场放牧，每日补5～10 g食盐和适量的微量元素添加剂。如果放牧条件太差，羊群靠放牧不能饱食；每日应补一定量的精料补充料，使其达到中等以上膘情，以利正常发情排卵。在缺硒、缺碘地区，配种前，应供给硒碘盐或注射亚硒酸钠维生素E注射液。对于舍饲母羊，应按各生理阶段的营养标准配制和供给日粮。为了提高母羊的利用率，必须做好空怀母羊的繁殖管理。

1. 诱导发情

（1）短期优饲 在配种前1个月左右，提高母羊营养水平，使其迅速恢复体质，达到配种要求。

（2）羔羊早期断奶 通过控制母羊的哺乳期，恢复其性周期的活动，提早发情；可缩短产羔间隔，减少母羊空怀时间。羔羊早期断奶的时间应根据不同生产需要和断奶后羔羊的管理水平来决定。

（3）公羊诱导发情 通常是在空怀母羊圈外拴系1只公羊，每天2～3次，每次1～2 h；或者每天将公羊放入母羊群2～3次，每次1～2 h；利用公羊的气味、叫声对母羊起到刺激和诱导作用。在繁殖季节，这种做法的效果较好；在非繁殖季节，公羊、母羊混群反而会影响公羊性欲。

（4）激素处理 实践证明，先用孕激素预处理10～14 d（放置阴道栓），在预处理结束（撤栓）前1天或当天肌肉注射促卵泡素（FSH），可取得较好的处理效果。

2. 做好发情鉴定与适时配种

（1）发情鉴定 母羊的发情表现与膘情、年龄、光照等因素有关。一般来说，在营养供给充足、日照逐渐缩短、气温较凉爽的秋季，青壮年母羊发情表现较明显，发情持续期可达48 h以上；而老龄羊、瘦弱羊及部分处女羊发情表现不太明显，而且持续时间较短。冬季气温偏低时，羊发情表现较差。应强调的是，不同品种和个体的发情表现差异较大；有些品种和个体表现为安静发情，甚至外阴部没有明显变化。因此，在绵羊、山羊繁殖季节，饲养员应勤观察，每天早晚用试情公羊试情，并根据母羊的行为表现和外阴部变化作出适宜配种的时间判断。

（2）适时配种 母羊的适时配种是提高母羊受胎率的重要条件。从理论上讲，配种应在排卵前几小时或十几小时内进行，才能获得较高的受胎率。但由于羊的排卵时间很难准确判断，多胎品种每个卵子的排出时间又不一致，人们只能根据母羊发情开始的时间和发情征兆的变化来确定配种时间。同时，通过重复配种来提高母羊的受胎率。第一次配种时间应在母羊发情开始后12 h左右，这时子宫颈口开张，容易进行子宫颈口输精。一般来说，如果母羊阴道黏液呈清亮透明状即为发情初期，此时还不宜输精。如果母羊阴道黏液为较黏稠的白色，即到发情中期，可输精。如果母羊阴道黏液呈较灰暗的黏胶状，表明母羊发情结束或即将结束，此时输精为时已晚。配种员可在早晚两次用公羊进行试情。对早晨选出的母羊，当天下午和第二天早上各输精1次；对晚上选出的母羊，第二天早上和下午各输精1次。

二、妊娠母羊的饲养管理

妊娠期又分为妊娠前期和妊娠后期，对不同妊娠期母羊的饲养管理要求有一定差异。

妊娠前期，即母羊妊娠期的前3个月；胎儿发育较慢；虽然营养的需要量无明显增加，但饲料质量要好。在母羊妊娠期后2个月（妊娠后期），胎儿发育加快，羔羊初生重的80%～90%是在这一阶段完成的，营养需求量显著增加。如果母羊缺乏营养，就会出现流产、死胎、羔羊初生重小、成活率低，或母羊产后瘫痪、缺奶等现象。

（一）加强营养

在良好的放牧条件下，妊娠前期母羊可补饲少量精料或青干草；如果能延长放牧时间，保证羊日食三个饱，可以不补饲。此时，舍饲母羊的日粮配比、饲喂量可与空怀期相同；但从配种后 90 d 开始，必须逐渐增加精料补充料；到 105 d，需达到定额饲喂量。在这一阶段，不仅要提高母羊的日粮蛋白质、矿物质和脂溶性维生素含量，还要注意提高能量水平。有条件的场（户）在夜间可补饲一定量的优质青干草。青干草应以优质豆科牧草为主，并能实现多样化和自由采食。如果缺乏优质青干草（如苜蓿干草），每日应补胡萝卜 1 kg 左右。对于多胎母羊，更要注意营养的合理搭配和补充，适当增加精饲料、粗饲料饲喂量。

（二）重视日常管理

1. 重视福利保健

① 供给足够的清洁饮水，保证其自由饮水，严禁其饮用冰冻水。

② 严禁饲喂冰冻、霉变、品质低劣的饲料。

③ 严禁剧烈运动。出入圈门时，避免拥挤。

④ 保持圈舍清洁、干燥、通风良好，阳光充足，冬暖夏凉。

⑤ 保持饲养条件的相对安静与稳定性。

2. 禁止使用某些药物

① 禁止使用对胚胎有一定的毒性和致畸作用的抗生素，如链霉素、三甲氧苄氨嘧啶及磺胺类药物。

② 禁止使用抗寄生虫类药物。大多数抗寄生虫类药物对胚胎有一定毒害作用。例如，生产中常用的丙硫苯咪唑具有抗有丝分裂作用；在胚胎发育期使用，可诱发胚胎毒性和致畸效应。碘醚柳胺对羊肝片吸虫和血矛线虫病具有很高的疗效，而且毒性小、作用持久。但近年来研究发现，碘醚柳胺对怀孕动物的胚胎有明显的毒性，高剂量使用会影响胎儿的发育，对人也可能产生间接影响。因此，母羊在配种期、妊娠期和泌乳期禁止使用对胚胎有一定毒副作用的抗寄生虫类药物。

③ 禁止使用平滑肌兴奋药和激素类药物。这类药物可引起流产，如前列腺素具有溶解黄体作用，可使胚胎失去生存的环境，催产素可刺激子宫分泌前列腺素 F2α 而引起黄体溶解。

④ 禁止使用镇静药。镇静药（如鲁米钠、安定等）可引起早期胎儿多种畸形。

3. 谨慎接种疫苗

疫苗作为抗原，被接种进入羊体后，被吞噬细胞所吞噬；同时，也激活了吞噬细胞，产生和释放内生性致热源，使母羊体温上升，即发烧；发烧可致妊娠早期胚胎变性、死亡。母羊妊娠前期不能接种疫苗，妊娠中期和妊娠后期可以接种反应较轻的组织灭活苗，如在产羔前 20～30 d 可接种羔羊痢疾疫苗或三联四防苗。

三、产后母羊的护理

母羊在分娩过程中失水较多，新陈代谢功能下降，抵抗力减弱。此时，如果护理不当，不仅影响母羊的健康，使其生产性能下降，而且还会直接影响羔羊的哺乳。

（一）检查胎衣

仔细检查胎衣是否完整，有无病变；如果发现异常，应及时报告兽医。

（二）注意产房环境

产后母羊应注意保暖、防潮，防贼风，防感冒。冬季产房的温度应保持在 10 ℃以上，而且要求环境干燥、安静，能使母羊得到较好的休息。

（三）加强母羊护理工作

产后 1～2 h，给母羊饮用加少许食盐和麸皮的温水、米汤或豆浆，但不宜过多，更不能饮冰冷水；然后，喂给优质易消化的青干草和胡萝卜等多汁饲料。精料饲喂量可减至原饲喂量的 70%左右。在此期间，要仔细检查母羊的乳房有无异常或硬块，若发现问题应及时解决。

四、哺乳母羊的饲养管理

在母羊产后第一个星期，因为体质较弱，消化机能尚处于恢复期；而且羔羊较小，需要的奶量不多；日粮应以优质青干草为主，逐渐恢复精料补充料饲喂量，一周后恢复到原来的营养水平。此后，随着羔羊哺乳量的增加，可渐渐增加精料补充料，同时供给充足的优质青干草。精料补充料须营养全面，富含蛋白质、矿物质和维生素 D。有条件的生产者可给每只哺乳母羊饲喂绿饲料或多汁饲料 1～1.5 kg。若哺乳母羊长期采食劣质干草、稻草、长期储存的干草、陈旧的青贮饲料、腐败变质的玉米或豆类，不仅会出现营养缺乏症，还容易引发羔羊白肌病。如果母羊膘情较差、乳汁不足，可加喂熟豆浆、糯米粥等，使母羊在产后一个月（哺乳前期），泌乳量达到高峰。在此期间，应对产双羔和产多羔母羊予以特别照顾，每只可增加精料补充料 0.2～0.3 kg、优质青干草 0.2～0.3 kg。

五、繁殖母羊的饲养管理规程

繁殖母羊的饲养管理规程见附件 5。

第六节　肉羊育肥

育肥是肉羊生产过程最常用的技术之一，不但可以提高肉羊生长速度和肉品质量，还可以加快羊群周转和资金回流，提高养殖效益。生产者可根据自己所能利用的环境条件、饲料资源和肉羊不同生理阶段的生长特点，选择相适应的育肥技术。

一般来说，在不影响肉羊正常消化吸收的前提下，供给的营养物质越多，所获得的日增重就越高，单位增重所消耗的饲料就越少，出栏的日期也可以提前。因此，为了保证肉羊的快速育肥，必须供给高于正常生长发育所需要的营养。如果希望生产瘦肉型羔羊肉，育肥日粮中的热能就不能太高，而蛋白质饲料应充分满足。

一、影响肉羊育肥效果的因素

影响肉羊育肥效果的因素很多，包括品种与类型、年龄与性别、饲养管理和季节等。

（一）品种与类型

不同品种肉羊增重的遗传潜力不一样。在相同饲养管理条件下，专门肉用绵羊、山羊品种及其改良羊的育肥效果通常好于本地绵羊、山羊品种，如杜泊羊、萨福克羊、夏洛莱羊、布尔山羊等。杂种羊的生长速度、饲料转化率往往超过双亲品种。因此，杂种羊的育肥效果较好。小型早熟羊比大型晚熟羊、肉用羊比其他类型的羊能较早地结束生长期，即前期生长速度较快。饲养这类羊不仅能提高出栏率、节约饲养成本，而且还能获得较高的屠宰率、净肉率和良好的肉品。因此，育肥时最好选择中小型早熟肉用品种或杂种羊。

（二）年龄与性别

一般来说，肉羊在 8 月龄前生长速度较快，尤其是断奶前和 5～6 月龄时生长速度最快；8 月龄以后生长逐渐减缓。虽然不同品种的生长速度有一定差异，但当年羔羊当年屠宰比较经济；如果继续饲养，生长速度明显减缓，而且胴体脂肪比例上升、肉质下降，养殖效益越来越差。

羊的性别也影响其育肥效果。一般来说，公羔的育肥速度最快，其次是羯羊，最后为母羊。阉割影响羊的生长速度，但可使脂肪沉积率增强。母羊（尤其是成年母羊）机体容易沉积脂肪。

（三）饲养管理

饲养管理是影响育肥效果的重要因素。良好的饲养管理条件不仅可以增加产肉量，还可以改善肉质。

（1）营养水平　同一品种羊在不同营养水平条件下饲养，其日增重会有一定差异。高营养水平的肉羊育肥，日增重可达 300 g 以上；而低营养水平条件下的肉羊育肥，日增重可能还不到 100 g。

（2）饲料类型　以饲喂青粗饲料为主的肉羊与以谷物等精料为主的肉羊相比，不仅肉羊日增重不一样，而且胴体品质也有较大差异；前者胴体肌肉所占比例高于后者，而脂肪比例则远低于后者。

（四）季节

羊的最适生长温度为 25～26 ℃，最适生长季节为春季、秋季。天气太热或太冷都不利于羔羊育肥。气温高于 30 ℃时，绵羊、山羊自身代谢快，饲料报酬低。但对短毛型绵羊、山羊来说，如果夏季所处的环境温度不太高，其生长速度也可达到较好状态。

二、羔羊育肥

通常将 1 岁以内、没有长出永久齿的羊统称为羔羊，它们所产的羊肉也叫羔羊肉。但很多肉羊品种可在 7～8 月龄配种，周岁左右即可产羔，如果还将 1 岁以内的羊都称为羔羊显然是不合理的。因此，羔羊应该指性成熟前、未经配种的羊，乳羔肉是指断奶前屠宰的羔羊肉，肥羔肉是指断奶后直接育肥、4～6 月龄体重达到 30～40 kg 时屠宰的羔羊肉。

（一）羔羊的生理特点

（1）生长发育快　大多数专用肉羊 2 月龄前日增重可达 250 g 以上；2～6 月龄日增重可达 200～250 g，甚至更高。育肥羔羊的饲料转化率可达 3～4：1，而成年羊为 6～8：1。

（2）对植物性蛋白质利用效率高　羔羊对植物性蛋白质的利用效率比成年羊高出

0.5～1 倍。

（3）肉产品生产成本低　肥羔生产周期短，产品率高，成本低。若羔羊当年屠宰，可加快羊群周转，缩短生产周期，提高出栏率及出肉率。

（4）肉质好　在羊的不同生理阶段，机体蛋白质和脂肪的沉积量是不一样的。一般来说，随着年龄和体重的增加，蛋白质的沉积量下降，脂肪沉积量上升。例如，体重为 10 kg 时，蛋白质的沉积量可占增重的 35%；体重在 50～60 kg 时，此比例下降为 10% 左右。因此，羔羊肉含瘦肉多，脂肪少，胆固醇含量低，肉质鲜嫩多汁，膻味小，营养丰富，味道鲜美，易被人体消化吸收。羔羊肉在国际市场上更畅销，价格比成年羊肉高 30%～50%。

（5）肉、毛、皮兼备　6～9 月龄羔羊生产的毛、皮价格高；即在生产肥羔的同时，又可生产优质毛、皮。

（二）生长期羔羊的营养需要

羊从出生到周岁，肌肉、骨骼和各器官组织都处于发育状态，需要沉积大量的蛋白质和矿物质；尤其断奶后至 8 月龄，是羊生长发育较快的阶段，对营养的需要量较高。

1. 蛋白质需要

在羔羊育成前期，增重速度快，饲料报酬高、养殖成本低。体重 30 kg 左右、日增重 200～300 g 的生长期公羔每日需要粗蛋白质 170～180 g；育成后期（8 月龄以后）羊的生长发育仍未结束，对营养水平要求也比较高，如体重 50 kg、日增重 100～200 g 的公羊每日需要粗蛋白质 186～210 g；育成期以后，虽然羊的体重变化幅度不大，而且随季节、饲料、妊娠等不同情况有一定增减，但蛋白质日需要量仍需增加，以满足其维持和生产需要。

2. 能量需要

生长期羔羊所需要的能量主要用于维持生命、组织器官的生长及机体脂肪和蛋白质的沉积。试验表明，羔羊每增重 1 g 体重约需消化能 0.04 MJ，每增重 1 g 蛋白质约需消化能 0.048 MJ，每沉积 1 g 脂肪约需消化能 0.081 MJ。但能量必须与其他营养物质（如可消化蛋白质）保持一定的比例，才能使各种营养物质得到有效吸收和利用。因此，在配合不同能量水平的日粮时，不仅要考虑组成日粮的各种饲料原料的数量，还要考虑不同营养物质的比例和利用的有效性；这样配制的饲料才会经济合理，满足肉羊生长的需要。

3. 维生素需要

生长羔羊同样需要足够的碳水化合物和维生素。通常情况下，瘤胃功能健全的羔羊不会缺乏碳水化合物和水溶性维生素。瘤胃微生物可以合成本身需要的水溶性维生素和维生素 K，但不能合成维生素 A、维生素 D、维生素 E。无法合成的维生素必须由饲料供给；如果供应量不足，就会表现出相应的缺乏症。对于瘤胃功能尚不健全的羔羊，由于自身不能通过瘤胃微生物合成维生素，必须从饲料中供应所有的维生素，以满足生长发育的需要。

4. 矿物质需要

对于生长期羔羊，任何一种必需矿质元素都不可缺少。生长期羔羊在肌肉和脂肪增长的同时，骨骼也迅速生长发育，各组织器官的机能代谢旺盛；不仅对钙和磷的需要量较大，而且需要足够量的铁、铜、锌、锰、硒、碘、钴等元素。

（三）羔羊育肥技术

1. 乳羔育肥

羔羊在7～10日龄开始强制补饲，即从羔羊群中挑选出体型较大的公羔作为育肥对象，供给开口料和容易消化的优质青干草；20 d后逐渐过渡到乳羔料和优质青干草，任其自由采食。同时，为了提高育肥效果，必须增加母羊的营养供给量，补饲足够量的优质豆科青干草和精料补充料，以提高产奶量，使羔羊获得更多的营养。这样，羔羊两月龄断奶体重可达到20 kg以上，可直接屠宰上市。

2. 断奶羔羊育肥

羔羊断奶后，直接进入育肥场，经过2～3个月育肥，体重达到30～40 kg时屠宰上市；如此生产的羔羊胴体表观好、净肉率高、品质好，是烤羊肉和涮羊肉的理想原料，被称为肥羔肉。肥羔肉生产需要做好育肥前的准备、育肥模式选择和羔羊的饲养管理等。

（1）育肥前的准备

① 进行健康检查，无病者方可进行育肥。

② 按日龄和体重组群。如果不按日龄、体重组群，会导致羔羊采食不均，不利于提高整体育肥效果。因此，在肉羊生产中，最好采取同期发情处理技术，使繁殖母羊能集中发情、配种，分批集中产羔，以便羔羊集约化育肥、分批供应市场。

③ 完成驱虫、药浴和疫苗接种等工作。

④ 去势。公羔去势后所产的羊肉膻味较小，但羔羊生长速度有所减缓。商品母山羊羔在2～3月龄摘除卵巢，可增加肌间脂肪、改善肉品风味、提高生长速度。

⑤ 称重。应在育肥前进行称重，以便与育肥结束时的称重进行比较，检验育肥的效果和效益。

⑥ 搞好转群后的管理工作。羔羊断奶离开母羊和原来的生活环境，转移到新的环境和饲养条件时，势必产生较大的应激反应。因此，羔羊进入育肥场后的前两周是关键时期。羔羊进入育肥舍后，应尽量减少惊扰，让其充分休息，供给充足的清洁饮水。

（2）育肥模式选择　羔羊的育肥模式应根据育肥的时间、地点和条件进行选择。

① 放牧育肥。放牧育肥是最为廉价而有效的羔羊育肥方式，也是草原畜牧业最常用的育肥方式。这种方式的育肥周期长，并且有明显的季节性，在农区不宜采用。

② 放牧补饲育肥。在放牧育肥的同时，补饲一定量的精料补充料。这种方式较适合牧区羔羊育肥，育肥周期较长。

③ 舍饲育肥。舍饲育肥是较高饲养管理水平下的肥羔方式，是一种短期集中育肥措施；见效快、周期短、出栏灵活，可全年均衡出栏。在转群之前，经过强制补饲的羔羊，一般可实现舍饲育肥的安全过渡，死亡率较低。为了降低生产成本，生产出市场欢迎的优质羔羊肉，周占琴等提出了羔羊三段式育肥模式，即将育肥期分为过渡期、育肥期和提质期3个阶段，全程不超过3个月，不同阶段的日粮组成有所不同。第一阶段为过渡期（适应期），10～14 d左右，日粮从乳羔料逐渐过渡到全价育肥料；第二阶段为育肥期，1.5～2个月，日粮为全价育肥料；第三阶段为提质期，20～30 d，日粮为剔除影响羊肉口感组

分的育肥料。利用三段式育肥模式，肉羊不仅可以健康、快速生长，而且可以生产出口感好、安全没有污染的羊肉。

（3）育肥羔羊的饲养管理要点

① 饲料原料多样化，适口性好，营养物质丰富。舍饲育肥羊日粮，以精料补充料的含量为60%～70%、粗料和其他饲料的含量为30%～40%的配比较为合适。如果需要加大育肥强度，可适当增加精料补充料的比例；但一定要注意防止酸中毒、肠毒血症和尿结石等病症的发生。舍饲育肥日粮最好以全混合颗粒料为主，补充部分粗饲料。粗饲料应以优质青干草（如苜蓿等豆科牧草）为主，不喂或少喂青贮饲料。

② 饲喂要定时定量。精料饲喂量应根据羊的年龄、体重和粗饲料质量而定，做到少喂勤添。

③ 保持水、草、料、饲喂用具干净、卫生。

④ 育肥圈舍，冬暖夏凉，通风条件好，干净卫生，安静。

⑤ 在育肥准备期，逐渐增加精料饲喂量。育肥期内，尽量避免突然更换饲料。

（四）老残羊育肥技术

1. 老残羊的生理特点

老残羊一般年龄较大，产肉率低，肉质差；经过育肥，肌间脂肪和皮下脂肪增加，肉质变嫩，风味改善，经济价值会得到一定程度的提高。

成年羊已停止生长，要增加机体脂肪的沉积量就需要采食大量能量饲料，其他营养物质主要用于维持生命活动和肌肉等组织器官恢复到最佳状态的需要。因此，除热能外，成年羊的其他营养成分的需要量略低于羔羊。由于成年羊体内沉积脂肪的能力有限，到满膘后就不会再增重。因此，成年羊育肥期不宜太长，以2～3个月为宜。

2. 老残羊育肥准备

育肥之前，应该对羊进行全面健康检查；病羊经治疗痊愈后才能育肥，无法治疗的病羊不宜育肥。过老、采食困难的羊也不宜育肥，否则会浪费饲料，同时也达不到预期效果。育肥羊组群后，必须经过两周左右的适应期才能开始育肥。

3. 老残羊育肥技术

有条件的地方，可选择牧草茂盛、地势平坦、有水源的地方，对淘汰羊进行1～2个月体况恢复性放牧；待体况恢复后，再育肥1～2个月。可根据羊的增膘程度及时调整日粮，延长或缩短育肥期。

（五）影响羊肉品质的因素

肉质一般包含感官特征、技术指标、营养指标和卫生指标。对消费者而言，肉品的外观、质地、风味是判定其质量的感官特性。通常用肉色、pH、滴水损失、剪切力和硫代巴比妥酸反应物数值等指标来量化肉的质量。肌肉显现的颜色是肌红蛋白、氧化肌红蛋白及正铁肌红蛋白转化的结果。肌肉pH对肌肉的嫩度、滴水损失、肉色等有直接的影响。羊屠宰后，pH降低与肌糖原酵解有关。应激条件会加速体内糖原的酵解，使肌肉pH迅速降低。滴水损失是肌肉保持水分性能的指标。肌肉系水力直接关系到肉品的质地、风味和组织状态。剪切力是肌肉嫩度的指标，也是肉品内部结构的反映；并且在一定程度上反映了肉中肌原纤维、结缔组织，以及肌肉脂肪含量、分布和化学结构状态。肉品中硫代巴比妥酸反应物数值与肉品的酸败、异味等直接有关，是肉品脂质过氧化程度的间接量化指标。

1. 影响羊肉品质的内在因素

（1）肌纤维直径、密度和类型　肉的嫩度是指肌肉易切割的程度。肌纤维直径越粗，单位肌肉横断面积内肌纤维的数量越多，切断肌肉所需的剪切力就越高，肉的嫩度也就越小（刘希良，1987）。井川田博（1983）报道，不论屠宰活重或日龄大小，都是以肌纤维愈细者肉质愈嫩。宰后僵直肌肉的肌节长度与肉品嫩度也呈正相关。

（2）结缔组织含量和组成　结缔组织的含量影响肉的嫩度。肌肉中结缔组织增多，肉的嫩度下降。老龄动物结缔组织交联增长多，故肉质粗糙；青年公畜肉中结缔组织含量也较高，所以公羊肉比阉羊肉差。

（3）肌肉脂肪含量　肌肉脂肪含量对肉的风味影响较大，对肉的嫩度也有一定影响。Patricia 等（1985）报道，正常品质的肉，其嫩度随肌内脂肪含量的增加而呈现出从最差到中等水平的明显改善；但脂肪继续增加，嫩度就不再继续改善，有时甚至下降。因为脂肪含量过多可能会降低结缔组织的物理强度，从而使肌肉感观品质、风味及嫩度均匀性下降。例如，老龄羊肉的脂肪过多，嫩度的变异较大。

（4）身体部位　不同部位的肉嫩度不同，如羊后腿肉比其他部位肉嫩度差；这是由于蛋白水解酶（CDP）的含量或活性不同所致。蛋白水解酶的含量及活性对嫩度的改善程度起决定性作用；特别是 CDP－I 的含量和活性越大，肉的嫩度也越大。

（5）游离钙离子、锌离子、镁离子的浓度　肉中钙离子的浓度直接影响肉的蛋白水解酶活性，钙离子浓度越高，蛋白水解酶活性越大，肉的嫩度就越高。锌离子是蛋白水解酶的封闭因子，锌离子浓度升高会导致肉的嫩度下降。在活体动物肉中，镁离子与钙离子拮抗，从而影响肉中生化反应过程，对肉的嫩度也有一定影响。

（6）肌糖原含量　肌糖原含量影响肉的最终 pH，进而也影响肉的嫩度。肌糖原含量过高，肉终点 pH 偏低，嫩度往往较差；肌糖原过少，则终点 pH 偏高，易导致色泽暗红、质地粗硬、切面干燥肉（DFD），这是羊肉中最常见的次等肉。肌肉中的糖原含量主要与动物的品种类型及宰前体质状况有关。

（7）大理石状纹理状况　肉的大理石纹理结构影响肉的感官指标，大理石纹理结构越好，剪切力（WBS）越低，嫩度越高，越富于多汁性，但与风味关系不大。在对肉的嫩度尚难以进行直接评价的今天，大理石状纹理是对嫩度和其他质量指标进行感官评定的重要参数。

2. 影响羊肉品质的其他因素

（1）肉羊品种　不同品种的绵羊、山羊肉质有一定差异。Jackson 等（1997）对羊的基因型研究表明，肥臀羊饲料转化效率和屠宰率高，眼肌面积大，腿肉丰满，整个后躯的产肉量高，但肉的嫩度、多汁性和总体口感较差。这种现象可归因于肥臀基因导致肌肉中蛋白水解酶抑制剂活性提高，影响蛋白质的降解速度，使羊在屠宰前蛋白质合成速度加强，出现肥壮现象；但宰后羊肉的成熟速度放慢，嫩度下降。

（2）性别　公羊生长较快，饲料转化率高，胴体脂肪少而肌肉多；但公羊肉的嫩度变化较大，剪切力比母羊肉高。这是因为公羊肉的蛋白水解酶抑制剂活性比母羊肉高，公羊肉的嫩度低于阉羊肉也是出于这一原因。

（3）年龄 幼龄羊肉膻味小，嫩度高；老龄羊肉膻味大，色泽差，嫩度低而变异大。由于羔羊肉脂肪含量低，脂类氧化水平也较低。脂类氧化不仅产生异味，而且使不饱和脂肪酸、脂溶性维生素和色素含量下降，表观色泽变浅。老龄羊肉嫩度差是由于其组织交联增多所致，也可能与蛋白水解酶抑制剂活性有关。在国外，屠宰场通常是按照胴体质量定价；屠宰率为48%～50%、胴体重为16～20 kg的绵羊肥羔价格最高，胴体为10 kg的山羊乳羔价最高。

（4）营养水平和饲养制度 一般认为，全粗饲料饲喂的羊肉质量不如饲喂精料的羊。这是由于饲喂高能量日粮的羊生长快，蛋白质的合成加速，转化率提高，影响胶原蛋白的含量；可溶性胶原蛋白的比例越高，肉的嫩度可能越高。无论环境温度如何，放牧羊肉嫩度低于舍饲羊肉，宰前舍饲育肥有利于羊肉品质感官性状的改善。

（5）饲料组成

① 维生素C。维生素C参与羊体内的抗氧化反应，并具有抗应激、减缓动物屠宰后pH下降速度的功效。因此，在日粮中补充大量的维生素C能够改善其肉品品质。

② 维生素D_3。维生素D_3对肌肉钙水平有刺激性效应，从而提高肌肉中蛋白水解酶活性，促进肉的嫩化。

③ 维生素E。大量研究证明，肉羊日粮中添加维生素E可以明显提高瘦肉色泽、风味和货架寿命。

④ 钙。钙离子参与屠宰后肉的熟化过程。

⑤ 镁。镁能降低由钙产生的神经肌肉刺激和减少神经冲动引起的乙酸胆碱的分泌，也能降低神经末梢和肾上腺儿茶酚胺的释放；而儿茶酚胺可减少肌肉糖酵解，从而镁能减少动物应激，提高肉的品质。

⑥ 硒。硒可以防止细胞膜的脂质结构被破坏，保持细胞膜的完整性。硒是谷胱甘肽过氧化物酶（GSH-Px）的必要组成成分。谷胱甘肽过氧化物酶能使有害的脂质过氧化物还原成无害的羟基化合物，并使过氧化物分解，避免细胞膜结构和功能遭受破坏；从而减少肌肉渗出汁液，提高羊肉品质。

⑦ 铬。铬是葡萄糖耐受因子（GTF）的成分。葡萄糖耐受因子可提高胰岛素的活性，也可通过改变皮质醇的产量和胰岛素的活性来影响动物对应激的反应。应用有机铬可减轻发生在运输中和转运场所的应激作用，增加肌肉中的糖原储量，从而减少不良肉的发生。因此，铬可以增加瘦肉率，降低脂肪含量，改善胴体品质。

⑧ 铁。铁是血红蛋白和肌红蛋白的重要组成成分，对肉色的形成有决定性作用。铁可通过促进其他一些氧化启动因子的形成而起到直接或间接催化作用。但饲料中铁若含量过高，不仅可使肌肉颜色变得过深而不受消费者欢迎，而且带有异味，会加速肉品氧化酸败过程。因此，应适当控制肉羊饲料中的含铁量。

（6）用药 许多抗生素药物和抗寄生虫药物都可在动物体内残留较长时间，影响羊肉的卫生特性。

（7）宰前状态 宰前状态包括宰前健康状况，以及因运输、休息或应激所致的生理状态。一般营养缺乏性疾病不仅可导致胴体感官评分下降，还可造成羊肉组成成分的变化，如肌间脂肪含量下降。严重病症（如传染病）还可致羊肉废弃。宰前应激可引起肌糖原浓度下降、乳酸浓度上升，从而影响肉质。宰前强应激，可大大提高血液中儿茶酚胺类激素的浓度，使刚宰后的肉酸化速度加快；温热和酸化共同作用使肌肉蛋白强烈变性，发生收缩，失去持水能力，形成白肌肉（PSE 肉）。

（8）宰后影响因素

① 成熟条件。为了保持羊肉的鲜嫩度，速冻前需要在 0～4 ℃的条件下冷却 8～24 h（排酸处理），然后置于－18 ℃的冷冻库中冷藏保存。

② 烹调方法和温度。肉的嫩度受烹调方法、烹调温度和烹调程度的影响。卤煮时由于肉温较高，超过肌肉蛋白变性收缩的温度，有利于肌纤维的热破坏作用；所以，肉的嫩度一般随温度升高而增大。烤制时，肉内部实际温度并不很高，通常以肉中心温度达到 60～80 ℃为终点温度；这时，肉的嫩度随肉中心的终点温度升高而下降。为了保证卫生，通常应以 70 ℃左右为终点温度。

3. 影响羊肉风味的不良因素

（1）饲料

① 饲喂有异味的草。饲喂草木樨、沙打旺、箭舌豌豆、羽扇豆等生物碱含量较高的牧草，羊肉通常带有苦味。葱、蒜或小根葱带臭味，韭菜或山韭菜也有异味，常喂会使羊肉带有不良气味。

② 饲喂有异味的动物性饲料或添加剂。鱼粉有鱼腥味，这种鱼腥味可残留在羊肉和羊奶中，影响人的食欲。鱼油含有多个双键的不饱和脂肪酸，其氧化产物有异味，而且能把这种不良气味转移到羊肉和羊奶中。常喂酸败蚕蛹粉对羊肉和羊奶也有不良影响。饲喂尿素或氨化饲料会使羊肉有氨味。

③ 饲料中添加某些金属元素可导致羊肉产生不良气味。前面提到，饲料中铁含量过高，可使肌肉产生异味，并可加速肉品氧化酸败。铜也是肌肉脂质氧化的催化剂，可加速脂质氧化。脂质氧化产物醛类、酮类、醇类等对肉品风味具有显著影响。

（2）药物　在羊屠宰前，口服或注射有异味的药物（如樟脑）也会影响肉味。

（3）羊的性别　一般情况下，公羊肉膻味较重。羊肉的膻味是由脂肪组织中的雄烯酮和粪臭素引起的。雄烯酮来源于睾丸，属于睾丸类固醇，具有尿臊味。粪臭素是后肠内微生物降解色氨酸产生的挥发性化合物。由于公羊的代谢能力较强，肠道细胞的新陈代谢较快，所产生的细胞碎片是后肠粪臭素合成所需色氨酸的来源；性激素可抑制肝脏合成降解粪臭素的酶；所以，公羊降解血液中粪臭素的能力较低，肉的膻味较重。

（六）提高羊肉品质的措施

1. 选择优势品种，开展杂交改良

选择具有生长速度快、饲料报酬高的肉羊良种，并用这些品种对当地绵羊、山羊进行杂交改良，以加快羔羊生长速度，用肥羔肉代替成年羊肉。

2. 加强饲养管理

（1）采取短期育肥技术　通过改变日粮组成，提高胴体感官评分和肌纤维嫩度。

（2）在饲料中添加具有芳香味的中草药添加剂　用甘草、白术、苍术、茴香、草豆蔻、麦芽、地榆、藿香、厚朴、丁香、艾叶等中药配合饲料使用可提高肉质。东京大学生物试验场的一项研究表明，给动物饲料中添加0.2%～0.3%杜仲粉，可促进其肌纤维的发育，提高肌肉中胶原蛋白的含量，使肉质、味道更加鲜美，且可使蛋白质含量有所增加。

（3）在饲料中添加维生素　在日粮中添加维生素A、维生素C、维生素D和维生素E等，可提高羊肉品质，延长货架寿命。

（4）屠宰前禁止饲喂有异味的饲料　肉羊在屠宰前20 d开始禁止饲喂尿素和影响羊肉风味的饲料。

（5）执行休药期制度　肉羊允许使用的抗寄生虫药和抗菌药的使用方法和休药期见表9-1和表9-2。

表9-1　肉羊允许使用的抗寄生虫药和休药期

类型	名称	剂型	用法与用量（用量以有效成分计）	休药期（d）
抗寄生虫药	阿苯达唑	片剂	内服，一次量，10～15 mg/kg体重	7
	溴酚磷	片剂、粉剂	内服，一次量，12～16 mg/kg体重	21
	氯氰碘柳胺钠	片剂	内服，一次量，10 mg/kg体重	28
		注射液	皮下注射，一次量，5 mg/kg体重	28
	溴氰菊酯	溶液	药浴，5～15 mg/L水	7
	三氮脒	注射用粉针	肌肉注射，一次量，3～5 mg/kg体重，临用前配成5%～7%的溶液	28
	二嗪农	溶液	药浴，初液，250 mg/L水；补充液，750 mg/L水	28
	非班太尔	片剂、颗粒	内服，一次量，5 mg/kg体重	14
	芬苯达唑	片剂、粉剂	内服，一次量，5～7.5 mg/kg体重	6
	伊维菌素	注射液	皮下注射，一次量，0.2 mg/kg体重	21
	盐酸左旋咪唑	片剂	内服，一次量，7.5 mg/kg体重	3
		注射液	皮下或肌肉注射，7.5 mg/kg体重	28
	硝碘酚腈	注射液	皮下注射，一次量，10 mg/kg体重；急性感染，13 mg/kg体重	30
	吡喹酮	片剂	内服，一次量，10～35 mg/kg体重	1
	碘醚柳胺	混悬液	内服，一次量，7～12 mg/kg体重	60
	噻苯咪唑	粉剂	内服，一次量，50～100 mg/kg体重	30
	三氯苯唑	混悬液	内服，一次量，5～10 mg/kg体重	28

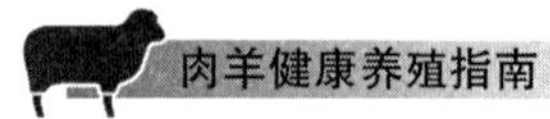

表 9-2　肉羊允许使用的抗菌药的使用方法和休药期

类别	名称	剂型	用法与用量（用量以有效成分计）	休药期（d）
抗菌药	氨苄西林钠	注射用粉针	肌肉、静脉注射，一次量，10～20 mg/kg 体重	12
	苄星青霉素	注射用粉针	肌肉注射，一次量，30 000～40 000 IU/kg 体重	14
	青霉素钾	注射用粉针	肌肉注射，一次量，20 000～30 000 IU/kg 体重，一日 2～3 次，连用 2～3 d	9
	青霉素钠	注射用粉针	肌肉注射，一次量，20 000～30 000 IU/kg 体重，一日 2～3 次，连用 2～3 d	9
	恩诺沙星	注射液	肌肉注射，一次量，2.5 mg/kg 体重，一日 1～2 次，连用 2～3 d	14
	土霉素	片剂	内服，一次量，羔羊，10～25 mg/kg 体重（成年羊不宜内服）	5
	普鲁卡因青霉素	注射用粉针	肌肉注射，一次量，20 000～30 000 IU/kg 体重，一日 1 次，连用 2～3 d	9
		混悬液	肌肉注射，一次量，20 000～30 000 IU/kg 体重，一日 1 次，连用 2～3 d	9
	硫酸链霉素	注射用粉针	肌肉注射，一次量，10～15 mg/kg 体重，一日 2 次，连用 2～3 d	14

第十章 肉羊圈舍条件与建设

圈舍是羊群的生活场所。舒适的圈舍环境是确保羊群健康与正常生长、生产及繁殖的基本条件，也是动物必需的福利条件。任何不良环境因素都会对羊群造成危害。

一、环境不良因素对羊的危害

（一）高温对羊的危害

肉羊圈舍内的适宜温度为 21～25 ℃。在持续高温条件下，羊机体热平衡很容易被破坏，进入病理状态。

1. 对羊采食量的影响

高温条件下，羊的采食量会下降，饮水量增加。

2. 对羊健康状况的影响

① 高温可使羊皮肤血管扩充，体温升高，呼吸和心跳频率加快。由于呼出大量的二氧化碳，血液 pH 下降，容易引起代谢性酸中毒。

② 高温造成体内电解质失衡，改变血浆渗透压，进而导致血液生化指标异常。

③ 高温对羊的神经系统、免疫、抗氧化功能及外伤治疗效果等方面均有影响。

3. 对羊繁殖力的影响

（1）影响母羊的繁殖性能　高温应激造成体能消耗等方面的改变，会影响卵泡发育；导致母羊不发情或发情征候不明显，受胎率下降、流产率上升，胎产羔数、羔羊初生重和成活率均有所下降。

（2）影响公羊的性欲和精液品质　一方面，高温影响公羊的内分泌功能，改变体内的激素水平，使精子的发育和活力都受到影响。另一方面，高温可导致公羊睾丸温度上升。据报道，在 35 ℃的高温下，相对湿度从 57％升到 78％，公羊体温上升 0.6 ℃、睾丸温度上升 1.2 ℃，精子活力会受到明显影响。

（二）高湿对羊的危害

羊圈舍适宜的相对湿度为 60％～70％。不论是高温高湿环境还是低温高湿环境，对羊的健康影响都很大。

（1）对羊体的影响　圈舍空气潮湿使羊体水分蒸发受到抑制，影响机体散热。

（2）对环境的影响　高湿环境有利于致病性真菌、细菌和寄生虫的繁殖与滋生。

（3）对采食量的影响　高温高湿可导致羊体温升高、采食量下降，胃肠器官的发酵、内分泌和运动机能受到不同程度的抑制。其结果是，营养物质的利用率降低，糖原形成减少，肝脏抗毒素机能破坏，血液 pH 下降。据报道，当环境温度达 30 ℃，相对湿度从 30%上升到 90%时，羊的日增重下降 19%；当环境温度达 35 ℃，相对湿度从 20%上升到 80%时，日增重下降 32%，单位增重饲料消耗量增加 27%。

（4）对免疫效果的影响　低温高湿环境会加剧羊体的寒冷感。在这种条件下，羊即使接种了高效疫苗，也不能形成持久的免疫力。

（三）低温对羊的影响

低温对羊的危害也很大，不仅会给肉羊生活和生产带来一定危害，而且会导致养殖成本明显增加。

（1）对羊体的影响　冬季羊只卧在冰冷、潮湿的地面上，或生活在底风窜动、贼风肆虐的漏粪地板上，腹部受冷、脾胃受寒，会出现拉稀、感冒等病症，也可能诱发肺炎。

（2）对采食量的影响　冬季，羊采食量增加，生长速度减缓。温度过低、空气流速过快会加快羊体散热量，使得能量消耗增加。因此，羊就需要摄取大量营养，增加体内热能产量，以补偿过多的热散失，从而影响正常生长发育。同时，饲料营养利用率下降。据报道，家畜在－10 ℃时，比在 1.0 ℃时散失的热能要高 28%；气温在 4 ℃以下时，增重约降低 50%，每千克增重的饲料消耗量比在最适宜温度时增加 2 倍。

（3）对饮水量的影响　羊在受冷时，会自动减少饮水量，使体内总水量下降、血液的渗透压上升。寒冷使瘤胃、网胃的活动增强，缩短食物在其中的滞留时间，使食物的表观消化率下降。

（4）对产奶量的影响　在寒冷环境条件下，母羊乳房不能正常吸收葡萄糖，而葡萄糖是合成乳糖的主要原料。

（四）光照不足对羊的影响

虽然强烈的热辐射可引起羊热射病，但适度的光照可增强羊只的抵抗力，提高羊只的精神和灵活性，使血液钙、磷合成增强，保证骨骼生长良好。光照不足导致的直接后果也很严重。

（1）对繁殖机能的影响　光照不足会导致羊肠道钙、磷吸收减少，血液钙、磷水平下降，成骨作用受阻，抑制母羊发情征候，推迟发情日期。

（2）对免疫效果的影响　光照不足可导致羊的免疫功能和炎症调制功能下降，以及风湿性关节炎、骨关节炎、炎症性肠道疾病的发病率上升。

（3）对羔羊生长发育的影响　光照不足可导致羔羊体内维生素 D 缺乏，进而造成钙、磷吸收障碍，使体内代谢紊乱，出现佝偻病。

（五）空气污浊对羊的影响

在高密度舍饲条件下，羊舍内空气中有害气体（氨、硫化氢和二氧化碳）的含量会不断增加；特别是在空气潮湿的圈舍内，如果通风不良，水汽不易逸散，氨的含量会更高。对肉羊，尤其是对初生羔羊的健康造成很大危害。

（1）损害神经系统　可引起羔羊惊厥、抽搐、呼吸停止。

（2）损害呼吸器官　氨吸入呼吸道后，可引起羊咳嗽、打喷嚏，以及上呼吸道黏膜充血、红肿、分泌物增加，甚至引起肺部出血或发炎。

（3）引起羊结膜角膜炎　氨易溶于水。在圈舍内，氨常被溶解或吸附在潮湿的地面、墙壁表面，也可溶于羊体黏膜上，对羊产生刺激或损伤，导致羊的眼结膜充血、发炎，甚至失明。

二、羊场规划和设计要求

（一）羊场建设中存在的问题

1. 圈舍选址不合理

① 羊场或羊舍位于低洼潮湿、排水不良、通风不畅的地方，对羊的健康和生产极其不利。

② 羊场周围缺乏草料基地或草料来源不足，会增加饲养成本。

③ 羊场建在疫区或环境严重污染的地方，可导致羊群疫病暴发、蔓延，甚至造成大批死亡。

2. 圈舍建造不合理

（1）圈舍狭小，没有运动场　此种状况会导致羊群拥挤，空气污浊；使羊群的运动量不足、体质下降，免疫力差，容易感染传染病；母羊容易发生流产、产前瘫痪、脱肛、阴道脱出、子宫脱出等病症；羔羊生长缓慢、死亡率高。

（2）水泥地面，保暖性差　水泥地面圈舍保温性能差。冬季舍内温度低，水泥地面异常冰冷，羔羊极易发生痢疾等胃肠道疾病。

（3）饲槽位置低，结构不合理　一方面，羔羊随时进出，会造成饲料污染。另一方面，饲槽太小，或呈“V”字形，或倒梯形，饲槽底部容易形成死角，存积于其中的饲料易腐败变质。

3. 圈舍过分简陋

有些地方或农户，用石棉瓦搭建的圈舍十分简陋，夏不遮阳，春不挡风，秋不防雨，冬不御寒；羊群饱受热应激与冷刺激之苦，生产性能自然得不到应有的发挥。

（二）建场的基本条件

在新建羊场时，生产者在场址选择前，必须对当地及周围地区的疫情进行充分的调查了解，切忌在传染病疫区和寄生虫经常暴发地区建场，所处地势一定要容易隔离、封锁。同时，需要满足6个条件。

1. 远离污染源

向当地畜牧兽医行政主管部门提出申请，对养殖场选址进行风险评估。评估人员依据场所周边的天然屏障、人工屏障、行政区划、饲养环境、动物分布等情况，以及动物疫病的发生、流行状况等因素实施风险评估，根据评估结果确认选址。

2. 地势高燥

羊宜生活在干燥、通风、凉爽的环境之中。场址应选择在地势较高、土质较好（如沙壤土）、背风向阳、空气流通、排水良好、地下水位较低（低于建筑物地基深度0.5 m以下）、便于保温的地方。要求地面稍高而平坦，坡度以10°～20°为宜。羊场建在地势低凹、潮湿的地方，不利于羊群的生长发育，也容易使羊感染寄生虫病。在靠近河流地区，场地位置至少要高于当地历史洪水的水位线。在山区的选址不要选在山坳或山顶。山坳不利于空气流通，容易造成场区空气污染；山顶在冬、春季节风大，会影响圈舍保暖。

3. 地形开阔

场地的面积应根据所饲养羊群的规模、品种、饲料供应情况及发展计划等因素来决定。场地边角太多或过于狭窄，会影响建筑物布局、卫生防疫和生产联系。建筑物约占场地总面积的10%左右，运动场占20%～30%。

4. 水源充足

要求四季水量供应充足，水质良好，离羊舍近。最好的水源是泉水、溪涧水或消毒过的自来水。水源必须保持清洁卫生，防止污染。

5. 饲料来源充足，运输半径小

建场前，必须考虑饲料（包括粗饲料、青贮饲料和精料补充料等）供给条件。羊场周围要有充足的饲草地且作物秸秆来源丰富；特别是规模化羊场，必须要有足够的饲料基地或稳定的饲料来源。如果依靠远距离买草养羊或加工青贮饲料，势必大大增加养殖成本，影响养殖收益。

6. 基本设施齐全

通信设施齐全，电力供应充足。交通既要方便，又要与交通要道保持一定的距离。

（三）羊场布局

规模羊场尽可能做到布局紧凑、功能齐全。

1. 布局紧凑

羊场应尽量做到建筑物配置紧凑，便于机械化操作；水、电设施齐全而且线路较短；有良好的小气候环境，有利于卫生防疫和管理措施的落实。

2. 功能齐全

羊场大致分成三大区，即管理区（包括行政办公房、职工宿舍及生活福利等设施）、生产区（包括各类羊舍、饲料加工调配间、饲料库及人工授精室等）及病畜管理区（包括病羊隔离舍、兽医诊疗室等）。

规模羊场布局的基本要求是：

① 场区周围建有围墙或生物隔离带；场区出入口处设置与门同宽、长4 m以上、深0.3 m以上的消毒池。

② 管理区应放在上风方向，与其他两区分开，并有隔离设施，可建生物隔离带。

③ 生产区入口处设置更衣消毒室，各羊舍出入口设置消毒池或者消毒垫。

④ 场区内建有公羊舍、种母羊舍、产房、羔羊和青年羊舍、育肥羊舍等。公羊舍置于母羊舍的上风向。采精室靠近公羊舍，繁殖母羊舍与羔羊舍相邻。运动场应与羊舍相连。

⑤ 羊舍通道边缘和运动场边缘设有饲槽，舍内安装有自动饮水碗。

⑥ 饲槽的长度和数量以羊采食不拥挤为原则。饲槽应高出羊床45～50 cm，以防羔羊窜出。

⑦ 各羊舍之间的距离保持在5 m以上或者有隔离设施。

⑧ 生产区内清洁道与污染道分设；饲料加工区也要位于上风区并与生活区、生产区

保持一定距离，以利防火、防污染；青贮饲料窖、干草棚和精料库要相对集中，便于加工。

⑨ 病羊隔离舍、粪池、尸体坑应处下风方向，并与生产区保持 200 m 以上的距离。

(四) 羊舍建筑要求

修建羊舍的目的，在于给羊创造一个适宜的生活环境，避免不良气候的影响，便于日常生产管理，达到产品优质高产的目的。因各地的生态环境差别很大，经营管理方法不同，对羊舍的要求也不尽一样，但建羊舍时必须注意 4 点。

1. 位置高，排水好

羊舍要接近放牧地和水源。若靠近居民点或办公室，羊舍要建在办公室和住房的下风方向，屋角对着冬、春季节的主风方向。

2. 有足够的面积

羊舍面积以羊在舍内不感到拥挤、可以自由活动为宜。羊舍面积过小，羊过于拥挤，会导致舍内潮湿、空气污浊，有碍羊的健康，给饲养管理也带来不便；面积过大，不但造成浪费，也不利于冬季保温。羊舍地面应比舍外地面高出 20～30 cm，防止雨水流入。各类羊只所需的圈舍面积见表 10－1。

表 10－1　各类羊只所需圈舍面积

单位：m^2/只

	项目	种公羊	种母羊		育成羊		哺乳母羊
			空怀	妊娠	断奶后	1 周岁	
绵羊	舍内面积	2～3	1～1.5	1.5～2	0.8～1	1～1.5	2～2.5
	运动场面积	8～10	4～5	5～6	3～4	4～5	5～6
山羊	舍内面积	2～3	1～1.2	1～1.5	0.8～1	1～1.5	1.5～2
	运动场面积	8～10	3～4	4～5	2～3	3～4	4～5

3. 就地取材

羊舍建筑以经济耐用为原则；应利用砖、石、水泥、木材修筑，这样坚固永久，可减少维修费用。

4. 结构合理

要求羊舍门宽为 2～3 m、高 2.5～3 m，太窄易因拥挤造成怀孕羊流产；羊舍内应有足够的光线，保持舍内卫生。窗户的面积一般占羊舍面积的 1/15，下框离地面 1.5 m 左右；后窗面积不宜过大，离地面距离应比前窗的要大，呈竖长方形，便于冬季封闭。

(五) 羊舍的主要类型

各地可根据当地的气候特点、饲养方向、建筑材料来源等选择羊舍类型。常见的羊舍类型有长方形羊舍、楼式羊舍、半开放式羊舍和暖棚羊舍。

1. 长方形羊舍

四面有墙，屋顶完整，墙上有窗，地面为漏粪地板，舍外一侧或两侧设有运动场。羊舍高度一般为 3 m 左右，长度根据饲养数量和地理位置而定。长方形羊舍可根据饲槽分为单列式（图 10－1）和双列式（图 10－2）两种。单列式羊舍跨度一般为 6～7 m，羊群饲养在一侧，走廊在另一侧，舍内空间小，容纳的羊较少；虽然保暖性能较好，但通风换气条件差，夏、秋季节需要打开门窗，冬、春季节也要定时打开门窗换气。北方寒冷地区可选用单列式羊舍。双列式羊舍跨度应在 10～12 m，羊饲养在左右两侧，中间留有 3 m 左右的走廊，饲槽应高于羊床地面 45～50 cm；双列式羊舍空间大，可容纳更多的羊，空气流通效果较单列式好，冬、春季节需要及时关上门窗，提高舍内温度。较温暖地区的规模化羊场都可修建双列式羊舍。

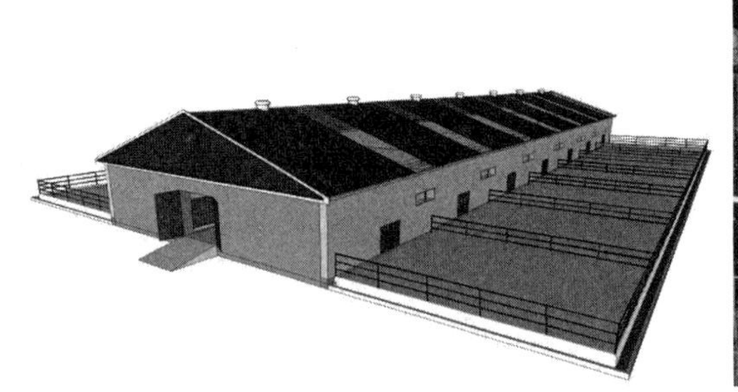

图 10－1　长方形双列式羊舍

图 10－2　羊运动场及外槽

2. 楼式羊舍（图 10－3）

气候温热、多雨潮湿地区，可建楼式羊舍。楼板多用木条、竹片铺设，间隙 1～1.5 cm，粪尿可从间隙漏下；楼板距地面 1.5～1.8 m。羊舍的南面或南、北两面的墙体一般为 90～100 cm，上半敞开；舍门宽 2～3 m。楼上通风防热，防潮。羊群可经楼梯进出羊舍。楼式羊舍也可靠山坡修建，舍门设在山坡一侧。羊舍南面设运动场，面积为羊舍的 2～3 倍。

3. 半开放式羊舍（图 10－4）

半开放式羊舍通常坐北向南，三面有墙，南面全部敞开或有部分墙体。由于一面无墙或为半截墙，跨度较小，半开放式羊舍多为单列式；但采光和空气流通较好，具有一定的防寒防暑功能，建筑成本较低。高温地区的小型牧场和农户可选择这种羊舍。

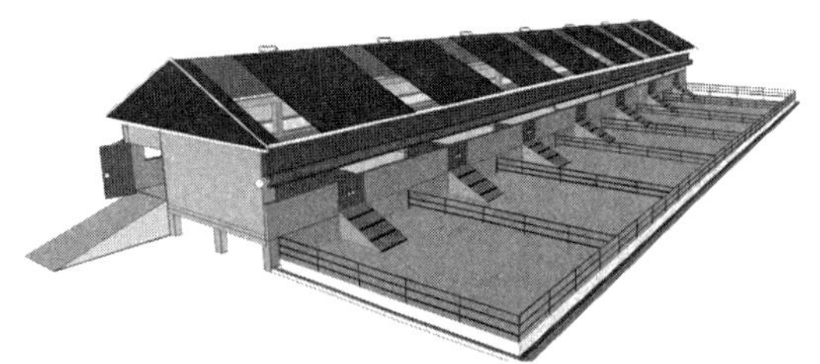

图 10－3　楼式羊舍

10－4　平顶半开放式羊舍

4. 暖棚羊舍（图 10－5）

暖棚羊舍一定要建在地势开阔、避风向阳、周围没有遮挡物的地方。双列式暖棚羊舍跨度 9～10 m，脊高 4 m；羊舍顶部为拱圆形，由特制高分子抗老化篷布、8 丝长寿塑料膜、10 丝强化黑白膜和毛毡、玻璃纤维棉等组合而成；中部为卷帘，下部为高度 1.0～1.2 m 的砖混结构实体墙，并留有羊群进出通道。暖棚羊舍的特点是抗风，暖季通风条件好，冷季保暖性能好，但冷季要注意换气和保持地面干燥。北方寒冷地区可建造暖棚羊舍。

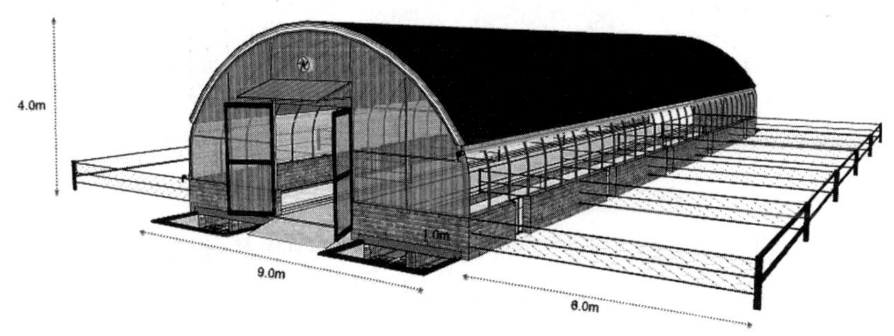

图 10－5 塑料暖棚羊舍

第十一章 肉羊健康管理与常见病防治

广大养殖场（户）除了做好羊群日常管理外，还必须提高健康管理意识，健全疫病防控体系，掌握羊常见病的预防和治疗措施。这样才能确保羊群健康发展，生产出安全、可靠、质量稳定的羊产品。

第一节　肉羊健康管理

肉羊的健康管理就是对羊群的健康风险因素进行综合管理的过程，包括营养搭配与供给、免疫接种、保健驱虫和环境卫生治理等。其目的就是利用有限的资源，预防和减少羊群疾病的发生概率、提高羊群生命质量、实现最大健康效果。

一、自繁自养

选择饲养体质健康、生产性能良好的羊，坚持自群繁殖和有计划的选种选配。既能不断提高羊群质量和科学地组织生产；又能保证羊群安全，防止外来疫病侵入。

二、安全购进

如果确因生产需要外购羊只时，必须做到安全购进。首先，要调查、了解欲购进羊的生产性能、繁殖性能、适应性能和所在地的疫病流行情况。其次，仔细查看欲购进羊只的发病史与治疗记录、免疫接种与保健驱虫记录。然后，对欲购进羊只的体态（肢体是否端正、行为是否正常）、体质状况（膘情）进行仔细观察；采集血样，经当地兽医检疫部门检疫、签发检疫合格证明书后方可购入。最后，必须对购进的羊只进行 15～30 d 的隔离观察，确认为健康的羊；再经驱虫、消毒和补种疫苗，方可进入原有羊群饲养。

三、科学饲养管理

（一）妥善安排生产环节

根据当地气候特点，适当调整母羊配种时间，避免在气候多变的月份产羔，减少不良气候的影响。例如，我国西北地区在 4 月气候多变，母羊（放牧羊群）因饲料青黄不接而体质下降、奶水不足，所产羔羊死亡率比较高。因此，尽量安排羊群在“黑色 4 月份”以前产羔。

（二）科学配制日粮

日粮营养的全价性是避免营养不良和实现育肥计划的重要保证。实践证明，合理的日粮取决于精准的饲料配方和优质的饲料原料。保证饲料原料多样化，能防止某些营养物质的过量或缺乏；对饲料原料进行科学加工调制，能有效地保证日粮营养水平和提高饲料转化率，并预防许多消化道疾病。

（三）搞好清洁卫生

污秽的环境和不清洁的饲料、饮水会导致病原体的孳生与疫病的传播。保证羊所处环境和饲料、饮水干净与卫生要做到以下 4 点。

（1）保持圈舍及圈舍用具清洁干燥　每天清理圈舍内的粪便及污物，可堆积发酵后用作肥料。

（2）供给清洁饲料和饮水　不给羊群喂发霉、饲料（包括各种饲料原料），禁止羊饮污水、冰冻水和低洼地碱水。北方地区冬季应饮加温水；夏季水槽应及时清洗，避免饮用过夜水。必要时，应对水源进行卫生测定。

（3）杀虫灭鼠　苍蝇、蚊子、老鼠等都是病原体的携带者，能传播多种传染病和寄生虫病。应当清除羊舍周围杂物、垃圾及乱草堆等，填平死水坑，并杀虫灭鼠。

（4）严禁乱扔垃圾　禁止在圈舍周围乱扔塑料袋、塑料瓶和玻璃碎片。

（四）正确处理病羊、死羊

当羊群发生传染病时，应采取紧急措施处理病羊，就地扑灭疫情，以防蔓延。病羊应予以隔离观察治疗，死羊采取焚烧或深埋处理。同时，封锁疫区。

1. 病羊隔离治疗

一般把发病羊群的羊分为 3 类。第一类是健康羊，即没有与病羊有过任何接触的羊；处理方法是接种疫苗或药物预防。第二类是可疑感染羊，即与病羊有过接触，但尚未表现出症状的羊。对此类羊，除进行疫苗或药物预防外，应细致观察、及时治疗；隔离观察 20 d 以上不发病的羊，方可与健康羊合群。第三类是病羊，即出现症状的羊；要及时作出诊断，再进行药物治疗。隔离期内，应禁止人、动物、用具、粪便等出隔离区，并严格遵守消毒制度。

2. 死羊处理

病死羊尸体要严格按规定处理，或焚烧或深埋，不得随意抛弃或食用。对没有治疗价值的病羊，也应按照有关规定进行处理。

（五）严格执行羊场卫生管理操作规程

详见附件 6《羊场卫生管理操作规程》。

（六）有计划地进行免疫接种

免疫接种是通过接种疫（菌）苗、类毒素等生物制品使羊产生自动免疫的一种手段，也是预防和控制羊传染病的重要措施之一。根据生物制品的种类，采用皮下注射、皮内注射、肌肉注射或加入饮用水等不同的接种方法。对于绵羊、山羊的免疫接种，各地应当在掌握当地羊传染病的种类、发生季节、疫病流行规律的基础上，制订出相应的防疫计划，适时定期地进行免疫接种，而不是各地均照搬一套免疫接种程序。

1. 免疫接种

免疫接种分为预防接种和紧急接种。

（1）预防接种　为了防止某种传染病的发生，定期而有计划地给健康羊群进行的免疫接种。

（2）紧急接种　为了迅速扑灭疫病的流行而对尚未发病的羊群进行的临时性免疫接种。一般用于疫区周围的受威胁区。有些产生免疫力快、安全性能好的疫苗也可用于疫区内受传染威胁而未发病的健康羊，但不能接种处于潜伏期的已感染羊。已感染羊接种疫苗后不但不能获得保护，反而发病更快。因此，在紧急接种后一段时间内，发病羊数可能增加，但大多数羊很快产生免疫力；发病数不久即可下降，最终发病停止。

2. 影响疫苗免疫效果的因素

（1）疫苗保存不当　由于缺乏保管疫苗的常识，或缺少低温保存条件；将疫苗置于常温下，或在运输过程中没有降温、防晒装置，造成疫苗失效。

（2）接种疫苗不及时　有养殖户认为自己的羊群曾接种过一次疫苗，不会发生疫病。事实上，疫苗存在免疫有效期，且不同疫苗的免疫有效期并不相同；应根据每种疫苗的免疫有效期，做好下次接种准备。

（3）接种方法不当　如果不注意阅读疫苗接种说明书，将要求皮下接种的疫苗注射在肌肉内，可造成免疫失败或诱发疫病。这是因为应注射在皮内的疫苗需要缓慢吸收，刺激机体产生抗体；如果注射在肌肉内，会被机体很快吸收，造成严重应激反应，不能产生相应的抗体。同时，接种多种疫苗也可造成严重应激反应，致使免疫失败。接种过期的疫苗，也会造成免疫失败等。因为过期疫苗已完全丧失抗原功效，接种后不能刺激羊产生抗体，反而会因疫苗本身变质而引起局部组织化脓、坏死。

（4）随意增减疫苗剂量　当接种的疫苗剂量不足时，不能刺激机体产生有效的抗体或产生的抗体维持时间短；但接种过量的疫苗可引发羊群强烈的应激反应，导致应激麻痹，甚至诱发疫病。

（5）未对羊群进行健康检查　接种疫苗可能会引起羊的应激反应，而患病羊和弱羊对这种应激反应更强烈。因此，应在患病羊和弱羊恢复健康后再进行疫苗接种。

（6）选用疫苗不当　所选用的疫苗内的毒株类型、血清型或亚型与当地流行的毒株不相匹配，或流行株的血清型发生了变化，此时接种的疫苗都起不到保护作用。

（7）羊品种和个体有差异　不同羊品种对同一种疫苗的免疫应答不一定相同，有些品种对某种疫苗免疫应答较好，但有些品种可能较差。个体间这种差异更大，羊群中可能会有少数个体对接种的疫苗无应答。因此，任何一种疫苗对羊群的保护率都很难达到100%。另外，母源抗体水平也影响免疫效果。羔羊通过胎盘、初乳等渠道从母体获得的抗体被称为母源抗体。母源抗体水平过高，会干扰新注射疫苗的免疫效果；母源抗体水平过于低下，羔羊则极易受外界病原的入侵，会面临很大的生存危险。因此，有条件的地方，在给羔羊注射某种疫苗前应先检测血液中的抗体水平。

（8）日粮营养水平低或不均衡　合理营养是维持正常免疫功能的重要条件。当羊缺乏某些营养素，但生理功能及生化指标尚属正常时，免疫功能会表现出各种异常变化；如胸腺、脾脏等淋巴器官的组织形态结构异常，以及免疫活性细胞的数量、分布、功能等发生改变。

① 蛋白质缺乏。日粮中缺乏蛋白质时，动物一切器官系统都会发育不良，免疫系统也不例外。例如，上皮、黏膜、胸腺、肝、脾脏、白细胞等组织器官及血清抗体的结构和功能均会受到不同程度的影响，细胞免疫能力、体液免疫能力、巨噬细胞的数量与活性均下降，动物体抵抗感染能力必然下降。对于哺乳母羊来说，蛋白质缺乏会影响泌乳量和乳品质，致使乳中蛋白质含量尤其是初乳中免疫球蛋白含量减少，进而影响羔羊的免疫力。

② 维生素缺乏。维生素对免疫系统的影响是多方面的。羊缺乏维生素 A 时，皮肤、黏膜局部免疫力降低，易诱发感染；淋巴器官萎缩，自然杀伤细胞活性降低，细胞免疫反应下降，使机体对细菌、病毒、寄生虫的抵抗力下降。给羊补充适量维生素 A，可以提高其机体免疫应答，并能产生抑制肿瘤的功效；但过量应用维生素 A 制剂对免疫功能有害。维生素 E 是体内抗氧化剂，也是有效的免疫调节剂，能促进免疫器官发育和免疫细胞分化，提高机体细胞免疫和体液免疫功能；同时可通过影响核酸、蛋白质的代谢，进而影响免疫功能。在乳化苗中添加适量的维生素 E，可促进特异性抗体的生成。维生素 C 是羊体免疫系统所必需的维生素，参与了组织中的胶原蛋白合成，可促进羊体内淋巴细胞的形成和干扰素的产生，增强吞噬细胞和网状内皮细胞的活性，保护正常细胞。因此，维生素 C 可增强动物对病原体的抗感染能力，而且在动物的抗应激、抗癌症和抗辐射方面具有重要作用。当缺乏维生素 C 时，羊淋巴细胞的免疫功能就会下降，白细胞杀菌能力也随之减弱，易患各种感染性疾病。维生素 B_6、维生素 B_5 和维生素 H 缺乏可导致羊皮肤的防御机能降低。

③ 矿物元素缺乏。许多微量矿物元素在正常免疫反应中起着重要作用，它们直接参与免疫应答过程。钙和锰在激活淋巴细胞上具有协同性。提高羊日粮中的磷含量可增强细胞免疫功能。若存在镁缺乏，会影响血清免疫球蛋白 IgG、IgA 水平。钙与镁在激活淋巴细胞方面具有协同作用。硒具有明显的免疫增强作用，不仅能提高肺泡中谷胱甘肽过氧化物酶的活性，提高吞噬细胞机能；还能促进淋巴细胞产生抗体，并提高其抗体效价。严重缺硒的羊对疫苗无免疫应答。锌是多种酶、激素的组成成分或激活因子，参与机体重要的物质代谢过程。缺锌时，会引起相应的功能紊乱或障碍，使机体生长发育缓慢；以及免疫器官重量明显减轻，抵抗力降低；还可导致免疫器官萎缩、免疫细胞减少和抗体水平下降。铁是一种造血元素，是血红蛋白的重要组成成分。缺铁时，白细胞杀菌能力降低，感染性疾病的患病率增加，机体死亡率升高。铜能刺激动物机体产生非特异性免疫，提高抗病力，羊缺铜也可导致免疫功能下降。

④ 营养不均衡。营养不均衡容易造成免疫器官的发育不健全和免疫功能的抑制。

（9）饲料霉变　若在日粮中存在霉菌毒素可极大地影响免疫效果。几乎所有的霉菌素对免疫系统都有破坏作用，其中危害最严重的是黄曲霉毒素。黄曲霉毒素可通过影响细胞媒介免疫反应，引起 T 淋巴细胞对植物血凝素响应的抑制，减少抗体的产生，降低巨噬细胞的噬菌能力，减少补体，抑制蛋白质合成，使体内干扰素产生延迟、淋巴因子的激活延迟。另外，黄曲霉毒素会降低接种疫苗后获得性免疫的功效，造成免疫失败。总之，饲料中的霉菌毒素对养羊业的危害是不可忽视的。

3. 疫苗保存与接种操作规程

详见附件 7《羊群疫苗保存与接种操作规程》。

4. 羊群免疫、补硒操作程序

详见附件 8《羊群免疫程序》和《缺硒地区羊群补硒操作规程》。

（七）驱虫

寄生虫是危害养羊业的重要疾病，定期驱虫可以有效地防止营养耗失，可以避免羊在轻度感染后的进一步发展而造成严重危害。肉羊在进入正式育肥之前驱虫，能提高育肥效果。驱虫药物对羊精液和胎儿具有一定杀伤力。因此，驱虫应在繁殖季节开始前完成。公羊配种期和母羊妊娠期禁止内服或注射驱虫药，对体表局部感染的外寄生虫可采取小面积涂擦药物的办法予以防治。

1. 驱除内寄生虫

羊群驱虫通常是指内寄生虫驱除。目前，对我国西北地区绵羊危害性较大的内寄生虫是绦虫、胃肠道线虫、肝片吸虫和焦虫等。

（1）驱虫方法　驱除方法分为预防性驱虫和治疗性驱虫两种。预防性驱虫是在发病季节到来之前，用药物给羊群进行驱虫，一般在每年春季及秋季配种前各驱虫一次；而治疗性驱虫一般根据羊群粪便的检查情况或对死羊的解剖结果，依感染轻重对症驱虫。根据不同寄生虫病流行病学特点、生活特性选用不同的抗寄生虫药物进行驱虫。羊群驱虫不是例行公务，不管是预防性驱虫还是治疗性驱虫，最好能在对粪便虫卵检测的基础上进行。如果经过检测，确认某一羊群没有感染寄生虫，就没有必要在这一时期对羊群进行驱虫。因此，定期检测是至关重要的。

驱除不同种类的寄生虫所用的药物不一样。如左旋咪唑可驱除多种线虫，吡喹酮可驱除多种绦虫和吸虫，阿苯哒唑、芬苯哒唑、甲苯咪唑能驱除多种蠕虫，伊维菌素和碘硝酚既可驱除体内线虫，又可杀灭多种体表寄生虫。

（2）驱虫时间　研究人员认为，羊群在冬季驱虫效果最好，春季驱虫效果较差。由于虫卵一般在低于 4 ℃和高于 40 ℃时发育停止。冬季驱虫可全部驱出秋末初冬感染的所有幼虫和少量残存的成虫；驱出体外的成虫、幼虫和虫卵在低温状态下很快死亡，不可能发育为感染性幼虫，不会造成环境污染。这样可阻断寄生虫的发育史，使驱虫后的羊只在相当长的一段时间内不会再感染虫体，或感染量极少，从而有效地减少寄生虫的危害，达到无害驱虫的目的。春季寄生虫处于快速发育期，可对羊只造成严重危害（春乏死亡）。而且羊体内寄生虫已发育成熟，并开始排卵，污染环境，驱虫后可造成羊只再次感染。秋季驱虫同样达不到理想效果，因为这时羊群仍然在草地上放牧，虫卵排在草地上，羊在采食牧草时会将虫卵吃下，也会造成再次感染。各羊场和农户可根据自己的羊群繁殖情况决定驱虫时间，但最好在羊群开始配种前完成。

（3）驱虫时应注意的问题

① 驱虫和接种疫苗不能同时进行。其原因之一是羊应激严重，容易出现免疫麻痹；原因之二是驱虫药影响免疫效果，如伊维菌素对羊免疫活性系统有抑制作用，而且可持续 6 周之久。因此，注射伊维菌素的羊应当在 1.5～2 个月后方可接种疫苗。

② 驱虫药通常都具有抗药性，需要经常变换。

③ 绦虫病应间隔 10 d 左右进行第二次驱虫。

④ 使用驱虫药时，注意剂量应准确，最好是先做小群驱虫试验，取得经验后再进行

全群驱虫。

2. 驱除外寄生虫

（1）驱除方法　当羊体局部出现疥癣等皮肤病时，可用硫黄合剂（硫黄＋食用菜油）涂擦患部，也可在皮下注射虫克星或阿福丁（阿维菌素）等。如果疥癣面积较大或感染了虱子，涂抹药物对羊的伤害较大，宜通过注射药物予以治疗。药浴是预防羊螨病及其他体表寄生虫的主要方法，可以杀灭虱子，但对疥癣效果较差。药浴可选用0.5%～1%敌百虫溶液或0.05%辛硫磷乳油水溶液等，利用药浴池、药浴房进行药浴，也可采用高压喷枪喷雾的办法，要根据羊的数量、被毛厚度和场内设施条件而定。每次药浴1～2 min即可，但必须让药液浸透羊全身。

（2）驱虫时间　各羊场和农户必须在春秋两季对羊群进行一次药浴。药浴要选择晴朗的天气，绵羊、山羊分别在剪毛和抓绒后7～10 d进行，对新购进羊只，应尽早进行药浴，以防带入病原。为了提高药浴效果，间隔7～8 d可再药浴1次。

（3）药浴池药浴时应注意事项

① 妊娠母羊不宜药浴。

② 药浴前8 h停止放牧或饲喂，药浴后6～8 h方可喂料或放牧。

③ 入浴前2～3 h让羊饮足水，以免入池后误饮药液。

④ 先让健康羊药浴，后让患病羊药浴。

（八）严格执行检疫制度

应用各种诊断方法对羊群进行疫病检查，并根据检查结果采取相应措施，以杜绝疫病发生。这对于净化羊群、防止疫病扩散具有重要意义。检疫可分平时生产性检疫和产销地检疫。

1. 生产性检疫

根据当地羊的疫病流行情况和国家有关规定，把当地危害较大的传染病作为检疫对象。每年春、秋季定期检疫。把检出患布鲁氏菌病、结核病等病羊淘汰、捕杀或按有关防疫规定处理。

2. 产销地检疫

不论出于何种购羊目的，都必须从非疫区购入，并经当地兽医检疫部门检疫、签发检疫合格证明书。

（九）防止采食异物

羊常常会误食化纤、塑料制品（如尼龙绳、尼龙袜、塑料薄膜等）引起前胃弛缓病。轻者生长发育缓慢、消瘦，重者死亡。对这类病，应及时采取手术治疗，药物治疗一般无效。在日常饲养管理过程中，应尽量避免羊误食这类异物，如捡净饲料中的塑料薄膜，安全放置化纤、塑料制品，尤其是不要随地乱扔塑料袋。

（十）及时隔离病羊

由于羊对疾病的抵抗力较强，一般情况下表现出的症状不太明显，饲养人员应经常仔细观察羊的异常表现，如发现以下症状，及时进行隔离观察。

1. 行为姿势变化

健康羊通常自由自在地活动，如静静地站着或卧着，步行活泼而稳健，对轻微的刺激有警觉性等。患病羊则表现为离群呆立或掉队缓行，跛行或做圆圈运动，四肢僵直或行动不便，或缓慢。

2. 食欲和体况变化

食欲正常的羊趋槽、摇尾、采食行动敏捷，反刍正常；病羊表现欲吃而止、忽多忽少、喜舐泥土、反刍减少或停止等。一般急性病，如急性瘤胃臌气病等，病羊体况仍然肥壮。而一般慢性病，如营养缺乏病和寄生虫病等，病羊多逐渐消瘦。

3. 被毛皮肤变化

健康羊被毛平整，不易脱落，有光泽和油性；皮肤柔软并有弹性。病羊则被毛粗乱蓬松，无光泽，易脱落。皮下可能有水肿或肿胀，患螨病时，皮肤变得十分粗硬。

4. 眼睛变化

健康羊眼睛明亮，眼角干净，翻开下眼睑所看到的眼结膜呈粉红色；病羊可能流泪或羞明，眼角有眼屎，眼结膜多呈苍白色（贫血症）或黄色（黄疸病）或蓝色（多为肺、心脏患病）等。

5. 粪尿变化

健康羊粪便呈小球形，硬而不干，没有难闻怪味，不含大量未消化的饲料；尿液清澈，不带血、黏液或脓汁等；羊排粪、排尿均不费力。在患病时，羊粪可能有特殊臭味（见于各型肠炎），表现为过于干燥（缺水和肠弛缓）、过于稀薄（肠蠕动亢进）或带有大量黏液（肠卡他性炎症）或混有完整谷粒（消化不良）、纤维素膜（纤维素肠炎）或呈黑褐色（前部肠管出血）、鲜红色（后部肠管出血）等；排尿次数和尿量过多或过少，排尿痛苦、失禁等。

6. 呼吸变化

正常时，绵羊每分钟呼吸12～18次，其中羔羊和成年羊分别为12～15次/分和15～18次/分，山羊每分钟呼吸12～20次；病羊呼吸次数或增多（见于热性病、心脏衰弱及贫血等病）或减少（见于某些中毒、代谢障碍等病）。当然，在正常运动或受惊吓刺激后，或在环境温度过高或通风不良等情况下，羊也会表现为呼吸次数增加。

7. 体温变化

羊的体温为38.5～40℃，但羊受性别、年龄、季节、早晚、妊娠及分娩的影响，如新生羔羊体温比3～6月龄羔羊高，下午比上午约高0.5℃，炎热的夏季比冬季约高1℃，妊娠母羊比非妊娠羊约高0.5℃。另外，运动之后或过度兴奋均可使羊体温上升。羔羊体温一旦低于37℃，如不及时采取措施就会很快死亡。

8. 脉搏变化

羊的脉搏变化受生理状态、气温以及活动量的影响较大。放牧羊只的脉搏一般为70～80次/min，怀孕后期母羊和羔羊更快些。患病羊心率有一定变化，如发烧、心肌炎初期以及患疼痛性疾病时，心率加快。但脉搏太少表明健康状况较差，当病羊脉搏减至40次/min以下时，就很难救活。在高温环境条件下，绵羊的心率可达100次/min以上。放牧归来或受惊吓后，脉搏也会加快。因此，羊群的脉搏变化应在安静状态下检查。

（十一）做好肉羊的日常保健管理工作

肉羊的日常保健包括运动、修蹄、刷拭等。

1. 驱赶运动

适当的运动可以促进肉羊的新陈代谢，增强体质，提高抗病力，增进食欲，促进消化和吸收。哺乳羔羊加强运动，可使其多吃奶，消化吸收好，还可以增进机体的代谢水平，增强健康，防止腹泻，有利于提高羔羊的成活率和生长发育。青年羊加强运动，有助于骨骼的发育。运动充足的青年羊，胸部开阔，心肺发育好，消化器官发达，体型高大。母羊妊娠前期加强运动，可以促进胎儿的生长发育。妊娠后期坚持运动，可以预防难产。母羊产后适当运动，可以促进子宫复位。种公羊适当运动，则性欲旺盛，受胎率提高。无放牧条件的羊群可进行驱赶运动，每天运动 2 h 左右。羔羊最好在高低不平的土丘上运动。但羊的运动量并不是越大越好。运动量过大，体能消耗严重，不利于生长增膘，剧烈运动可致羊死亡。严寒、大风沙和炎热的天气要减少运动量或停止驱赶运动和放牧。

2. 修蹄

蹄是皮肤的衍生物，不断生长。舍饲羊群需要经常修剪。长期不修剪，不仅影响行走，而且会引起蹄病，使蹄尖上卷、蹄壁裂开、四肢变形，甚至给采食带来极大不便。严重时，公羊不能配种，失去其种用价值；母羊妊娠后期行动困难，常呈躺卧姿势，影响采食，也影响腹内胎儿的正常发育。修蹄最好在雨后进行，这时蹄质变软，容易修理。修蹄时，需要将羊保定好，用修蹄刀切削，当看到微血管时立即停止。一旦出血，可用烧烙法止血。修好的羊蹄，底部平整，形状方圆，站立端正。变形蹄，需经过几次修理才能矫正，不可操之过急。

3. 刷拭

经常刷拭种公羊可使其被毛清洁、皮肤健康、便于管理。刷拭可用鬃刷或草根刷，从上到下，从左到右，从前到后，按照毛丛方向有顺序地进行。

第二节　肉羊疾病防治

随着肉羊养殖方式的转变和养殖规模的不断扩大，肉羊疾病流行特点也发生了许多变化，代谢病时有发生，给养殖场带来很大危害；某些传染病呈暴发性流行趋势；寄生虫病仍然没有远离羊群。而且常常是病毒病与细菌病同时发生或多种细菌病、病毒病、寄生虫病或普通病同时发生，给羊群疾病诊断和防治工作带来很大的困难。因此，必须坚持“预防为主，治疗为辅”的基本原则，加强羊群饲养管理，搞好环境卫生，做好防疫和检疫工作，防患于未然。同时必须了解肉羊常见病的发病特点、主要症状和预防、治疗措施。及时发现，及时治疗。治疗时，尽量选用高效、低毒药品，严禁使用国家已禁止使用的药物。只有这样，才能保障羊群健康，实现产业快速发展。

一、常见病防治

（一）假死　假死是新生羔羊较常见的病症。

1. 发病原因及特点

在分娩过程中吸入羊水、分娩时间过长、母羊子宫内缺氧、受冷等因素都可导致羔羊假死现象。

2. 主要症状

羔羊产出后，身体发育正常，心脏仍有跳动，但不呼吸。严重时体温下降、口腔和鼻腔内有黏液堆积。

3. 预防措施

① 将母羊提前赶入产房，产房的温度控制在 5～33 ℃。

② 勤观察，发现母羊难产时，及时实施助产措施。

4. 治疗方法

出现这种情况时，一般可采用下列两种方法复苏。一种是提起羔羊两后肢，使羔羊悬空并拍击其胸、背部；另一种方法是让羔羊平卧，用双手有节律地推压胸部两侧。短时间假死的羔羊，经处理后，一般可以复苏。因受凉而造成假死的羔羊，应立即移入暖室进行温水浴，水温由 38 ℃逐渐升到 45 ℃。水浴时，应注意将羔羊头部露出水面，严防呛水，同时结合胸部按摩，浸 20～30 min，待羔羊复苏后，立即擦干全身。我国北方农户常常将这类假死羔羊放在热炕上或铺有电热毯的床上加温保暖，也取得了较好的复苏效果。

（二）脐带出血

脐带出血是指羔羊出生后出现的脐带出血不止现象。

1. 发病原因及特点

羔羊出生后，脐动脉会自动收缩闭合，由肺脏开始呼吸。如果羔羊体质太弱、心脏功能发生障碍，就会影响脐带血管闭合，引起脐带出血。羔羊产出后自行挣断或接生不慎拉断脐带也会引起脐带出血。

2. 主要症状

脐带出血不止。羔羊精神逐渐不振，结膜苍白，站立不稳。如果不及时治疗，羔羊会因流血过多而死亡。

3. 预防措施

提高妊娠后期母羊的营养供给水平，确保母羊所产的羔羊各器官发育正常。另一方面，做好接羔育幼工作，对新生羔羊实施正确的断脐带措施——在距离羔羊腹部 4～5 cm 处抓住脐带，向腹部捋几下，然后用消毒剪刀剪断脐带，用 5％浓碘酒浸蘸脐带断头 2 min。

4. 治疗方法

重新结扎脐带，并把脐带断端用碘酒浸泡数分钟。如果脐带断端过短，血管缩至脐带以内，可先用消毒纱布填塞，再将脐孔缝合。

（三）羔羊便秘

胎粪是胎儿胃肠道分泌的黏液、脱落的上皮细胞、胆汁和吞咽的羊水经过消化作用后，残余的废物积累在肠道内形成的。通常羔羊在生后数小时胎粪即能排出体外，如果生后 1 d 排不出胎粪，便是便秘。

（1）发病原因及特点　该病主要见于弱羔。因羔羊体质太差、肠蠕动太弱所致。

（2）主要症状　新生羔羊发生便秘时，表现不安，弓背，努责，前蹄扒地，后蹄踢腹，回顾腹部；继而不吃奶，出汗和心跳加快，肠音消失，全身无力，卧地不起。

（3）预防措施　让羔羊尽快吃足初乳。

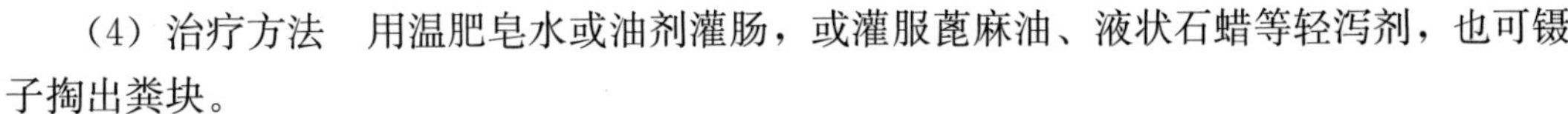

（4）治疗方法　用温肥皂水或油剂灌肠，或灌服蓖麻油、液状石蜡等轻泻剂，也可镊子掏出粪块。

（四）羔羊真胃阻塞

羔羊真胃阻塞是由于羔羊过早大量采食纤维性饲料，导致食物不能通过幽门进入肠道，形成阻塞。多见于舍饲羊场的1～3月龄羔羊。

1. 发病原因及特点

由于羔羊瘤胃功能未发育完全，微生物区系未建立或者不稳定，不能很好地分解纤维素，大量纤维素进入真胃，形成结块，不能顺利通过幽门进入肠道，反而刺激真胃发炎，导致羔羊胃肠蠕动减缓直至停止，胃壁扩张、胃体积增大。

2. 主要症状

该病发展缓慢，病初症状不明显，如同前胃弛缓，表现为食欲下降，甚至绝食。随后，羊日渐消瘦，精神沉郁，排粪减少或不排粪，脱水，喜卧，站立不稳，腹部显著增大，甚至死亡。解剖后可见真胃内存有饲料纤维结块，阻塞幽门，无法通过十二指肠，导致真胃幽门黏膜部呈弥漫性出血，空肠段膨大，充有大量气体。

3. 预防措施

① 母子分栏饲喂，使羔羊避免采食粗纤维含量较高的母羊日粮。

② 羔羊自由采食营养价值高、容易消化的羔羊饲料，禁止饲喂玉米秸秆、小麦秸秆、燕麦秸秆等高纤维素饲料。

③ 供给充足的清洁饮水。

4. 治疗方法

① 取液状石蜡10 mL，水合氯醛1 g，三酶合剂（胃酶、蛋白酶、淀粉酶）5 g，加温水20～30 mL灌服。同时，可以配合按摩治疗。

② 肌肉注射抗生素（如庆大霉素、头孢克肟等）。

（五）羔羊肠痉挛

羔羊肠痉挛是因不良因素刺激使肠平滑肌痉挛性收缩而发生的一种间歇性腹痛。该病多发生在羔羊哺乳期，特别是开始采食、反刍时发病率较高。

1. 发病原因及特点

寒冷刺激是发病的主要原因。气候剧变使羔羊遭寒冷刺激、羔羊舔食冰雪或采食冰冻饲料、遭受雨淋等都可发病。另外，饲养管理不良也可引起羔羊肠痉挛，如人工哺乳用奶温度过低，羔羊经常处于饥饿状态，吃了腐败或难以消化的饲料等。羔羊慢性消化不良也可引起肠痉挛。

2. 主要症状

① 羔羊耳、鼻俱冷，体温正常或偏低，结膜苍白，弓背而立或蜷曲而卧。

② 突然发作腹痛，回头顾腹，后肢蹴踢，有时作排尿姿势。

③ 严重腹痛时急起急卧，或前肢跪地，匍匐而行。有的突然跳起，落地后就地转圈或顺墙疾行，咩叫不止，持续几分钟，又处于安静状态。有的表现腹胀、腹泻、口流清涎，有的疼痛停止时，又出现食欲。

3. 预防措施

① 注意羔羊圈舍保暖，防止冷应激。

② 供给足够的日粮，避免饥饿。

③ 禁止饲喂品质不良的饲料。

4. 治疗方法

① 取姜酊 10～20 mL 或复方樟脑酊 5 mL，加温水灌服。

② 肌肉注射 30%安乃近 2～6 mL，配合上述酊剂效果更好。

③ 肌肉注射 1%阿托品 1 mL。

④ 体温过低的羔羊，可先肌肉注射樟脑油 2 mL，再口服或肌肉注射其他药品。

⑤ 将羔羊放在热炕上或用热水袋热敷腹部，同时灌给热奶或热水。

（六）羔羊白肌病

羔羊白肌病为羔羊因肌肉营养障碍引起心肌和骨骼肌变性的一种疾病，故又称肌肉营养不良症。呈地方性流行，死亡率比较高。

1. 发病原因及特点

羔羊缺硒、缺维生素 E 或硒与维生素 E 同时缺乏所致。

2. 主要症状

羔羊生后数周发病。病羔羊弓背，四肢无力，精神不振，后肢僵直，站立困难，卧地不起，但仍有吮乳或采食愿望。病程较长的羔羊有呼吸道症状，直肠脱出。死亡前常呈昏迷状，呼吸困难；死后剖检见骨骼肌苍白。在同群中有数只羔羊出现上述症状时，即可怀疑有白肌病。

3. 预防措施

① 在缺硒地区母羊日粮中添加含硒微量元素和维生素 E 添加剂。

② 在羔羊 7～10 日龄时，肌肉注射亚硒酸钠维生素 E 注射液 1 mL，断奶时再注射 2 mL，然后每季度注射 1 次（4 mL）。

4. 治疗方法

肌肉注射亚硒酸钠维生素 E 注射液，羔羊每只 2 mL，成年羊每只 4 mL。

（七）佝偻病

佝偻病是由钙磷代谢障碍所导致的一种羔羊骨骼发育异常的慢性疾病。

1. 发病原因及特点

该病主要由于饲料中缺乏维生素 D 以及日光照射不够，导致哺乳羔羊体内维生素 D 缺乏，钙磷吸收障碍，进一步造成钙磷在体内代谢紊乱。此外，母乳及饲料中钙磷比例不当或缺乏，以及多种原因的营养不良均可诱发该病。

2. 主要症状

羔羊生长发育不良，生长缓慢，体弱无力，下颌肿胀，不愿走动，呼吸和脉搏加快，跛行。骨骼变形，四肢常呈“O”形。关节肿大，脊柱下弯凹陷，骨盆狭窄，头骨变形，牙齿发育、更换均表现异常，容易脱落。

3. 预防措施

① 饲喂富含蛋白质、维生素 D 和钙、磷的饲料。

② 注意日粮中食盐和各种矿物元素的补充。

③ 注意缺乳或断奶后羔羊维生素 D 和钙、磷的供给。

④ 适当增加运动量和日照时间。

4. 治疗方法

① 每只羔羊肌肉注射维生素胶丁钙注射液 1～2 mL、维生素 AD 注射液 1～2 mL，隔日 1 次，连用 2～3 周。

② 口服鱼肝油 5 mL、钙片 2～4 片。

③ 静脉注射 10%葡萄糖酸钙注射液 10～20 mL。

（八）异食癖

异食癖又叫异嗜癖，是以消化紊乱，味觉异常为特点的许多代谢病的一种症状。

1. 发病原因及特点

引起异食癖因素很多，也很复杂，但主要因素是：矿物元素（钙、磷、钠、钴、铜、铁、硫、硒等）缺乏或不平衡；某些维生素不足或缺乏；蛋白质和某些氨基酸缺乏。另外，圈舍拥挤、通风和采光不良、饮水不足或某些寄生虫病等也是诱发因素。

除了新生羔羊外，各年龄段羊只都会出现异食癖，但以生长期的育成羊最常见，且症状最为严重。

2. 主要症状

发病羊食欲反常，舔食或啃食平时不吃的各种异物，如羊毛、粪便、墙壁、铁栏杆等。有时多只羊围啃同一只羊，将其全身的毛啃光。

3. 预防措施

① 根据羊的不同生长、生产阶段的营养需要，供给必需数量的能量、蛋白质、矿物质（钙、磷、钠、钾、硫、锌、铜、铁、钴等）和维生素 A、维生素 D、维生素 E，饲喂全混合饲料，保证营养物质的合理供给。

② 禁止饲喂劣质秸秆与饲料。

③ 合理安排羊群密度，搞好环境卫生，尤其注意圈舍空气流通，保持圈舍干燥和清洁。

④ 驱赶羊群到舍外运动，多晒太阳，增强体质。

⑤ 提供充足的饮水。

⑥ 定期驱除内外寄生虫。

4. 治疗方法

结合发病症状与生产实际，对发病原因作出判断，然后对饲料及饲养方式进行调整。

① 调整日粮配方。适当提高预混料、蛋白质饲料、优质青干草或青绿饲料饲喂量。

② 增加全混合饲料饲喂量，减少羊群的饥饿感。

③ 给被啃食的羊只被毛上涂抹新洁尔灭等有异味的溶液。

（九）尿结石

尿结石是指在肾盂、输尿管、尿道内生成或存留以碳酸钙、磷酸盐为主的盐类结晶，导致羊排尿困难和产生泌尿器官炎症的疾病。多见于舍饲公羊和高精料育肥公羔。

1. 发病原因及特点

引起公羊尿结石的因素很多，主要归纳为饲料因素和饲养管理因素。

（1）饲料因素

① 高蛋白。当日粮中的蛋白质含量高于肉羊生长需求或者日粮中的蛋白质氨基酸组成不平衡时，一部分蛋白质将以尿素形式从尿液中排出，使尿液中尿素浓度增高，尿道中细菌分泌脲酶，分解尿素为铵，尿液 pH 升高，加速了尿液中离子形成结晶，进而形成结石。

② 高能量。饲喂高能量饲料可引起慢性酸中毒，继而形成瘤胃溃疡，瘤胃中的条件致病菌通过溃疡部位进入血液循环，导致肝脓肿或尿道感染，而尿道感染会继发尿路结石。

③ 高镁。镁能够促进羊尿道磷酸盐结石的形成，即使日粮的钙、磷比例正常，日粮中镁的含量过高（超过日粮干物质 0.3%），也会在尿道中形成磷酸钙或磷灰石结石。

④ 钙磷比例失调。当日粮钙的含量不足时，就会导致肠道中磷的吸收增加，使得本该随粪便排出的磷则通过肾脏自尿道随尿液排出体外，这样增加了羊只因磷（磷酸盐）析出而患尿道磷酸盐结石的风险。另外，羊长期采食豆科牧草，容易患钙结石。因为苜蓿等豆科干草的钙与草酸的含量均较高，而磷的含量却很低，且草酸易与钙结合成不易吸收的草酸钙。草酸钙使尿液呈碱性，最终形成钙结石（碳酸钙结石、草酸钙结石）。

⑤ 缺乏维生素 A。饲料中维生素 A 缺乏，可导致尿道上皮组织角化而脱离，脱落的膀胱上皮细胞作为结石的母体或前体，供尿液中的磷酸盐、碳酸盐、草酸盐、尿酸盐等在其周围沉积形成大小不等的结石。

⑥ 棉酚中毒。棉籽粕、棉籽壳含有棉酚。棉酚是一种复杂的多元酚类化合物，分为游离型和结合型两种，其中结合型棉酚不能被动物体吸收，直接排出体外，而游离棉酚对动物有害，长期积累可引起肝细胞肿胀和核溶解、肾细胞坏死以及肾间质增大，最终引发结石。

⑦ 水质硬。羊长期饮用钙、镁含量高的碱性硬质水容易引发尿结石。

（2）饲养管理因素

① 饮水不足。羊只饮水不足会造成尿液浓缩，使尿液中磷酸盐、碳酸盐、草酸盐、尿酸盐等矿物质处于超饱和状态而结晶析出形成尿结石。

② 过早阉割。一方面由于公羊有狭长的尿道，容易发生尿结石；另一方面，公羔去势过早会影响生殖器官和尿道的正常发育，导致尿道直径变小，增加结石发生的风险。

③ 肾和尿道感染。当肾和尿道发生感染时，造成尿中炎性产物聚集，成为尿液中磷酸盐、碳酸盐、草酸盐、尿酸盐等矿物质在其周围沉积的核心（尿结石的前体），从而导致尿结石的形成。

2. 主要症状

羊发病初期表现为不排尿、腹痛、不安、紧张、踢腹、频有排尿姿势、起卧不止、甩尾、离群、拒食，后期则排尿时痛苦哞叫，尿液中带血，甚至膀胱破裂。

3. 预防措施

① 合理配制日粮。适当增加日粮粗饲料比例并使各种营养成分配比合理，钙、磷比例保持在 2∶1。

② 在育肥肉羊精料中添加 0.5%氯化铵或 1%碳酸氢钠。

③ 供给足够的禾本科青干草，满足羊对维生素 A 的需要量。

④ 供给足够的清洁饮水。任其自由饮用。水质达到人饮水标准。

⑤ 适当增加公羊的运动量。

⑥ 尽量缩短育肥羊的育肥期。

⑦ 对已经发病的羊群，可紧急预防措施，如全群饮用 1%氯化铵溶液 3～5 d，或适当增加日粮中的食盐用量或在饮水中加入少量食盐，诱导公羊多饮水。

⑧ 注意尿道、膀胱、肾脏炎症的治疗。

⑨ 育肥公羔可免除阉割管理。

4. 治疗方法

药物治疗一般无明显效果。早期治疗，先停食 24 h，按每千克体重 0.2～0.3 mg 口服氯化铵，连服 7 d，必要时适当延长。成年羊，尤其是种羊治疗，可施行尿道切开术，摘出结石，并注射利尿药及抗菌消炎药物。

（十）前胃弛缓

前胃弛缓是羊一种前胃兴奋性和收缩力量降低的疾病。

1. 发病原因及特点

诱发肉羊前胃弛缓的原因，一是长期饲喂粗硬难以消化的饲草，如蒿秆、豆秸等；二是突然更换饲养方法，如精料饲喂量太多、运动不足等；三是饲料品质不良，如霉变、冰冻、虫蛀等；四是长期饲喂单调而无刺激的饲料，如麸皮、粗粉、酒糟等。此外，瘤胃臌气、瘤胃积食、胃肠炎等病也可诱发该病。

2. 主要症状

该病分为急性和慢性两种。患急性前胃弛缓时，羊食欲废绝，反刍停止，瘤胃蠕动量减弱或停止，胃内容物腐败发酵，产生大量气体，左腹增大。严重时，可继发酸中毒。患慢性前胃弛缓的病羊精神沉郁，喜卧地，被毛粗乱，食欲减退，反刍缓慢，体温、脉搏、呼吸无明显变化，但瘤胃蠕动力量减弱，次数减少。

3. 预防措施

加强饲养管理，合理配合饲料，禁止饲喂霉变饲料，注意运动锻炼。

4. 治疗方法

（1）饥饿　即禁食 1 d，然后供给易消化的优质青干草。

（2）清泻　体质较好的成年羊可用硫酸镁 20～30 g 或人工盐 20～30 g、液状石蜡 100 mL、番木鳖酊 2 mL、大黄酊 10 mL，加水 300 mL，一次灌服。

（3）促蠕动　皮下注射 2%毛果芸香碱 1 mL。

（4）纠酸　对有酸中毒症状的羊，可静脉注射 5%碳酸氢钠溶液 200 mL。

（十一）胃肠炎

胃肠炎是指胃肠黏膜及其深层组织的出血性或坏死性炎症。

1. 发病原因及特点

该病多因饲养管理不善造成。羊采食大量的冰冻或发霉饲料、饮用不洁饮水、服用过量驱虫药或泻药、圈舍环境潮湿均可引起胃肠炎。羊副结核、巴氏杆菌病、羊快疫、肠毒血症、炭疽及羔羊大肠杆菌病等也可导致继发胃肠炎。

2. 主要症状

该病以食欲减退或废绝、体温升高、腹泻、脱水、腹痛和自体中毒为特征。肠音初期增强，其后减弱或消失，排稀粪或水样便，排泄物腥臭，粪中混有血液、黏液、坏死脱落的组织片。脱水严重，少尿，眼球下陷，皮肤弹性降低，消瘦。虚脱的病羊卧地不起，脉搏微弱，心力衰竭，四肢冰凉，昏睡而死。

3. 预防措施

加强羊群饲养管理。

① 禁止饲喂发霉变质、冰冻和不洁的饲料，供给充足的优质饲料和清洁饮水。

② 禁止突然更换饲料。

③ 保持圈舍干燥卫生。

4. 治疗方法

（1）消炎

① 取磺胺脒 4～8 g、土霉素 4 片（每片 25IU）、小苏打 3～5 g，加水适量，一次灌服。

② 取黄连素片 15 片、氟哌酸片 2 片（每片 0.2 g）、药用炭 7 g、萨罗尔 24 g、次硝酸铋 3 g，加水适量，一次灌服。

③ 取菌必治 2～4 g 溶解于生理盐水 250 mL，或取环丙沙星注射液（0.4 g）200 mL，一次静脉注射。

（2）补液　对脱水严重的羊，取 5%葡萄糖溶液 300 mL、生理盐水 200 mL、5%碳酸氢钠溶液 100 mL，混合后一次静脉注射。对腹泻严重的羊，可皮下注射 1%硫酸阿托品注射液 2 mL。

（十二）直肠脱出

直肠脱出是指直肠末端的一部分向外翻转，或其大部分经由肛门向外脱出而不能自动缩回的一种疾病。

1. 发病原因及特点

直肠脱出多见于绵羊，且任何年龄的绵羊在任何季节都可能发生。该病发生的直接原因是肛门括约肌脆弱及机能不全，直肠黏膜与肌肉层附着不良或直肠外围的结缔组织松弛等。间接原因很多，主要有以下几种：

① 霉菌感染。饲料中的霉菌毒素可导致直肠肿胀，从而造成损伤、脱出。

② 遗传因素。近亲交配造成先天发育不全，直肠缺乏周围软组织及骶骨弯度的支持。

③ 缺水。因饮水不足，出现便秘，粪便通过直肠时容易造成损伤。

④ 药物。某种抗生素（泰乐菌素、林可霉素）导致直肠边缘肿胀，随后发生直肠脱出。

⑤ 腹压大。因长期腹泻、便秘、慢性咳嗽等病造成腹压持续性增加，直肠黏膜下层组织松弛，黏膜与肌层分离，出现直肠脱出。

⑥ 长期运动量不足，肌肉收缩力差。

2. 主要症状

发病初期，羊只在排粪或卧地后有小段直肠黏膜外翻，排粪后或站立后能自行缩回。如果病程较长或反复发作，脱出的肠段就会出血、水肿、发炎，甚至坏死。

3. 预防措施

① 防止惊吓，减少应激。

② 注意青绿饲料和优质青干草的供给，以及和各种原料的搭配，禁止饲喂霉变饲料。

③ 注意饮水供给，防止羊只缺水。

④ 尽量避免近亲交配。

⑤ 适当增加运动量。

4. 治疗方法

① 发病初期，如果脱出体外的部分不多，可让羊站立运动，减轻腹压，就有可能自动恢复。

② 对病情较轻的羊，可用1%温热的明矾水或0.5%高锰酸钾水清洗脱出部分，然后提高患羊的两后腿，用手指慢慢送回，半小时后将羊放下，隔离观察。

③ 对脱出时间较长、水肿严重的羊，可用注射针头分点刺破水肿黏膜，用纱布衬托，挤出炎性渗出液，小心清理脱出部位的坏死黏膜，然后轻轻送回。为了防止复发，可肛门上下左右分4点注射95%的酒精，每点2～3 mL。也可在肛门周围作烟包袋口状缝合，缝合后打上活结，以便能随时缩紧或放松。手术完后，在后海穴（位于羊肛门上方、尾根下方正中窝处）注射青霉素和地塞米松，连用2～3次。

直肠脱出很容易复发，对于病情较重的羊可进行淘汰处理。

（十三）瘤胃臌胀病

瘤胃臌胀病又叫瘤胃臌气，是以羊腹围迅速增大，特别是在左侧腹部胀大为特征的普通病。

1. 发病原因及特点

原发性瘤胃臌气是由于羊在短时间内采食了大量富含皂素的豆科牧草、易发酵饲料、霜冻的多汁饲料或腐败变质饲料引起的。继续性瘤胃臌气多见于食道阻塞、前胃迟缓、瓣胃阻塞等消化道疾病和羊肠毒血症、羔羊痢疾等病症。

2. 主要症状

（1）急性瘤胃臌气　病羊表现不安，回头顾腹，拱背伸腰，腹部凸起，有时左肷向外突出，反刍停止，黏膜发绀，心跳加快。

（2）慢性瘤胃臌气　多为继发性和非泡沫性。发病缓慢，常呈周期性或间歇性臌气。病羊瘤胃蠕动减弱，食欲减退，反刍减缓，精神不振，消瘦，出现间歇性腹泻和便秘。

3. 预防措施

① 防止羊采食过量的多汁、幼嫩的青草、豆科植物（如苜蓿）以及甜菜等。

② 严禁饲喂冰冻、霉变饲料，控制酒糟类饲喂量。

4. 治疗方法

（1）灌服药物或油类

① 灌服消气灵10～30 mL。

② 取液状石蜡或植物油 200～500 mL，加水 1 000 mL 灌服。

③用鱼石脂 5～10 g、福尔马林 5 mL 配成 1%～2%的溶液灌服。

(2) 注射药物

① 为了恢复瘤胃功能，静脉注射促反刍液 100 mL 和 10%安钠咖 5～10 mL。

② 为了调整瘤胃酸碱度，静脉注射 5%碳酸氢钠 100～250 mL。

③ 为了促进瘤胃蠕动，肌肉注射维生素 B_1 注射液 5～10 mL。

(3) 放气　对瘤胃臌气严重的羊，可用套管针在欠窝放气。放气时，要紧压腹壁使腹壁紧贴瘤胃壁，边放气边下压，以防胃液漏入腹腔引起腹膜炎。气体停止排出时，可向瘤胃注入消气灵 10～30 mL。如果放气不畅，可向瘤胃注入植物油 100～200 mL，反复按压左肷部，使气体慢慢排出，臌气消失。

（十四）瘤胃酸中毒

瘤胃酸中毒是指羊采食大量易发酵碳水化合物饲料后，瘤胃乳酸产生过多而引起瘤胃微生物区系失调和功能紊乱的一种代谢性疾病，因此，也叫乳酸酸中毒。

1. 发病原因及特点

导致羊瘤胃酸中毒的原因，一是日粮结构突然变化，羊采食过多的精饲料或突然改变日粮组成和饲养方式等；二是日粮结构不合理，如日粮中含有过多的易发酵碳水化合物（谷物饲料、块茎和块根类作物）、容易发酵的单糖物质（糖蜜、黑色糖浆、葡萄糖）和日粮 pH 偏低（如青贮、渣类、酒糟、蔬菜副产品）等。

日粮谷物种类和加工方法不同，酸中毒发生的概率也不同。玉米通常因适口性好、热能高，大量用于动物配合饲料中。玉米的淀粉含量高达 70%～75%，淀粉在家畜瘤胃中的发酵速度快，发酵程度高，易产生大量乳酸。据报道，羊饲喂玉米 8 h 内瘤胃乳酸浓度上升缓慢，8 h 后迅速上升。当玉米的饲喂量达到每千克体重 60～80 g 时，羊出现酸中毒，每千克体重玉米的饲喂量达到 100 g，可视为致死量。但在相同喂量的条件下，小麦和大麦比玉米更容易引起酸中毒。

2. 主要症状

最急性病例，通常在过食或偷食精料后 4～8 h 内突然发病，表现为精神高度沉郁，虚弱，侧卧而不能站立，有时出现腹泻，瞳孔散大，双目失明，体温下降到 36.5～38 ℃，重度脱水。腹部显著膨大，瘤胃蠕动停止，内容物稀软而呈水样，瘤胃液 pH 低于 5，甚至达到 4。循环衰竭，心跳达 110～130 次/min，终因中毒性休克而死亡。

病情较轻的羊则表现精神萎靡，食欲减退或废绝，空嚼磨牙，流涎，反刍减少，瘤胃中度充满，收缩无力，听诊蠕动音消失。体温正常或偏低，心跳快，结膜潮红。机体轻度脱水，眼球下陷，尿量减少。若治疗不及时，病情持续发展可继发或伴发下列疾病，使病情恶化。

(1) 蹄叶炎　当羊过食高碳水化合物饲料后，瘤胃内乳酸含量升高，当 pH 下降到 4.5 以下时，由不同种类的细菌使组氨酸脱羧，形成高浓度组胺，组胺被吸收后进入真皮，引起淋巴功能停滞、严重充血和血管损害；同时被吸收的细菌内毒素作用于机体，发生弥漫性血管内凝血，微循环障碍，组织缺氧，造成蹄叶炎发生。

(2) 瘤胃炎-肝脓肿综合征　由于瘤胃内异常发酵，形成的乳酸和其他有毒物质使瘤

胃黏膜发炎，食入的异物则破坏上皮，坏死梭菌通过这些急性损伤的部位，侵入黏膜繁殖代谢，再进入小血管、肝脏。这些细菌滞留在肝窦内，产生的毒素引起肝脏凝固性坏死，进一步发展为肝脓肿。

(3) 脑灰质软化症　乳酸酸中毒时，瘤胃 pH 值下降到细菌产生Ⅰ型硫胺酶的最适状态。由于硫胺酶分解硫胺，并产生硫胺类似物，使血液中硫胺素缺乏或形成新的结构类似物以阻止丙酮酸的氧化，结果使血液中丙酮酸含量增加。这些变化及其他一些未知因子引起血管周围和神经元周围水肿，导致局部出现缺血性灶性坏死，神经元耗竭而导致死亡。

(4) 突然死亡综合征　采食大量的精料后，羊瘤胃内革兰氏阳性菌迅速繁殖，乳酸蓄积，pH 值下降，革兰氏阴性菌大量死亡，崩解释放出内毒素，当胃壁损伤或发炎时，细菌内毒素迅速通过瘤胃上皮进入血液，导致机体发生弥漫性血管内凝血，产生内毒素性休克或过敏性休克。

(5) 皱胃疾病　乳酸酸中毒可引起皱胃积食、变位、溃疡等。这是由于瘤胃内的高酸度的内容物进入皱胃后，对胃黏膜产生刺激作用，同时吸收的组胺刺激胃分泌过量的盐酸和胃蛋白酶，随着胃的蠕动而使胃分泌物移至幽门部，发生局灶性变性、出血，缺乏黏液，循环不畅以及坏死，引起糜烂和溃疡。同时，由于瘤胃内挥发性脂肪酸增多且迅速进入皱胃，抑制了皱胃的运动，使皱胃内容物停滞，引起皱胃积食和变位。

3. 预防措施

① 逐渐提高肉羊精饲料饲喂量，使瘤胃能逐渐适应饲料的变化。

② 控制淀粉饲料的饲喂量。

③ 将发酵速度不同的几种谷物饲料以适当的比例搭配使用。

④ 控制青贮饲料饲喂量，肉羊日粮中青贮饲料的日饲喂量一般不超过 1.5 kg，瘤胃未发育完全的羔羊禁止饲喂青贮饲料。

⑤ 在精饲料或青贮饲料用量较大的日粮中添加碳酸氢钠（占混合精料的 1.5%～2%，或占整个日粮干物质的 0.5%～1%）等缓冲剂。

⑥ 适当增加日粮中高纤维素饲料（如农作物秸秆）。

4. 治疗方法

治疗的原则是排出有毒的胃内容物，中和瘤胃内容物的酸度，及时补液，防止脱水。

① 用胃管排出瘤胃内容物，再用石灰水（生石灰 1 kg，加水 5 L 充分搅拌，取其上清液）反复冲洗，直到瘤胃液无酸臭味、pH 呈中性或弱碱性为止。

② 中和血液酸度，缓解机体酸中毒，可静脉注射 5%碳酸氢钠溶液 200 mL。然后静脉注射 5%葡萄糖生理盐水或复方氯化钠溶液 500～1 000 mL，其中加入强心剂效果更好。

(十五) 妊娠毒血症

羊妊娠毒血症，也称为“羊酮病”或“产前子痫症”，是母羊妊娠后期出现的一种以低血糖症、酮血症、酸中毒以及肝功能衰竭、视力障碍为主要特征的亚急性代谢疾病。主要见于产前 10～20 d 的怀多羔母羊。

1. 发病原因及特点

母羊怀孕后期，由于胎儿发育过快，需要大量的营养物质。但母羊腹腔空间小，而且消化道受到胎儿的挤压，采食量受到影响。如果母体无法获得足够的营养，尤其葡萄糖，就会动用体脂肪和体蛋白质来补给。在体脂肪分解过程中，不仅会产生大量的中间代谢产物——酮体（包括丙酸酮、乙酰乙酸、β-羟丁酸等物质），而且肝脏细胞发生严重的脂肪变性后，其解毒、分泌等功能也会随之发生障碍，从而造成大量对机体有毒害作用的中间代谢产物（如酮体等）在血液中蓄积，造成酸中毒，影响体内的代谢功能和中枢神经系统，使母羊出现精神不振和食欲减退等现象。也有人认为，母羊日粮钙磷失调、缺硒、长期舍饲、缺乏运动、环境不良和环境突变等因素都可诱发羊妊娠毒血症。

2. 主要症状

病羊离群独处，对周围刺激反应迟钝，视力减退，驱赶运动时步态不稳，表现为动作小心或不愿走动。随着病情发展，精神极度沉郁，可视黏膜黄染，食欲减退或废绝，磨牙，瘤胃弛缓，反刍停止，体温不高，呼出有酮味的气体；头向后倾，或偏向一侧，或将头部紧靠在某一物体上或做转圈运动；脉搏快而弱，经过数小时～2 d 变为虚脱。病羊静卧，胸部靠地，头向前伸直或后视胁腹部，甚至倒卧，经数小时或数天后昏迷而死。

3. 预防措施

① 将怀多羔母羊单独组群管理。供给富含蛋白质和碳水化合物且易消化的饲料，减少或停止饲喂青贮饲料、劣质饲料，适当提高日粮营养浓度，确保日粮营养充足而平衡。

② 在高繁母羊产前 1.5 个月，开始通过饲料补给葡萄糖，每只每天补充食用葡萄糖 30 g 效果较佳。葡萄糖属于单糖，又称右旋糖，是动物代谢活动中供能最有效的营养素。虽然羊不能通过瘤胃大量吸收葡萄糖，但葡萄糖是肌糖原、肝糖原合成的前体，充当神经组织（特别是大脑）和红细胞的主要能源。饲料中添加的葡萄糖经过瘤胃发酵，绝大部分被微生物降解，形成挥发性脂肪酸，经瘤胃上皮细胞吸收入血液转运至各组织器官，不仅可以为动物提供快速分解的能量，还可以稳定瘤胃 pH、优化瘤胃发酵效果，进而提高羊的生产性能。

③ 禁止饲喂发霉变质的饲料。

④ 适当增加妊娠后期母羊的运动量和光照时间，以提高母羊的肌肉收缩力。

⑤ 避免初产母羊过早配种。

⑥ 适当延长断奶母羊的恢复期。

⑦ 在母羊产前 40 d 左右接种三联四防疫苗时，同时肌肉注射亚硒酸钠维生素 E 注射液 4 mL。

⑧ 早淘汰。怀多羔母羊体力消耗大，衰老早。可在产过 5～6 胎后（5 岁左右）淘汰。

⑨ 给行动迟缓的怀多羔母羊肌肉注射维丁胶钙 5 mL/只，1 次/d，连用 5 d。

4. 治疗方法

该病治疗原则是补糖、补钙、保肝、解毒。

① 取 25%葡萄糖溶液 100 mL、维生素 C 10 mL，静脉注射。进行保肝，补充血糖。

② 取氢化可的松 0.08 g，加入 5%～10%葡萄糖溶液中，静脉注射，以促进代谢，用量每天递减 1/4，连用 3～4 d。

③ 取 5%碳酸氢钠溶液 100 mL 静脉注射以纠正酸中毒的治疗，每日 1 次，连用 2～3 d。

④ 肌肉注射维丁胶性钙 20 mL，隔日 1 次。

⑤ 对症治疗。心力衰竭时，注射强心药；食欲不振时，口服健胃药物；瘫痪严重时，

可用适量钙制剂。

⑥ 治疗无效时，可考虑引产，具体方法是：

——给母羊子宫颈口或阴道前部放置纱布块，可使母羊受外界刺激而流产。

——肌肉注射地塞米松 20 mL 或氯前列腺烯醇 0.2 mg。

（十六）子宫脱出

子宫脱出是指母羊在分娩后，子宫全部或部分脱出在阴门外。

1. 发病原因及特点

造成母羊子宫脱出的主要原因是：

① 运动不足、体质虚弱、年龄太大导致的子宫平滑肌收缩无力。

② 胎儿过大或怀多羔，引起子宫韧带过度伸张和弛缓。

③ 产羔时，母羊努责剧烈或助产人员拉扯胎儿时用力过猛。

④ 母羊便秘、腹泻或子宫内灌注刺激性药液等。

2. 主要症状

病羊心跳和呼吸加快。结膜发绀，疼痛不安，子宫全部或部分脱出在阴门外时有努责现象。病程较长的羊精神沉郁，常因全身衰竭而死亡。

3. 预防措施

① 加强怀孕母羊的饲养管理，使羊群保持健康体况，而不过分追求羔羊初生重。

② 适当增加妊娠后期母羊的运动量。

③ 每年预留 20%～30%后备母羊，及时淘汰老龄母羊。

④ 助产时，配合母羊努责，顺势拉出，做到轻、稳，而不强行拉扯。

⑤ 禁止向母羊子宫灌注高浓度、刺激性消毒药和抗生素。

4. 治疗方法

第一步，抬高母羊后躯，将两条后肢分开固定。

第二步，用 40 ℃的 0.1%高锰酸钾溶液和生理盐水反复冲洗脱出子宫，边冲洗边揉搓子宫，去掉坏死组织和瘀血，直至子宫变暖、变软、变干净。

第三步，整理好子宫，趁母羊停止努责时，将脱出子宫送回阴道。

第四步，向母羊阴道注入 40 ℃左右的生理盐水 500～1 000 mL，同时注入抗生素。

第五步，用力推动阴道，使生理盐水进入子宫腔，以保持子宫舒展。

第六步，用粗线缝合阴门 2～3 针。

第七步，强迫病羊运动，并保持前低后高的姿势。同时供给易消化的饲料和淡盐水。

（十七）胎衣不下

母羊产后排出胎衣的正常时间为 1～5 h，如果产后超过 14 h 胎衣仍然不能排出，就可看作胎衣不下。

1. 发病原因及特点

母羊发生胎衣不下的原因很多，主要是：

① 怀孕期（尤其是怀孕后期）运动不足导致子宫收缩迟缓。

② 营养不平衡（饲料中缺乏维生素、钙和硒等矿物元素）导致子宫收缩无力。

③ 多羔、胎水过多、胎儿过大导致子宫伸张过度。

④ 体弱、流产导致子宫收缩不足。

⑤ 子宫内膜发炎，子宫黏膜肿胀，使绒毛不容易从凹陷内脱离。

⑥ 胎膜发炎，绒毛肿胀，与子宫黏膜紧密粘连，即使子宫收缩，也不容易脱离。

⑦ 布鲁氏菌病、衣原体病等也可引起胎衣不下。

2. 主要症状

胎衣不下可能表现为全部不下，也可能是部分不下。未脱下的胎衣经常垂吊在阴门外，病羊经常拱腰努责。胎衣如果长期滞留不下则会发生腐败，从阴户中流出污红色恶露，其中混杂有灰白色未腐败的胎衣碎片等。腐败产物还可引起羊体中毒，病羊食欲减退或废绝，精神不振，喜卧地，体温升高，呼吸、心跳加快。如果治疗不及时，可导致败血病，甚至死亡。

3. 预防措施

① 加强怀孕母羊的饲养管理，做好相关疫病预防，提高羊群健康水平。

② 适当增加妊娠后期母羊的运动量。

③ 及时治疗子宫疾病。

④ 在母羊配种前、妊娠中期和妊娠后期分别注射一次亚硒酸钠维生素 E 注射液。

4. 治疗方法

（1）手术剥离　对产后 14 h 胎衣仍不脱落的母羊，应尽早进行手术剥离。先用 0.1%高锰酸钾溶液清洗外阴部和胎衣；再用 0.1%新洁尔灭消毒术者手臂，并涂上消毒软膏。剥离前，先用消毒好的橡皮管向子宫注入 35 ℃左右的 0.1%高锰酸钾溶液 500 mL。剥离时，先将手伸入子宫，将绒毛膜从母体子叶上剥离下来。剥离时，由近及远。先用中指和拇指捏挤子叶的蒂，然后设法剥离盖在子叶上的胎膜。剥离过程尽可能小心，以防损伤子叶。剥离完成后，取土霉素 2 g，溶于 100 mL 生理盐水中，注入子宫腔内；也可向子宫注入 0.2%普鲁卡因溶液 30～50 mL。

（2）自然剥离　先用 0.1%高锰酸钾溶液冲洗子宫，然后向宫内投放土霉素（0.5 g）胶囊，让胎膜自行排出，达到自行剥离的目的。当体温升高时，肌肉或静脉注射抗生素药物。

（3）皮下注射催产素　如果母羊阴门和阴道太小，无法实施手术剥离，可皮下注射催产素 2～3 IU；间隔 8～12 h，再注射一次；连续注射 2～3 次。同时，用温生理盐水冲洗子宫。

（4）全身治疗　如果胎衣在子宫内停滞时间过长，有引发败血症的危险，就尽早选用下列方法进行全身治疗。

① 肌肉注射青霉素 80～160 万 IU，每天 3 次；同时，肌肉注射链霉素 1 g，每天 2 次。

② 静脉注射 10%～25%葡萄糖注射液 300 mL、40%乌洛托品 10 mL，每日 1～2 次。

③ 用 10%冷食盐水冲洗子宫，待盐水排出后给子宫注入青霉素 80 万 IU 及链霉素 1 g，每日 1 次，直至痊愈。

二、传染病

(一) 羔羊痢疾

羔羊痢疾是初生羔羊的一种以剧烈腹泻和小肠溃疡为主要特征的急性传染性毒血症。其病原菌主要为B型魏氏梭菌，其次是D型魏氏梭菌，大肠杆菌、沙门氏菌等也可能起到一定致病作用。传染途径主要是消化道，也可通过脐带或伤口感染。

1. 发病原因及特点

该病以剧烈腹泻和小肠溃疡为特征，多发生于7日龄内羔羊，以2～5日龄羔羊最多，可造成羔羊大批死亡。外购羊较地方品种更易患病。母羊怀孕期营养不良、羔羊饥饿或体质瘦弱、人工哺乳不定时定量、圈舍潮湿、气候寒冷等都是该病的诱因。初生羔羊可通过吮乳、饲养员的手和饲养用具、粪便等感染魏氏梭菌。寒冷、圈舍潮湿等诱因使羔羊抵抗力降低。细菌在小肠，特别是在回肠，大量繁殖，产生毒素（主要是β毒素），引起发病。

2. 主要症状

羔羊痢疾潜伏期很短，大多1～2 d。病初精神沉郁，垂头弓背，不吃奶或少吃奶；随后，腹痛腹泻、粪便恶臭，如粥样，或稀薄如水，呈黄色、绿色、黄绿色、黄白色或灰白色等；进而眼窝下陷，肛门失禁，粪中带血，逐渐虚弱，卧地不起，衰竭死亡。有的羔羊病初呼吸急促，腹胀而不拉稀，四肢冰冷，角弓反张，口吐白沫，可视黏膜发绀，昏迷而死；也有的羔羊突然发病，无症状死亡。发病羔羊死亡率可达100%。

3. 预防措施

① 加强怀孕母羊的饲养管理，供给充足的营养，并在母羊产前30 d左右接种羊三联四防苗。

② 保持圈舍清洁、干燥，每周用3%～5%来苏儿消毒圈舍2次以上。

③ 羔羊出生后12 h内开始投喂土霉素0.15～0.2 g、乳酶生0.1 g，每天1次，连喂3 d。

④ 驱赶羔羊到舍外运动。

⑤ 及时隔离病羔。

4. 治疗方法

① 肌肉注射抗羔羊痢疾高免血清3～10 mL。

② 先灌服含0.5%福尔马林的6%硫酸镁溶液30～50 mL、6～8 h后，再灌服0.1%高锰酸钾10～20 mL，每日2次。

③ 取碳酸氢钠5 g、磺胺胍8 g，加冷开水200 g混合均匀，每只羔灌服10 g，每天2次，连喂服2 d。

④ 取胃蛋白酶0.3～0.5 g、土霉素0.3～0.4 g，加冷开水100 g，混合均匀后喂服，每天早晚各喂1次。

(二) 羔羊肺炎

羔羊肺炎是由肺炎双球菌和羊霉形体引起的肺泡、细支气管及肺间质炎症。发病急，传播快，死亡率高。

1. 发病原因及特点

出生10 d内羔羊发病率较高。营养不良、气候剧变、圈舍寒冷潮湿或通风不良、羊群密集、环境过热、有害气体刺激、风寒感冒等均可诱发羔羊肺炎。

2. 主要症状

羔羊多表现为急性症状，体温升高、饮水量增加、食欲下降或废绝。患病初期为带疼痛的干咳，后转为湿咳、流鼻涕。呼吸随炎症的渐进而加重、加快。

3. 预防措施

① 及时对病羊污染的圈舍环境和饲喂用具进行彻底清理、消毒。

② 改善羔羊饲养环境，加强管理。

4. 治疗方法

肌肉注射青霉素、链霉素并配合清热解毒药。必要时，静脉注射双黄连（每千克体重 60 mg）和地塞米松；也可用氟苯尼考、30%替米考星、30%盐酸林可霉素等药品。

（三）大肠杆菌病

羔羊大肠杆菌病又称羔羊白痢，是由致病性大肠杆菌引起的一种以剧烈腹泻和全身败血症为特征的羔羊急性传染病、致死性传染病。

1. 发病原因及特点

该病呈地方性流行或散发，主要发生在冬、春舍饲期间，放牧季节很少发生。气候突变、圈舍通风不良、场地潮湿或污秽及羔羊营养不良等因素都可导致该病发生。冬、春 2～6 周龄舍饲羔羊容易患该病。

2. 主要症状

该病表现为败血型和腹泻型两种。

（1）败血型　病羊体温高达 41～42 ℃，精神沉郁，迅速虚脱，有轻微腹泻或不腹泻。有的带有神经症状，运动失调、磨牙、视力障碍；个别出现关节炎，多数于病后 4～12 h 死亡。

（2）腹泻型（肠型，肠炎型）　病羊初始体温略高，出现腹泻后体温下降。粪便呈半液体状，带气泡，有时混有血液。羔羊表现腹痛、虚弱、严重脱水、不能起立。若不及时治疗，羔羊会于 24～36 h 内死亡。

3. 预防措施

① 提高母羊日粮营养水平，确保羔羊正常发育。

② 保持圈舍清洁、干燥，每周用 3%～5%来苏儿消毒圈舍 2 次以上。

③ 羔羊出生 12 h 内开始，投喂土霉素 0.15～0.2 g、乳酶生 0.1 g，每天 1 次，连喂 3 d。

④ 驱赶羔羊到舍外运动。

⑤ 及时隔离病羔。

4. 治疗方法

① 口服土霉素。取胃蛋白酶 0.3～0.5 g、土霉素 0.3～0.4 g，灌服，每天 2～3 次。

② 口服复合纳米抗菌肽。按每千克体重 0.1 g 给药，每天早晚各 1 次。

③ 脱水羔羊，静脉注射 5%葡萄糖盐水 20～100 mL；同时加入碳素氢钠，以防酸中毒。

④ 为了调节胃肠功能。可选用乳酸 2 g、鱼石脂 20 g、蒸馏水 90 mL，混合于脱脂乳中，灌服，每日 2～3 次。

（四）沙门氏菌病

沙门氏菌病又称副伤寒，各种年龄羊均可感染发病，其中以断奶或断奶不久的羔羊最易感。一年四季均可发病，但以冬、春气候寒冷多变时发病最多。舍饲羔羊易发，常呈散发性；有时呈地方性流行。

1. 发病原因及特点

该病是由鼠伤寒沙门氏菌、都柏林沙门氏菌和羊流产沙门氏菌引起的急性传染病。病原菌可通过羊的粪尿、乳汁、流产胎儿、胎衣等污染饲料、饮水、食槽和周围环境等，经消化道感染健康羊；也可通过交配或其他途径传播。各种不良环境均可诱发该病。全年可发生，往往呈散发或者地方性流行。

2. 主要症状

该病以羔羊急性败血症、腹泻、母羊怀孕后期流产为主要特征。根据临床症状可分为两种类型。

（1）腹泻型　多见于羔羊。病羊表现为精神沉郁，体温高达 40～41 ℃，食欲下降，腹泻，排黏性带血稀粪，有恶臭，低头弓背、继而卧地；1～5 d 后死亡。有的羔羊会于 2 周后恢复。

（2）流产型　多发生在母羊怀孕的最后 2 个月。病羊表现为精神沉郁、体温升高、拒食，部分病羊有腹泻症状。病羊产出的羔羊极度虚弱，并常有腹泻，1～7 d 后死亡。流产母羊也会在流产后死亡。

3. 预防措施

① 加强羊群饲养管理。定期清理和消毒圈舍，羔羊在出生后应及早吃初乳，并注意保暖。

② 发现病羊应及时隔离治疗。取硫酸粘菌素可溶粉 100 g，加水 150 kg，溶解、混匀后饮用，连饮 3～5 d。

4. 治疗方法

① 羔羊按每次每千克体重 10～15 mg 剂量灌服土霉素和新霉素，每日 3 次；成年羊按每次每千克体重 10～30 mg 肌肉或静脉注射，每日 2 次。

② 按说明拌料或灌服益生菌或复方纳米抗菌肽，益生菌不可与抗菌药物同用。

（五）羊传染性脓疱病

羊传染性脓疱病俗称“羊口疮”，是由羊口疮病毒引起的一种人、兽共患性传染病，也属于接触性传染病。

1. 发病原因及特点

该病主要危害羊，猫和人较少见患病，常呈群发性流行；主要通过皮肤、黏膜感染。各年龄段的羊都会发生。其中，1～3 月龄的羔羊发病率最高，症状也较严重；甚至 20 日龄左右的羔羊也会发生。羊口疮病毒抵抗力较强，可连续危害羊群多年。大多数痊愈后的羊可获得终生免疫。

2. 主要症状

该病潜伏期 4～8 d。临床上分为唇型、蹄型、外阴型及混合型，以唇型较为常见。

（1）唇型　病羊先在口角、上唇或鼻镜上出现散在的小红斑，逐渐变为丘疹和小结节，继而发展成为水疱、脓疱。破溃后，结成黄色或棕色的疣状硬痂。若为良性经过，则经 1～2 周，痂皮干燥、脱落而康复。严重病例，患部继续发生丘疹、水疱、脓疱、痂垢，并互相融合，波及整个口唇周围、眼睑和耳廓等部位，形成大面积痂垢。痂垢不断增厚，基部伴有肉芽组织增生，整个嘴唇肿大外翻呈桑葚状隆起；以致病羊常因采食困难，日趋衰弱而死亡。个别病例常伴有继发感染，如引起深部组织化脓、坏死，以及口腔黏膜发生水疱、脓疱和糜烂等。

（2）蹄型　于蹄叉、蹄冠或系部皮肤上形成水疱、脓疱，破裂后形成溃疡。病羊跛行，长期卧地；如果得不到良好的照料，就会因饥饿而衰竭死亡。

（3）外阴型　母羊表现为黏性和脓性阴道分泌物，在肿胀的阴唇及附近皮肤上发生溃疡，乳房和乳头皮肤上发生脓疱、烂斑和痂垢。公羊表现为阴鞘肿胀，出现脓疱和溃疡。

3. 预防措施

① 接种羊传染性脓疱病疫苗。

② 接种羊痘苗。在羊传染性脓疱病疫苗缺失的情况下，羔羊接种羊痘疫苗可预防该病的发生或减轻症状。由于羔羊羊传染性脓疱病的发病时间较早，羊痘苗的接种时间可提前到 7～10 日龄。

③ 隔离病羊，并用 2%氢氧化钠、0.05%过氧乙酸或 0.1%消毒威对环境进行彻底消毒。

④ 养殖人员佩戴手套，并注意手部清洗与消毒。

4. 治疗方法

目前，尚无特效治疗药物，主要是对症治疗，可选择下列方法：

（1）先用 0.1%的高锰酸钾溶液冲洗患部去净痂垢，然后涂上混有病毒灵和维生素 B_2 的红霉素软膏或碘甘油，每日 2 次。

（2）刮去结痂，涂抹 2%龙胆紫或明矾粉。

（3）发现嘴唇及舌头边缘有红疹，出现破溃、化脓时，可用淡盐水冲洗干净，用棉球擦干，再用 40%蜂胶涂擦患处。每日 2 次，连涂 3～4 日。

（4）对蹄型脓疱病羊，可将蹄部置于 5%～10%福尔马林溶液中浸泡 1 min，连泡 3 次，或隔日用 3%龙胆紫溶液、土霉素软膏涂拭患部。

促进该病痊愈的主要措施是加强饲养管理，保证羊每天不受饥饿。对吮乳困难的羔羊，可将母乳挤入干净的盐水瓶内，插上吊针管，将吊针管另一端（去掉细段）放入羔羊口中，使羔羊可避免因吮乳造成的疼痛。获得足够营养的羔羊再经过精心治疗，一般不会死亡。对患病的青年羊和成年羊，应供给营养价值高、适口性好、不伤及口腔黏膜的青绿饲料和配合饲料，诱导羊摄取足够的营养。

（六）羊肠毒血症

肠毒血症又称“软肾病”“过食症”“类快疫”，是由 D 型魏氏梭菌在羊肠道内繁殖产生毒素所引起的一种急性、高度致死性传染病。

1. 发病原因及特点

不同品种、年龄的羊都可感染，但以 2～12 月龄食欲旺盛、膘情较好的羊最易发病。D 型梭菌为土壤常在菌，也存在于动物肠道内。在正常情况下，这类梭菌在羊肠道繁殖较慢，产生的毒素也很少，不会损害羊的健康。但在不良因素的作用下，使这类细菌快速增殖，产生大量毒素。高浓度的毒素可改变肠道通透性，进入血液，引起全身毒血症并损害与生命活动有关的神经元，发生休克而死。

引起羊肠毒血症的主要因素是：

① 羊只采食被病原菌芽孢污染的饲料与饮水，使芽孢进入肠道并繁殖，产生大量毒素。

② 羊只采食过多的饲料或者突然改变饲料组分，使肠道正常微生物增殖受阻，微生态系统发生变化，病原菌大量繁殖，产生大量毒素。

③ 环境温度突然变化引起羊体应激性变化，导致肠道微生态系统紊乱，病原菌迅速繁殖，产生大量毒素。

2. 主要症状

羊肠毒血症多表现为急性型；发病突然，很少见到症状。病羊突然离群呆立，或独自奔跑、卧下，体温一般正常，步态不稳，肌肉震颤，咬牙、甩耳；最后，倒地，四肢抽搐、痉挛，角弓反张，呼吸促迫，口鼻流出白沫。病死率很高，很少自愈。解剖后，可见小肠充血、出血，严重的整个肠段呈血红色或肠壁有溃疡；肾脏软化，切面如泥。

3. 预防措施

① 按程序接种羊厌气菌五联苗或三联四防苗；必要时，间隔 7～10 d 再接种一次。

② 定期对圈舍进行清理消毒，保持干净、卫生。

③ 饲料要勤添少喂，防止羔羊暴饮暴食。

④ 尽量保持饲料组分的相对稳定性。

⑤ 注意环境温度变化，及时开关圈舍门窗。

4. 治疗方法

肠毒血症一般来不及治疗。一旦发现，可采取下列措施：

① 肌肉注射抗梭菌血清。

② 耳尖放血——用消毒剪刀迅速剪去耳尖，挤出血；然后，给予解毒、通便和强心等药物，如肌肉注射青霉素 20 万 IU、链霉素 1 g。第一次用药量加倍，然后每 6 h 注射一次，直至治愈后 12～18 h 为止。同时，可选择灌服土霉素、四环素、磺胺脒、痢特灵等。

（七）传染性结膜角膜炎

传染性结膜角膜炎又叫“红眼病”，是由嗜血杆菌、立克次氏体引起的反刍家畜的一种急性传染病。

1. 发病原因及特点

圈舍狭小、羊群密度大、空气污浊是该病主要的诱因。春、秋发病较多，但季节性不强。

2. 主要症状

病羊最初眼睛发红，怕光流泪，眼内角流出浆液或黏液性分泌物，不久则变成脓性；随着病情的发展，呈云翳状，双目失明。

3. 预防措施

保持圈舍通风透气、清洁卫生，保持羊群密度适中。

4. 治疗方法

病初，可用青霉素粉点眼，每天 2 次，连用 2～3 d；角膜浑浊时，可用自血疗法。自血疗法指取生理盐水 2 mL，稀释青霉素 1 支；然后，采取该病羊全血 2～5 mL（依羊大小而定），混匀后分点注射于眼睑皮下或直接注射于眼底；间隔 2～3 d，再注射 1～2 次。

（八）乳房炎

乳房炎是乳头、乳腺、乳池组织感染病原微生物后引起的炎症。多见于泌乳期母羊。引起羊乳房炎的病原微生物种类有很多，细菌是引起山羊乳房炎最主要的病原菌，金黄色葡萄球菌（溶血性和非溶血性金黄色葡萄球菌）、溶血性巴氏杆菌、链球菌（无乳链球菌、停乳链球菌、乳房链球菌、粪链球菌）和大肠杆菌引发的乳房炎最为常见。其中，以溶血性金黄色葡萄球菌和无乳链球菌危害最严重。羊可能单独感染上述病原菌，也可能混合感染，治疗较困难。另外，绿脓杆菌、溶血性巴氏杆菌、化脓棒状杆菌、假结核棒状杆菌、变形杆菌及克雷伯氏杆菌都可以引起乳房炎。除了上述细菌外，引起羊乳房炎的病原微生物还有支原体、病毒和真菌等。不同病原微生物引起不同的乳房炎。

1. 坏疽性乳房炎

坏疽性乳房炎，又称传染性乳房炎，是由金黄色葡萄球菌引起的一种急性地方性传染病，绵羊和山羊均会患病；通常感染一侧乳房，主要发生在母羊产羔后 1～2 个月，随着哺乳期的结束而停止发生。发病率通常占哺乳母羊群的 10%以上，死亡率可达 50%～70%。

（1）发病原因及特点　金黄色葡萄球菌通常存在于乳房外皮肤上。当乳头皮肤受到损害时（损伤或羔羊咬伤），存在于乳区上的金黄色葡萄球菌可以持续存在与繁殖。研究表明，在乳头损害的乳区，金黄色葡萄球菌污染的比例很高。病原菌可通过乳头管或伤口进入乳腺而引起羊乳房炎。

金色葡萄球菌侵入乳腺后，大量繁殖并产生多种毒素和酶。其中，杀白细胞素可以使动物机体白细胞运动能力丧失、细胞内颗粒丢失，导致细胞被破坏；还可杀死中性粒细胞和巨噬细胞，破坏机体的免疫反应。由于这两种细胞吞噬细菌功能丧失，以及巨噬细胞处理和传递抗原信息等能力受到限制，而且金黄色葡萄球菌还依靠荚膜多糖来逃避宿主的吞噬作用。因此，在金黄色葡萄球菌感染过程中，动物往往不能建立有效的特异性免疫，乳腺抗感染的自然防御机制似乎无效，从而表现为乳房局部和全身症状。同时，这类乳房炎具有较强的传染性、发病周期较长、治愈率较低和造成永久性乳腺实质破坏等特点，为病羊的治疗增加了一定的难度。

（2）主要症状　金黄色葡萄球菌侵入乳房以后，迅速扩散到乳腺，产生毒素，形成血栓；造成中毒与局部缺血，继而引起乳房局部组织及皮肤发生急性腐败分解与坏死。病羊初期体温可升高到 41 ℃，呼吸、脉搏加快，无食欲；患侧乳房肿大、变硬、发热、疼痛，不让羔羊接近乳房；步态僵直或有显著跛行。而后，乳房皮肤充血发红；有些充血区域出现淡蓝色的斑点，并随着病程的发展而变为紫红色。泌乳停止，或者乳汁变为水样。水样乳汁中带有絮片，呈灰红色，带有脓味。经过 2～3 d，乳房出现坏疽，皮肤变褐、冰冷。若不及时治疗，病羊大多死亡；如果不死，待发展成脓肿，患侧乳房坏死组织成块脱落、结疤而痊愈。即使在一侧乳房为极严重的感染下，健康一侧乳房也不患病。病愈之后，可以获得较强的免疫能力。

（3）预防措施

① 保持羊舍及活动场干燥、通风。及时清除排泄物及可损伤母羊乳房的铁丝等，减少环境中的病原菌对羊乳房的污染。

② 定期选用0.5%漂白粉或2%克辽林、石炭酸和来苏儿对圈舍进行消毒。

③ 羔羊实行强制补饲，防止羔羊（尤其是多羔羔羊）因饥饿而不断吮乳，从而损伤母羊乳头。

④ 给母羊乳头药浴。由于乳汁排出，乳头和乳房形成负压状态，乳头皮肤上的病原微生物很容易侵入到乳头管、引发乳房炎。因此，可对母羊进行乳头药浴。药浴可以杀死附着在乳头皮肤上、乳孔周围和乳管内的病原微生物，预防乳房炎发生。

⑤ 提高营养水平，满足母羊对蛋白质、能量、矿物质和维生素的需要，以增强机体的抵抗力。

⑥ 接种疫苗。据报道，在母羊的乳室内注射2头份或2头份以上由2～6个品系金黄色葡萄球菌制成的类毒素，免疫效果较好。意大利给母羊接种这种类毒素后，坏疽性乳房炎的发病率由5%降至0.3%（Conini，1968）；南斯拉夫的免疫接种羊群发病率由7%降至0（Katitich，1967）；英国与法国也取得了较好的效果。

（4）治疗方法

① 控制进食量，减少日粮中精料和多汁饲料用量。同时，限制饮水量。

② 及时挤出淤乳和炎性渗出物，减轻乳房组织紧张度。

③ 用布带将乳房托起来，改善乳房血液循环。

④ 全身治疗。对急性坏疽性病例应立即隔离，静脉大剂量注射等渗溶液和抗生素；可选用头孢唑林、头孢氨苄、庆大霉素、多西环素、红霉素等，或青霉素、链霉素及磺胺噻唑等；每隔6～8 h用药一次，连用3～4 d。对于严重病例，也可以联合应用青霉素及磺胺噻唑，或者联合应用青霉素和链霉素。为了减轻疼痛，可按每千克体重静脉注射0.25%～0.5%普鲁卡因生理盐水0.5～1 mL。

⑤ 局部治疗。

——乳房冲洗灌注。先挤净积乳，用生理盐水或0.05%～0.1%雷夫奴尔50～100 mL注入乳池，轻轻按摩后挤出，连续冲洗几次，然后注入所选用的抗生素。对于吸收快的药物，每隔12 h给药一次，连用3～4次。为了促进乳导管开放和抗生素渗透，可在抗生素药液中加入适量的肾上腺素，如氢化可的松200～300 mg；为了消除毒物，可肌肉注射促产素2～4IU。

——外敷。在炎症早期，用10%硫酸镁溶液进行冷敷。中后期则用40～45 ℃热水进行热敷，然后涂搽樟脑软膏或鱼石脂软膏。

——乳房切除。对发展到后期的病例，可考虑施行乳房切除术。

2. 大肠杆菌性乳房炎

大肠杆菌性乳房炎常由多种菌株引起，多因环境污染所致。

（1）发病原因及特点　母羊因饲养管理不善而致使产后机体抵抗力下降、乳头和乳腺遭受损伤、羔羊咬伤乳头都可致大肠杆菌等病原细菌进入母羊体内，引起乳房组织炎症反应。

（2）主要症状　患病母羊的临床症状主要表现为体温升高、乳房肿胀、厌食、精神沉郁、昏睡、心跳加快、休克甚至死亡，乳汁变为水状，常呈急性经过。

（3）预防措施

① 加强母羊饲养管理，尤其是产后母羊的饲养管理，提高机体抗病力。

② 定期对圈舍进行清扫、消毒。

（4）治疗方法　以抗菌消炎、解热镇痛为主，改善血液循环为辅。

① 对发病初期的羊，可按摩乳房，尽量挤出乳汁。对于红、肿、热、痛剧烈的羊，为了促进炎性渗出物的吸收和消散，可用10%硫酸镁水溶液冷敷，每天2～3次，每次15～20 min。冷敷以后，取青霉素40万IU、0.5%普鲁卡因5 mL，溶解后用乳房导管注入乳孔内，然后轻揉乳房腺体部位，使药液均匀分布于乳房腺体中；也可用青霉素、普鲁卡因溶液在乳房基部分点注射封闭，每2 d封闭1次；同时，可配合外敷治疗法，即取鲜蒲公英100 g（捣成泥）或鱼石脂外敷。

② 对治疗2～3 d后的羊，可改用45 ℃10%的硫酸镁溶液热敷，每天1～2次，连敷4～5次。同时，局部或全身用药。

③ 对脓性乳房炎，可选用0.02%呋喃西林溶液、0.10%～0.25%雷佛奴尔液、3%过氧化氢溶液或0.1%高锰酸钾溶液，注入乳房脓腔内，进行冲洗消毒、引流排脓。必要时，给病羊静脉注射四环素类药物，以消炎和增强机体抗病能力。

④ 对出血性乳房炎，禁止按摩，轻轻挤出血奶，用0.25%～0.5%普鲁卡因10 mL溶解青霉素20万IU，注入乳房内。如果乳池中积有血凝块，可以通过乳头管注入1%的盐水50 mL，以溶解血凝块。

⑤ 对有全身症状的羊，可选择静脉注射头孢类药物（如头孢他啶，头孢哌酮等）、青霉素类（如阿莫西林）、喹诺酮类（如左氧氟沙星，莫西沙星）和庆大霉素等。

3. 巴氏杆菌性乳房炎

巴氏杆菌性乳房炎也叫硬质性乳房炎，是由多杀性巴氏杆菌引起的一种恶性乳房炎。

（1）发病原因及特点　巴氏杆菌性乳房炎属于条件性内源性传染病，常呈地区性散发性流行。环境卫生差，气候突然变化是诱发该病发生的主要原因。该病的致病菌可能是巴氏杆菌，也可能是巴氏杆菌与金黄色葡萄球菌或其他病原菌混合感染，发病快、病势猛。2～3岁的青年母羊比老龄母羊更容易发生。

（2）主要症状　由巴氏杆菌引起乳房炎表现为乳房急性肿胀、疼痛、坚硬。前期发红，后期变为青紫色。奶量急骤减少，乳汁变清，内有絮状物。病愈后的母羊，乳房经常发生脓肿，皮肤表面破溃，最后形成纤维化硬块。

（3）预防措施

① 接种羊巴氏杆菌疫苗。

② 加强羊群管理。定期对圈舍环境进行清理、消毒，尽可能地保持圈舍干燥、卫生。

（4）治疗方法　巴氏杆菌性乳房炎发病快，病势凶猛，必须抓紧时间治疗，抗生素药物最好通过静脉输入。

① 选用链霉素或链霉素配合青霉素、氢化可的松、磺胺类药物。

② 对症治疗。可参考大肠杆菌性乳房炎相关治疗方法。

4. 链球菌性乳房炎

引起羊乳房炎的链球菌主要有无乳链球菌、停乳链球菌及乳房链球菌三种。

(1) 发病原因及特点　链球菌的种类有很多，在整个自然环境中广泛存在，其中无乳链球菌属于传染性病原微生物；其潜伏期长达数周至数月，动物感染后不能及时被发现，常常造成畜群内大面积的爆发。乳房链球菌和停乳链球菌属于环境性致病菌，大多寄生在羊体表及周围环境中，往往因乳房破损和挤奶工人的手含菌导致感染。

(2) 主要症状　停乳链球菌引起的羊乳房炎一般发病较急，常常伴有重症感染的趋势，但病程通常比较短。而乳房链球菌引起的羊乳房炎传染性较低，若不进行治疗也可自行康复。

(3) 预防措施

① 保持羊舍及活动场干燥、通风。及时清除排泄物，减少环境中的病原菌对羊乳房的污染。

② 定期选用0.5%漂白粉或2%克辽林、石炭酸和来苏儿对圈舍进行消毒。

(4) 治疗方法　链球菌对青霉素、头孢菌素、四环素、红霉素、磺胺类药物都较敏感。一般广谱抗生素治疗链球菌引起的乳房炎都有效果，参考大肠杆菌性乳房炎的治疗方法相关内容。关键是要早发现、早治疗。

5. 支原体性乳房炎

支原体属于接触性乳房炎病原菌，主要有无乳支原体、丝状支原体山羊亚种、精氨酸支原体等。其中，无乳支原体可引起羊急性、热性、败血性传染病——无乳症。

(1) 发病原因及特点　支原体常常寄居在动物的乳腺、消化道、呼吸道、眼睛等处，可通过动物之间的直接或者间接接触而传播流行。一般是春季多发，潜伏期1周～2个月不等，多见于怀孕后期母羊。绵羊、山羊都可发病，山羊的临床症状更加明显。

(2) 主要症状　在临床上，无乳支原体引起的症状以无乳症、关节炎、角膜炎和流产为主要特征。发病初期，病羊体温高达41～42℃，食欲下降；出现间质性乳腺炎，乳腺温度升高、肿胀、疼痛；妊娠母羊出现流产。紧接着乳汁的质和量突然下降，乳汁颜色淡，呈颗粒状，水和固相物质分离；或者乳汁呈黄色黏稠的块状，乳凝块可能堵塞乳头管。受感染的一侧或双侧乳房萎缩，甚至子宫、眼睛和关节等处出现病灶，同时可引起继发性败血症。

(3) 预防措施

① 做好购进羊只的隔离检疫工作。

② 加强羊群饲养管理，定期对圈舍环境和用具进行消毒处理。

③ 有条件的羊场可接种疫苗。

(4) 治疗方法　可选择注射下列药品：

① 肌肉注射泰姆林、泰乐菌素20 mg/kg，2次/d。

② 肌肉注射红霉素3～5 mg/kg，2次/d。

③ 肌肉注射四环素10 mg/kg，1次/d。

6. 病毒性乳房炎

除绵羊进行性肺炎所表现的乳房炎外，由病毒引起的羊乳房炎多为继发感染。

（1）发病原因及特点　传染性脓疱病毒、口蹄疫病毒、水泡性口炎病毒等感染羊乳房皮肤、损坏皮肤后都会继发乳房炎。绵羊进行性肺炎病毒通过初乳和接触传染，而且由此引起的乳房炎最具危害性。

（2）主要症状　由绵羊进行性肺炎病毒引起的乳房炎主要症状：产后母羊乳房充盈而触诊坚硬、泌乳量显著下降、乳头逐渐干瘪。病羊会随着肺炎症状的恶化而死亡。

（3）预防措施

① 做好购进羊只的隔离检疫工作。

② 及时扑杀病羊及带毒羊，并对圈舍环境进行严格消毒处理。

（4）治疗方法　目前，尚无有效的绵羊进行性肺炎疫苗和治疗办法。对其他病毒引起的乳房炎，可根据具体情况对症治疗或对病羊进行扑杀处理。

另外，由念珠菌、隐球菌和曲霉菌等引起的真菌性乳房炎也是不可忽视的。虽然该病多呈散发性，但对母羊乳腺组织造成的损伤往往是不可逆转的。生产中应注意环境卫生，做好挤奶与治疗器具的消毒工作，及时对病原菌进行分离鉴定，以便采取有效的防控措施。

（九）伪结核

羊伪结核病是由结核棒状杆菌引起的一种慢性传染病。由于结核棒状杆菌多侵害羊体局部淋巴结，形成脓肿，脓呈干酪样，故又称干酪样淋巴结炎。有时在病羊的肺脏、肝脏、脾脏及子宫等内脏器官上形成大小不等的结节，内包浅黄绿色干酪样物质；从表面上看，与结核病的结节相似，因此被称为伪（假）结核病。

1. 发病原因及特点

结核棒状杆菌不仅存在于粪便和自然界的土壤中，而且也存在于动物的肠道、皮肤及被感染器官中，特别是化脓的淋巴结中；结核棒状杆菌可随脓汁、粪便等排出而污染羊舍、草料、饮水和饲用器具，使健康羊受到污染。该病主要通过伤口感染，如打号、去角、脐带处理不当、尖锐异物等引起的外伤等；也可通过消化道、呼吸道感染及吸血昆虫传染。该病分布广、发病率高。绵羊和山羊均可患病。

2. 主要症状

根据病变发生的部位，临床上可分为体表型、混合型和内脏型 3 种。其中，以体表型多见，主要表现为局部淋巴结出现脓肿、脓呈干酪样。混合型和内脏型较少见。

3. 预防措施

① 定期检查羊群。发现病羊，应隔离饲养，及时治疗或淘汰。

② 对自然破溃污染的场所应进行彻底消毒。切开成熟脓肿进行排脓时，应用器具收集脓汁，进行无害化处理，防止病菌扩散。

③ 日粮中添加 0.01%复方纳米抗菌肽。

4. 治疗方法

① 在肿块形成初期，可向肿块中心部位注射适量的 2%浓碘酒或 75%酒精。

② 对有全身症状的病羊，可用 0.5%黄色素 10～15 mL，1 次静脉注射；同时，肌肉注射青霉素 160～320 万 IU，2～3 次/d。

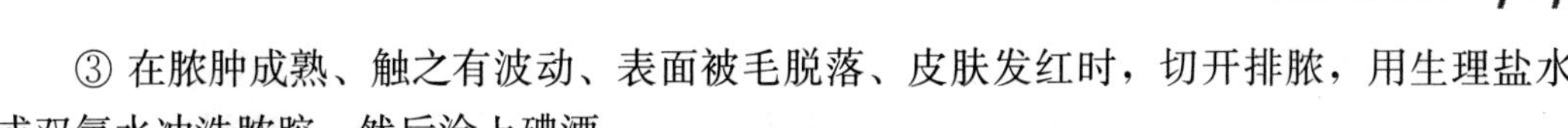

③ 在脓肿成熟、触之有波动、表面被毛脱落、皮肤发红时，切开排脓，用生理盐水或双氧水冲洗脓腔，然后涂上碘酒。

（十）李斯特菌病

羊李斯特菌病也叫转圈病，是由李斯特菌（也叫李斯特菌）引起的一种多种家畜、家禽、啮齿动物和人共患的急性传染病。

1. 发病原因及特点

该病多为散发，发病率低，但病死率很高。绵羊、山羊都能够感染该病，其中羔羊和妊娠母羊最容易发病。李斯特菌广泛存在于牧草、青贮饲料、有机质、土壤、粪便和水等中，并能在 4 ℃低温条件下繁殖。羊采食青贮饲料，尤其是采食了 pH＞5.0 的劣质青贮料后，很容易感李斯特菌。患病动物和带菌动物的分泌物、排泄物中含有大量病菌，这些病菌可能通过消化道、呼吸道、眼结膜或损伤的皮肤感染健康动物。该病潜伏期从数天到 2 个月不等，平均为 3 周。病程一般为 3～7 d，长者为 2～3 周。

2. 主要症状

病羊初期体温升高到 40～41.6 ℃，不久降至常温。临床症状可分为脑炎型、子宫炎型和败血型 3 种。脑炎型病羊常见症状是转圈。一般来说，病羊都有单侧面神经麻痹和（或）头歪向麻痹一侧的症状，不会躲避障碍物，容易摔倒。由于舌头麻痹，不能正常吞咽，病羊常常大量流涎；同时，其直肠温度会保持正常或稍增高。患羊可在几天内死亡。成羊通常表现迟钝，而羔羊常常高度兴奋。子宫炎型妊娠母羊患病后，出现流产、产死胎或弱羔、胎盘滞留等症状；流产一般发生于妊娠后期。流产母羊阴道常有深褐色排出物，子叶和子叶间区域坏死，胎儿自溶；胎儿肝脏（也可能是肺脏）有直径为 0.5～1 mm 的坏死灶。产出的羔羊往往会发生急性败血症，很快死亡。败血型病羊表现出精神萎靡，稍微发热，流泪、流涎、流鼻液，不听驱使，采食减少，吞咽速度缓慢，病程持续时间短，快速死亡。

有神经症状的病羊死后剖检，可见脑及脑膜充血、水肿、出血，脑脊髓液增多、稍显浑浊。流产母羊胎盘发炎，子叶水肿，子宫内膜充血、出血和坏死。败血型病羊肝脏有坏死灶。

3. 预防措施

① 控制青贮饲喂量，禁止饲喂劣质青贮饲料。

② 对羊群进行严格检疫，一旦出现病羊，及时隔离与淘汰。

③ 满足羊群的营养供应，定期对环境与器具进行彻底消毒。

4. 治疗方法

各种抗生素对该病均有良好的治疗效果。可用青霉素 20 万 IU、链霉素 25 万 IU，肌肉注射，2 次/d，连用 3～5 d。

（十一）进行性肺炎

羊进行性肺炎（简称 OPP），是由逆转录病毒科中的梅迪-维斯纳（Meadi - Visna）病毒引起的一种以呼吸系统障碍为主要特征的慢性传染病，广泛分布于世界各地。60～80 年代进口羊只已将该病带入我国。

1. 发病原因及特点

该病潜伏期较长，一般为2～6年。发病初期症状并不明显，无明显体温反应，直至2岁以上才表现出症状并可检测出抗体。病羊是病毒携带者。绵羊对OPP病毒较易感，山羊也可以感染。该病毒对山羊也有较强的致病性。母羊通过初乳可将病毒传染给羔羊，也可以通过羊只的接触传染。

2. 主要症状

在临床上，病羊以慢性、进行性、间质性肺炎为特征。病羊表现为干咳、气喘、流鼻涕、呼吸困难，逐渐消瘦，长期躺卧，病情进行性加重直至死亡；解剖后，可见肺部明显肿大，呈灰红色，质似海绵状。感染OPP病毒的母羊都有淋巴浆细胞性乳腺炎。产羔后，乳房充盈但触诊坚硬、泌乳量迅速下降、乳头干瘪。也有的羊以脑膜炎为特征，病羊表现为后肢步态不稳、轻瘫直至完全瘫痪，嘴唇颤抖，体况迅速下降，在数周或数月内死亡。

3. 预防措施

① 羔羊出生后，立即与母羊分离，用牛初乳或人工乳喂养。

② 对患病羊群进行检疫、扑杀处理。

③ 对病羊所处圈舍及周围场地进行彻底消毒处理。

4. 治疗方法

该病从30年代发现至今，尚无有效的疫苗和治疗办法。

（十二）腐蹄病

腐蹄病也叫坏死杆菌病，是由坏死杆菌引起的一种家畜慢性传染病。

1. 发病原因及特点

该病多发生于低洼潮湿地区和多雨季节，呈散发性或地方性流行。绵羊比山羊易感。坏死杆菌广泛存在于动物的饲养场、被污染的土壤、沼泽地、池塘等处，还存在于健康动物的口腔、肠道和外生殖器等处。病原菌主要通过羊损伤的皮肤和黏膜感染。圈舍及放牧地面潮湿是该病的主要诱因。

2. 主要症状

患羊病初出现跛行，蹄抬起不敢着地，蹄冠与趾间发生肿胀、热痛，而后溃烂，挤压肿烂部有发臭的脓液流出；随病变发展，可波及肌腱、韧带和关节，有时蹄壳脱落。在蹄底可发现小孔或大洞。病羊放牧采食会受到影响，身体逐渐消瘦。

3. 预防措施

① 及时清除圈舍及运动场上的污泥、石块及其他异物，尽量避免羊蹄部受伤。

② 保持圈舍卫生、干燥。

③ 禁止长期在低洼潮湿的地方放牧或卧息。

4. 治疗方法

病初，可用10%硫酸铜溶液浸泡，每次10～30 min，每天早晚各一次。蹄化脓时，先用尖刀挖除坏死部分，再用1%高锰酸钾溶液或3%来苏儿溶液或食醋冲洗创面，也可用6%福尔马林或5%～10%硫酸钠浸泡蹄部，最后涂以消炎粉、松节油或抗生素软膏，并用绷带包扎患部。

（十三）链球菌病

羊链球菌病是由溶血性链球菌引起的一种急性、热性、败血性传染病。该病以颌下淋巴结和咽喉部肿胀、大叶性肺炎、呼吸异常困难、各种脏器出血、胆囊肿大为特征。

1. 发病原因及特点

该病绵羊易感性高，山羊次之。病羊和带菌羊是该病的主要传染源，主要通过呼吸道传播，也可通过损伤皮肤、黏膜及寄生虫叮咬传播。病死羊的肉、骨、毛和皮等均可散播病原菌。新发病区常呈流行性发生，老疫区则呈地方性流行或散发。冬、春寒冷季节多发，瘦弱羊群多发，死亡率可达80%以上。

2. 主要症状

该病潜伏期为2～7 d，少数可达10 d。病羊体温升高至41 ℃，呼吸困难，精神不振，食欲废绝。眼结膜充血，眼睛流出脓性分泌物。口流涎水，并混有泡沫；鼻孔流出浆液性、脓性分泌物。咽喉肿胀，颌下淋巴结肿大，部分病例舌体肿大。粪便松软，带有黏液或血液。有些病例可见眼睑、口唇、面颊及乳房部位肿胀。妊娠羊可发生流产。病羊死前常有磨牙、呻吟和抽搐现象。病程为1～3 d。少数患羊没有明显临床症状，突然死亡。

解剖后，可见淋巴结出血、肿大。鼻、咽喉、气管黏膜出血。肺脏水肿、气肿，肺实质出血、肝变，呈大叶性肺炎，有时可见有坏死灶；肺脏常与胸壁粘连。肝脏肿大，表面有少量出血点；胆囊肿大2～4倍，胆汁外渗。肾脏质地变脆、变软、肿胀、梗死，被膜不易剥离。各脏器浆膜面常覆有黏稠、丝状纤维素样物质。

羊链球菌病与炭疽、巴氏杆菌病及羊快疫的临床症状区别：

（1）与炭疽病的区别　炭疽患羊无咽喉炎、肺炎症状，唇、舌、面颊、眼睑及乳房等部位无肿胀，眼、鼻不流浆性分泌物、脓性分泌物；各脏器特别是肺，浆膜面无丝状黏稠的纤维素样物质。

（2）与羊快疫类病的区别　羊快疫类疾病患羊无高热及全身广泛出血变化。

（3）与羊巴氏杆菌病的区别　羊链球菌病与羊巴氏杆菌病在临床症状上很相似，需要通过细菌学检验做出鉴别诊断。

3. 预防措施

① 加强防疫检疫工作。

② 禁止从疫区购进种羊、羊肉或皮毛产品。

③ 用羊链球菌氢氧化铝甲醛菌苗进行预防接种。大小羊只一律皮下注射3 mL，3月龄以下羔羊在2～3周后重复接种1次，免疫期可维持半年以上。

④ 加强饲养管理，做好防寒保暖工作。

⑤ 选用2%石炭酸或2%来苏儿或0.5%漂白粉溶液对圈舍进行消毒。

4. 治疗方法

发病初期可选用下列治疗方法：

① 肌肉注射青霉素80万～160万 IU，2次/d，连用2～3 d。

② 口服磺胺嘧啶，每次5～6 g（小羊减半），用药1～3次。

③ 口服复方新诺明，每次每千克体重25～30 mg，2次/d，连用3 d。

(十四) 传染性胸膜肺炎

传染性胸膜肺炎也叫支原体肺炎或霉形体肺炎，属于急性接触性传染病。

1. 发病原因及特点

该病常呈地方流行性，一年四季均可发生。绵羊、山羊均可发病，最高发病率可达95.3%。不同品种羊对该病的易感性不同。营养缺乏、感冒、运输应激、气候变化（阴雨连绵、寒冷潮湿）、羊群拥挤等因素都可诱导该病发生。主要经呼吸道传染。

2. 主要症状

该病的潜伏期为3～20 d不等，有的更长。病情多呈急性经过。患病初期体温高达41 ℃以上，精神萎靡，食欲减退，呼吸加快，咳嗽次数增加，有铁锈色浆性或脓性鼻液。病情恶化时，呼吸困难，弓背；有的羊发生腹胀、腹泻。急性病程为3～5 d，一般病程为7～15 d。死亡率高达60%以上。

剖检后，多见一侧肺发生明显的肝样病变，病肺部呈红灰色，切面呈大理石样，胸膜变厚。有的羊病肺与胸壁相粘连。有的羊肺膜、胸膜和心包相粘连，胸腔有大量块状脓性物和黄色积水。

3. 预防措施

① 从非疫区购进健康羊只，不购病羊。

② 购回后便开始肌肉注射长效土霉素，连续注射3～5 d。

③ 对购回羊只进行严格消毒，隔离观察1个月。

④ 及时接种传染性胸膜肺炎疫苗。

4. 治疗方法

一般羊治疗意义不大，应尽量考虑淘汰。确需治疗的，可选择下列方法：

① 将新砷矾钠明（914）按5月龄以下羔羊0.1～0.15 g、5月龄以上羊0.2～0.25 g的剂量，用生理盐水或5%葡萄糖盐水稀释成5%溶液，一次静脉注射。必要时，间隔4～7 d后再注射1次。

② 按每千克体重0.15 mL皮下注射磺胺嘧啶钠注射液，1次/d。

③ 按每千克体重5～10 mg肌肉注射泰乐菌素，2次/d，连用3～5 d。

④ 发病初期，按每千克体重10～20 mg灌服盐酸土霉素，2次/d，连服5～7 d。

(十五) 羊痘

羊痘是由羊痘病毒引起的一种急性热性接触性传染病，属于二类传染病，俗称“羊天花”。

1. 发病原因及特点

绵羊痘病毒主要感染绵羊。山羊痘病毒感染山羊，但少数毒株可感染绵羊。病羊是主要传染源，病毒大量存在于皮肤和黏膜的脓疱、痂皮及鼻黏膜分泌物中。羊痘潜伏期一般7～14 d，经呼吸道、消化道和受损的皮肤感染。病羊污染的饲料、饮水、土壤及病羊等均可成为传播媒介。羊痘多发于冬季、春季，但一年四季均可发生。气候严寒、雨雪、霜冻和饲管不良等因素可促使该病发生和加重病情。该病在羊群传播速度很快，病羊痊愈后有终身免疫力。人接触病羊污染物也会感染羊痘，痊愈后也有终生免疫力。

2. 主要症状

患羊精神沉郁，食欲减退，呼吸加快，体温升高至 40～42 ℃，可视黏膜有卡他性及脓性炎症。发病初期，皮肤有红色或紫红色的小丘疹、水疱、痂皮，痂四周有较特殊的灰白色或紫红色晕，其外再绕以红晕，最后变成结节、干燥及结痂而自愈。病程一般为 3 周，也可长达 5～6 周，仅有微热，局部淋巴结肿大。羔羊容易并发结膜炎、鼻炎、咽炎及内脏器官痘疱，可继发肺炎、胃肠炎和脓血症等。

3. 预防措施

① 加强饲养管理，注意环境卫生与消毒。

② 新购进羊只隔离观察 30 d 后方可入场。

③ 接种羊痘苗。绵羊可以接种绵羊痘苗，也可以接种山羊痘苗；但山羊只能接种山羊痘苗。

④ 对已发病地区进行严格封锁。

⑤ 对疫区的未发病羊只紧急接种羊痘弱毒苗 2 头份/只。

⑥ 对病羊排泄物，以及被污染或可能污染的饲料、垫料、污水等，通过焚烧、密封堆积发酵等方法进行无害化处理。

4. 治疗方法

① 对已发病的羊只接种羊痘弱毒苗 8～10 头份/只。

② 有条件的养殖场可分离痊愈羊血清，成年羊皮下注射血清 20～30 ml/只。

③ 对有继发感染的羊只进行对症治疗。

（十六）衣原体病

衣原体病又称鹦鹉热，是由鹦鹉热衣原体引起的人畜共患传染病。

1. 发病原因及特点

衣原体可通过呼吸道、消化道、生殖道、胎盘或皮肤伤口感染各年龄绵羊、山羊。羔羊感染后临床症状较重，甚至会死亡。被感染的母羊不会立即出现症状，直到妊娠期才会出现流产。初产母羊发病率高于经产母羊。该病多为散发或地方性流行。在新爆发区，母羊的流产率可达 20%～60%，但此后一两年内发病率会明显见少。该病一年四季均可发生，但以冬季、春季发病率较高。

2. 主要症状

羔羊感染该病后，会出现发热、跛行、多发性关节炎、双侧性结膜炎等症状，甚至出现败血症而死亡。母羊表现为无征兆流产或产弱羔、死胎等症状。流产多发生在怀孕后期，流产后多见胎衣滞留、外阴部肿胀、精神不振等现象。

3. 预防措施

① 加强饲养管理，提高羊群体质。

② 繁殖公母羊接种羊衣原体灭活苗。

③ 及时隔离病羊，并对病羊的胎衣、死胎及其污染物进行无害化处理。

④ 定期对圈舍进行清理消毒。用 2%氢氧化钠溶液对被污染场地进行彻底消毒。

4. 治疗方法

母羊在流产前，胎盘已经发生病变，胎儿受到严重损害，治疗效果较差。对羔羊和有继发细菌感染的母羊可采取对症治疗。

（十七）布鲁氏菌病

布鲁氏菌病是由布鲁氏菌引起的人、畜共患的慢性传染病。

1. 发病原因及特点

主要侵害羊生殖系统。母羊的易感性高于公羊，性成熟后对该病极为易感。该病常呈地方性常年流行。患病母羊的阴道分泌物、乳汁、流产胎儿、胎衣、羊水，以及公羊精液内都含有大量病原体。健康羊采食被布鲁氏菌污染的饲料或饮水就会发病。该病也可通过交配、皮肤或黏膜的接触而传染。人接触病羊或带菌分泌物、排泄物后，如果不严格消毒，也会感染布鲁氏菌病。

2. 主要症状

该病以母羊发生流产和公羊发生睾丸炎为主要特征。感染布鲁氏菌病的羊群，初期表现为少数孕羊流产，之后逐渐增多，严重时达半数以上。患病母羊通常流产一次便可获得终身免疫。多数羊为隐性感染。患病母羊常在怀孕后3～4个月流产，但也有的母羊不发生流产。有时病羊发生关节炎和滑液囊炎而致跛行；公羊发生睾丸炎；少部分羊发生角膜炎和支气管炎。

3. 预防措施

① 定期对羊群进行检疫，及时隔离、扑杀呈阳性反应的羊，严禁可疑羊与健康羊接触。

② 对已污染的用具和场所进行彻底消毒。

③ 深埋或焚烧流产胎儿、胎衣、羊水和产道分泌物等。

④ 疫区可接种布鲁氏菌疫苗。

（十八）小反刍兽疫

小反刍兽疫，俗称羊瘟，又名小反刍兽假性牛瘟、肺肠炎、口炎肺肠炎复合症，是由小反刍兽疫病毒引起的一种急性、烈性传染病，属于一类传染病。

1. 发病原因及特点

该病主要感染绵羊、山羊和野生小反刍动物，山羊高度易感，发病率可达90%，死亡率为50%～80%，严重时可达100%。猪和牛也可感染，但通常无临床症状，也不能将该病传给其他动物。该病主要通过直接或间接接触传播，多雨季节和干燥季节易发生。

2. 主要症状

该病潜伏期4～5 d。病羊体温骤升至40～41 ℃，持续5～8 d后体温下降。病羊表现为精神沉郁，食欲减退，唾液分泌增多，鼻腔分泌物初为浆液性、后为脓性；常呈现卡他性结膜炎，母羊流产。后期口腔黏膜出现弥漫性溃疡、坏死，流涎不止。常伴有支气管肺炎和出血样腹泻，随之脱水，呼吸困难，体温下降。通常在发病后5～10 d死亡。

3. 预防措施

① 注射小反刍兽疫弱毒苗。

② 注意环境消毒与病羊隔离。

（十九）炭疽

炭疽是由炭疽芽孢杆菌引起的一种急性、败血性、人畜共患传染病。

1. 发病原因及特点

各种家畜及人都可感染炭疽，绵羊、山羊等草食动物最易感染。该病多见于夏、秋两季，呈散发性流行。病畜是主要传染源，羊因采食了被炭疽杆菌污染的饲料或饮用了被污染的水源而感染，也可因吸血昆虫叮咬及黏膜创伤而感染，含有炭疽芽孢的飞沫、尘埃也可经呼吸道黏膜使羊感染。被污染的土壤、水源和牧场是持久性的疫源地。

2. 主要症状

羊多为最急性经过；初期表现为兴奋不安，体温升高，行走摇摆，心跳加速，呼吸加快，可视黏膜发绀。后期患羊突然倒地，全身战栗，昏迷，呼吸困难，磨牙；口、肛门、阴门等天然孔流出酱红色泡沫血水，血水凝固不良；病羊多在数分钟内死亡。

3. 预防措施

① 在炭疽病疫区，定期给羊群接种无毒炭疽芽孢苗（仅用于绵羊）或炭疽芽孢苗（山羊、绵羊均可用）。

② 发现疑似炭疽病羊时，立即隔离病羊并报告当地动物检疫部门，经过兽医检验人员检验后再做处理。

③ 用漂白粉溶液或过氧乙酸对被污染的畜舍、场地及用具进行喷洒消毒。

④ 对被污染的饲料、粪便用焚烧、深埋的方法进行处理。

⑤ 确诊为炭疽病的羊不得解剖，更不得食用，应将病羊尸体及污染物焚烧后再洒上消毒药深埋处理。

4. 治疗方法

对全群未发病羊只进行青霉素＋链霉素预防性治疗，2 次/d。连续肌肉注射 5 d。

（二十）口蹄疫

口蹄疫又称“口疮”“蹄癀”，是一种人和偶蹄动物易感的急性、发热性、高度接触性传染病。

1. 发病原因及特点

牛最易感染，绵羊、山羊次之，各种偶蹄兽及人也可感染。该病传染性很强，通常呈流行性；但发生和流行有明显的季节性，多为秋末开始、冬季加剧、春季减轻、夏季平息。

该病的病原为口蹄疫病毒。该病毒分 A、O、C 等 7 个主型，各型之间不能交叉免疫。口蹄疫病毒的毒力强，对外界的抵抗力大，在羊毛、饲料和粪便中能存活很长时间。病畜和带毒动物为传染源，主要通过消化道、呼吸道、黏膜和皮肤感染。在新疫区呈流行性、发病率高，而在老疫区发病率较低。

2. 主要症状

病羊口腔黏膜和蹄部的皮肤出现水泡、溃疡和糜烂，有时也见于乳房。在水泡期，病羊体温可升高至 40～41 ℃，精神沉郁，食欲下降，继而在口腔黏膜（唇内侧、齿龈、舌面及颊部）及趾间、乳头的皮肤上出现豌豆大至蚕豆大水泡，尔后水泡互相汇合，形成大水泡或连成一片，并很快破溃。病羊大量流出带泡沫的口涎。如果单独口腔发病，经1～2 周即可痊愈。蹄部发病羊则跛行明显；若破溃后被细菌污染，跛行严重。哺乳羔羊对口蹄疫特别敏感，常呈现出血性胃肠炎和心肌炎症状，而不出现水泡。患羊发病急、死亡快。

山羊患病时，通常口腔及蹄部都有水泡和溃烂，病情较绵羊重，死亡率也高。绵羊患病时，主要在蹄冠和趾间发生水泡和溃烂，口腔一般没有病变。

3. 预防措施

① 发现疑似口蹄疫病羊时，应立即报告兽医防疫部门，并隔离病羊。

② 用2%氢氧化钠对病羊使用过的所有器具及被污染的圈舍环境进行彻底消毒。

③ 疫病确认后，立即进行严格封锁、隔离、消毒及防治等一系列工作。

④ 病羊扑杀后，要予以无害化处理。工作人员外出要全面消毒，病羊吃剩下的饲料或饮水要烧毁或深埋。

⑤ 选择与当地流行的口蹄疫毒型相同的疫苗，对疫区周围的羊群进行紧急接种。

4. 治疗方法

该病一般不允许治疗，应就地扑杀，进行无害化处理。大多数被感染羊会在两周后自愈，必要时可在严格隔离下，作如下对症治疗：

(1) 口腔治疗　用0.1%高锰酸钾洗涤口腔，给溃疡面涂以1%～2%明矾或碘甘油合剂，涂搽3～4次，也可使用冰硼散（取冰片15 g、硼砂150 g、芒硝18 g，研磨）涂搽。

(2) 蹄部治疗　用3%可辽林或来苏儿洗涤，然后涂以碘甘油或四环素软膏，再用绷带包裹，不可接触湿地。

(3) 乳房治疗　先用肥皂水或2%～3%硼酸水清洗，然后涂2%龙胆紫溶液或抗菌消炎软膏。

(二十一) 皮肤真菌病

皮肤真菌病是由多种皮肤真菌引起的人、畜、禽共患性皮肤传染病。

1. 发病原因及特点

危害绵羊、山羊的多为疣状发癣菌，可引起羊慢性、局部性、浅表霉菌性皮炎。可引起该病的真菌在皮肤的角质层和毛囊中生长并形成菌丝，在自然情况下，不侵入深部组织或内脏器官。主要通过病羊与健康羊直接接触传染，若饲养员的手和衣服携带病原也可成为传染的媒介。冬季，饲养在阴暗潮湿、通风不良的羊舍的羊更容易发病。

2. 主要症状

该病的主要特征是皮肤上出现有界限明显的圆形癣斑，患部皮肤增厚，脱毛，覆以鳞屑或痂皮。有的表现为单纯的圆形脱屑，有时有蔓延到全身的倾向，但并不侵害四肢下端。

3. 预防措施

① 严格执行羊群定期检疫和圈舍、器具定期消毒制度。

② 及时隔离病羊并对污染的圈舍和器具进行消毒。

4. 治疗方法

主要采取局部治疗。用药前，先将病变部残留的被毛、鳞屑及痂皮清除，然后用温肥皂水将患部彻底清洗干净，待干燥后，可选用达可宁霜、5%碘酊、硫黄制剂（取硫黄30 g、凡士林100 g，制成软膏）、灰黄霉素软膏等，每1～2 d涂搽一次，连用3～4次。

三、寄生虫病

（一）球虫病

球虫病是由艾美耳球虫引起的一种急性或慢性肠炎性原虫病。

1. 发病原因及特点

各品种的绵羊、山羊都易感染球虫病。羔羊极易感染，食入被侵袭性卵囊污染的饲料和饮水，就可能感染发病。成年羊一般都是带虫者，不表现症状。该病多在春、夏、秋潮湿季节流行；冬季气温低，不利于球虫卵囊发育，很少感染。

2. 主要症状

病羊最初排出的粪便较软，逐渐变成恶臭的水样稀粪，污染后躯。有些羊粪便带血。病羊努责，有时发生直肠脱出。病羊腹泻数日后，表现食欲不振、脱水、体重下降、卧地不起、衰弱。病初体温升高，但很快降至正常或偏低。病情严重的羔羊多在发病后3～4 d内死亡。

3. 预防措施

① 每天清扫羊舍，及时清除粪便和污物。

② 定期对圈舍、饲槽、饮水器及各种用具进行消毒，保持圈内干燥、卫生，并能够晒上太阳。

③ 对粪便等污物进行集中生物发酵处理，避免羔羊接触带有球虫卵囊的污物。

④ 母子分群饲养（如强制补饲）。

⑤ 及时隔离病羊。

4. 治疗方法

可选择下列治疗方法：

① 50日龄羔羊按每千克体重1 mg剂量灌服杀球灵（地克珠利），1次/d，连用2 d，间隔14 d后重复用药。

② 按每千克体重20 mg灌服百球清（甲基三嗪酮，妥曲珠利），1次/d，连用2 d。

③ 首次按每千克体重0.2 g剂量灌服磺胺嘧啶或磺胺二甲嘧啶，维持量为0.1 g/kg，每12 h灌服1次，同时配合等量的碳酸氢钠，连用3～4 d。

（二）消化道线虫病

羊消化道线虫病是羊消化道线虫寄生在羊胃肠引起的、以消化紊乱及胃肠道炎为特征的寄生虫病。

1. 发病原因及特点

常见的羊消化道线虫有捻转血矛线虫、奥斯特线虫、马歇尔线虫、毛圆线虫、细颈线虫、古柏线虫和仰口线虫等。可用饱和盐水漂浮法检查新鲜粪便，发现虫卵即可确诊。羊死后剖检，可对消化道内发现的虫体进行鉴定。

2. 主要症状

病羊主要表现为消瘦、贫血、腹泻，眼结膜苍白；严重病例的下颌间隙水肿、发育受阻。少数病例体温升高，呼吸心跳快而弱，最后衰竭死亡。剖检后可见胸、腹腔内有淡黄色渗出液，大网膜、肠系膜胶冻样浸润。病羊肝脏、脾脏萎缩及变性。病羊真胃黏膜水肿，有时可见虫咬的痕迹和粟粒大小结节，小肠和盲肠黏膜有卡他性炎症；大肠有溃疡性和化脓性病灶，可见到黄色小点状的结节。

3. 预防措施

定期驱虫可很好地控制该病的发生。一般可安排在每年春、秋两季各驱虫一次，非季节性繁殖品种羊应在每次配种前 3 周驱虫，驱虫后的粪便要及时清理并进行堆积发酵处理。另外，羊群应饮用清洁、卫生的饮水，避免在潮湿低洼地带放牧。

4. 治疗方法

① 按每千克体重 15～40 mg 的剂量灌服丙硫咪唑。

② 按每千克体重 5～10 mg 的剂量口服、皮下注射或肌肉注射左旋咪唑。

③ 按每千克体重 0.2 mg 的剂量一次性肌肉注射或皮下注射阿维菌素。

（三）羊梨形虫病

羊梨形虫病是由莫氏巴贝斯虫和泰勒焦虫引起的血液原虫病。

1. 发病原因及特点

蜱是羊梨形虫病的传播媒介。各种硬蜱吸血后，可将虫体传播给羊，引起发病。莫氏巴贝斯虫的致病高峰期为 6—7 月份。泰勒焦虫可引起绵羊、山羊恶性泰勒焦虫病，发病高峰在 4—6 月份发病，其中以 1～2 岁羊发病居多。病程 6～12 d，急性病例可于 1～2 d 内死亡。耐过的病羊为带虫者，之后不再重新发病。

2. 主要症状

感染莫氏巴贝斯虫的病羊，体温升高至 41～42 ℃，呈稽留热型。病羊初期精神沉郁，食欲废绝，呼吸、脉搏加快，可视黏膜充血、黄染。病羊逐渐消瘦，体表淋巴结肿大，有痛感，特别是肩前淋巴结肿大尤为明显。由于虫体寄生于羊的红细胞中，破坏了红细胞，血液变得稀薄；红细胞减少到每毫升 400 万以下，而且大小不匀，出现血红蛋白尿。有的病羊出现兴奋、无目的狂跑，突然倒地死亡。

3. 预防措施

① 在温暖季节，用 0.2%～0.5%敌百虫水溶液喷洒圈舍的墙壁等，以消灭越冬的幼蜱。

② 在每年发病季节到来之前，全羊群注射贝尼尔（血虫净），按每千克体重 3 mg 的剂量配成 7%的溶液，深部肌肉注射。根据具体情况，每 20 d 注射 1 次，共注射 2～3 次。

③ 做好购进羊和出售羊的检疫工作，防止该病的传播。

4. 治疗方法

① 将贝尼尔配成 2%的溶液，按每千克体重 5 mg 的剂量进行臀部深部肌肉分点注射，1 次/d，连用 3 日。

② 将咪唑苯脲按配成 5%～10%的水溶液，按每千克体重 1.5～2.0 mg 的剂量进行皮下注射或肌肉注射 1 次。

③ 将阿卡普林配成 5%水溶液，按每千克体重 0.6～1.0 mg 的剂量进行皮下注射或肌肉注射，2 天后再注射 1 次。

④ 将黄色素配成 0.5%～1.0%的水溶液，按每千克体重 3～4 mg 的剂量进行静脉注射，注射时不可漏到血管外。注射后数天内，羊群要避免阳光照射。必要时，1～2 d 后再

注射1次。

（四）绦虫病

羊绦虫病是由裸头科的多种绦虫（莫尼茨绦虫、曲子宫绦虫、无卵黄腺绦虫等）寄生于羊小肠所致。

1. 发病原因及特点

寄生在羊小肠内的成虫孕卵节片成熟脱落后随粪便排出，节片中含有大量虫卵；虫卵被螨吞食后，就在螨体内孵化发育成似囊尾蚴。当山羊吃了带有螨的草后，就会感染绦虫病。成年羊感染绦虫后通常临床症状较轻。但该病对2～6月龄羔羊危害较为严重，不仅影响羔羊生长发育，严重时可引起肠道阻塞，甚至死亡。该病往往呈地方性流行，多发生于冬春季节。温暖、潮湿的环境有利于螨虫滋生繁殖。因此，羔羊一般2—4月发病，5—8月达到感染高峰，8月以后感染率逐渐下降。

2. 主要症状

感染初期，羔羊食欲减少，下痢腹痛，粪便带有白色的孕卵节片，可视黏膜苍白，消瘦。患羊常卧地不起，抽搐，头向后仰或常伴咀嚼动作，口流泡沫。

3. 预防措施

① 做好羊群驱虫工作。

② 羔羊与成年羊分群饲养。

③ 及时清理圈舍，对粪便和垫草要进行堆积发酵处理，杀死粪内虫卵。

4. 治疗方法

可选用下列药品：

① 按每千克体重5～10 mg的剂量灌服丙硫苯咪唑（抗蠕敏）。

② 按每千克体重50 mg的剂量灌服灭绦灵。

③ 按每千克体重40～60 mg的剂量灌服硫双二氯酚。

④ 按每千克体重30 mg的剂量灌服阿苯达唑。

（五）脑包虫病

脑包虫病又叫脑多头蚴病，是由多头绦虫的幼虫（多头蚴）寄生于羊的脑、脊髓内而引起脑炎、脑膜炎等一系列症状的疾病。

1. 发病原因及特点

多头绦虫主要寄宿于犬科动物，如犬、狼等动物。羊、牛等也可作为中间宿主。成虫在动物体内繁殖很快，能快速产生大量虫卵；虫卵可通过宿主粪便排泄进入环境内，从而污染环境。健康羊群在采食被污染的牧草后，虫卵进入消化道内，在消化道内发育为幼虫；幼虫随血液进入羊大脑或脊髓，随后发育成具有囊泡状的多头蚴；发育过程持续2～3个月，发育完全后羊只发病。多头绦虫能感染牛、羊等偶蹄动物，也能感染马、猪及人。该病一般发生在冬、春季节，2岁以内的羊较易感。

2. 主要症状

感染初期出现体温升高、呼吸及脉搏加快，以及兴奋、前冲或后退等神经症状，数日内恢复正常。随着虫体在脑内寄生的部位不同，表现症状也不同。如果虫体寄生在大脑前部，病羊则向前直跑，直至头顶在墙上，向后仰；如果虫体寄生在大脑后部，病羊则头弯向背面；如果虫体寄生在小脑，病羊则表现四肢痉挛，体躯不能保持平衡。随着脑包虫逐渐长大，病羊精神沉郁，食欲减退，垂头呆立。在脑包虫感染后期，虫体寄生脑部浅层的头骨往往变软，该处皮肤隆起。

3. 预防措施

① 加强羊群饲养管理，及时对圈舍环境进行清扫、消毒。

② 不要让狗采食患有脑包虫的羊脑。

③ 对羊场和农户所养的狗进行定期驱虫。驱虫后，对狗粪便进行深埋或焚烧处理。

4. 治疗方法

（1）药物治疗　按每千克体重 50 mg 的剂量口服吡喹酮，连用 5 d；也可按每千克体重 70 mg 的剂量口服吡喹酮，连用 3 d。

（2）手术摘除　患部定位后，局部剃毛、消毒，将皮肤做“U”字形切口，打开术部颅骨，先用注射器吸出囊液，再摘除囊体，然后对伤口做一般外科处理。术后 3 d 内连续注射青霉素，以防止感染；也可不做切口，直接用注射针头从外面刺入囊内抽出囊液，再注入 75％的酒精 1 mL。

（六）羊棘球蚴病

棘球蚴病又被称为包虫病，是由棘球蚴绦虫的幼虫寄生于羊等多种动物的肝脏、肺脏、脊髓、大脑等组织部位引发的一种体内寄生虫病。

1. 发病原因及特点

棘球蚴成虫寄生在狗、狼、狐及其他肉食动物的小肠内，大量的卵节片随粪便排出体外，污染周围的饲料、饮水和羊舍；当中间宿主羊、牛、猪、骆驼等动物随饲料或饮水吞入虫卵，就会感染棘球蚴虫。

2. 主要症状

羊感染棘球蚴初期，没有明显的临床症状。严重感染时，棘球蚴囊泡会压迫实质脏器（主要是肝脏和肺脏），引起组织萎缩和机能障碍；而且由于棘球蚴内液体含有毒素，机体会呈现慢性中毒。当大量棘球蚴寄生在肺部时，病羊表现出长期慢性气喘或连续干咳。严重时，病羊咳嗽后躺卧在地上、不肯起立；如果棘球蚴囊泡发生破裂，病羊迅速衰竭、窒息死亡。当大量棘球蚴寄生在肝脏时，病羊肝脏组织会出现萎缩，表现为反刍无力、右腹臌胀。如果棘球蚴寄生在大脑组织或脊髓，病羊会表现出明显的神经症状，即头向患病一侧转动；随着囊泡不断增大，压迫神经，神经症状会更加明显。

3. 预防措施

① 及时清扫、消毒圈舍环境。

② 禁止养狗，及时捕杀野狗。

③ 对羊场和农户所养的狗进行定期驱虫。驱虫后，对狗粪便进行深埋或焚烧处理。

4. 治疗方法

该病尚无有效治疗方法。

（七）肝片吸虫病

肝片吸虫病俗称肝蛭病或柳叶虫病，是一种由肝片吸虫寄生于羊胆管内引起的蠕虫病，也是一种人畜共患的地方流行病，可引起绵羊、山羊大批死亡。

1. 发病原因及特点

该病多发生于潮湿地带。人畜一旦感染肝片吸虫，成虫在肝脏胆管内产卵，虫卵随胆汁排入消化道内，然后随粪便排出体外。虫卵在水中被孵化出毛蚴，钻入螺蛳体内，进入螺蛳的肝脏，发育成为胞蚴、雷蚴和尾蚴。尾蚴钻出螺蛳体外，在水中游动，附在草上形成囊蚴。囊蚴随草和水被牛、羊等反刍动物食入体内。在牛、羊胃肠道内，幼虫进入胆管内寄生并发育成成虫。

2. 主要症状

成年羊寄生少量虫体往往不表现病状；羔羊寄生少量的虫体，就会表现出极明显的症状。

（1）急性型　病羊初期轻度发热，食欲减退，排黏液性血便，全身颤抖，虚弱和容易疲倦，有腹泻、黄疸、腹膜炎等症状，肝区有压痛表现；发病后迅速出现贫血、黏膜苍白，有的病例在发病几天后便死亡。

（2）慢性型　病羊消瘦，食欲减退，被毛粗乱无光，步行缓慢，便秘与下痢交替发生，贫血逐渐加重，黏膜苍白或黄染，眼睑、颌下、胸下及腹下发生水肿。严重病羊会出现胸水和腹水。患病的母羊乳汁稀薄。妊娠的母羊流产，最后因极度衰竭而死亡。解剖后，可见病羊肠壁出血灶、纤维蛋白性腹膜炎、肝脏肿大；肝脏组织可表现出广泛性炎症，肝实质梗塞，肝胆管扩张，胆囊壁肥厚，有时可见胆道内肝片形吸虫。

3. 预防措施

① 根据本地羊病流行情况，做好羊群驱虫工作。

② 及时清理羊圈舍粪便，并进行堆积发酵处理。

③ 注意饲草及饮水卫生，尽量不到池塘、河边去放牧。

④ 给羊群饮用洁净的自来水或井水。

4. 治疗方法

可选择下列方法：

① 按每千克体重 30～45 mg 的剂量灌服丙硫咪唑。

② 按每千克体重 15～25 mg 的剂量灌服丙硫苯咪唑（肠虫清）。

③ 按每千克体重 10 mg 的剂量灌服肝蛭净（三氯苯唑）。

④ 在选择灌服上述驱虫药的同时，可肌肉注射维生素 B_{12} 注射液，每只 4 mL/d，连用 5 d。

（八）羊螨病

羊螨病是由寄生于羊体表的螨类（疥螨和痒螨）引起的慢性接触性皮肤病，被俗称为羊疥疮、羊癞或“骚”。

1. 发病特征

该病具有高度传染性，短时间内就能引起羊群严重感染，危害十分严重。山羊多感染疥螨病，绵羊多感染痒螨病。疥螨寄生在羊皮肤真皮层（图 11－1），痒螨寄生在羊皮肤表面（图 11－2）。

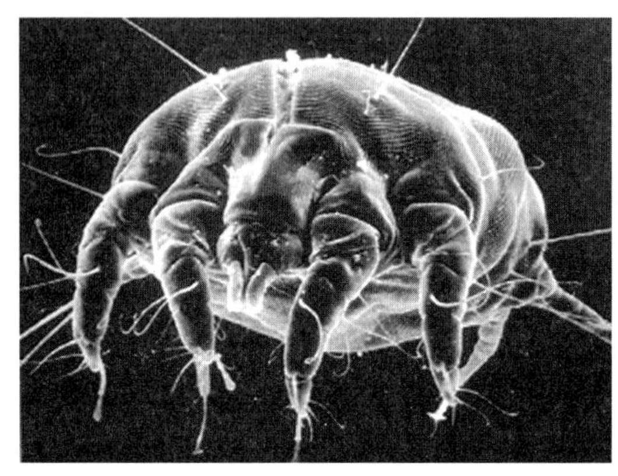

图 11-1 疥 螨

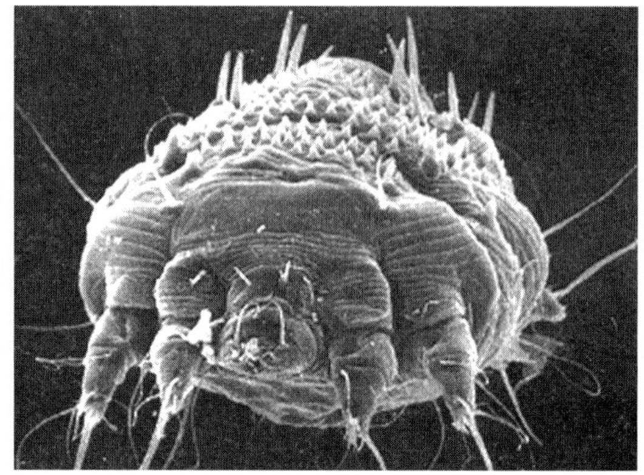

图 11-2 痒 螨

2. 主要症状

病羊消瘦奇痒；病变部位脱毛、结痂，皮肤增厚，失去弹性而形成皱褶。山羊螨病常表现为嘴唇四周、眼圈、耳根等处形成黄色痂皮，可见皮肤皲裂，影响采食，消瘦；病变部位可发展到全身。绵羊病变部位主要见于头部，皮肤犹如干涸的石灰，故有“石灰头”之称。绵羊病变部位也可发展到全身。刮取病变部位与健康部位交界处的皮屑，放于载玻片上，滴上煤油，置显微镜下就能看到虫体或虫卵。

3. 预防措施

① 仔细观察羊群有无发痒、掉毛现象，一旦发现，立即隔离治疗，确认治愈后，方可入群饲养。

② 对被污染的圈舍和用具进行喷雾杀虫。

③ 每年在剪毛后，用 0.025%螨净（二嗪农）或 0.05%辛硫磷乳油水溶液对羊群进行药浴。

4. 治疗方法

（1）患部治疗 用 5%敌百虫溶液（取来苏儿 5 份，溶于温水 100 份中，再加入 5 份敌百虫）擦洗病患处。

（2）全群治疗

①选用除癞灵（320 倍常水稀释液，1 月龄以内羔羊禁用）或 0.1%马拉硫磷进行药浴。

②按每千克体重 0.2～0.3 mg 的剂量皮下注射伊维菌素或虫克星，7～10 d 后再注射 1 次。

附件1 羊采精及鲜精子宫颈口输精操作流程

序号	项目	操作流程
1	了解母羊发情特点	① 母羊的发情表现与膘情、年龄、气温等因素有关。 ② 青壮年母羊发情表现较明显，发情持续期可达48 h左右。 ③ 老龄羊、瘦弱羊及部分处女羊发情表现不太明显，且持续时间较短。 ④ 冬季气温偏低时，母羊发情表现较差。 ⑤ 个体间表现差异较大，少数母羊表现为安静发情
2	挑选发情母羊	根据母羊的行为表现、外阴部变化和阴道内变化作出发情判断： （1）行为表现 ① 兴奋不安，对外界刺激较敏感，频频摇尾或者排尿。 ② 按压臀部十字部时，其摇尾现象更为明显。 ③ 接受公羊爬跨或主动接近公羊。 ④ 爬跨公羊或母羊、爬墙或栏杆，食欲减退，不时哞叫。 （2）外阴部变化 ① 发情初期。外阴部肿胀、湿润，但颜色较浅，流出较清亮的黏液；此时输精太早。 ② 发情中期。外阴部变为潮红色，肿胀更为明显，流出的黏液稠如面汤；此时为最佳输精时间。 ③ 发情末期。外阴部肿胀逐渐消退，颜色变为紫红或暗红色，且黏液干结；此时输精已晚。 （3）阴道内变化 ① 发情初期。阴道为浅红色或粉红色，黏液较清亮，子宫颈口肿胀不明显或未开张；此时不宜输精。 ② 发情中期。阴道表面湿润、充血、潮红、黏液较稠，子宫颈口肿胀、开张、有光泽；此时便可输精。 ③ 发情末期。阴道内黏液黏稠结块，子宫颈口肿胀有所消退，颜色变暗；此时输精太晚。 对于发情征候不明显的品种，可用试情公羊早晚鉴别2次
3	低温保存稀释液配制	（1）三三稀释液　基础液配制：取葡萄糖3 g、柠檬酸三钠3 g，加双蒸水至100 mL，水浴消毒30 min，冷却，放入冰箱冷藏保存（2～5 ℃保存1周）。用时取基础液80 mL，加蛋黄20 mL、青霉素10万IU、链霉素100 mg，摇匀。 （2）羊奶　挤鲜羊奶若干，煮沸、去脂，装入盐水瓶中水浴消毒30 min，置于冰箱冷藏保存（2～5 ℃）待用，保存时间以不超过3 d为宜

（续）

序号	项目	操作流程	
4	常温保存稀释液选择	① 生理盐水（0.9%氯化钠注射液）。 ② 维生素 B_{12} 注射液。 ③ 葡萄糖氯化钠注射液（5%葡萄糖 0.9%氯化钠）。 ④ 消毒羊奶（同上）	
5	采精准备	选择场地	① 选择平坦不滑、干净卫生、周围无噪声的房舍内。 ② 冬季采精房内温度控制在 25～30 ℃。 ③ 舍内空气流通，无煤烟等异味或有害气体。 ④ 采精房一经选择，不得随意变换
		安装假阴道	① 将假阴道内胎放入外壳（光面向里，粗面向外），两头反转套在外壳上。 ② 用橡皮圈固定内胎两端。 ③ 检查内胎是否达到松紧适中、匀称、平整、不起皱折和不扭转
		清洗器具	① 将所有使用过的器具先放入消毒液中浸泡 1 h 左右。 ② 用常规方法清洗干净。 ③ 用无离子纯净水（蒸馏水）冲洗 2～3 遍，自然干燥
		消毒器具	① 金属和玻璃器具在 121～126 ℃条件下，高压消毒 15～20 min。 ② 易碎的玻璃器具在 160～170 ℃条件下，干烤消毒 1～2 h。 ③ 不宜高压和干烤的器具（如假阴道内胎）用紫外线灯管照射 30 min 以上，或用 75%酒精棉球擦拭消毒
		给假阴道注水	① 在假阴道一端装上集精杯。 ② 根据室内温度，在假阴道夹层内注入 50 ℃左右的热水 150～180 mL，使内胎温度保持在 38～40 ℃；内胎一端中央呈“Y”字形或三角形，合拢而不向外鼓。 ③ 在内胎腔前 1/2 段涂以润滑剂
6	采精操作	① 选择发情表现明显的健康母羊作台羊。 ② 将台羊的颈部固定在采精架上。 ③ 用 0.1%高锰酸钾溶液喷洒消毒公羊包皮周围，再用消毒毛巾擦干。 ④ 蹲在台羊右后侧。右手持已准备好的假阴道，使假阴道与地面约呈 35°～40°角。 ⑤ 当公羊爬跨台羊而阴茎未触及台羊后躯时，用左手轻轻地将阴茎导入假阴道内。 ⑥ 待公羊射精完毕、阴茎从假阴道中自行脱出后，立即将假阴道直立。 ⑦ 取下集精杯，送去镜检	
7	估测采精量	用 1 mL 灭菌针管吸取精液，置于精液瓶（最好为棕色），同时估测采精量	

（续）

序号	项目		操作流程
8	检查精液品质		（1）看颜色　正常精液为乳白色或浅黄色，其他颜色均被视为异常；具有异常颜色的精液不能用于输精。 （2）闻气味　正常精液具有精液特有的腥味，无其他特殊气味。若有腐臭等异常气味，则不能用于输精 （3）查密度　在显微镜下观察精子之间的空隙。密度在中等以上的精液才能用于输精。 ① 精子之间的空隙小于 1 个精子长度，看不到单个精子活动情况时为“密”。 ② 精子之间的空隙相当于 1～2 个精子长度，且能看到单个精子活动时为“中”。 ③ 精子之间的空隙超过 2 个精子长度，视野中只有少量精子时为“稀”。 （4）计活力　是指在 37 ℃条件下，精液中呈直线向前运动的精子百分率。检查时，用灭菌玻璃棒蘸取 1 滴精液，置于载玻片上，加盖玻片，在 200～400 倍显微镜下观察。 ① 全部精子都呈直线前进则评为 1 级，90%的精子呈直线前进为 0.9 级，以此类推。 ② 原精稀释后活力在 0.4 级以下时不能用于输精。 ③ 凡是精子形态不正常的均为畸形精子，畸形率不得超过 14%
9	稀释精液		（1）根据气温和资源条件选择稀释液 （2）根据精子活力和密度决定稀释倍数 ① 对密度中等、精子活力达到 0.7～0.8 的精液，可按 1∶2 稀释。 ② 对活力在 0.8 以上的精液可按 1∶3 稀释。 （3）稀释 ① 按比例将稀释液沿瓶壁缓慢注入精液瓶中。 ② 注入的稀释液温度与精液相同（等温稀释）。 ③ 轻轻摇动精液瓶至混匀
10	保存精液	冷藏保存	① 给精液瓶包上 8～12 层纱布（可逐渐降温），放入冰箱冷藏室（2～5 ℃）保存。 ② 保存时间以不超过 2 d 为宜
		室温保存	① 精液置于棕色瓶内，避光保存。 ② 选择凉爽条件，避免精子因快速运动消耗能量而过早衰老、死亡。 ③ 尽可能缩短保存时间
11	输精	输精前的准备	① 检查精液。镜检合格的精液方可用于输精。 ② 保定母羊。将母羊置于保定架内，前低后高，身体纵轴与地面呈 45°夹角
		输精时间	① 青壮年母羊第一次输精时间为发情后 12 h 左右，间隔 8～12 h 后，再进行第二次输精液。 ② 老龄羊、瘦弱羊及处女羊第一次输精时间可适当提前

（续）

序号	项目	操作流程	
11	输精	输精方法	① 手持消毒好的开膣器，采用沿阴道背部先上、后平、再下的方法，插入母羊阴道内。 ② 在阴道前方的上、下、左、右寻找子宫颈口。 ③ 向子宫颈插入输精器 1～3 cm，放松开膣器，推送精液，然后抽出开膣器及输精器。 ④ 消毒输精枪。用过的输精枪先用酒精棉球从前向后擦洗，再用生理盐水喷洗一次。 ⑤ 消毒开膣器。将开膣器浸泡在 0.1%新洁尔灭溶液中，使用时甩干，轮换使用
		输精量	① 采用子宫颈口输精法，每次输入稀释精液 0.2～0.3 mL。确保每次输入有效精子 5 000 万个以上。 ② 采用阴道输精法，每次输入稀释精液 0.4～0.5 mL

附件 2　接羔育幼工作操作流程

序号	项目	操作流程
1	产房环境调控	（1）温度　在产房前后挂干湿温度计，随时观察舍内温度变化。将温度控制在 5～33 ℃，并保持相对稳定；确保冬季无贼风侵袭。 （2）产床与湿度　地面铺垫清洁、柔软的干稻草或麦秸，竹板床可铺塑料网，舍内相对湿度保持在 60%以下。 （3）做好清洁卫生 ① 对产房进行彻底清扫与消毒。 ② 根据天气情况，及时打开通风门窗，保持舍内空气流通。 ③ 每天消毒一次
2	接产准备	① 将有分娩征兆的母羊赶入待产室，饮水中加入少量食盐和麸皮。 ② 加强临产母羊的饲养管理并注意观察其行为变化。 ③ 准备好必要的器具和药品（包括医用手套、注射器、剪刀、75%酒精、5%浓碘酒、0.5%高锰酸钾溶液、消毒纱布、脱脂棉、毛巾等）。 ④ 剪短和磨光指甲
3	接产	保持产房安静，尽量让母羊自己娩出
4	助产	对无法自然分娩的母羊进行人工助产： ① 穿好工作服，带上长臂安全手套。 ② 用 0.1%～0.2%新洁尔灭消毒手套，伸手入产道，检查胎位是否正常。 ③ 对骨盆狭小或体质较差的母羊，用膝盖轻压母羊肷部，等羔羊嘴端露出后，一手向前推动母羊会阴部，另一只手握住羔羊前肢，随着母羊的努责向后下方拉出胎儿。 ④ 对子宫收缩无力的母羊，肌肉注射催产素 1～5 mL。必要时，间隔 20～30 min 再注射一次。 ⑤ 对胎位不正的母羊，先将胎儿露出部分推回子宫，再将母羊后躯抬高，用手矫正胎位，而后随着母羊努责拉出胎儿。 ⑥ 遇胎儿过大时，先将两前肢反复拉出和送入，然后拉出。 ⑦ 遇怀多羔难产时，先确认同一胎儿的前肢或后肢后再逐一牵引。 ⑧ 助产完成后，向母羊子宫注入抗生素，并肌肉注射缩宫素。 ⑨ 如果确因胎儿过大而不能拉出，可采用剖腹术或截胎术。 ⑩ 用专用器具挑取胎衣并放置在专用袋内，然后倒入焚烧炉烧掉
5	假死羔羊处理	对于身体发育正常、心脏仍有跳动、不呼吸的羔羊，可采用下列方法复苏： ① 提起羔羊两后肢，使羔羊悬空并拍击其胸、背部；或者让羔羊平卧，用双手有节律地推压胸部两侧。 ② 对于因冷冻而造成假死的羔羊，应立即进行温水浴（头部露出水面）；水温由 38 ℃逐渐升到 45 ℃。同时结合胸部按摩，浸 20～30 min，待羔羊复苏后，立即擦干全身。也可将假死羔羊放在电热毯上加温取暖

（续）

序号	项目	操作流程
6	新生羔羊管理	① 胎儿产出后，及时擦去其口鼻黏液。 ② 用消毒剪刀在距新生羔羊腹部 4 cm 处剪断脐带，然后用 5%浓碘酒浸蘸脐带断头 2 min。 ③ 将新生羔羊交由母羊舔干；若遇冷天，用干毛巾将羔羊擦干。 ④ 给新生羔羊称重、记录、佩戴耳标。 ⑤ 观察羔羊能否正常吮乳。 ⑥ 扶助弱羔在生后半小时内吃上初乳。 ⑦ 及时寄养多羔羔羊及弃羔。原则上寄公不寄母、寄大不寄小，并对寄养羔羊给予特别护理。 ⑧ 对缺奶羔羊进行人工哺喂。 ——定时。每天喂羊初乳 2 次、奶粉 4 次，每 2 h 喂 1 次。 ——定量。每只羔羊每次喂量不超过 50 mL，可根据个体、运动量和日龄大小酌情增减。 ——定温。奶温为 38～42 ℃。 ——定质。哺喂刚挤出的鲜奶。若用奶粉，则按说明溶解后哺喂。 ——定期消毒。喂饲用具必须用清水冲洗干净，每隔 2 d 用沸碱水消毒 1 次或置于紫外线灯下照射 1 h。 ——定时更换垫草、清扫污物，保持地面干净、卫生。 ⑨ 注意观察羔羊健康状况和肛门是否堵塞，发现问题，及时处理。 ⑩ 预防羔羊腹泻。对经常发生羔羊腹泻的羊群，在羔羊出生后 12 h 内，口服土霉素和乳酶生各 1 片或口服庆大霉素注射液 1～2 mL 或克拉痢 1 支，每天 1 次，连服 3 d
7	常乳期羔羊管理	① 将 7 日龄羔羊转入常乳羔羊栏。哺乳母羊由原来每栏 3～4 只，合并为 7～8 只。 ② 7 日龄时，母子开始分栏饲养（上午、下午各分栏 3～4 h，中午、晚上母子同栏）。羔羊栏内放置开口料，开始限制吮乳次数，诱导羔羊采食开口料和优质青干草。 ③ 开食后，栏内安装水槽，放置清洁饮水，任其自由饮用。 ④ 7～10 日龄时，尾根内侧皮内接种羊痘苗 1 头份。缺硒地区，在羔羊颈部肌肉内注射亚硒酸钠维生素 E 注射液 1 mL。 ⑤ 10～15 日龄时，给瘦尾型羔羊断尾，脂尾型羔羊不宜断尾。 ⑥ 每天清理饲槽和水碗，喂乳羔料 3～4 次，任其自由采食。 ⑦ 20 日龄左右，接种三联四防苗 1 头份。 ⑧ 20～22 日龄时，延长母子分栏时间延长至 8～10 h，以锻炼羔羊的采食能力。 ⑨ 加强舍外运动，多晒太阳。同时注意保持舍内温度相对稳定，防寒防风。 ⑩ 30～35 日龄时，接种传染性胸膜肺炎苗。 ⑪ 40～45 日龄时，接种小反刍兽疫苗，同时在颈部肌肉内注射亚硒酸钠维生素 E 注射液 2 mL。 ⑫ 45～50 日龄时，断奶。湖羊公羔体重不低于 14 kg，母羔不低于 13 kg；肉用种羊可延迟到 60 日龄，公羔体重不低于 28 kg、母羔不低于 25 kg

附件3　育成羊的饲养管理规程

项目		饲养管理规程
日常饲养管理		① 按大小、强弱分栏，搞好过渡期饲养。 ② 供给清洁饮水，任其自由饮用。 ③ 及时挑出其中的弱羊，另外组群饲喂。 ④ 及时隔离病羊，予以治疗或淘汰处理。 ⑤ 保持圈舍清洁、干燥和空气流通。 ⑥ 圈舍温度保持在 5～33 ℃。 ⑦ 对于舍饲育成羊，应注意舍外运动锻炼，每日运动时间不低于 2 h。 ⑧ 根据需要和程序进行剪毛、修蹄、驱虫和防疫。 ⑨ 注意日粮矿物元素和蛋白质的满足供给
公羊	选留	① 2 月龄时，根据体型外貌、断奶重、胎产羔数等指标进行初选，选留数量为实际需要量的 2 倍。 ② 4 月龄时，根据体型发育情况进行第二次选留，选留数量为实际需要量的 1.5 倍。 ③ 6 月龄时，参照种羊选育与淘汰标准，进行第三次选留，选留数量为实际需要量的 1.2 倍。 ④ 10 月龄时，通过精液品质检查，最终确定可选留的特级、一级公羊。将体型外貌较理想，但精子活力低于 0.8 的公羊转入商品羊群。二级及其以下公羊全部进入商品羊群
公羊	饲养管理	育成公羊生长速度较快，需要提供较多的营养，应进行特殊培育。 ① 逐渐提高日粮供给量，确保日粮干物质占到体重的 3%以上。 ② 饲喂全混合饲料，日喂 3 次。 ③ 4 月龄后，日粮组成为精料补充料 0.5～0.6 kg、青干草 0.5～0.6 kg、青贮饲料 1.0 kg、秸秆 0.5～0.6 kg，加工成全混合饲料。 ④ 10 月龄时，日粮组成为精料补充料 0.7～0.8 kg、青干草 0.7～0.8 kg、青贮饲料 1.5 kg、秸秆 0.6～0.7 kg，加工成全混合饲料。 ⑤ 确保每只育成公羊舍内占地面积不低于 2 m^2。 ⑥ 进入配种前，必须完成羊群免疫接种、驱虫、修蹄、剪毛等工作，缺硒地区羊肌肉注射亚硒酸钠维生素 E 注射液 4 mL
母羊	选留	① 2 月龄时，按照体型大小分群饲养。对体型较小的育成母羊，可适当增加精料补充料的饲喂量。 ② 4 月龄时，根据表现型进行选留，将其中的非理想型个体转入育肥群。 ③ 6 月龄时，参照种羊选育标准，进行最终选留。 ④ 将 8 月龄以上、体重达到配种标准的育成母羊转入待配舍。 ⑤ 将体型较小、体型外貌不理想的个体转入商品肉羊群

（续）

项目		饲养管理规程
母羊	饲养管理	① 饲喂营养丰富而平衡的全混合日粮，逐渐提高日粮供给量。 ② 4 月龄后，日粮组成为精料补充料 0.3～0.4 kg、青贮饲料 1.2～1.3 kg、秸秆 0.5～0.6 kg、青干草 0.5～0.6 kg。 ③ 根据体型变化，及时调整日粮供给量和舍内占地面积。 ④ 供给清洁饮水，任其自由饮用。 ⑤ 每日驱赶运动 2 h 以上。 ⑥ 羊栏内加挂舔食砖。 ⑦ 配种前，完成剪毛、修蹄、驱虫、防疫等工作。缺硒地区羊肌肉注射亚硒酸钠维生素 E 注射液 4 mL

附件 4　种公羊标准化饲养管理规程

序号	项目	饲养管理规程
1	日常饲养管理	① 每次喂料前必须清扫饲槽，保持饲槽干净、干燥。 ② 每日清洗水槽 1 次。供给清洁饮水，水温不低于 5 ℃。 ③ 春季、秋季各剪毛 1 次。剪毛后及时驱除内外寄生虫。 ④ 夏季、秋季，精料补充料储存时间不超过 7 d；冬季、春季，储存时间不超过 15 d。 ⑤ 严禁饲喂霉变饲料。 ⑥ 饲喂用具放在固定位置上，摆放整齐，不能外借他人或用于清理粪便及其他污物。 ⑦ 患有消化道病的羊少喂或停喂青贮饲料。 ⑧ 圈舍温度控制在 5～33 ℃。 ⑨ 保持圈舍空气流通，保证每只公羊舍内占地面积不低于 2 m^2。 ⑩ 公羊舍与母羊舍保持一定距离。 ⑪ 及时清理粪便，保持圈舍地面干燥、干净。 ⑫ 定期对所接种疫苗的抗体进行检测，保证群体有效抗体水平。 ⑬ 每季度修蹄一次。 ⑭ 注意舍外运动锻炼。每天舍外运动时间不低于 2 h
2	非配种期饲养管理	① 观察公羊是否健康、四肢是否端正、蹄部是否平整，发现问题，及时解决。 ② 饲喂营养丰富而平衡的全混合日粮。日粮组成为精料补充料 0.5～0.6 kg、青草 2～3 kg或青贮饲料 1.5 kg、青干草 1 kg、秸秆 0.5～0.6 kg。 ③ 配种前 1～1.5 个月，将精料补充料饲喂量逐渐提高至 0.7 kg 左右，每周采精 1～2 次。 ④ 配种前，完成免疫接种、驱虫、修蹄、剪毛等工作。 ⑤ 缺硒地区，在配种前 1 周，肌肉注射亚硒酸钠维生素 E 注射液 4 mL
3	配种期饲养管理	① 饲喂富含蛋白质、维生素和矿物质的全混合日粮，每日喂 3 次。 ② 日粮组成为精料补充料 0.8～1 kg、优质青干草 1.2～1.5 kg、青草 2～3 kg 或青贮饲料 1 kg、秸秆 0.5 kg。另外补充鸡蛋 2 枚或牛奶 0.5 kg、胡萝卜 1 kg。 ③ 精料补充料中菜籽粕用量低于 6%，禁用棉粕。 ④ 采精前，剪去尿道口周围的污毛。 ⑤ 在极端严寒和酷暑季节，停止采精、配种。 ⑥ 采精人员保存相对固定。 ⑦ 配种结束后，休息 20～30 d，待体质恢复后方可进入下一轮配种活动

附件 5　繁殖母羊饲养管理规程

序号	项目	饲养管理规程
1	日常饲养管理	① 每次喂料前必须清扫饲槽，保持饲槽干净、干燥。 ② 每日清洗水槽 1 次；供给清洁饮水，水温不低于 5 ℃。 ③ 注意羊群舍外运动锻炼，每天驱赶运动时间不低于 2 h。 ④ 圈舍温度尽可能保持在 20～25 ℃，不得低于 5 ℃，也不能高于 33 ℃。 ⑤ 根据天气情况，开关门窗（卷帘），保持圈舍空气流通。 ⑥ 饲喂用具放在固定位置上，摆放整齐，专舍专用，不得外借或用于清理粪便及其他污物。 ⑦ 及时清理羊床，保持地面干燥、干净。 ⑧ 夏季、秋季，精料补充料储存时间不超过 15 d；冬季、春季不超过 30 d。 ⑨ 禁止饲喂霉变、冰冻饲料。 ⑩ 精料补充料中菜籽粕用量小于 5%，棉粕用量小于 6%。 ⑪ 患有肠炎、腹泻病的羊少喂或停喂青贮饲料。 ⑫ 及时淘汰老龄母羊，繁殖群母羊年更新率保持在 20%～25%
2	空怀期饲养管理	① 完成疫苗接种、驱虫、修蹄、剪毛等工作。 ② 确保每只空怀母羊舍内占地面积不低于 1 m^2。 ③ 配种前 1 个月，提高营养水平，饲喂全混合日粮。日粮组成为精料补充料 0.4～0.5 kg、青干草 1～1.2 kg、青贮饲料 1.5 kg、作物秸秆 0.5 kg。 ④ 夜间补充青干草 0.2～0.3 kg。 ⑤ 缺硒地区，在配种前 1 周，肌肉注射亚硒酸钠维生素 E 注射液 4 mL
3	妊娠前期饲养管理	① 在配种后 30 d 左右，进行 B 超妊娠诊断。将妊娠母羊组群，分别饲养。 ② 禁止接种疫苗和使用驱虫药。 ③ 确保每只母羊舍内占地面积不低于 1.2 m^2。 ④ 日粮供给同空怀期
4	妊娠后期饲养管理	① 禁止接种疫苗和使用驱虫药。 ② 确保每只母羊舍内占地面积不低于 1.5 m^2，高繁羊不低于 2.0 m^2。 ③ 从配种后 90 d 开始逐渐增加精料饲喂量，到 105 d 加至定额饲喂量。注意日粮中钙、磷应满足供应与平衡。日粮组成为精饲补充料 0.6 kg 左右、优质青干草 1.2～1.3 kg、青贮饲料 1 kg。 ④ 夜间补充青干草 0.2～0.3 kg。 ⑤ 产羔前 1 个月逐渐减少青贮饲喂量，怀多羔母羊减少至 0.5 kg 或停止饲喂。 ⑥ 将怀多羔母羊另外组群，每只增加精料补充料 0.1～0.2 kg。 ⑦ 怀多羔母羊在配种后 105 d 开始通过饲料补充食用葡萄糖 30 g/只

（续）

序号	项目	饲养管理规程
5	产后护理	① 用手触摸母羊腹部，检查羔羊是否产完。 ② 仔细检查胎衣是否完整，有无病变。如果发现异常，应及时报告兽医。 ③ 将产房环境温度控制在10℃以上，并注意防潮、防风，使母羊能安静休息。 ④ 检查母羊乳房、乳汁是否正常。 ⑤ 供给温水（加少许食盐和麸皮），禁饮冷水。 ⑥ 产后1～3 d精料饲喂量减至原饲喂量的70%左右，一周后恢复正常并逐渐增加饲喂量。 ⑦ 给产单羔母羊寄养羔羊1只，防止因单羔吃偏奶而引起母羊乳房炎
6	哺乳期饲养管理	① 观察母羊产奶量能否满足羔羊的需要。如果母羊奶量不足，及时调整母羊日粮结构，补充多汁饲料和蛋白质饲料。 ② 每天饲喂全混合日粮3次，适当增加精料补充料。日粮组成为精料补充料0.7～0.75 kg、优质青干草1～1.2 kg、青贮饲料1.5 kg、秸秆0.5 kg。 ③ 夜间补充青干草0.2～0.3 kg。 ④ 给每只怀多羔母羊增加精料补充料0.1～0.2 kg

附件 6　羊群健康管理操作规程

项目			操作规程
消毒	环境消毒	羊场大门口消毒	① 大门入口处设有车辆消毒池或喷雾消毒设施。 ② 所有进入大门车辆必须经过消毒。 ③ 消毒液可选用酚类、醛类、季铵盐类、氯制剂等。 ④ 池内消毒药液要确保车轮全部浸湿
		生产区入口处消毒	① 生产区入口处设有人员消毒通道。 ② 消毒通道安装自动喷雾消毒设备。 ③ 喷雾消毒药可选用 0.5%过氧乙酸溶液或 0.3%百毒杀。 ④ 消毒通道地面铺设消毒垫，消毒药可选用 2%火碱，每 3 d 更换一次。 ⑤ 人员进入生产区，先穿消毒衣服和鞋帽，并用 0.1%新洁尔灭等洗手，然后，通过消毒通道进入，接受喷雾消毒，每次喷雾消毒时间不低于 1 min
		场区消毒	① 羊运动场及环境每周消毒 1 次。 ② 装羊平台和转移通道在每次活动结束后进行彻底消毒。 ③ 人与车辆通道每月消毒 2～3 次。 ④ 消毒药可选用 2%火碱（氢氧化钠）、0.3%百毒杀、0.5%过氧乙酸、10%的漂白粉、3%的来苏儿等
		羊舍消毒	① 新建羊舍，在进羊前，对屋顶、地面彻底消毒 1 次，消毒用药同场区消毒。 ② 旧羊舍，在进羊前，先用高压水枪冲洗地面、墙面，清除一切杂物和灰尘；干燥后，再用福尔马林熏蒸消毒，地面用 2%火碱消毒。 ③ 饲养圈舍，每周用 0.2%～0.5%过氧乙酸、或 0.3%百毒杀、或 0.1%新洁尔灭对地面喷雾消毒 1 次。 ④ 饲喂用具（包括料槽、水碗、清扫工具相关器具等）每天至少清洗 1 次，每周用 0.2%～0.5%过氧乙酸或 1%～3%漂白粉消毒 2 次。 ⑤ 发生疫情时，每天对场区、圈舍消毒 1 次
	兽用器具消毒		① 兽用器具（针头、针管等）、助产用具等使用后，在 0.1%新洁尔灭溶液浸泡 2 h 以上，再进行清洗。使用前，在 121～126 ℃条件下，高压消毒 15～20 min。 ② 每只羊每次注射用 1 个针头，严禁重复使用未消毒针头。 ③ 每种药用一个针管，严禁针管混用。 ④ 对接种过疫苗的针管进行集中无害化处理，不得用于其他疫苗或药物注射

（续）

项目		操作规程
消毒	使用消毒液时应注意事项	① 金属器械选用高压或干烤消毒，不能用氢氧化钠溶液或漂白粉消毒。 ② 人、畜皮肤和黏膜不能直接接触氢氧化钠和福尔马林。 ③ 福尔马林应密封，储存在不低于9℃的温度下。 ④ 用福尔马林熏蒸消毒时，室温控制在15～20℃，且将羊群赶出圈外；间隔半天，用清水冲洗饲槽后，羊群方可进圈。 ⑤ 漂白粉应密闭保存，现用现配，不宜久置。 ⑥ 漂白粉不能与酸类、福尔马林、生石灰等混用。 ⑦ 生石灰不能与漂白粉、钙、铁、重金属、盐类、有机化合物等混用。 ⑧ 高锰酸钾不能与有机物、酒精、氨等混用。 ⑨ 青霉素遇碱性药物、酸性药物、氧化剂、高锰酸钾、过氧化氢溶液、重金属盐（铜、汞、铅等）会失效。 ⑩ 四环素遇生物碱、含氯消毒剂、挥发油等会失效
废物无害化处理	羊粪便处理	① 定期清理圈舍及运动场粪便。 ② 所有粪便必须运至发酵池进行生物发酵处理。 ③ 经过生物发酵处理的粪便可用作有机肥料
	污水处理	① 将羊场排出的污水集中到污水池沉淀发酵。 ② 经沉淀发酵处理的污水方可灌溉农田
	病死羊处理	① 将病死羊及死因不明的羊尸体及时送交当地无害化处理厂，或进行深埋或焚烧处理。 ② 严格执行《动物防疫法》的相关规定。 ③ 对染疫羊只及死亡羊运载工具进行严格消毒处理。 ④ 对染疫羊只及死亡羊运载工具中的排泄物及垫料、包装物、容器等污染物进行无害化处理。 ⑤ 对解剖病死羊时的手套等进行焚烧处理。 ⑥ 将解剖病死羊所用的手术器具置于消毒液中浸泡消毒。 ⑦ 不随意处置及出售、转运、加工和食用病死或死因不明羊。 ⑧ 做好病死及死因不明羊的无害化处理记录
日常卫生管理	兽医人员守则	① 场内兽医人员不能对外诊疗羊及其他动物的疾病。 ② 仔细观察羊群健康状态，发现异常及时处理。 ③ 发现病羊，及时隔离、复查、治疗或进行其他处理。 ④ 发现疫情或不能处理的羊病时，及时报告相关领导。 ⑤ 接触染疫羊、病羊及死羊时，必须穿防护服、戴防护口罩和手套。 ⑥ 对染疫羊及其排泄物、染疫羊产品进行无害化处理。 ⑦ 加强羊群检疫，定期进行血清学检查。 ⑧ 对出现疫病和流产的羊群及时检疫，直至安全。 ⑨ 及时清理流产和病死胎儿，并作无害化处理。 ⑩ 对所有胎衣及病死羊尸体作无害化处理。 ⑪ 每天对所有使用过的器具（包括针头、针管）进行蒸煮消毒、清洗。 ⑫ 专用兽用器具必须放在专用位置，不得外借或作它用。 ⑬ 下班时必须洗手、消毒。 ⑭ 不得在工作期间抽烟或吃零食

（续）

项目		操作规程
日常卫生管理	配种人员守则	① 羊场配种人员不得承担对外配种任务。 ② 配种时，动作要轻，不得殴打羊只。 ③ 不得使用未经消毒的配种器具。 ④ 及时清洗和消毒配种器具。 ⑤ 严格遵守羊人工授精操作规程。 ⑥ 注意个人卫生，加强个人防护
	饲养人员守则	① 配合兽医，做好羊舍及场区环境消毒工作。 ② 及时清理饲槽、水碗和圈舍卫生。 ③ 发现病羊，及时报告兽医并隔离。 ④ 注意个人卫生。下班前洗手、消毒。 ⑤ 不得在工作期间抽烟或吃零食
	其他	① 防止周围其他动物进入场区。 ② 不从疫区购进羊只和饲料

附件 7　羊疫苗保存与接种操作规程

序号	项目	操作规程
1	疫苗保存	① 灭活苗、类毒素、血清保存在 2～8 ℃条件下，防止冻结、高温和阳光直射。 ② 弱毒苗（如羊痘苗）保存在－15 ℃或更低的温度条件下
2	预防接种	预防接种是为了防止某种传染病的发生，应定期而有计划地给健康羊群进行的免疫接种。 ① 根据当地羊病流行情况，制定疫苗接种程序。 ② 每次接种 1 种疫苗。 ③ 每种疫苗的接种间隔应在 2 周以上。 ④ 保护率较低的组织苗可在接种 1 周后再加强 1 次。 ⑤ 对任何一种新进疫苗，须先进行小群接种，确认安全后方可进行大群接种。 ⑥ 严格按照疫苗接种推荐标准（量）接种。 ⑦ 严格按照疫苗接种要求（方法）接种。 ⑧ 需要稀释的疫苗，稀释后立即接种
3	紧急接种	紧急接种是为了迅速扑灭某种疫病的流行而对尚未发病的羊群进行的临时性免疫接种。 ① 选择产生免疫力快、安全性能好的疫苗。 ② 接种疫区周围受传染病威胁的羊群。 ③ 接种疫区内受传染病威胁而未发病的健康羊
4	接种时应注意事项	① 接种弱毒活菌苗前后 1 周，羊群应停止使用对菌苗敏感的抗菌药物。 ② 不使用瓶体有破损、瓶盖松动、没有标签或标签不清、过期失效、制品的色泽形状与说明书内容不符或没有按规定方法保存的疫苗。 ③ 不接种已感染的羊只。 ④ 不接种瘦弱羊、病羊、体温升高或分娩不久的母羊。 ⑤ 接种用注射器械和针头必须经过严格消毒，严格执行 1 只羊用 1 个针头的原则。 ⑥ 接种疫苗不能与驱虫同时进行
5	接种后应注意事项	① 对所有接触过疫苗的器皿进行煮沸消毒，然后清洗。 ② 对使用过的疫苗瓶、过期疫苗、残留疫苗进行集中无害化处理。 ③ 详细记录疫苗接种和疫苗瓶、过期疫苗、残留疫苗销毁情况。 ④ 加强羊群饲养管理，注意优质青干草的饲喂，以缓解应激反应。 ⑤ 发现体温明显升高、精神异常羊只，立即隔离治疗。 ⑥ 疫苗接种后，按时进行抗体检测

附件 8 羊群免疫程序

1. 成年羊免疫规程

性别	免疫时间	疫苗种类	免疫途径	剂量	免疫期
母羊	配种前 30 d	牛羊口蹄疫 O 型、A 型双价灭活苗	肌肉注射	按说明	6 个月
		羊梭菌三联四防苗	肌肉注射	按说明	6 个月
	配种前 10 d	羊痘双价苗	尾根内侧皮内注射	0.5 mL	12 个月
		羊传染性胸膜肺炎二联苗	肌肉注射	按说明	6 个月
	产前 20 d	羊梭菌三联四防苗	肌肉注射	按说明	6 个月
		大肠杆菌灭活苗	肌肉注射	按说明	6 个月
	产后 50 d	羊传染性胸膜肺炎二联苗	肌肉注射	按说明	12 个月
		牛羊口蹄疫 O 型、A 型双价灭活苗	肌肉注射	按说明	6 个月
公羊	3 月份	羊痘双价苗	尾根内侧皮内注射	0.5 mL	12 个月
		羊传染性胸膜肺炎二联苗	肌肉注射	按说明	12 个月
		牛羊口蹄疫 O 型、A 型双价灭活苗	肌肉注射	按说明	6 个月
	4 月份	羊梭菌三联四防苗	肌肉注射	按说明	6 个月
	9 月份	牛羊口蹄疫 O 型、A 型双价灭活苗	肌肉注射	按说明	6 个月

2. 羔羊、育成羊免疫规程

免疫时间	疫苗种类	免疫途径	剂量	免疫期
7～10 日龄	羊痘苗	尾根内侧皮内注射	0.5 mL	12 个月
20 日龄	羊梭菌三联四防苗	肌肉注射	按说明	6 个月
30 日龄	羊传染性胸膜肺炎苗	肌肉注射	按说明	12 个月
45 日龄	小反刍兽疫苗	颈部皮下注射	1 mL	36 个月
60 日龄	牛羊口蹄疫 O 型、A 型双价灭活苗	肌肉注射	按说明	6 个月
180 日龄	羊梭菌三联四防苗	肌肉注射	5 mL	6 个月
240 日龄	牛羊口蹄疫 O 型、A 型双价灭活苗	肌肉注射	按说明	6 个月

注：①所有羊只必须接种小反刍兽疫疫苗。该疫苗免疫期为 36 个月，实际有效期约 12 个月左右。

② 绵羊可以接种山羊痘苗或绵羊、山羊痘双价苗。绵羊可以接种山羊传染性胸膜肺炎疫苗或绵羊、山羊传染性胸膜肺炎双价苗。

附件 9　缺硒地区羊群补硒规程

羊别	补硒时间	补充方法
羔羊	7～10 日龄	深部肌肉注射亚硒酸钠维生素 E 注射液 1 mL
	2 月龄	深部肌肉注射亚硒酸钠维生素 E 注射液 2 mL
育成羊	春秋防疫季节	深部肌肉注射亚硒酸钠维生素 E 注射液 4 mL
繁殖母羊	配种前 10～20 d	深部肌肉注射亚硒酸钠维生素 E 注射液 4 mL
繁殖公羊	配种前 10～20 d	深部肌肉注射亚硒酸钠维生素 E 注射液 4 mL

注：亚硒酸钠维生素 E 注射液为颈部深部肌肉注射，可与三联四防苗或羊痘苗同时注射，但注射部位为颈部另一侧。

图书在版编目（CIP）数据

肉羊健康养殖指南 / 周占琴，华松著. -- 北京 ：
中国农业出版社，2024. 7. -- ISBN 978-7-109-31171-8

Ⅰ. S826.9-62

中国国家版本馆 CIP 数据核字第 2024DY9629 号

中国农业出版社出版

地址：北京市朝阳区麦子店街 18 号楼

邮编：100125

责任编辑：刘 伟 胡烨芳

版式设计：王 晨 责任校对：吴丽婷

印刷：中农印务有限公司

版次：2024 年 7 月第 1 版

印次：2024 年 7 月北京第 1 次印刷

发行：新华书店北京发行所

开本：787mm×1092mm 1/16

印张：19

字数：450 千字

定价：98.00 千字
